在目前工業中,印刷電路板技術是相當重要的一環,因為在所有電器用品中,大部份都具有印刷電路板,印刷電路板的設計結果直接影響到電器用品的品質,雖然電路設計的品質一流,但是搭配二流的電路板,將無法發揮優秀電路設計的特性。

如何學習製作一個高品質的電路板,應該從基礎開始學習。Protel 軟體提供 30 天全功能的試用版軟體,可以協助初學者快速了解畫電路板的過程,這個特點對於初學者是最好的禮物,不用購買原版軟體,也可以深入了解畫電路板的過程。當然,知道 Protel 軟體的優秀設計功能之後,你就可以決定是否採用正式版的 Protel 軟體。

在學校中,利用本套軟體,可以很容易製作單層板或雙層板的印刷電路板,雖然可以製作更多層的電路板,但是一般學校實驗室都沒有足夠的設備,可以用來生產四層板的電路板,這樣並不代表無法設計出較大型的電路板,因為層數太多的電路板良率比較低,生產成本比較高,由此可見,雙層板已經能夠提供不錯的電路板設計。

在本書中,除了介紹一般常見的內容外,還特別針對印刷電路板的各種佈局層加以詳細說明,要了解如何畫電路板,更要知道印刷電路板的各種佈局層結構和特性,這樣才能真正製作出高品質的電路板。

盧佑銘 謹識

版權聲明

本書所提及之各註冊商標,分屬各註冊公司所有,不再一一說明。書中所引述的圖片內容,純屬教學及介紹之用,著作權屬於法定原著作權享有人所有,絕無侵權之意,在此特別聲明並表達最深的感謝。

目　錄

Chapter 1　Protel 系統軟體介紹

1-1　Protel 99 SE 系統軟體介紹　　2
1-2　Protel 視窗畫面介紹　　3
1-3　工具列的按鈕說明　　9
1-4　調整畫面設定　　11
1-5　電路板的基本說明　　15

Chapter 2　Protel 軟體的檔案說明

2-1　如何開啟新的檔案　　20
2-2　檔案相關功能　　29
2-3　Protel 軟體的檔案結構　　35
2-4　設計面板說明　　37
章後實習　　41

Chapter 3　快速畫一個簡單電路圖

3-1　畫電路圖的流程介紹　　44
3-2　時常使用的編輯功能　　45
3-3　電路圖的基本項目說明　　51
3-4　畫一個電路圖的步驟　　60
3-5　項目特性對話盒的說明　　67
章後實習　　73

Chapter 4　編輯功能的詳細說明

4-1　如何找到所要的電路圖元件　　78
4-2　搜尋元件庫　　84
4-3　決定關鍵字　　86
4-4　點選和圈選項目　　87
4-5　基本編輯功能說明　　91
章後實習　　98

Chapter 5　畫一個具有匯流排的電路圖

5-1　匯流排的基本項目說明　　104
5-2　如何畫匯流排電路　　105
5-3　畫一個具有匯流排的複雜電路　　109
章後實習　　115

Chapter 6　畫電路圖的重要功能

- 6-1 電路圖的檢查工作 　　　　　　　　　　　　120
- 6-2 放置不連接符號 　　　　　　　　　　　　　125
- 6-3 畫電路圖的目的 　　　　　　　　　　　　　127
- 6-4 電路圖報告 　　　　　　　　　　　　　　　132
- 章後實習 　　　　　　　　　　　　　　　　　　138

Chapter 7　畫一個階層電路

- 7-1 階層電路的基本項目說明 　　　　　　　　　142
- 7-2 階層電路的命令說明 　　　　　　　　　　　145
- 7-3 畫一個階層電路 　　　　　　　　　　　　　147
- 7-4 由下而上的電路設計方法 　　　　　　　　　153
- 章後實習 　　　　　　　　　　　　　　　　　　157

Chapter 8　編輯元件庫的電路圖元件

- 8-1 如何進入元件庫編輯器 　　　　　　　　　　162
- 8-2 元件庫編輯器的說明 　　　　　　　　　　　165
- 8-3 電路圖元件的組成單元 　　　　　　　　　　170
- 8-4 畫電路圖元件的準備工作 　　　　　　　　　174
- 8-5 畫一個電路圖元件 　　　　　　　　　　　　174
- 章後實習 　　　　　　　　　　　　　　　　　　183

Chapter 9　PCB 設計項目說明

- 9-1 PCB 設計項目介紹 　　　　　　　　　　　　188
- 9-2 PCB 設計項目詳細說明 　　　　　　　　　　193
- 9-3 人工放置元件外形圖的注意事項 　　　　　　201
- 9-4 放置元件外形圖 　　　　　　　　　　　　　203
- 9-5 點選和圈選項目 　　　　　　　　　　　　　207

Chapter 10　PCB 電路板的設計流程

- 10-1 電路板的設計流程 　　　　　　　　　　　　212
- 10-2 畫一個簡單的 PCB 電路板 　　　　　　　　214
- 10-3 二極體載入電路板的問題 　　　　　　　　　230
- 章後實習 　　　　　　　　　　　　　　　　　　232

Chapter 11 PCB 佈局層說明

11-1 PCB 佈局層堆疊結構	238
11-2 PCB 佈局層堆疊設定說明	240
11-3 佈局層詳細介紹	250
11-4 佈局層顯示或隱藏設定	254
11-5 設定佈局層顏色和單層顯示	258
章後實習	262

Chapter 12 放置和佈線功能說明

12-1 放置和佈線功能的準備工作	266
12-2 自動放置功能	268
12-3 人工放置功能	271
12-4 自動佈線功能說明	274
12-5 取消佈線功能	280
12-6 人工佈線功能說明	280
章後實習	288

Chapter 13 元件外形圖的詳細介紹

13-1 如何設定元件的外形圖 (外形圖已知)	294
13-2 如何設定元件外形圖 (不知道外形圖)	298
13-3 Protel 軟體提供哪些元件庫	304
13-4 呼叫元件和設定外形圖範例	306
章後實習	309

Chapter 14 輸出列印和設計規則說明

14-1 電路板的 3D 畫面	314
14-2 輸出列印 (Printout)	315
14-3 使用系統預設的輸出列印資料	322
14-4 介紹設計規則檢查	325
14-5 設計規則內容說明	327
14-6 修改設計規則的內容	330
14-7 人工移動元件外形圖	337
14-8 比較一般放置和快速放置的差別	340
14-9 檢查 PCB 電路板的設計規則	343
章後實習	345

Contents

Chapter 15　畫一個時脈產生器的印刷電路板

15-1　畫電路板的準備工作　350
15-2　開始畫電路板　351
15-3　更改電源佈線的寬度　355
15-4　自動佈線　359
15-5　執行一般放置　360
15-6　其他編輯功能　363
章後實習　371

Chapter 16　畫一個介面卡電路板

16-1　PCB 電路板的說明　376
16-2　產生電路板精靈　376
16-3　檢查標準電路板的設定內容　383
16-4　使用標準電路板　391
16-5　電路板的報告說明　399
16-6　產生 PCB 專用的輸出檔案　399
16-7　產生底片檔　402
16-8　產生 NC 鑽孔檔　405
16-9　產生挑選放置檔　406
章後實習　408

Chapter 17　建立元件外形圖的元件庫

17-1　自行畫一個新的元件外形圖　414
17-2　利用元件編輯精靈　419
17-3　設定元件的基準點　424
17-4　如何使用自己元件庫的元件外形圖　425
17-5　建立電路板自己的元件庫　428
17-6　電路圖元件和電路板元件比較　432
章後實習　433

附錄 A　安裝 Protel 99 SE 試用版軟體　435
附錄 B　建立中文化的主功能表　443
附錄 C　電路圖編輯器的主功能表說明　445
附錄 D　PCB 編輯器的主功能表說明　453
附錄 E　電路圖零件表　461

第一章 Protel 系統軟體介紹

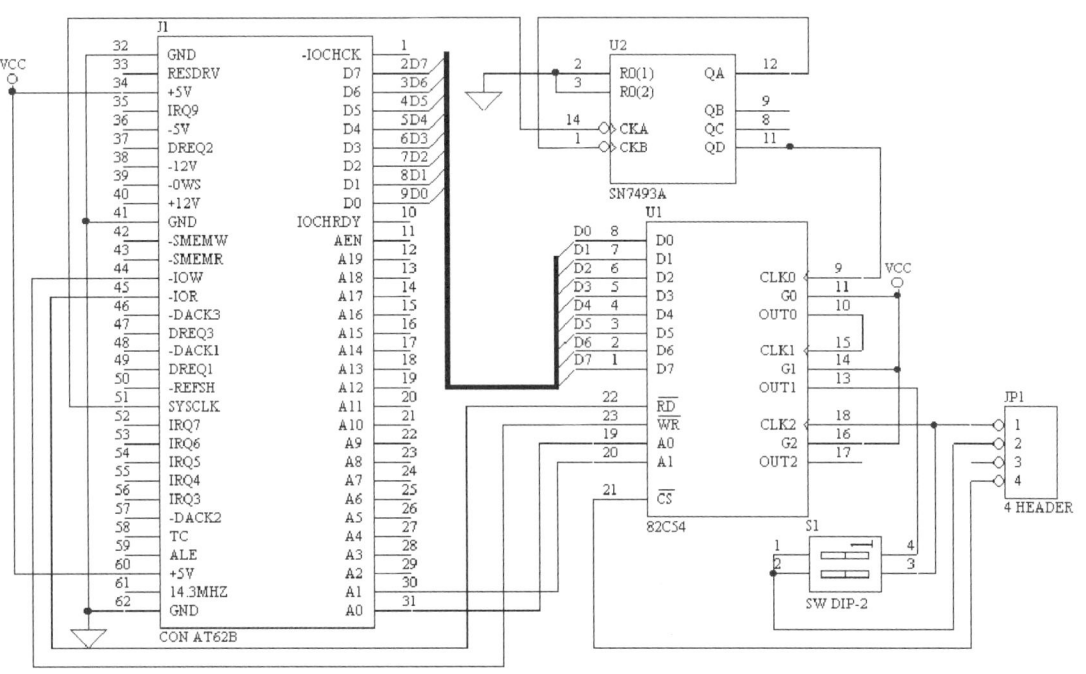

1-1 Protel 99 SE系統軟體介紹

Protel 99 SE系統軟體是一套印刷電路板(PCB)的輔助設計軟體，這套輔助設計軟體可以在低成本個人電腦中執行，可以提供學校的學生和工業界使用，由於整個軟硬體成本都很低，所以特別適合在學校教學和實驗室使用。

整套軟體功能齊全，硬體方面只需要一般的電腦教室，軟體方面成本也不是很高，尤其是試用版軟體具有30天的全功能版本，提供學生回家練習使用，大大地提高學生對軟體的使用率，所以此套軟體可以作為各級學校PCB設計課目的應用軟體，只需在一般電腦教室中，就可以進行設計工作。

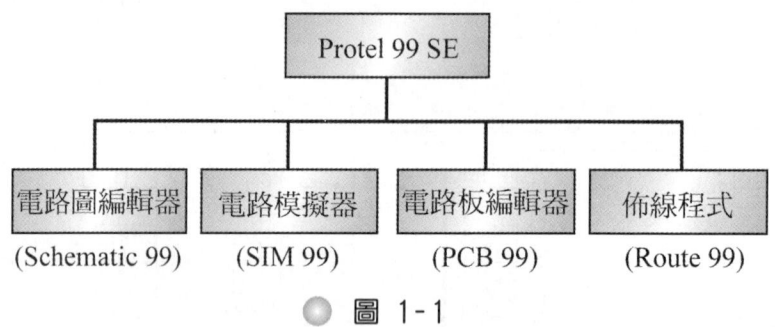

● 圖 1-1

圖1-1是Protel軟體時常使用的功能，利用這些功能可以畫電路圖(Schematic 99)，驗証電路的運作情形(SIM 99)，最後再把印刷電路板畫好(PCB 99 和 Route 99)，如此才完成印刷電路板的設計工作，以下說明數個重要功能，如下所示：

1. 電路圖編輯器(Schematic 99)：可以利用這個功能，進行電路圖的編輯工作，產生所需要的電路圖，才能進行下一步的編輯和分析工作。
2. 電路模擬器(SIM 99)：可以對電路圖進行模擬分析工作，可以進行許多種分析方法，例如：偏壓點分析、頻率響應分析...可以看到電路圖的分析波形，了解電路的工作情形，產生符合規格的電路圖。
3. 電路板編輯器(PCB 99)：使用電路圖編輯器所產生的電路圖，產生電路板編輯器所需要的基本資料(Protel格式的串接檔)，根據串接檔的內容，可以知道需要使用那些元件和元件之間的連接情形，利用這些資料，可以編輯印刷電路板。
4. 佈線程式(Route 99)：可以完成電路板的佈線工作。

電路板的設計流程是：

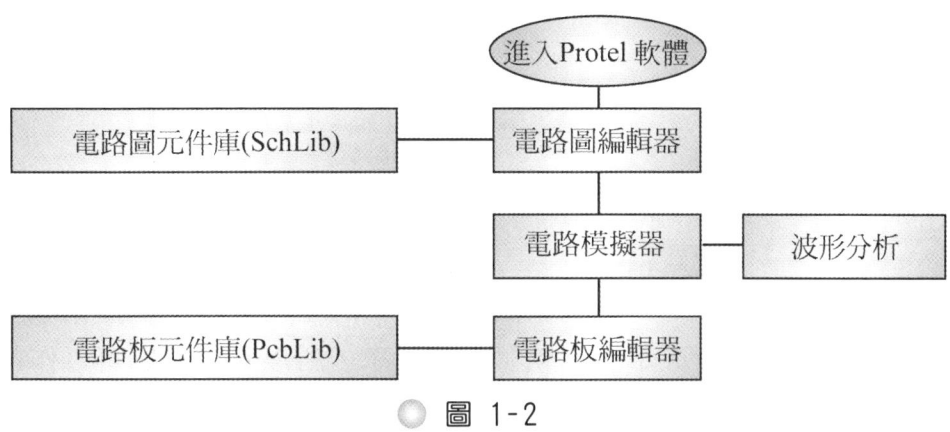

圖 1-2

圖1-2是軟體的操作流程，你必須建立電路圖，進行電路圖的模擬工作，得到電路的工作情形(波形分析)，才能進行電路板的設計工作。

電路圖中的元件可以在SchLib功能中設計，但是一般都採用系統所提供的元件庫，因為系統提供非常多的元件庫，所以元件足夠使用，如果仍然找不到所要的元件，可以利用此功能，進行元件的編輯工作。

同樣地，在電路板中的元件也可以利用PcbLib功能設計，但是Protel軟體已經提供足夠的元件庫，所以需要編輯元件的機會不是很高，如果找不到所要的PCB元件，可以利用PcbLib功能，進行電路板元件的設計工作。

目前電路設計都是直接利用電腦輔助軟體，模擬電路的運作情形，而不是直接完成電路，只需利用軟體，檢查分析結果是否符合電路規格，如果不能符合電路規格，只需要更改電路檔案的內容即可，不需要重新更動實際電路，所以相當方便，更改完成的電路檔案，可以立即重新模擬分析，這個動作可以重複，一直到符合電路規格，不會浪費時間，而且不會燒毀電路元件。

1-2 Protel視窗畫面介紹

從前面的介紹，相信讀者已經對Protel軟體有了基本的了解，接下來，開始要學習如何使用軟體中的各種功能，結合這些功能才能產生您所需要的電路板設計。

按開始 > 程式集 > Protel 99 SE Trial > Protel 99 SE命令，產生Client99對話盒，如下圖所示：

4 Protel 電路設計全輯

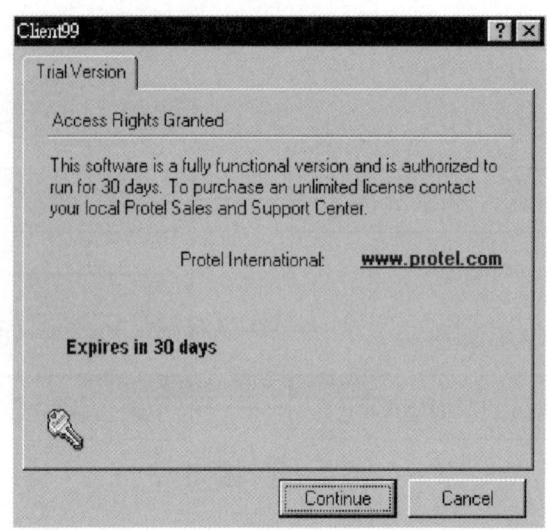

圖 1-3

▶ **注意**
試用版只有30天的使用期限，限制時間到了以後，就無法再使用Protel軟體，更動系統時間也無法使用，重新安裝也不能使用，所以要把握時間學習。

如果有其他問題，也可以上網聯絡原廠，網址在www.protel.com。

按Continue鍵，進入Design Explorer視窗，也就是Protel軟體的畫面，如下圖所示：

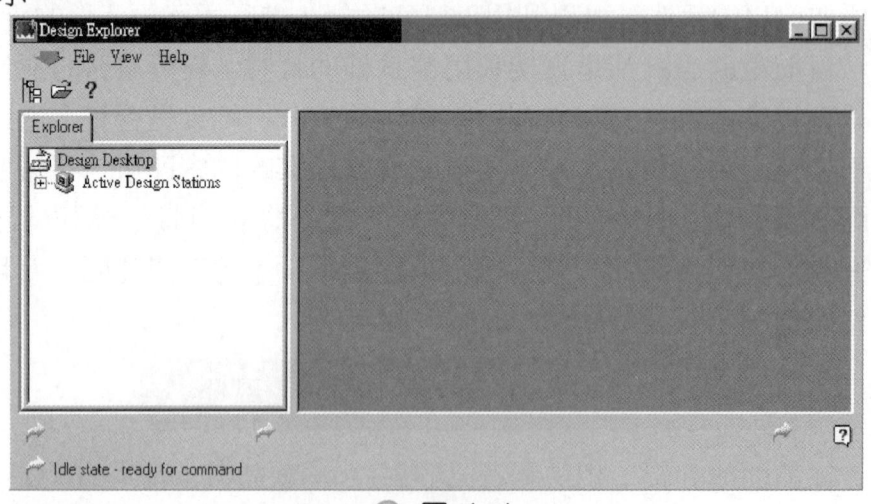

圖 1-4

上圖是Protel軟體的視窗畫面，目前尚未開啟任何設計檔案，接下來，要開啟一個設計檔案，只要按 File > Open 命令，產生Open Design Database對話盒，如下圖所示：

第一章　Protel 系統軟體介紹

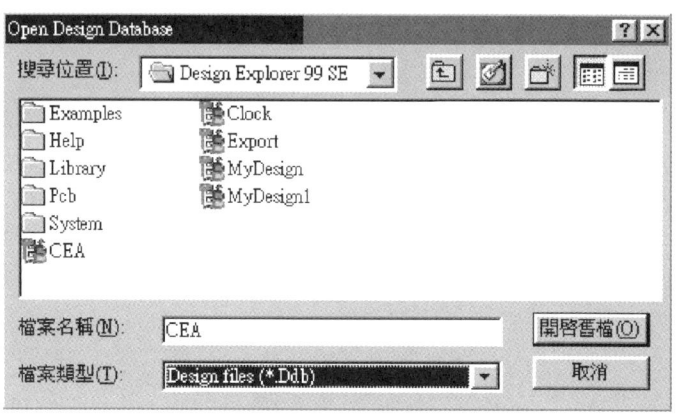

○ 圖 1-5

在檔案類型(T)格子中，點選Design files(*.Ddb)，在檔案名稱(N)格子中，輸入設計檔案的名稱，再按開啟舊檔(O)鍵，可以開啟這個設計檔案，如下圖所示：

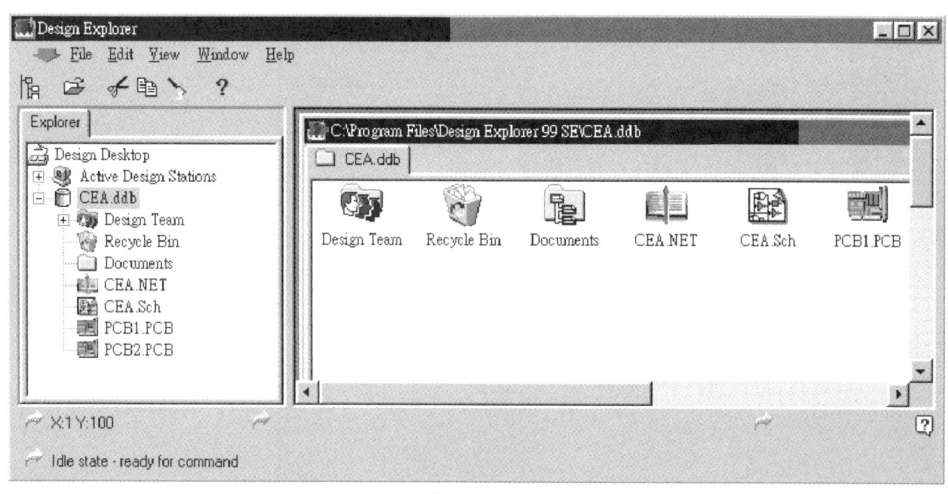

○ 圖 1-6

▶ 注意

設計檔案(Design files)是Protel軟體中的資料庫檔案，所有的檔案都放在這個設計檔案中，副檔名是ddb。

上圖是在設計檔案的資料夾狀態下，所以可以看見這個設計檔案中的所有檔案(圖示方式顯示)，這個畫面主要分成兩個部分:設計總管和工作視窗，分別說明如下：

1. 設計總管：由於目前是在設計檔案的畫面中，所以設計總管只看見設計檔案的檔案結構，按+鍵，可以展開上層檔案，按-鍵，可以取消顯示下層檔案，如下圖所示：

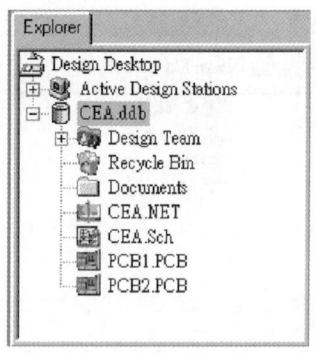

圖 1-7

按View > Design Manager命令,可以切換顯示設計總管。如果開啟電路圖編輯器(在*.Sch圖示上,連按Mouse左鍵兩次),在設計總管中,可以看見兩個標籤(上面部分),分別是Explorer(檔案結構)和Browse Sch(Sch設計面板),如下圖所示:

圖 1-8

(1) Explorer標籤：內容是這個設計檔案的檔案結構。

(2) Browse Sch標籤：內容是電路圖編輯器的專用設計面板，提供設計電路圖所需要的項目，例如：元件庫...等。

(如果是開啟PCB編輯器，Browse Sch標籤就會變成Browse Pcb標籤，就是設計電路板的PCB設計面板)。

2. 工作視窗：是Protel軟體進行各種編輯工作的區域，共有兩種模式存在，如下：

(1) 設計檔案的資料夾內容，顯示設計檔案的所有檔案(圖示方式顯示)，如下圖所示：

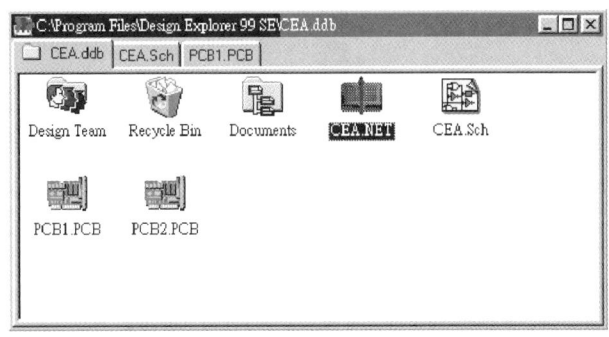

圖 1-9

(2) 檔案的編輯工作區域(工作視窗)，顯示檔案的內容，並且可以進行編輯工作，如下圖所示：

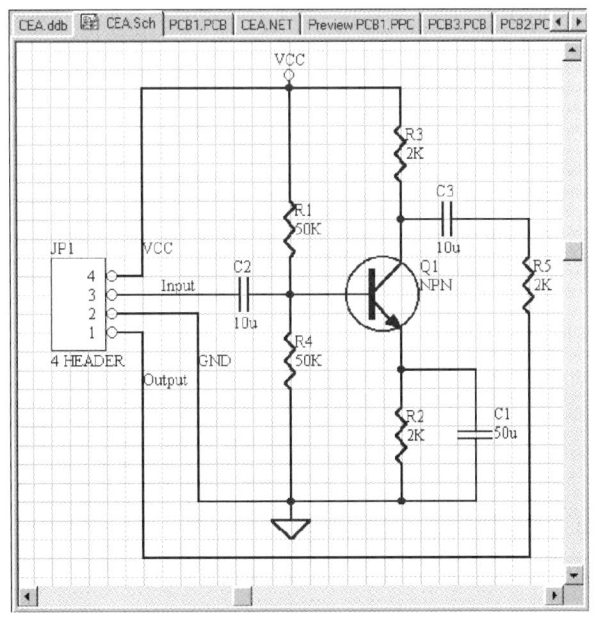

圖 1-10

以下分別介紹Protel視窗的其餘部分：
1. **主功能表**：Protel軟體的大部分功能都可以由主功能表中選擇，利用Mouse左鍵，選擇所需要的功能。

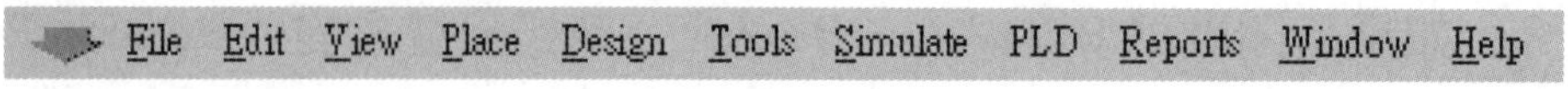

○ 圖 1-11

在主功能表最前面的箭頭符號，提供軟體的系統管理功能，只要在箭頭符號上，按Mouse左鍵一次，可以點選其中的功能，如下圖所示：

○ 圖 1-12

2. **工具列(Toolbar)**：使用工具列的按鈕，可以使得使用者執行命令更方便，只需要用Mouse左鍵，選擇所要的按鈕，工具列的種類有很多種，有主工具列(Main Toolbar)、畫電路圖工具列(Wiring Tools)、繪圖工具列(Drawing Tools)…，主工具列的圖形，如下圖所示：

○ 圖 1-13

3. **狀態行(Status Bar)**：電路圖編輯器的狀態行共有三個欄位，如下：

| 游標位置 | 元件名稱或主功能表的命令說明 | 按鍵功能說明 |

狀態行的圖形，如下所示：

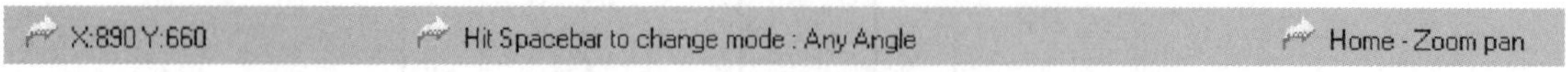

○ 圖 1-14

每一個欄位前面有黃色的箭頭符號表示，按View > Status Bar命令，可以切換顯示狀態行，v表示狀態行已經顯示在視窗中。

4. **命令狀態行(Command Status)**：命令狀態行顯示目前命令的狀況。

○ 圖 1-15

上圖表示：沒有執行任何命令，準備接受下一個命令，按 View > Command Status 命令，可以切換顯示命令狀態行，v 表示命令狀態行已經顯示在視窗中。

1-3 工具列的按鈕說明

工具列的按鈕都是一些較常使用的功能，所以可以使用工具列的按鈕功能，以提升設計的速度，有些工具列並不是隨時顯示在視窗中，必須切換顯示，才能看到這個工具列，開啟電路圖編輯器，接下來，要介紹工具列的按鈕功能：

1. 主工具列(Main Toolbar)：提供一般的功能命令，按 View > Toolbars > Main Tools 命令，可以切換顯示主工具列，如下圖所示：

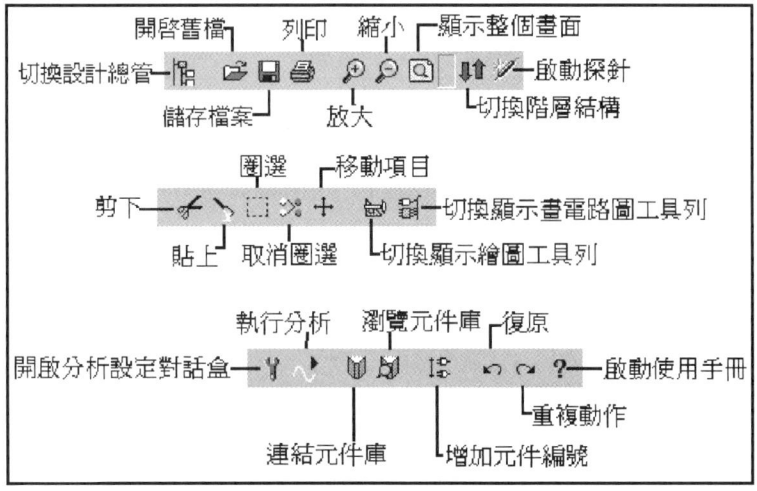

○ 圖 1-16

2. 畫電路圖工具列(Wiring Tools)：提供畫電路圖的功能命令，可以畫電路圖，按 View > Toolbars > Wiring Tools 命令，可以切換顯示畫電路圖工具列，如下圖所示：

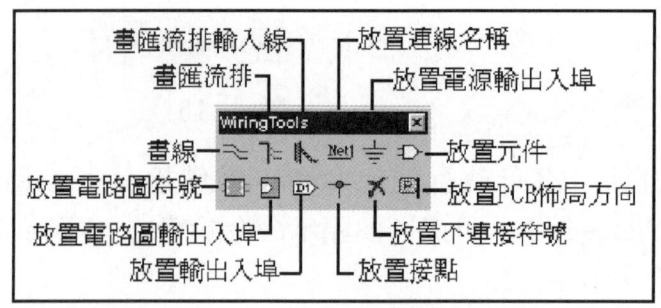

圖 1-17

3. 繪圖工具列(Drawing Tools)：提供一般繪圖的功能命令，按View > Toolbars > Drawing Tools命令，可以切換顯示繪圖工具列，如下圖所示：

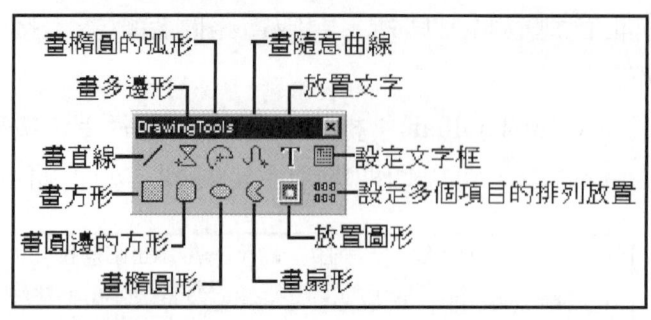

圖 1-18

4. 電源項目工具列(Power Objects Tools)：提供放置電源符號項目的功能命令，按View > Toolbars > Power Objects命令，可以切換顯示電源項目工具列，如下圖所示：

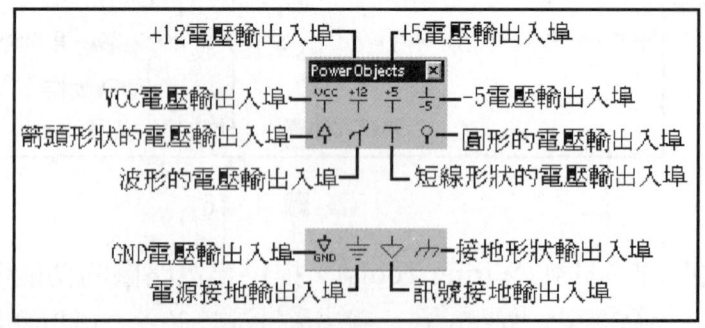

圖 1-19

5. 數位項目工具列(Digital Objects Tools)：提供放置數位電路項目的功能命令，按View > Toolbars > Digital Objects命令，可以切換顯示數位項目工具列，如下圖所示：

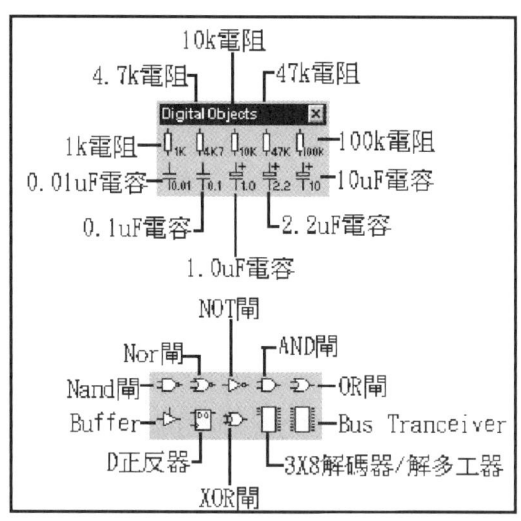

● 圖 1-20

6. 模擬電源工具列(Simulation Sources Tools)：在模擬電路時，提供放置模擬電源項目的功能命令，按View > Toolbars > Simulation Sources命令，可以切換顯示模擬電源工具列，如下圖所示：

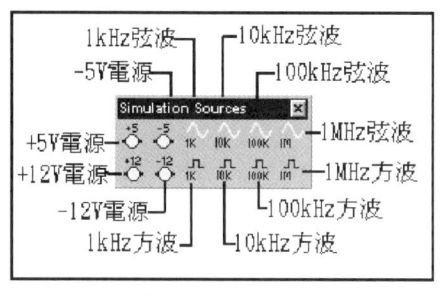

● 圖 1-21

另外還有一個Pld工具列未說明，因為不屬於本書的範圍，所以不加以介紹。

1-4 調整畫面設定

第一次使用Protel 99 SE軟體，會發現視窗畫面有一些不同，如果不加以調整，可能會造成使用上的不方便。

一、調整視窗畫面大小：

一般而言，電腦螢幕的解析度時常採用800x600，所以設計面板下面的內容都無法看見，有些功能就無法使用，所以要調整螢幕的解析度。

由於軟體的執行畫面太大了,所以可能無法看見整個畫面,必須調整視窗畫面,步驟如下:

1. 按 開始 > 設定 > 控制台 命令,產生控制台畫面。
2. 在顯示器上,連按Mouse左鍵兩次,產生顯示器內容對話盒。
3. 按設定標籤,產生新的對話盒,如下圖所示。

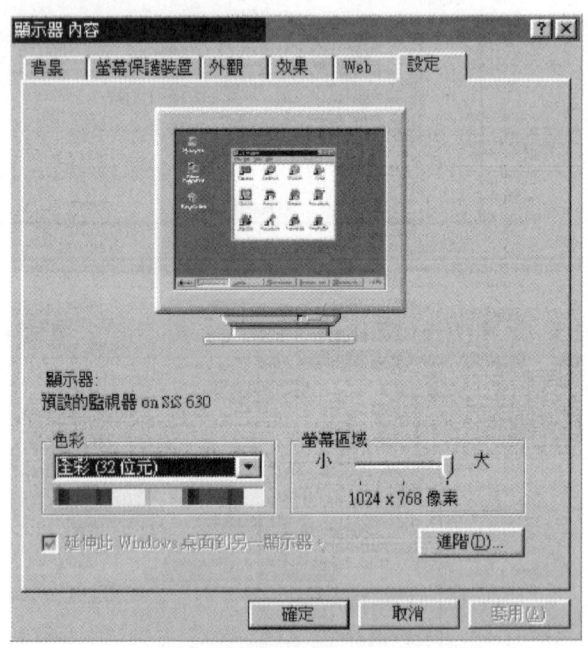

圖 1-22

4. 在螢幕區域中,調整解析度為1024x768。

(才能夠看見整個Protel畫面)

5. 按確定鍵,產生顯示器內容對話盒,如下圖所示。

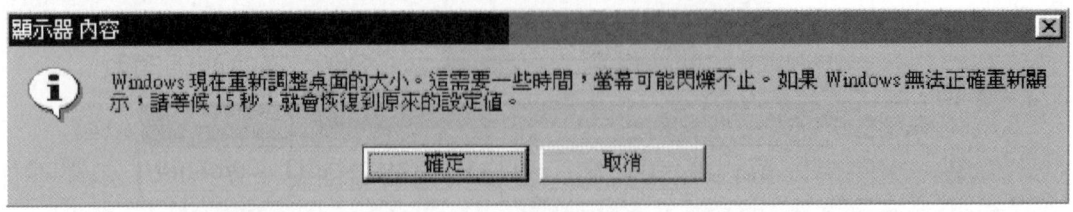

圖 1-23

6. 按確定鍵,調整視窗大小,產生顯示器的設定值對話盒。
7. 按是(Y)鍵,修改視窗大小。

二、修改視窗的字型及字體大小：

1. 在主功能表最前面的箭頭符號上，按Mouse左鍵一次，點選Preferences命令，產生Preferences對話盒，如下圖所示。

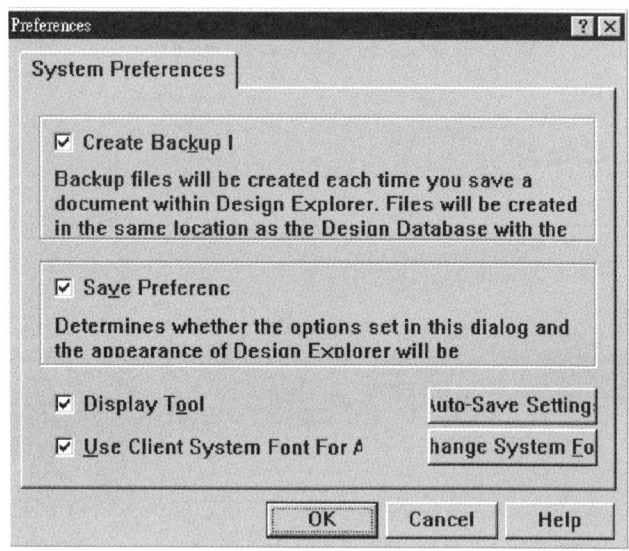

◎ 圖 1-24

從上面對話盒中，可以發現文字都被切割，看不清楚內容，所以要修改字型及字體大小。

2. 按對話盒左下角的 Change System Font 鍵，產生字型對話盒，如下圖所示。修改對話盒的參數，如下所示：
   (1) 字型=MS Sans Serif
   (2) 字型樣式=標準
   (3) 大小=8

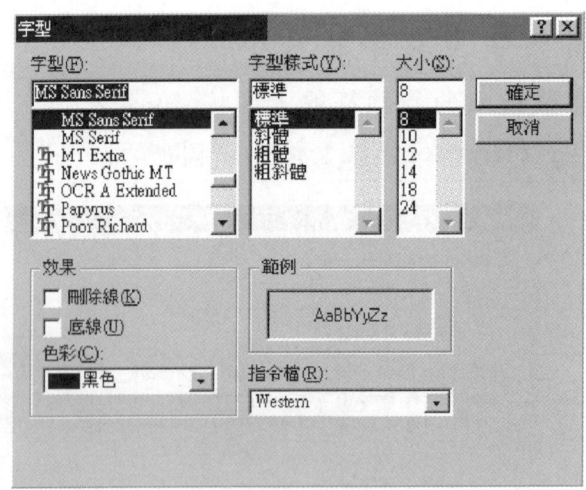

● 圖 1-25

3. 按確定鍵，完成字型的設定工作。
4. 按Ok鍵，關閉Preferences對話盒。
5. 在箭頭符號上，按Mouse左鍵一次，點選Preferences命令，再度開啟Preferences對話盒，如下圖所示。

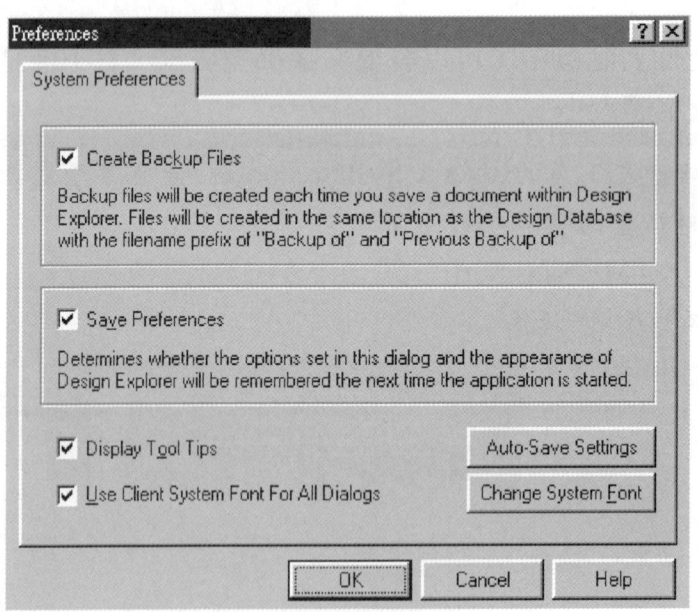

● 圖 1-26

　　從上面對話盒中，可以發現所有文字都正常顯示，沒有文字被切割的情形發生。

1-5 電路板的基本說明

印刷電路板(PCB)是建立電路的基礎,把元件焊接在電路板上,印刷電路板提供各元件之間的電氣連接路徑,形成實際的電路圖,這些連接路徑是由銅箔線而形成連線,銅箔線是由蝕刻而形成的。

一個四層電路板的階層結構,如下圖所示:

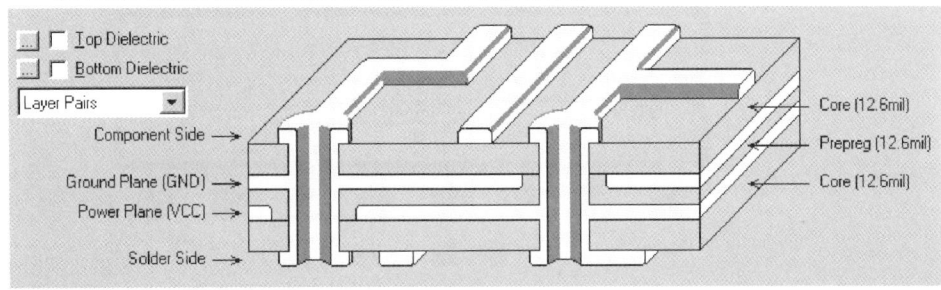

圖 1-27

一般而言,在印刷電路板上面是銅箔連線,形成各元件接腳之間的連接,而銅箔連線必須放在絕緣的基板上,常見的基板材料有:CEM-3、FR-4、G-10...這些材質大都是玻璃纖維所組成的,由於基板是絕緣的,所以上下層的銅箔才不會形成短路。

一般電路板的製作過程是:曝光->顯像->蝕刻->鑽孔->銲接。

完成上面的動作,才能完成電路板,此時電路板如下圖所示:

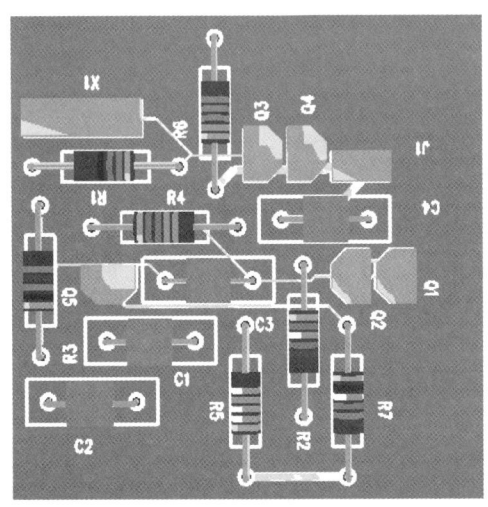

圖 1-28

對於電路板上面所使用的元件，大概可以分為兩種：
(1) **針腳式(Through hole)元件**：針腳式元件放在電路板上層，元件接腳是在板子下層銲接，所以這種元件的銲點必須鑽孔，元件外形圖如下所示：

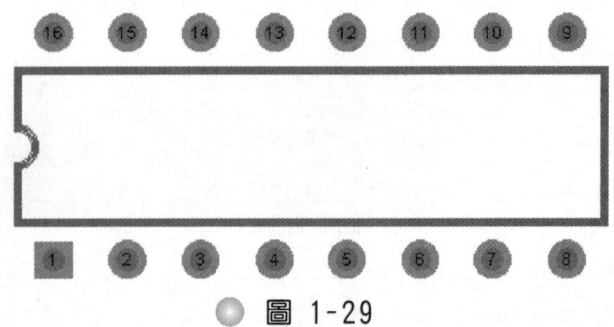
◯ 圖 1-29

這種元件的銲點形狀有兩種：矩形和圓形，一般參考接腳是採用矩形，其餘都是圓形。這種元件是傳統式元件，體積比較大，通常是在學生製作PCB電路板時使用。

(2) **表面粘貼元件(SMD)**：SMD元件放在電路板上層，元件接腳也在上層焊接，所以不用鑽孔，元件外形圖如下所示：

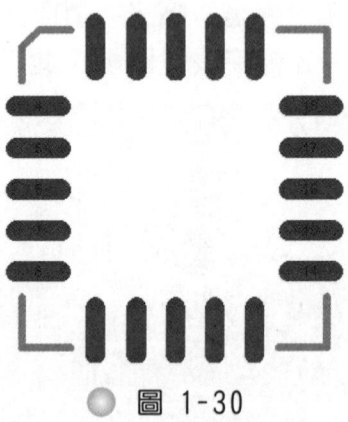
◯ 圖 1-30

這種元件都是用在工廠中，元件體積比較小，所以是商業化印刷電路板最常用的元件。

目前較常使用的PCB電路板是2、4、6層，更多的佈局層並不時常使用，因為佈局層太多，會造成故障率提高，所以成本相對比較高，因此用到的機會不高。

在PCB電路板中，具有電氣特性的項目，只有銲點(Pad)、導孔(Via)、連線(Track)、弧形(Arc)，其他項目大部分都不具備電氣特性，如下圖所示：

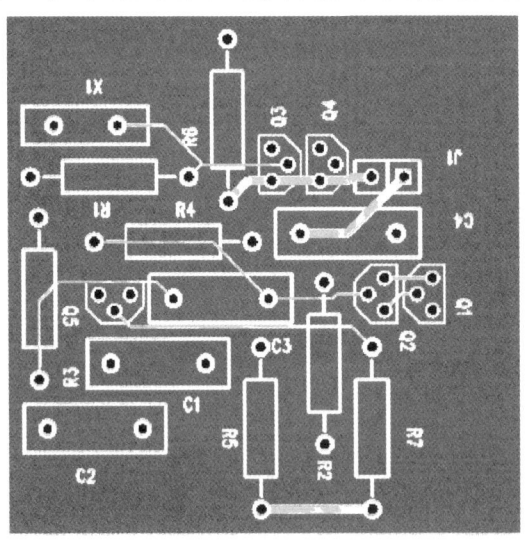

◎ 圖 1-31

在印刷電路板中，只有銅箔才具有電氣特性，才可以傳導電流，所以連線(Track)、銲點(Pad)...都是表示銅箔的區域，電路板的銅箔阻抗大約為：

R=0.00017/(w*t) [表示每1公分的阻抗值]
w是銅箔的寬度
t是銅箔的厚度

當銅箔厚度為0.07mm，寬度為1mm，1公分銅箔的阻抗值大約是0.0024歐姆，雖然阻抗值很小，但是銅箔長度比較長時，也會具有不小的阻抗存在，這會影響電路的工作情形，必須加以注意。

銅箔會有電容和電感效應，造成高速的電路會有過大時間延遲出現，所以這些效應也必須加以了解，分別說明如下：

(1) 銅箔之間會形成電容效應，兩個平行銅箔連線會產生大約 0.2~0.4PF/cm的電容值(長度為0.6mm左右)。
(2) 兩個平行的銅箔連線會形成電感效應，大約會產生2~10nH/cm的電感值(長度為0.6mm左右)。

因為上面的電容和電感效應，電路板因此而形成的延遲時間，大約為0.06ns/cm，所以要想辦法減輕這些效應。

過大的電流會把銅箔燒斷，銅箔厚度為0.035mm，銅箔寬度為0.25mm，當電流值達到5A時，就可能會把銅箔燒斷。

一般而言，PCB電路板是由電路圖開始，轉換成串接檔，利用串接檔表示電路圖，再載入到電路板編輯器中，電路圖元件會轉換成相對的電路板元件，此電路板元件就是元件外形圖(Footprint)，並且電路元件的連接情形是以標示線方式表示，以標示線顯示在電路板中，所以在電路板編輯器中，可以看見元件外形圖和標示線，另外每一個銲點上，都有連線名稱存在，再執行放置和佈線功能，就可以完成PCB電路板。

在進行電路板設計之前，最好能填寫下面表格，以了解電路板的基本資料，如下表所示：

1. 電路板大小：X=＿＿＿mm　Y=＿＿＿mm
2. 基板材料：＿＿＿＿
3. 層數：＿＿＿層
　　　　　(訊號佈局層＿＿＿層，電源內部平面層＿＿＿層)
4. 佈線層：＿＿＿＿＿層
5. 最小銅箔寬度＿＿＿mil
6. 導孔直徑＿＿＿mil，孔徑大小＿＿＿mil
7. 兩個電氣項目之間的最小距離＿＿＿mil
　(單位換算：1in.= 2.54cm = 1000mil)

根據上面表格，就可以準備進行PCB電路板設計工作。

2 Protel軟體的檔案說明

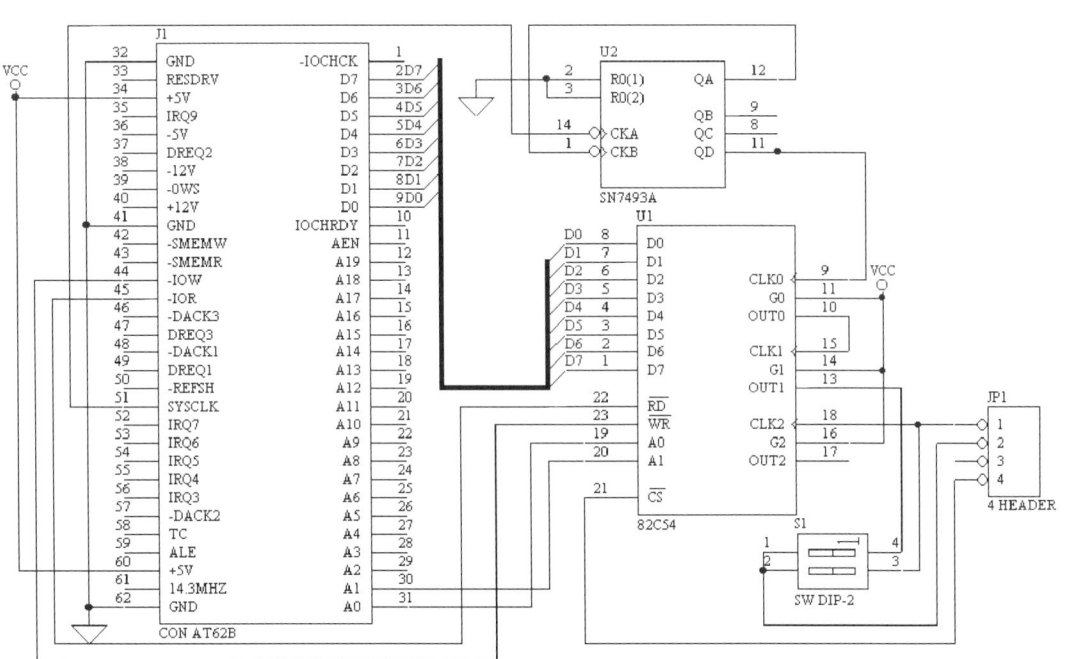

2-1 如何開啟新的檔案

一、開啟新的設計檔案：

在主功能表中，按 File > New 命令，可以產生電路設計資料庫(設計檔案)，產生New Design Database對話盒，如下圖所示：

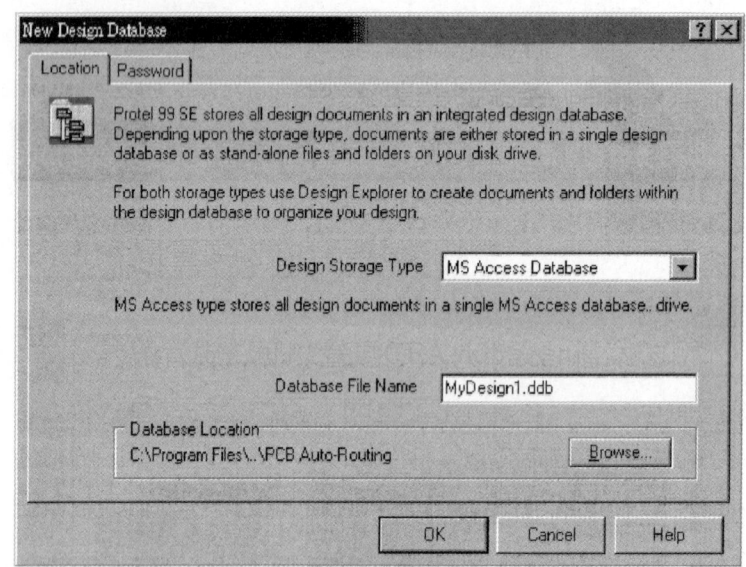

● 圖 2-1

Protel 99 SE軟體把所有檔案都儲存在設計資料庫中，可以有兩種格式存在，一種是單一設計資料庫，另一種是標準檔案和資料夾，可以在Design Storage Type格子中(圖2-1對話盒)，選擇所要的格式，如下所示：

(1) MS Access Database：所有檔案都放在單一設計資料庫(即設計檔案)。

(2) Windows File System：所有檔案都放在資料夾中。

通常都會使用MS Access Database格式，管理所有電路檔案，所以採用預設值(MS Access Database)。

在圖2-1對話盒中，其餘參數說明如下：

1. Database File Name：設定資料庫的名稱，副檔名為ddb，預設名稱為MyDesign1.ddb，最好修改成適合的資料庫名稱。

2. Database Location：設定資料庫的路徑，按Browse鍵，產生Save As對話盒，如下圖所示：

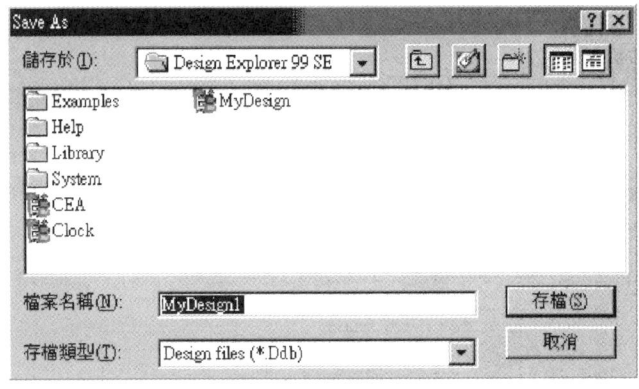

● 圖 2-2

選擇所要的路徑和檔案名稱,按存檔(S)鍵,可以決定需要的路徑。

在圖2-1對話盒中,按Ok鍵,產生新的資料庫(MyDesign1.ddb),如下圖所示:

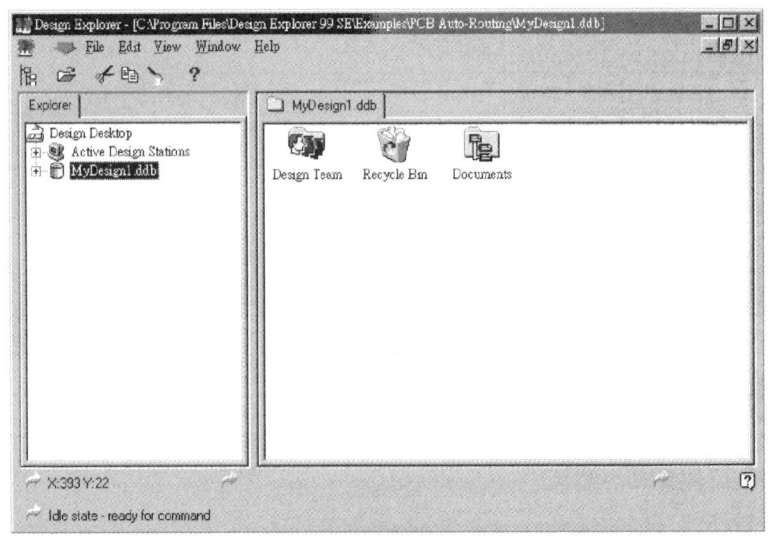

● 圖 2-3

除了上面的方法外,還可以利用下列方式,開啟另一個新的設計檔案,在圖2-3對話盒中,按File > New Design命令,產生New Design Database對話盒(圖2-1),由於已經有MyDesign1.ddb設計檔案存在,所以設計檔名稱為MyDesign2.ddb。

二、開啟新的檔案:

在圖2-3對話盒中,按File > New命令,產生New Document對話盒,如下圖所示:

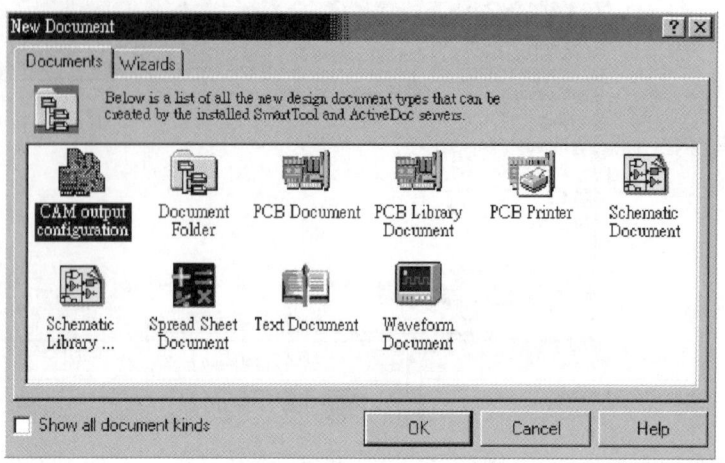

● 圖 2-4

在圖2-4對話盒中，顯示目前可以開啟的檔案種類，如下表所示：

檔案種類	內 容 說 明
CAM output configuration	產生輸出檔案
Document Folder	產生新的資料夾
PCB Document	進入PCB編輯器，產生一個印刷電路板
PCB Library Document	進入PCB元件編輯器，產生新的PCB元件
PCB Printer	進入PCB列印編輯器
Schematic Document	進入電路圖編輯器，產生一個電路圖
Schematic Library	進入電路圖元件庫編輯器，產生新的電路圖元件
Spread Sheet Document	產生工作單
Text Document	進入文字編輯器
Waveform Document	進入波形處理器

在圖2-4對話盒中，按Wizards鍵，產生圖2-5對話盒，如下圖所示：

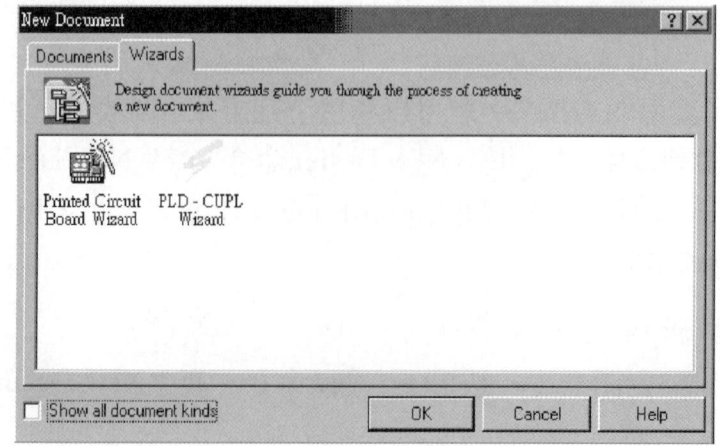

● 圖 2-5

有兩種精靈可以使用，協助您建立較複雜的印刷電路板和PLD電路。

回到圖2-4對話盒，點選Schematic Document圖示，按Ok鍵，或是在Schematic Document圖示上，連按Mouse左鍵兩次，產生Sheet1.Sch圖示，如下圖所示：

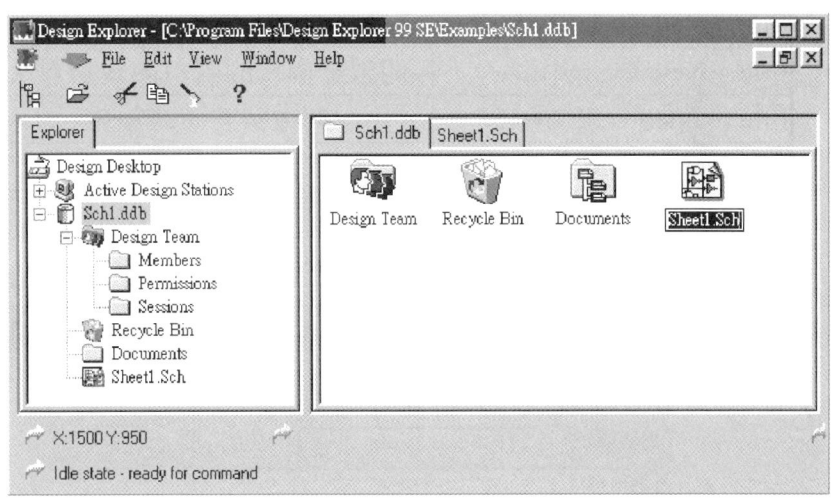

● 圖 2-6

此時可以修改Sheet1.Sch圖示的名稱，輸入新的Sch檔案名稱。

在Sheet1.Sch圖示上，連按Mouse左鍵兩次，進入Sheet1.Sch檔案編輯器，就可以開始編輯Sheet1.Sch電路圖，如下圖所示：

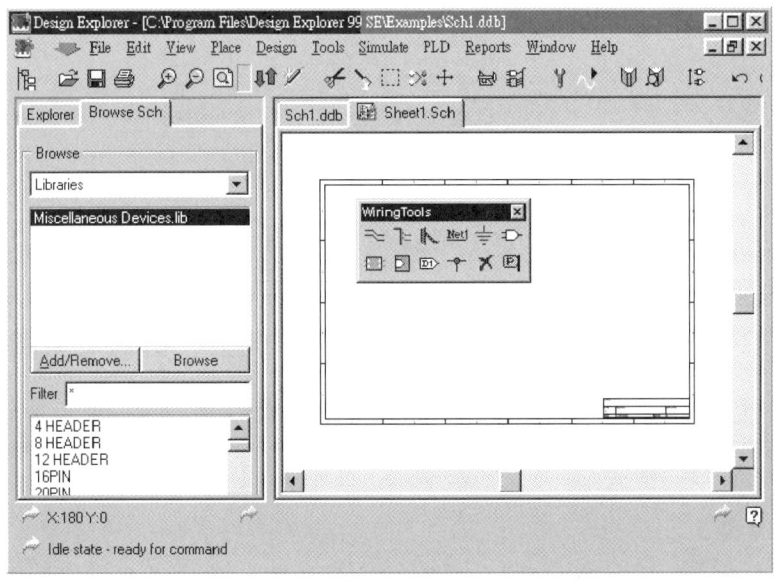

● 圖 2-7

三、和檔案有關的命令：

開啟電路圖編輯器，在主功能表中，共有五個命令和檔案有關，如下表所示：

主功能表	內 容 說 明
File > New	開啟一個新的檔案
File > New Design	開啟一個新的資料庫或資料夾
File > Open	開啟資料庫或檔案
File > Open Full Project	切換電路圖的階層結構
File > Close	關閉目前的檔案視窗
File > Close Design	關閉目前的資料庫

按 File > Open 命令，產生 Open Design Database 對話盒，如下圖所示：

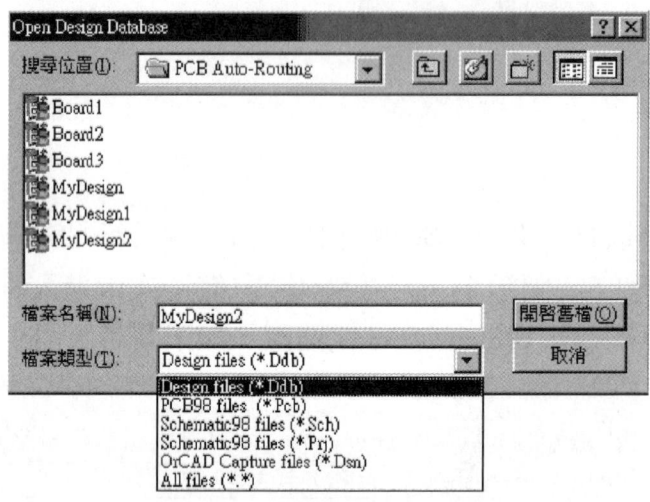

● 圖 2-8

在檔案類型(T)欄位中，可以發現能夠開啟的檔案種類共有五種。

點選所要的檔案類型，決定檔案的路徑(搜尋位置(I))和檔案的名稱(檔案名稱(N))，再按 開啟舊檔(O) 鍵，就可以開啟一個檔案或資料夾。

四、產生一個新電路圖編輯器的步驟：

1. 按 開始 > 程式集 > Protel 99 SE Trial > Protel 99 SE 命令，產生Client99對話盒。
2. 按Continue鍵，進入Design Explorer視窗，也就是Portel軟體的工作視窗，此時應該沒有任何資料庫或檔案存在。

3. 按File > New命令，產生New Design Database對話盒。
4. 設定參數如下：
   Design Storage Type = MS Access Database
   Database File Name = MyDesign1.ddb
5. 按Ok鍵，產生MyDesign1.ddb設計檔案(資料庫)。
6. 按File > New命令，產生New Document對話盒，如圖2-4所示。
7. 點選Schematic Document圖示，按Ok鍵，或是在Schematic Document圖示上，連按Mouse左鍵兩次，產生Sheet1.Sch圖示。
8. 直接修改圖示的名稱Sheet1.Sch為Test.Sch，按Enter鍵，完成修改Sch檔案名稱。
9. 在Test.Sch圖示上，連按Mouse左鍵兩次，進入電路圖編輯器，可以開啟畫電路圖的視窗畫面，如下圖所示。

> **注意**
> 如果點選PCB Document圖示，則可以產生*.PCB電路板檔案的視窗畫面。

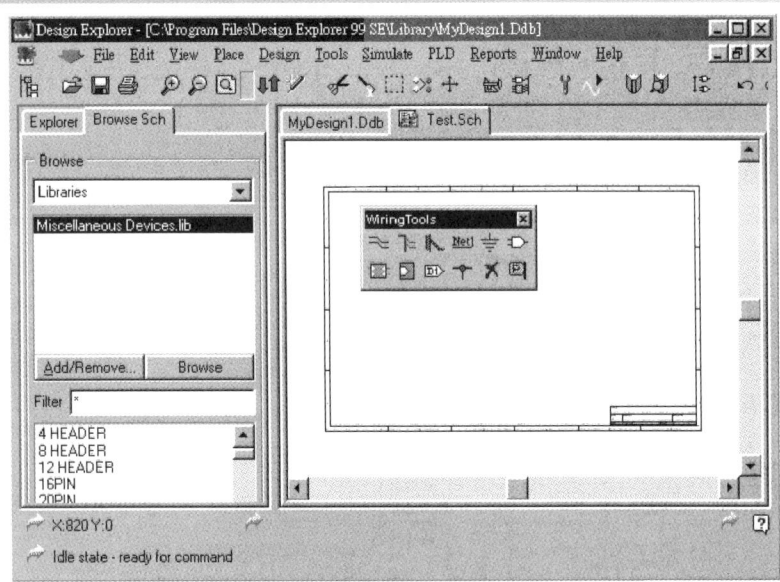

● 圖 2-9

從圖2-9中，在Sch設計總管中，共有兩個標籤存在，如下所示：
(1) Explorer標籤：表示這個設計檔案的檔案階層，如下圖所示：

● 圖 2-10

(2) Browse Sch標籤：這是新產生的標籤，表示電路圖編輯器的所有項目內容，包括：Libraries(元件庫)和Primitives(基本項目)，如下圖所示：

● 圖 2-11

在工作視窗的上面中,共有兩個標籤存在,表示目前開啟的檔案,如下所示:

(1) MyDesign1.ddb標籤:表示設計檔案MyDesign1.ddb的所有檔案。

(2) Test.Sch標籤:表示目前開啟的電路圖編輯器Test.Sch。

五、使用標籤的快捷功能表:

在Test.Sch標籤上,按Mouse右鍵,產生快捷功能表,如下圖所示:

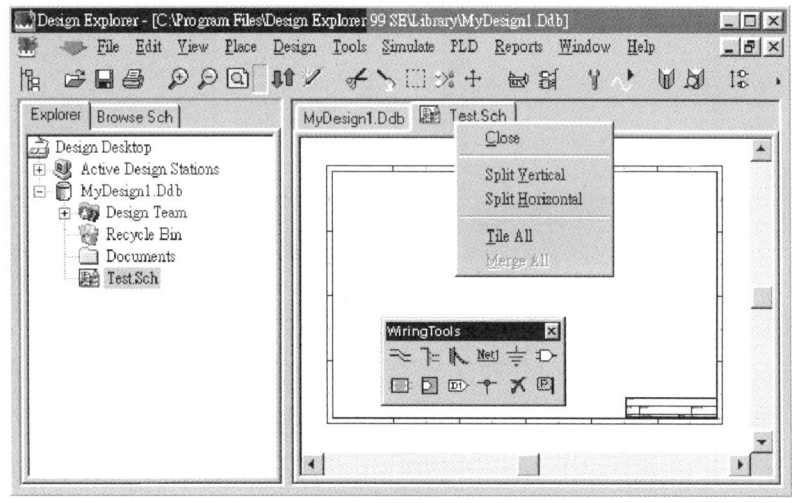

◉ 圖 2-12

點選Close命令(相同於按File > Close命令),可以關閉電路圖編輯器Test.Sch。

快捷功能表的命令說明,這個功能表只對這個設計檔案有用,如下表所示:

快捷功能表	說　　明
Close	關閉這個視窗檔案
Split Vertical	所有視窗垂直分割
Split Horizontal	所有視窗水平分割
Tile All	把所有視窗分割(預設為垂直分割)
Merge All	把分割視窗恢復原狀

移動游標到Test.Sch標籤上,按Mouse右鍵,產生快捷功能表,點選Split Vertical命令,把兩個視窗垂直分割,如下圖所示:

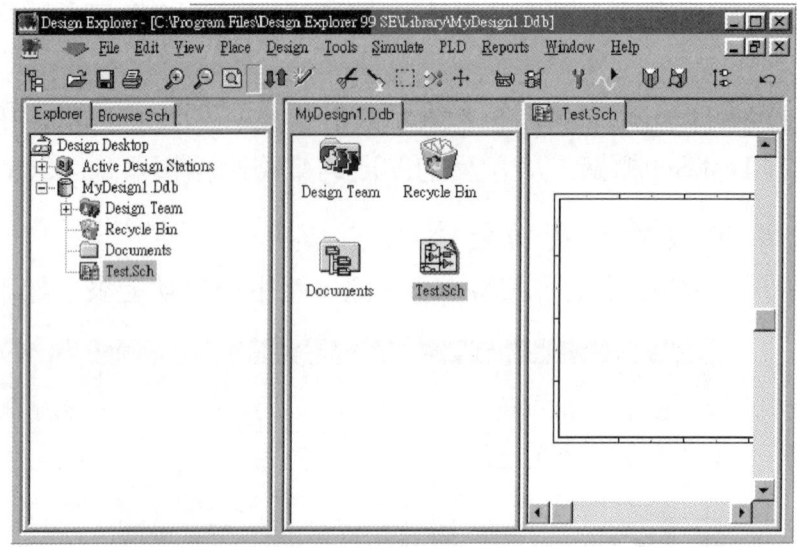

● 圖 2-13

在快捷功能表中,再點選 Merge All 命令,兩個分割視窗,又恢復原狀。

前面分割視窗畫面的動作是在同一個設計檔案中處理,可以進行水平分割、垂直分割...等,如果同時開啟數個設計檔案,假設此時開啟兩個設計檔案:CEA.ddb和Sch1.ddb,按 Window 命令,產生功能表,如下圖所示:

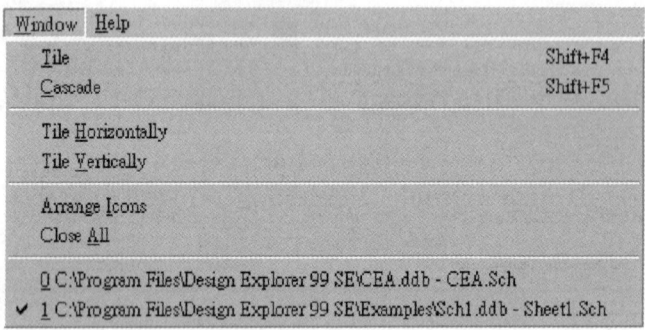

● 圖 2-14

功能說明如下:

功　　能	內容說明
Window > Tile	平均分割視窗畫面
Window > Cascade	串列放置所有視窗畫面
Window > Tile Horizontally	水平分割視窗畫面
Window > Tile Vertically	垂直分割視窗畫面
Window > Arrange Icons	排列所有開啟視窗畫面(最小化)
Window > Close All	關閉所有視窗畫面

功能表最下面的兩行，表示開啟設計檔案的路徑和檔名，v表示目前正在編輯這個設計檔案。

按Window > Tile Horizontally命令，可以水平分割視窗畫面，如下圖所示：

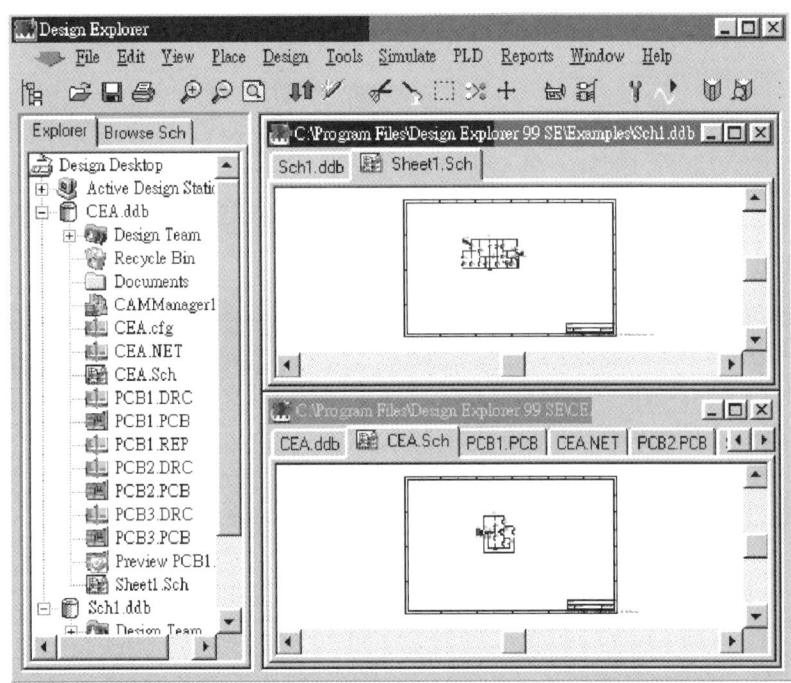

◯ 圖 2-15

按Window > Close All命令，可以關閉所有視窗畫面。

2-2 檔案相關功能

一、檔案儲存功能：

在Protel 99 SE軟體中，有關檔案儲存功能共有四種功能,如下表所示：

儲存功能	內容說明
Save	以相同檔名，儲存目前檔案。
Save As	以不同的檔名，儲存目前檔案。
Save Copy As	以不同的檔名，複製目前檔案。
Save All	儲存所有載入的檔案。

按File > Save As命令，產生Save As對話盒，如下圖所示：

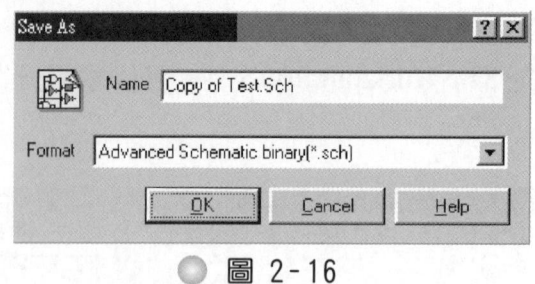

圖 2-16

在上面對話盒中，各參數說明如下：
1. Name：設定要儲存檔案的新檔名，預設檔名為Copy of Test.sch(Test.sch是目前檔案的名稱)。
2. Format：設定檔案的儲存格式，共有6種儲存格式可供選擇。

二、匯入及匯出功能：

在Protel軟體中，有關檔案匯入和匯出功能，如下表所示：

匯入和匯出功能	內 容 說 明
Import	從某個檔案，匯入資料到目前視窗中。
Export	從目前視窗中，匯出資料到另一種格式的檔案中。

三、列印功能：

和列印有關的功能，如下所示：

功 能	內容說明
Setup Printer	設定列印的相關資料
Print	列印電路圖

按File > Setup Printer命令，可以設定列印功能的相關資料，產生Schematic Printer Setup對話盒，如下圖所示：

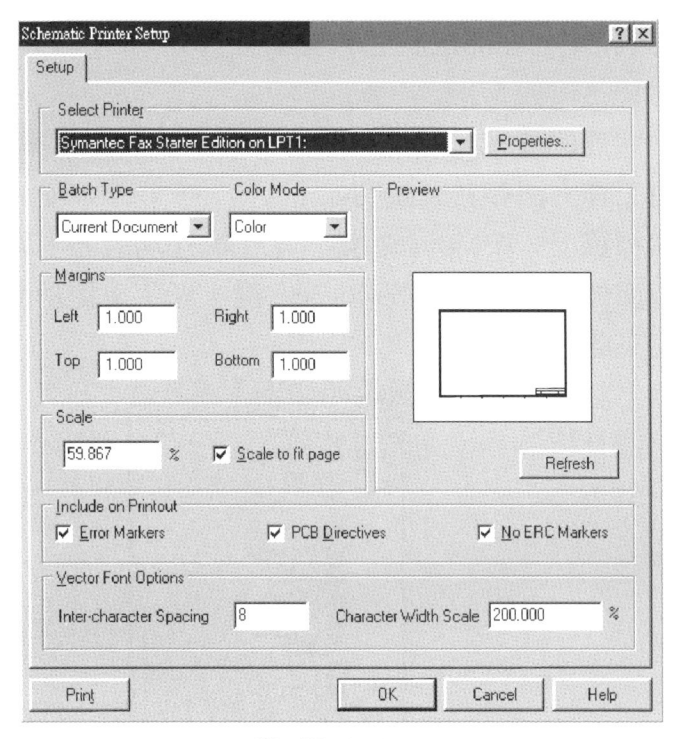

◯ 圖 2-17

按Print鍵，可以列印電路圖的圖形。

按File > Print命令，根據列印功能的相關設定資料，也可以列印電路圖的圖形。

四、刪除檔案功能：

當某個設計檔案(ddb)使用一段時間之後，你可能會開啟許多檔案，當檔案是在開啟狀態時，檔案標籤會出現在工作視窗上面，如下圖所示：

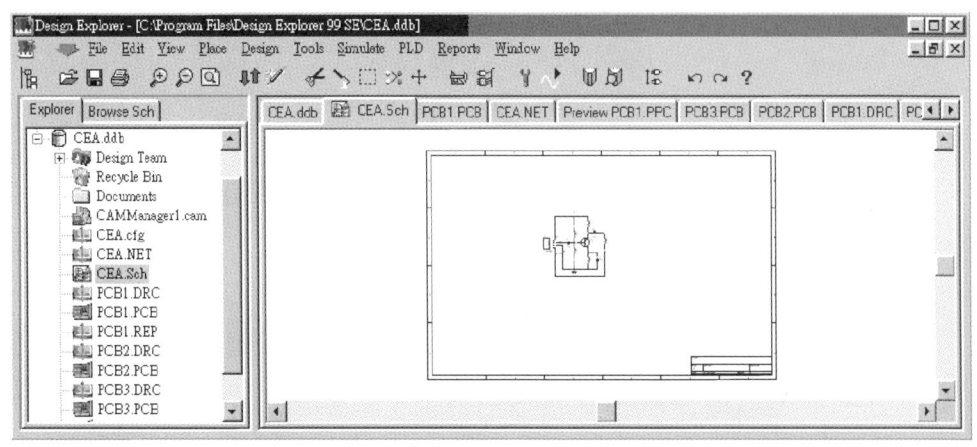

◯ 圖 2-18

在上面圖形中，在開啟狀態的檔案有：CEA.ddb、CEA.Sch、PCB1.PCB...等。

在開啟狀態的檔案是無法刪除的，所以要關閉檔案，有關關閉檔案的方法，共有三種方法存在，說明如下：

1. 在檔案標籤上，按Mouse右鍵，產生快捷功能表，點選Close命令。
2. 在設計面板的檔案上，按Mouse右鍵，產生快捷功能表，點選Close命令，如下圖所示：

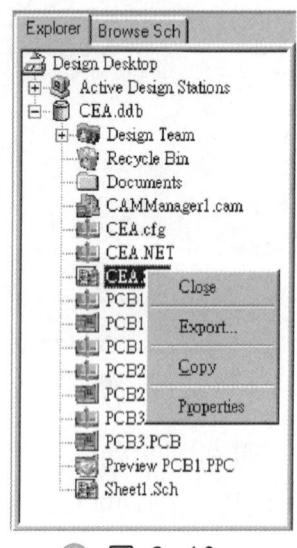

○ 圖 2-19

3. 開啟要關閉的檔案(可以按檔案標籤，或在設計面板上點選檔名)，把檔案內容顯示在工作視窗中，在主功能表中，按File > Close命令，如下圖所示：

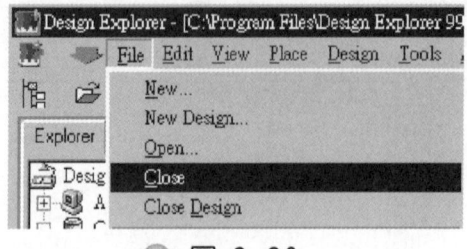

○ 圖 2-20

當檔案變成關閉狀態時，才可以刪除檔案，要刪除檔案只有一種方法，在設計面板中，在要刪除的檔案名稱上，按Mouse右鍵一次，產生快捷功能表，如下圖所示：

◎ 圖 2-21

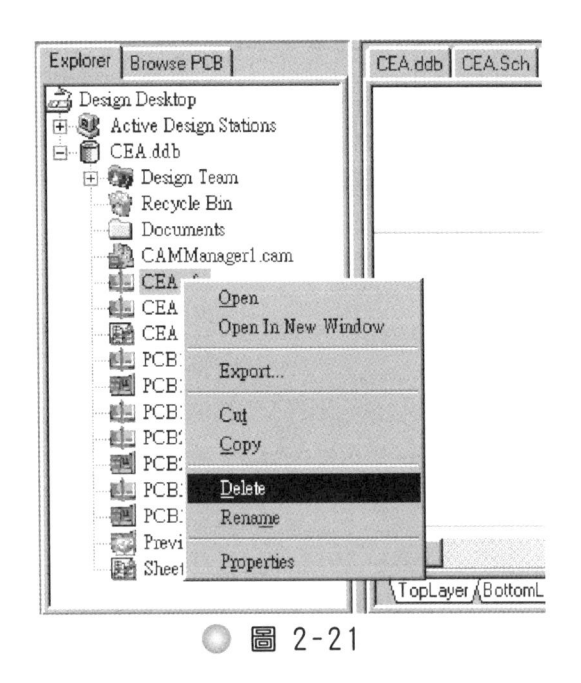

點選Delete命令，可以刪除不要的檔案。

五、關閉Protel視窗：

按File > Exit命令，可以關閉Protel視窗，如果有更動此設計檔案的一些檔案，系統會詢問你是否要儲存檔案的更動內容，產生Confirm對話盒，如下圖所示：

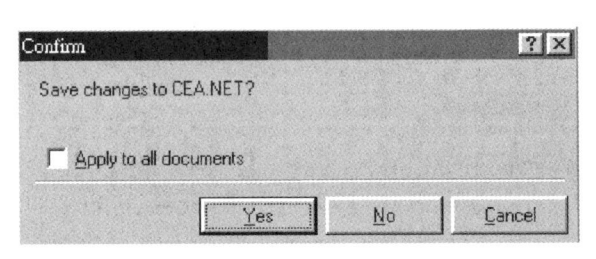

◎ 圖 2-22

當關閉Protel視窗時，如果已經開啟某個設計檔案，下次再開啟Protel軟體，Protel系統會同時開啟這個設計檔案。

六、開啟另一個設計檔案：

如果要開啟另一個設計檔案，最好關閉目前開啟的設計檔案，按File > Close Design命令，就可以關閉目前的設計檔案，要開啟另一個設計檔案，有兩種方式：

1. 按File > Open命令，可以開啟設計檔案。

2. 按File命令，在File主功能表的下面部分，會顯示9個最近開啟的設計檔案，如下圖所示：

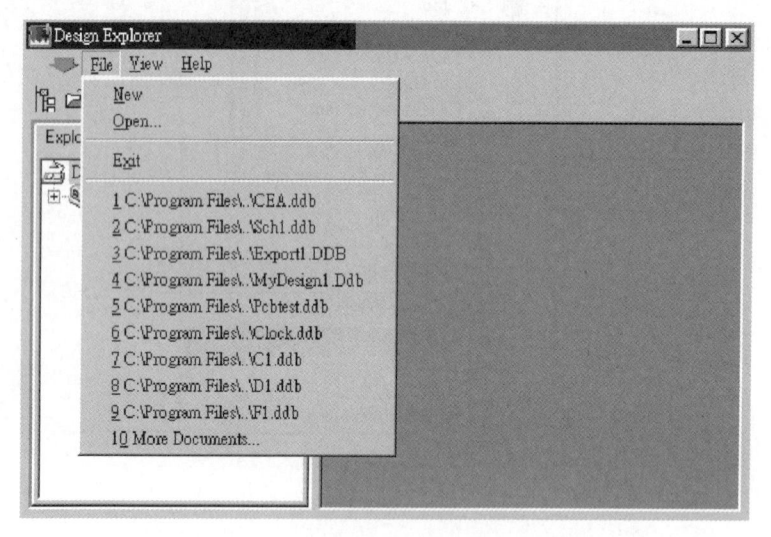

◯ 圖 2-23

點選More Documents命令，可以顯示所有設計檔案，產生Choose Design Document對話盒，如下圖所示：

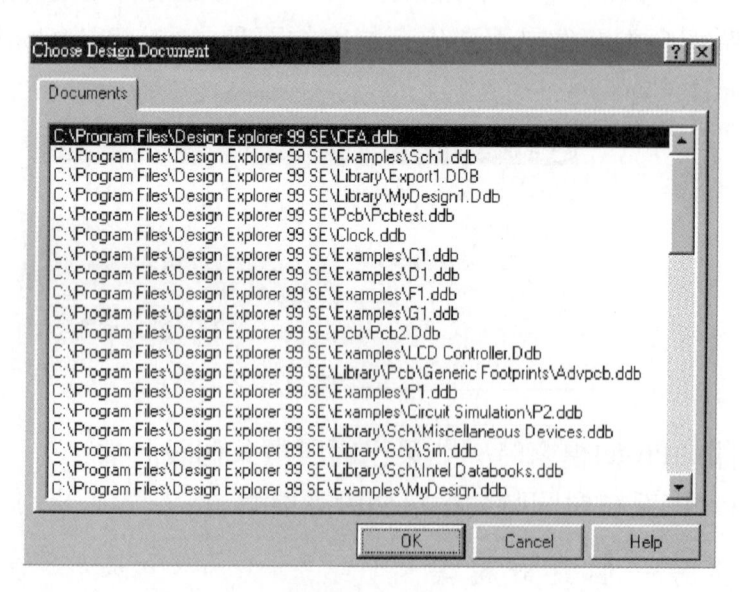

◯ 圖 2-24

再點選要開啟的設計檔案。

2-3 Protel軟體的檔案結構

Protel軟體的最上層檔案是設計檔案(Design files)，這是一個資料庫檔案，所有相關的檔案都儲存在這個目錄下，包括：電路圖檔案(.Sch)、電路板檔案(.Pcb)、串接檔(.Net)...等。

開啟一個設計檔案，這是這個電路的檔案結構，設計總管的圖形，如下圖所示：

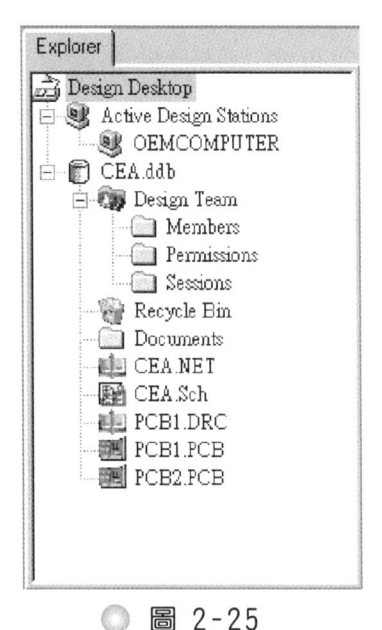

● 圖 2-25

還未開啟設計檔案之前，設計總管的內容是：

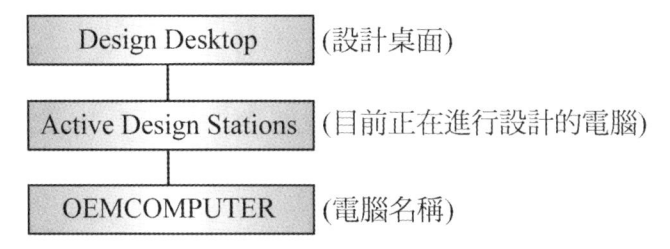

Design Desktop (設計桌面)
↓
Active Design Stations (目前正在進行設計的電腦)
↓
OEMCOMPUTER (電腦名稱)

這個部份說明目前正在進行設計電路圖的電腦，由於是以團隊方式設計電路圖，所以必須知道目前正在工作的工作站是哪一個？才能加以掌控。

開啟一個設計檔案之後，設計總管的圖形，如圖2-25所示，設計總管的內容，如下表所示：

檔案	說　明	檔案	說　明
Design Team	設計團隊	Document	文件檔
Members	團隊成員	CEA.NET	串接檔
Permission	授權等級	CEA.Sch	電路圖檔案
Session	已開啟檔案的簡介	PCB1.DRC	設計規則檢查檔案
Recyle Bin	回收桶	PCB1.PCB	PCB電路板檔案

由於目前PCB電路圖是越來越複雜，所以必須以團隊方式，進行大型的電路圖設計，由於會有多人同時參與設計工作，所以必須加以控制，這是由Design Team設計團隊檔案所控制，其內容有：團隊成員(Members)、授權等級(Permission)和已開啟檔案的簡介(Sessions)。

在設計檔案中，最重要的檔案是電路圖檔案和電路板檔案，因為這兩個檔案是主要的編輯器，可以編輯電路圖和PCB電路板。

在圖2-25的設計總管中，可以看見CEA.ddb設計檔案的所有檔案，在檔案名稱上，按Mouse左鍵一次，可以開啟這個檔案，檔案名稱會出現在工作視窗的標籤上，例如：在CEA.Sch和PCB1.PCB兩個檔案上，按Mouse左鍵一次，可以開啟這兩個檔案，並且可以在工作視窗上面看見這兩個檔名的標籤，如下圖所示：

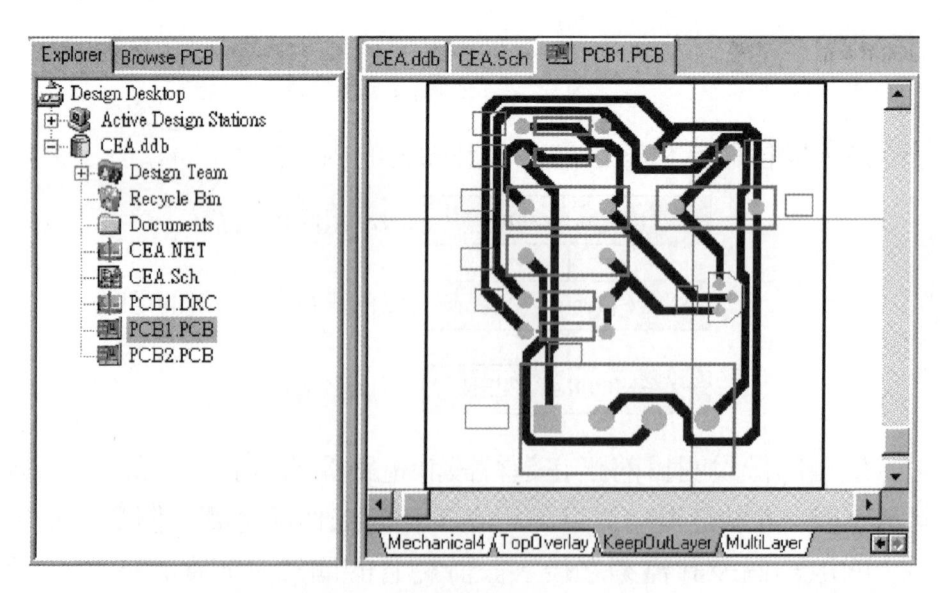

● 圖 2-26

由於CEA.ddb設計檔案是一定要開啟的，否則設計檔案中的檔案就無法開啟，所以可以看見這個標籤(CEA.ddb)，按這些標籤，可以顯示這些視窗。

2-4 設計面板說明

為了要說明設計面板的內容，先開啟兩個檔案：電路圖檔案和電路板檔案，可以看見這兩個檔案的設計面板，設計面板是設計總管的一部分，只要按Browse ***標籤，可以看見這個設計面板，分別說明如下：

1. Sch設計面板：按*.Sch標籤(在工作視窗的上面)，可以開啟電路圖編輯器，在設計總管中，按Browse Sch標籤，就可以看見Sch設計面板，專門提供電路圖編輯使用，如下圖所示：

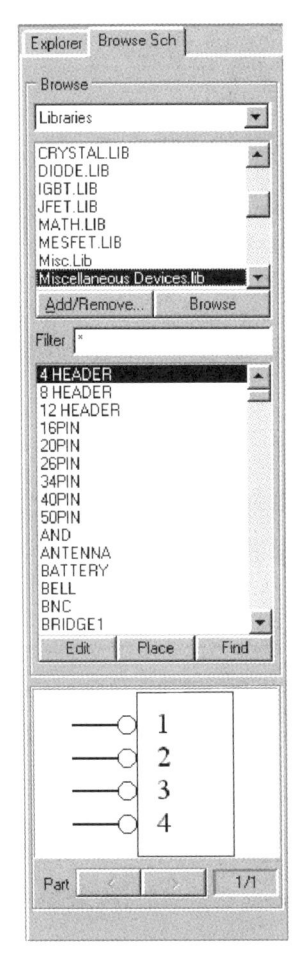

● 圖 2-27

在Sch設計面板中，共有三個欄位，分別說明如下：

(1) Browse欄位：可以點選目前Sch電路圖的項目，按下拉鍵，選擇所要觀看的項目種類，在下面欄位中，顯示這個項目種類的所有內容，並且點選其中一個項目。可以選擇的項目種類，如下所示：

　　　　a. Libraries：表示已經連結的元件庫。
　　　　b. Primitives：表示此電路圖的基本項目。
　　以下說明按鍵功能，如下：
　　　　a. Add/Remove 鍵：連結或移除元件庫。
　　　　b. Browse 鍵：瀏覽元件庫的內容。
　　　　　(按鍵會隨著項目種類不同而改變)
(2) 中間欄位：在 Browse 欄位中，點選其中一個項目，這個欄位會顯示這個選項的組成單元，例如：點選 Miscellaneous Devices.lib，可以看見此元件庫的所有元件。
　　以下說明的按鍵功能，如下所示：
　　　　a. Edit 鍵：可以編輯某個組成單元(也是項目)，會產生項目的編輯畫面。
　　　　b. Place 鍵：把點選項目放置在工作視窗中。
　　　　c. Find 鍵：搜尋所有元件庫，可以找到所要的元件。
　　　　d. Filter 欄位：表示項目名稱的過濾器，*表示顯示所有項目，D* 表示顯示D字開頭的項目。
(3) 迷你視窗：可以顯示上面選項的大概圖形，Part欄位表示同一個IC元件中具有多個元件，可以選擇要使用那一個元件，只要按<或>鍵，選擇要採用哪一個元件，如下圖所示：

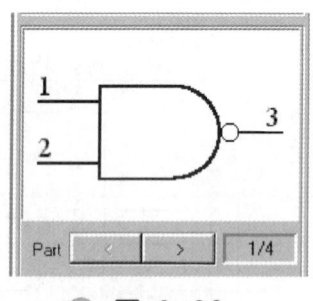

● 圖 2-28

　　在74F00的IC元件中，此IC是NAND邏輯閘，同一顆IC有四個NAND元件存在。
2. PCB設計面板：按 PCB1.PCB 標籤，可以開啟電路板編輯器，在設計總管中，按 Browse PCB 標籤，可以看見PCB設計面板，專門提供PCB電路板編輯使用，如下圖所示：

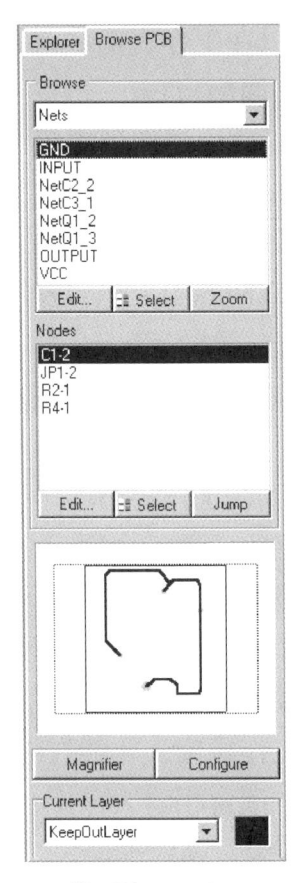

◯ 圖 2-29

在PCB設計面板中，共有四個欄位，分別說明如下：

(1) Browse欄位：可以點選目前PCB電路板的項目，按下拉鍵，選擇所要觀看的項目種類，在下面欄位中，顯示這個項目種類的所有內容，並且點選其中一個項目。可以選擇的項目種類，如下表所示：

項目種類	內容說明
Nets	表示這個PCB電路板的所有連線
Components	表示這個PCB電路板的所有元件
Libraries	表示已經連結的元件庫
Net Classes	表示設定的連線組
Component Classes	表示設定的元件組
Violations	表示所有發生違反設計規則的項目
Rules	顯示所有設計規則

以下說明各按鍵功能，如下：

　　a. Edit鍵：可以編輯選擇項目，例如：編輯GND連線。

b. Select鍵：可以在工作視窗中選擇這個項目(必須先在PCB設計面板中，點選這個項目)。

c. Zoom鍵：可以放大這個選擇項目。

(2) 中間欄位：在Browse欄位中，點選其中一個項目，這個欄位會顯示這選項的組成單元，例如：GND連線的組成單元有C1-2、JP1-2、R2-1和R4-1接腳(Nodes)，C1-2表示C1元件的第二個接腳。

以下說明各按鍵功能，如下所示：

a. Edit鍵：可以編輯某個組成單元(也是項目)，會產生項目的編輯對話盒。

b. Select鍵：可以在工作視窗中，選擇這個組成單元。

c. Jump鍵：這個組成單元會顯示在視窗畫面中。

(3) 迷你視窗：可以顯示上面選項的大概圖形，也可以看工作視窗的圖形。要看工作視窗的圖形，必須移動游標到迷你視窗的虛線方框內，按住Mouse左鍵，可以移動虛線方框，同時工作視窗也會隨之移動。放大工作視窗，才能在迷你視窗中，看到較小的虛線方框，否則虛線方框會相當大。

以下說明各按鍵的功能，如下所示：

a. Magnifier鍵：可以放大虛線方框附近的圖形(這是在迷你視窗中顯示)，按此鍵後，游標變成放大鏡符號，移動游標到工作視窗中，迷你視窗變成下面圖形，如右圖所示：

b. Configure鍵：可以決定迷你視窗的放大比例。

(4) Current Layer欄位：顯示目前佈局層的顏色，按下拉鍵，可以點選佈局層。

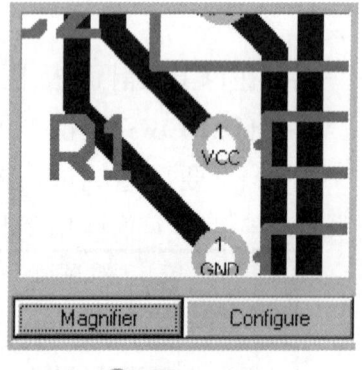

圖 2-30

從上面的說明可知，設計面板的種類相當多，但是比較重要的設計面板有Sch設計面板和Pcb設計面板，只要熟悉這兩種面板就可以了，其他面板使用的機會不是很高。

章後實習

實習2-1

問題1 請建立一個設計檔案，內容是：
(1)設計檔案：Test.ddb
(2)電路圖檔案：PPP.Sch
(3)電路圖檔案：QQQ.Sch
(4)電路板檔案：PCB1.PCB
(5)電路板檔案：PPP.PCB
上面的電路圖和電路板檔案的內容都是空的。

問題2 畫出這個電路檔案的檔案結構。

實習2-2

按開始 > 程式集 > Protel 99 SE Trial > Examples > 4 Port Serial Interface命令，可以看見Protel 99 SE軟體所提供的電路範例，利用這個電路範例，回答本實習的問題。

問題1 請列出這個電路範例的檔案結構。
問題2 共有幾個電路圖檔案？幾個電路板檔案？
問題3 加入一個新的電路圖檔案和一個新的電路板檔案。

實習2-3

問題1 請建立一個設計檔案，內容是：
(1)設計檔案：Mydesign1.ddb
(2)電路圖檔案：Sheet1.Sch
(3)電路板檔案：PCB1.PCB
(4)電路圖元件庫編輯器：SchLib1.Lib
(5)PCB元件編輯器：PCBLIB1.Lib
(6)PCB列印編輯器：PCBPrint1.PPC
(7)資料夾：Folder1

問題2 畫出這個電路的檔案結構。

實習2-4

按 開始 > 程式集 > Protel 99 SE Trial > Examples > LCD Controller Design命令，可以看見Protel 99 SE軟體所提供的電路範例，利用這個電路範例，回答本實習的問題。

問題1 請列出這個電路範例的檔案結構。
問題2 共有幾個電路圖檔案？幾個電路板檔案？
問題3 加入一個新的電路圖檔案和一個新的電路板檔案。

實習2-5

按 開始 > 程式集 > Protel 99 SE Trial > Examples > Z80 Microprocessor命令，可以看見Protel 99 SE軟體所提供的電路範例，利用這個電路範例，回答本實習的問題。

問題1 請列出這個電路範例的檔案結構。
問題2 共有幾個電路圖檔案？幾個電路板檔案？
問題3 加入2個新的電路圖檔案和一個新的電路板檔案。

3 快速畫一個簡單電路圖

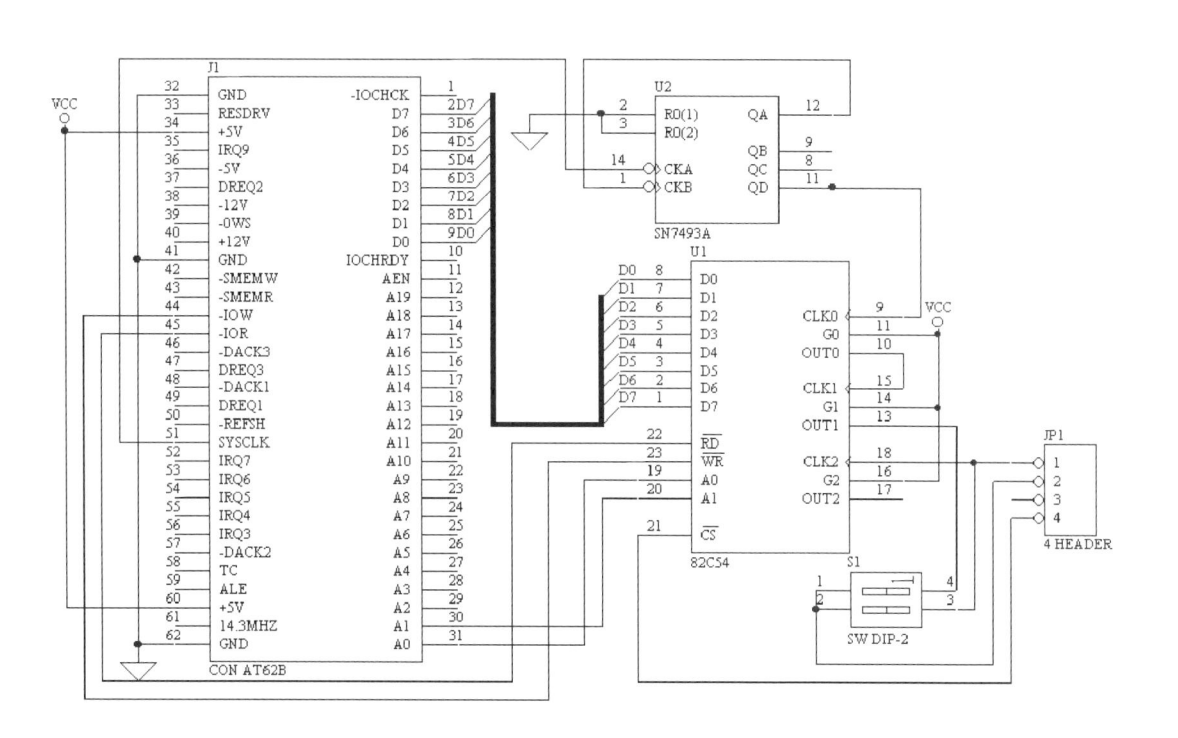

3-1 畫電路圖的流程介紹

　　畫簡單電路圖的動作並不是很複雜，只要依據一定的步驟，再練習畫數個電路圖，通常就可以知道如何畫一個簡單的電路圖，當你掌握住畫電路圖的基本技巧，接下來，就是如何找到你所要的元件？有關於這方面的內容，可以在下一章中看到，只要找到正確的電路元件，就可以完成一個正確的電路圖。

　　下面將介紹如何快速完成一個簡單的電路圖，有了電路圖才能進行電路模擬分析和轉換PCB電路板，有關畫電路圖的流程，如下圖所示：

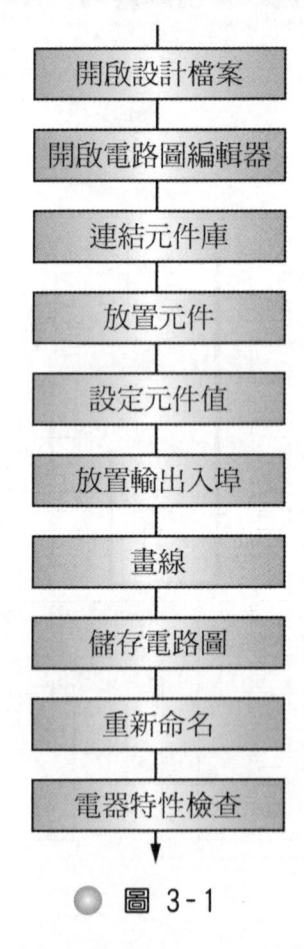

```
開啟設計檔案
     ↓
開啟電路圖編輯器
     ↓
   連結元件庫
     ↓
    放置元件
     ↓
   設定元件值
     ↓
  放置輸出入埠
     ↓
     畫線
     ↓
   儲存電路圖
     ↓
    重新命名
     ↓
  電器特性檢查
```

● 圖 3-1

　　要開始畫電路圖之前，你必須要有基本的畫電路圖知識和技巧，如下所示：

1. 了解電路圖的基本項目。
2. 時常使用的編輯功能。

有關這兩方面的內容,將分別在下面兩個章節中介紹。

畫電路圖的最大問題是如何找到正確的元件?在本章中,直接告訴你元件在那一個元件庫,您只要連結這些元件庫,就可以找到所要的元件,但是在實際的情況下,畫一個實際應用的電路圖,並不會說明元件在那一個元件庫中,所以最常見的狀況是找不到適當的電路圖元件,而無法完成你的電路圖,有關搜尋適合的元件,請看下一章的內容。

3-2 時常使用的編輯功能

在本節中,只介紹一些時常會使用的編輯功能,通常使用這些功能,就可以很容易畫電路圖,分別說明如下:

一、顯示整個電路圖:

有兩種方法可以顯示整個電路圖,但是顯示的等級有所不同,一個是顯示整個電路圖頁,另一個只顯示所有電路圖項目,分別說明如下:

1. 按View > Fit Document命令,或按V+D鍵,可以顯示整個電路圖頁,如下圖所示:

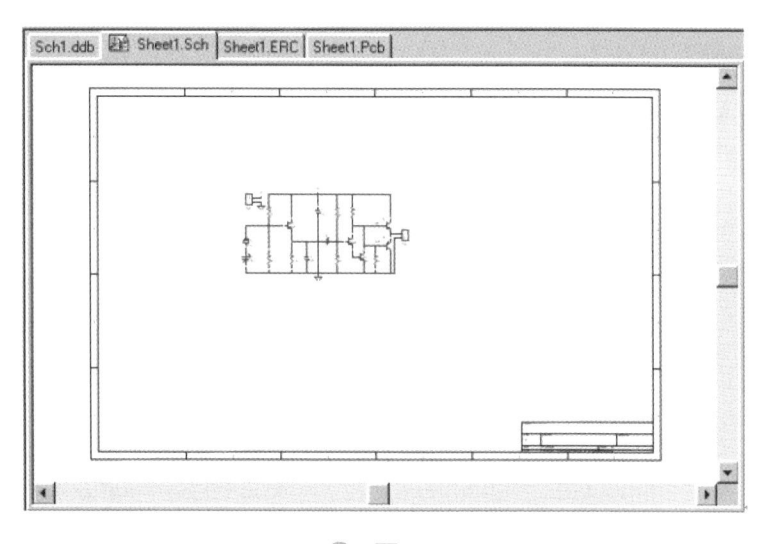

● 圖 3-2

2. 按View > Fit All Objects命令,或按V+F鍵,可以顯示所有電路圖項目,如下圖所示:

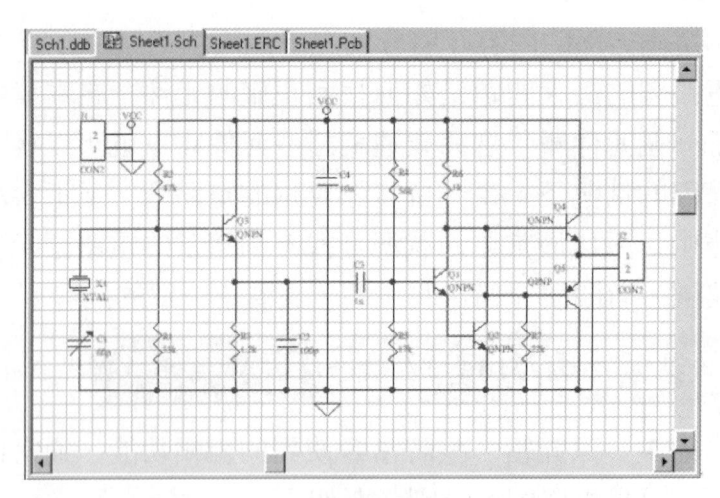

● 圖 3-3

> **注意**
> 使用快速鍵(例如：按V+D鍵)，最好在工作視窗中，按Mouse左鍵一次，再按快速鍵。

二、放大電路圖的某個區域：

為了能清楚地畫電路圖，必須放大電路圖的某個區域，才能正確地畫好電路圖，尤其是在執行畫線時。有兩種方法可以放大電路圖的某個區域，如下所示：

1. 按View > Area命令，或按V+A鍵，可以放大電路圖的某個區域，同時游標變成十字形狀，在要放大區域的一邊，按Mouse左鍵一次，產生一個方框，在放大區域的另一邊，再按Mouse左鍵一次，可以放大這個區域，如下圖所示：

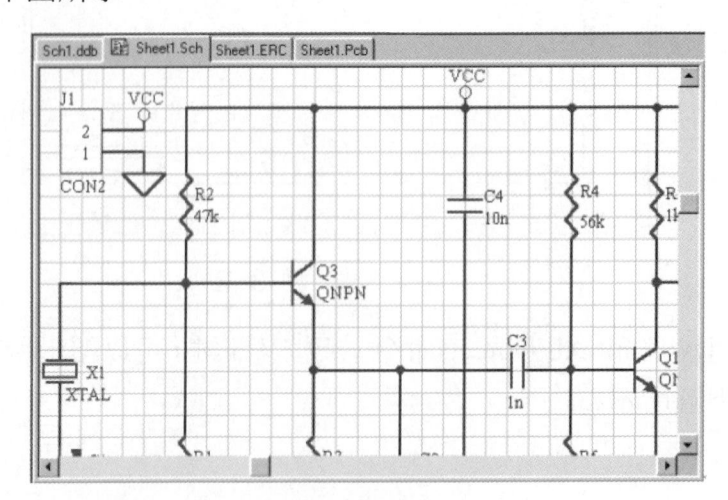

● 圖 3-4

2. 按View > Around Point命令，或按V+P鍵，也可以放大電路圖的某個區域，同時游標變成十字形狀，在要放大區域的中心點，按Mouse左鍵一次，產生一個方框，再按Mouse左鍵一次，可以放大這個區域。

三、如何使用快速鍵：

在主功能表中，命令的某個字母下面有底線，按這個字母，例如：要執行顯示整個電路圖頁，可以按快速鍵(V+D)鍵，步驟如下：

1. 在工作視窗中，按Mouse左鍵一次(表示要在工作視窗中執行編輯)。
2. 按V鍵，產生View功能表的內容，如下圖所示。

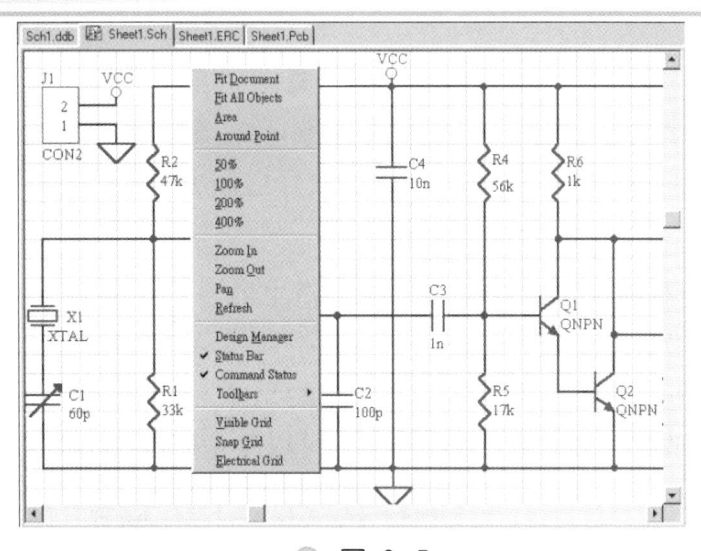

◎ 圖 3-5

3. 再按D鍵，或點選Fit Document命令，可以執行這個命令。

四、移動項目：

在項目上，按住Mouse左鍵，游標變成十字形狀，如下圖所示：

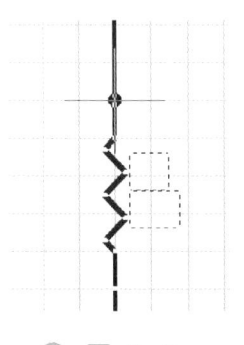

◎ 圖 3-6

可以移動這個項目，移動游標到要放置這個項目的位置，再放開Mouse左鍵，就可以放好這個項目。

如果游標的位置同時有數個項目存在，按住Mouse左鍵，會產生選擇對話盒，提供選擇那一個項目，如下圖所示：

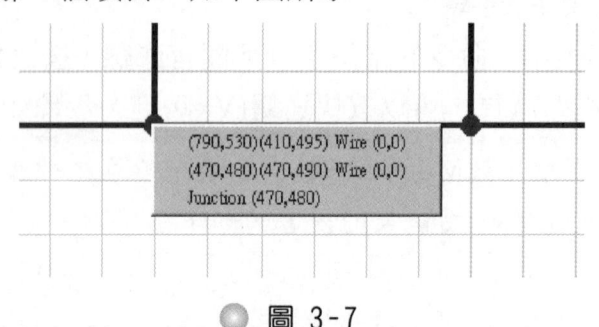

● 圖 3-7

選擇其中一個項目，可以放開Mouse左鍵，移動這個項目，到要放置的地方，再按Mouse左鍵一次，可以放好這個項目。

五、輸入項目特性值：

要輸入項目的特性值，必須先產生項目的特性對話盒，以元件特性對話盒為範例，說明如何輸入特性值。

在Sch設計面板中，點選要放置的元件，按Place鍵，游標上出現元件的符號，在放好元件之前，按Tab鍵，可以產生Part特性對話盒，如下圖所示：

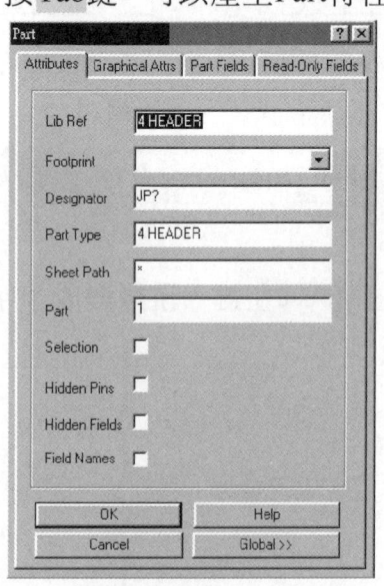

● 圖 3-8

游標出現元件符號時，按Mouse左鍵一次，可以放好元件，在元件上，連按Mouse左鍵兩次，也可以產生Part特性對話盒。

不止元件可以如此處理，所有項目也可以用相同方式處理，產生項目的特性對話盒，輸入項目的特性值，如下圖所示(Wire特性對話盒)：

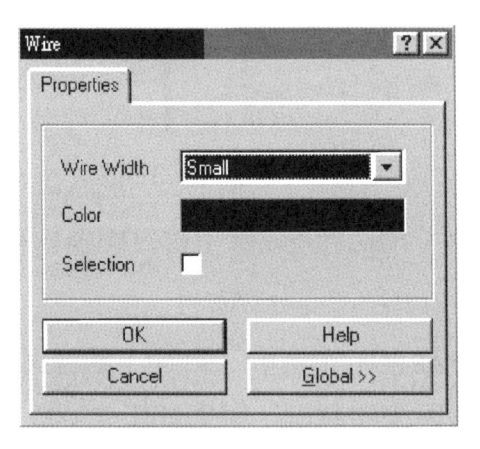

● 圖 3-9

六、刪除不要的項目：

要刪除不要的項目，必須先點選(按Mouse左鍵一次)這個項目，例如：點選電阻元件R1，如下圖所示：

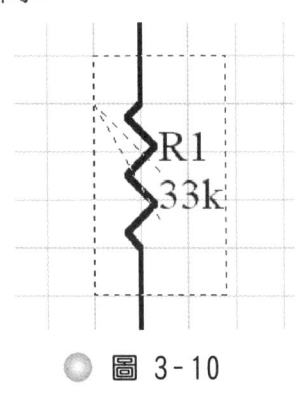

● 圖 3-10

如果游標的位置同時有數個項目存在，按Mouse左鍵一次，也會產生選擇對話盒，提供選擇那一個項目，如下圖所示：

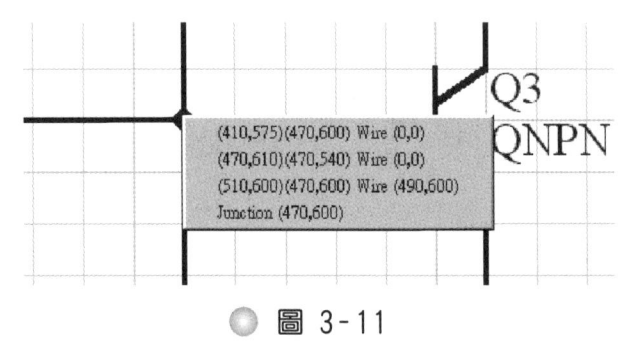

● 圖 3-11

選擇Junction(470，600)，就會點選接點，如下圖所示：

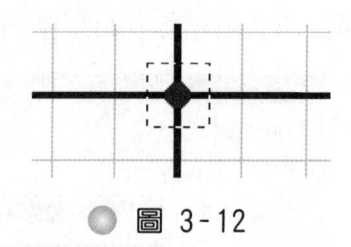

● 圖 3-12

點選某個項目，再按Delete鍵，可以刪除這個項目。

七、復原或重複動作：

如果執行的動作是不正確的，例如：刪除不應該刪除的項目，可以執行復原命令，恢復原來的狀況，說明如下：

1. 復原：按Edit > Undo命令，或按主工具列(Main Toolbar)的復原按鈕，可以恢復原來的狀況。
2. 重複動作：按Edit > Redo命令，或按主工具列(Main Toolbar)的重複動作按鈕，可以重複執行前一個動作。

八、時常使用的按鍵：

在電路圖編輯器中，時常使用的按鍵說明，如下所示：

按鍵	內 容 說 明
Tab	開啟特性對話盒
PgUp	放大視窗
PgDn	縮小視窗
V+A	放大視窗的某個區域
Del	刪除點選的項目
X+A	取消圈選的狀態
X	使可移動的項目水平鏡射
Y	使可移動的項目垂直鏡射
Space	使可移動的項目逆時針旋轉90度

3-3 電路圖的基本項目說明

在畫電路圖時，需要在電路圖中放置一些項目，形成一個電路圖，可以放置的項目，如下表所示：

畫電路圖命令	內容說明
Place > Bus	畫匯流排
Place > Bus Entry	畫匯流排輸入線
Place > Part	放置元件
Place > Junction	放置接點
Place > Power Port	放置電源輸出入埠
Place > Wire	畫線
Place > Net Label	放置連線名稱
Place > Port	放置輸出入埠
Place > Sheet Symbol	放置電路圖符號
Place > Add Sheet Entry	放置電路圖輸出入埠
Place > Directives	放置特殊項目

在本節中，只介紹數個重要的基本項目，可以提供畫電路圖使用，其他部分將在後面章節中說明。

一、放置元件：

按Place > Part命令，或按Wiring Tools工具列的元件按鈕，可以呼叫所要的元件，步驟如下：

1. 開啟一個電路圖編輯器。
2. 按Place > Part命令，或按Wiring Tools工具列的元件按鈕，產生Place Part對話盒，如下圖所示。

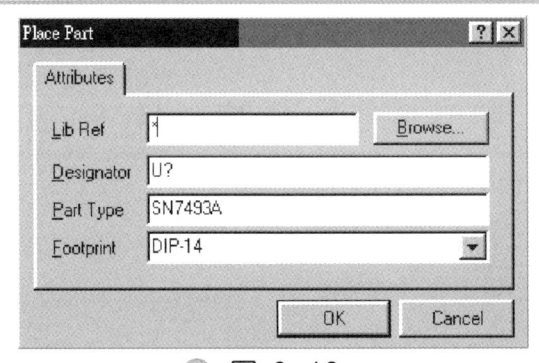

◯ 圖 3-13

可以在Lib Ref欄位中，輸入元件名稱，按Ok鍵，可以搜尋所有連結元件庫，但是元件名稱必須是完整的，不可以有萬用字元。

快速放置元件方法：放置元件時，由於本書有提供完整的元件名稱(Lib Ref)，按Place > Part命令，產生Place Part對話盒，如上圖所示，在Lib Ref欄位中，輸入正確的元件名稱，例如：RES、4 HEADER...其他欄位的內容也要輸入，按Ok鍵後，可以自動搜尋連結的元件庫，找到元件後，會有元件符號在游標上，可以直接放置元件。

這種方法相當快速且方便，當知道完整的元件名稱(Lib Ref)時，建議採用這種方式。

3. 按Browse鍵，產生Browse Libraries對話盒。
4. 在對話盒的Libraries欄位中，按下拉鍵，點選Simulation Symbols.Lib元件庫。
5. 在Components欄位中，點選RES元件，如下圖所示。

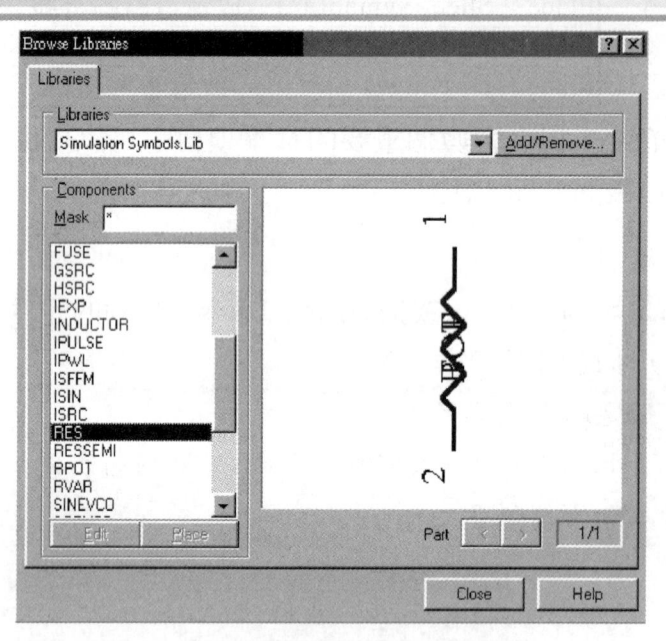

● 圖 3-14

6. 按Close鍵，回到Place Part對話盒。
7. 在對話盒中，輸入下列資料：
   Designator = R1 (元件名稱)
   Part Type = 10k (元件值)
   Footprint = AXIAL0.3 (元件外形圖)
   這時對話盒的圖形，如下圖所示。

第三章 快速畫一個簡單電路圖　53

◯ 圖 3-15

8. 按Ok鍵，游標上有元件的圖形，如下圖所示。

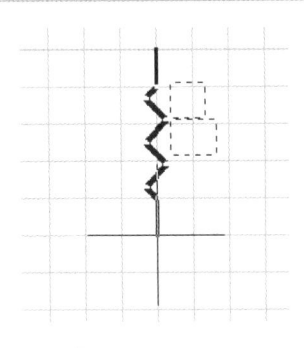

◯ 圖 3-16

可以按Space鍵，旋轉R1元件的方向。

9. 按Mouse左鍵一次，可以放好這個元件，並且產生Place Part對話盒。
10. 按Cancel鍵，終止放置元件的動作。

▶ **注意**

元件外形圖(Footprint)表示元件的包裝形狀，提供畫PCB電路板使用。
　　Part Type參數的內容表示元件項目的元件值，原本和Lib Ref參數內容相同，但是為了進行電路模擬工作，Part Type參數要修改成元件項目的元件值，才能進行電路模擬分析工作。

二、畫線和放置接點：

畫線功能提供兩個接腳或兩點之間的連接，畫線的步驟如下：

1. 按Place > Wire命令，游標變成十字形狀。
2. 在起點的位置上，按Mouse左鍵一次，在轉彎的位置上，按Mouse左鍵一次，在終點的位置上，再按Mouse左鍵一次，最後按Mouse右鍵一次，完成這段連線的畫線工作，如下圖所示。

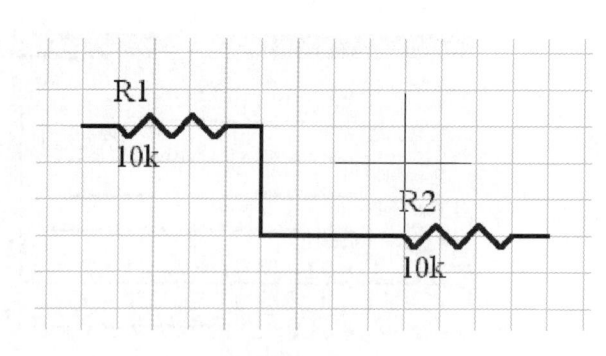

◎ 圖 3-17

此時游標仍然是十字形狀(在R2元件上面)。

3. 完成所有畫線工作，最後按Mouse右鍵一次，終止畫線功能。

放置接點功能提供兩條連線之間的連接，系統會自動提供接點，也可以人工放置接點，放置接點的步驟如下：

1. 按Place > Junction命令，游標變成十字形狀。
2. 在兩條連線的交叉點上，按Mouse左鍵一次，如下圖所示。

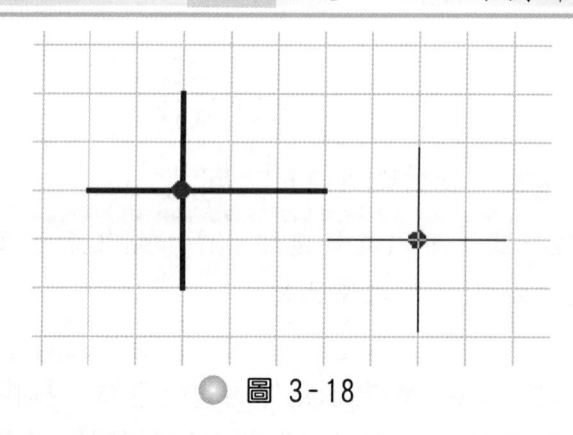

◎ 圖 3-18

右下角的十字形狀是游標所在的位置，並且中間有接點圖形存在。

3. 按Mouse右鍵一次，終止放置接點功能。

畫線時，有一些需要注意的情況，如下所示：

在下圖中，共有兩種情況：

○ 圖 3-19

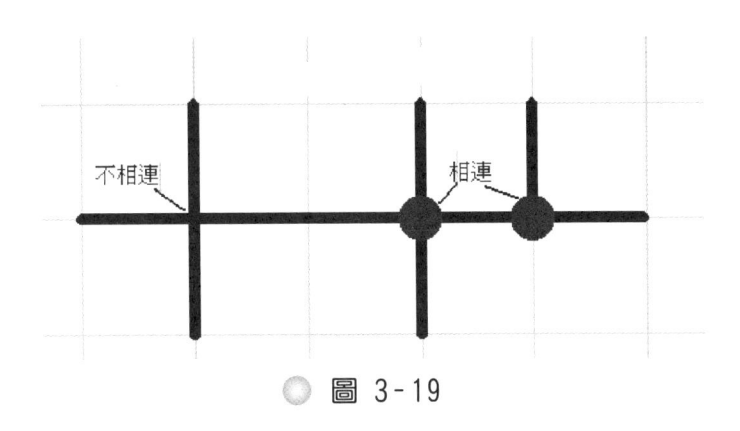

1. 兩條線不相連：這是跨線，當畫線時，只要直接跨過交叉線，就會使兩條線不相連。
2. 兩條線相連：有兩種方式，可以完成兩條線相連，如下所示：
   (1) 先連接到交叉線，再從交叉的接點，連接到終點。
   (2) 先完成跨線，再按Place > Junction命令，呼叫接點，把接點放在交叉點上，也可以完成連線的動作。

兩條線相連必然會有接點存在，如果沒有接點，表示兩條線沒有相連接。

畫線時，按Place > Wire命令後，進入畫線功能，此時按SPACE鍵，可以切換畫線模式，共有六種模式存在，說明如下：
1. 先畫短線再畫長線。
2. 先畫長線再畫短線。
3. 先畫斜線再畫直線。
4. 先畫直線再畫斜線。
5. 只畫一條斜線。
6. 自動連接(先以虛線表示，再完成連線，會自動避開其他項目)。

一般而言，最好採用自己常用的畫線模式，因為畫線時，可能會發生兩條連線的接點問題，不小心會把該畫接點忽略掉，或沒有接點卻有接點存在，這種畫線問題不容易查出，所以應該採用自己常用的畫線模式，不要隨便更改。

三、放置輸出入埠：

當階層式電路時，必須要畫輸出入埠，按Place > Port命令，游標變成十字形狀，並且有輸出入符號存在，按Tab鍵，產生Port對話盒，如下圖所示：

● 圖 3-20

在上面對話盒中，重要參數說明如下：
1. Name：表示輸出入埠名稱。
2. Style：表示輸出入埠的形狀，有多種形狀可供選擇，輸出入埠形狀，如下圖所示：

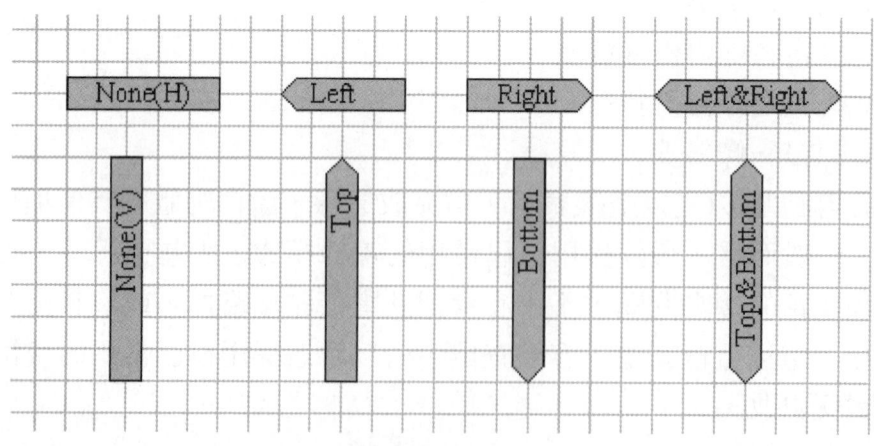

● 圖 3-21

3. I/O Type：表示設定為輸出或輸入形式，如下表所示：

I/O形式	內容說明
Unspecified	未設定為何種形式
Output	設定為輸出形式
Input	設定為輸入形式
Bidirectional	設定為輸出入形式

在Name格子中，輸入Port的名稱，在Style格子中，可以選擇輸出入埠的形狀，設定參數如下：

Name = Port

Style = Left

產生的輸出入埠，如下圖所示：

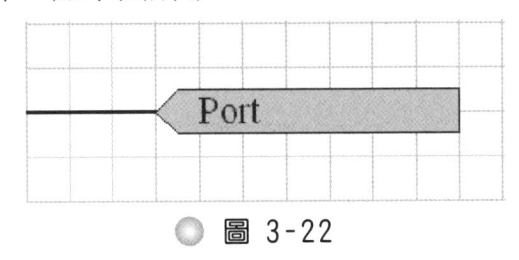

● 圖 3-22

按Ok鍵，關閉Port對話盒，按Mouse左鍵一次，決定輸出入埠的一邊，再按Mouse左鍵一次，可以決定輸出入埠的另一邊，決定好一個輸出入埠。

四、放置電源輸出入埠：

1. 按Place > Power Port命令，游標上有輸出入埠的符號，按Tab鍵，產生Power Port對話盒，如下圖所示：

也可以使用電源項目工具列(Power Objects Tools)，放置電源輸出入埠。

○ 圖 3-23

在上面對話盒中，重要參數說明如下：

(1) Net：表示電源輸出入埠的名稱。

(2) Style：表示電源輸出入埠的形狀，電源輸出入埠形狀，如下圖所示：

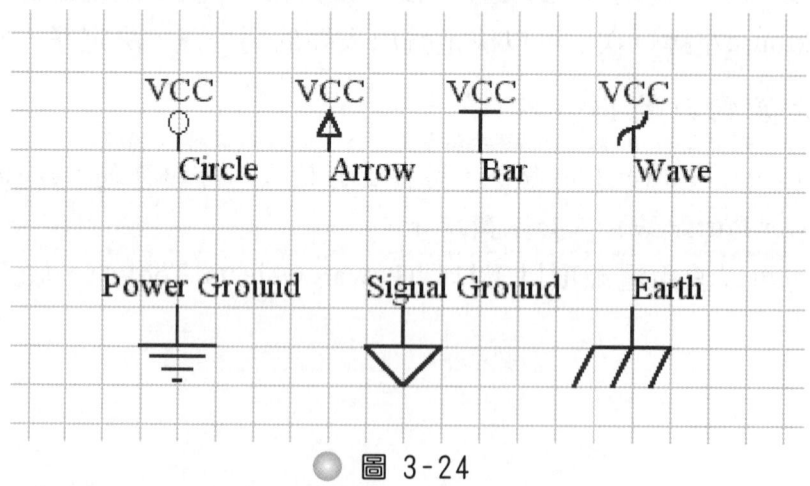

○ 圖 3-24

(3) Orientation：設定放置電源輸出入埠的方向。

2. 在Power Port對話盒中，輸入下列資料：

Net = GND

Style = Earth

Orientation = 270 Degrees

3. 按Ok鍵，再按Mouse左鍵一次，就可以放置電源輸出入埠。
電源輸出入埠的圖形，如下圖所示。

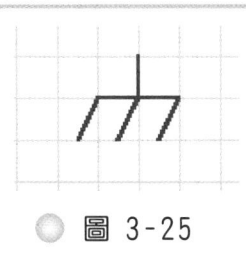

◯ 圖 3-25

可以按Space鍵，旋轉電源輸出入埠的方向。

▶ **注意**
電源輸出入埠並不一定用在電源連線，也可以用在一般的輸出入埠，只是輸出入埠的形狀，通常用在表示電源符號，但是並不影響設定連線名稱。

五、放置連線名稱：

1. 按Place > Net Label命令，游標出現十字形狀和一個虛線方框，按Tab鍵，產生Net Label對話盒，如下圖所示：

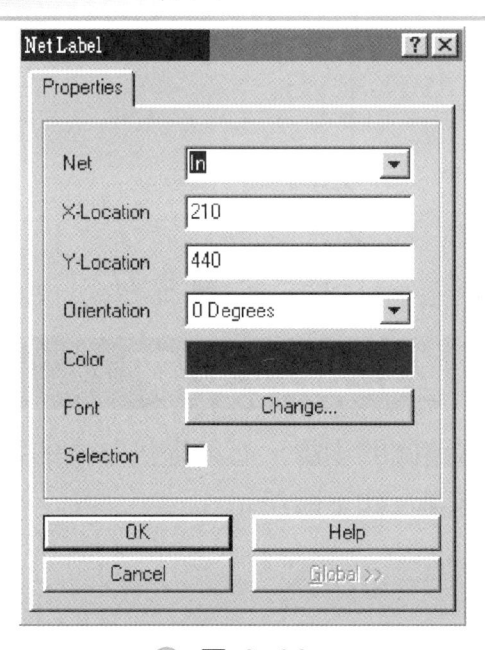

◯ 圖 3-26

在上面對話盒中，重要參數說明如下：
(1) Net：表示連線名稱，按下拉鍵，可以選擇已經設定的連線名稱，當然也可以直接輸入連線名稱。從已經設定的連線名稱中，可以看見VCC和GND連線，表示電源輸出入埠也是一種連線名稱，事實上，放置輸出入埠(Port功能)、放置電源輸出入埠(Power Port功能)和放置連線名稱(Net Label功能)都是設定連線名稱，只是項目的形狀不同。
(2) Orientation：設定放置連線名稱的方向。

2. 在Net Label對話盒中，輸入下列資料：
Net = In
Orientation = 0

可以按Space鍵，旋轉連線名稱的方向。

3. 按Ok鍵，移動游標到連線上，再按Mouse左鍵一次，可以設定連線名稱，如下圖所示。

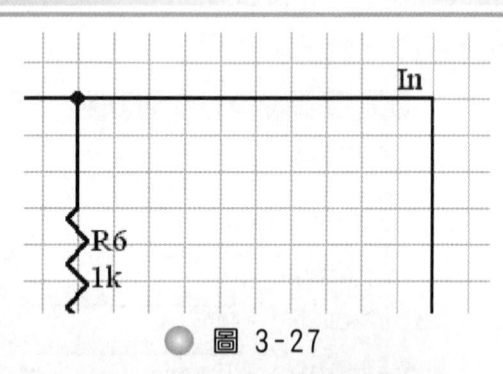

● 圖 3-27

3-4 畫一個電路圖的步驟

要開始介紹電路圖的步驟，必須提供基本的電路圖資料，如下所示：
要完成的電路圖，如下圖所示：

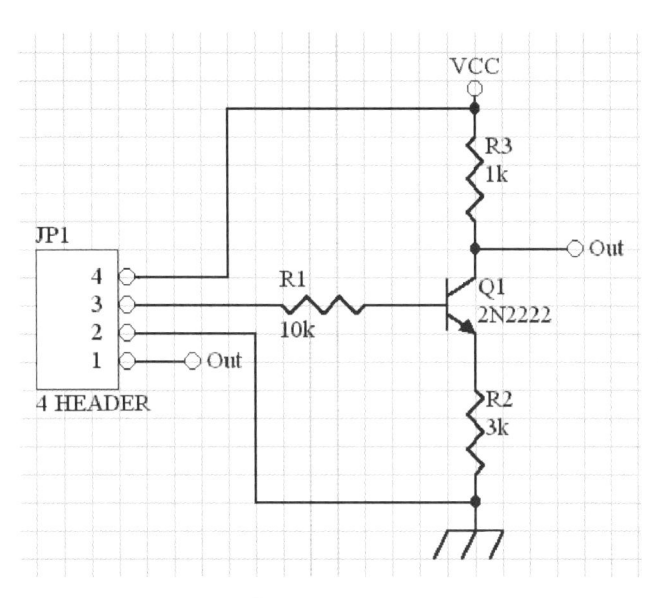

● 圖 3-28

所使用的元件，如下表所示：

元件 (Lib Ref)	元件外形圖 (Footprint)	元件名稱 (Designator)	元件值 (Part Type)
RES	AXIAL0.3	R1	10k
RES	AXIAL0.3	R2	3k
RES	AXIAL0.3	R3	1k
2N2222	TO-92A	Q1	2N2222
4 HEADER	POWER4	JP1	4 HEADER

必須連結的元件庫有Sim.ddb/Simulation Symbols.lib和BJT.lib元件庫。

根據3-1節的畫電路圖流程，開始介紹畫電路圖的步驟，如下所示：

一、開啟設計檔案：

要使用Protel 99 SE軟體，必須建立一個新的設計檔案，步驟如下：

1. 按開始 > 程式集 > Protel 99 SE Trail > Protel 99 SE命令，開啟Client99對話盒。
2. 按Continue鍵，進入Design Explorer視窗。
3. 按File > New命令，產生New Design Database對話盒。
4. 設定參數，如下：
   Design Storage Type = MS Access Database
   Database File Name = Schtest.ddb

5.按Ok鍵，產生Schtest.ddb設計檔案。

二、開啓電路圖編輯器：

要畫電路圖，必須先產生一個新的電路圖編輯器，步驟如下：

1. 按File > New命令，產生New Document對話盒。
2. 點選Schematic Document圖示，再按Ok鍵，產生Sheet1.Sch圖示，只要在Sheet1.Sch圖示上，連按Mouse左鍵兩次，可以進入Sheet1.Sch視窗，這個視窗就是電路圖編輯器。

(如果是一個舊的設計檔案，可能就會直接進入Sheet1.Sch視窗，而不是產生Sheet1.Sch圖示。)

三、連結元件庫：

為了要能呼叫到所要的元件，必須先連結元件庫，步驟如下：

1. 在Sch設計面板中，在Browse欄位中，按下拉鍵，點選Libraries。
2. 按Add/Remove鍵，產生Change Library File List對話盒，可以連結所需要的元件庫。

▶ **注意**
電路圖元件庫的路徑在C:\Program Files\Design Explorer 99 SE\Library\Sch。

3. 在對話盒的上面欄位中，點選所要連結的元件庫Miscellaneous Devices.ddb(檔案類型(T)為Protel Design file(*.ddb))。

▶ **注意**
點選Miscellaneous Devices.ddb後，在Description格子中，可以看到這個元件庫的名稱。

4. 按Add鍵，可以連結這個元件庫。
5. 重複步驟3-4，連接元件庫TI Databooks.ddb。
6. 按Ok鍵，完成連結元件庫的動作。

▶ **注意**
電路圖編輯器要連結兩個元件庫：Sim.ddb和Miscellaneous Devices.ddb，找不到元件時，可以利用搜尋元件庫方法，找到所要的元件(不同的元件庫)。

四、放置元件：

連結好元件庫，接下來，可以放置元件，步驟如下：

1. 在Sch設計面板的Browse欄位中，按下拉鍵，選擇Libraries。
2. 點選Simulation Symbols.Lib元件庫。
3. 在中間欄位中，點選RES元件。
4. 按Place鍵，游標上有RES元件的圖形。
5. 在適當位置上，按Mouse左鍵一次，放好這個元件。
6. 重複步驟1-5，把所有元件放好，如圖3-29所示。

可以採用快速放置元件方法，請參考3-3節的說明。

五、設定元件值：

1. 在R1元件上，連按Mouse左鍵兩次，產生Part特性對話盒，如下圖所示。
2. 根據前面元件表格的資料，把特性對話盒的內容設定好，輸入下列資料：

    Footprint = AXIAL0.3

    Designator = R1

    Part Type = 10k

3. 重複步驟1-2，把所有元件的特性值都設定好，最後的圖形，如下圖所示。

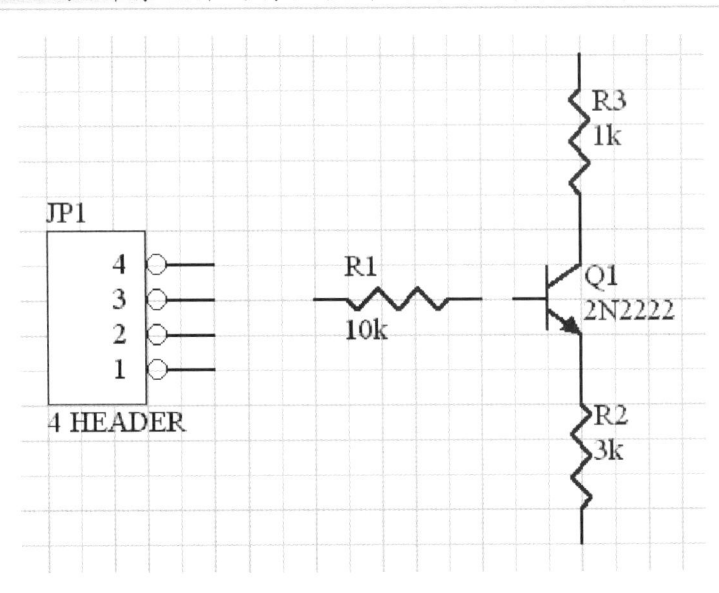

圖 3-29

六、放置輸出入埠：

1. 放好所有的元件，接下來，可以放置輸出入埠，按Place > Power Port命令，游標上有輸出入埠的符號，按Tab鍵，產生Power Port對話盒。

在上面的電路圖中，所使用的輸出入埠，如下表所示：

輸出入埠	連線名稱 (Net)	形狀 (Style)	方向 (Orientation)
VCC	VCC	Circle	90 Degrees
Out	Out	Circle	0 Degrees
GND	GND	Earth	270 Degrees

Out輸出入埠雖然不是電源連線，但是也可以使用Power Port符號，這樣也不會影響到電路的正確性，因為輸出入埠只是表示某個連線的名稱。

2. 在Power Port對話盒中，輸入下列資料：

Net = GND

Style = Earth

Orientation = 270 Degrees

3. 重複上面的步驟1-2，完成其他三個輸出入埠，電路圖如下所示：

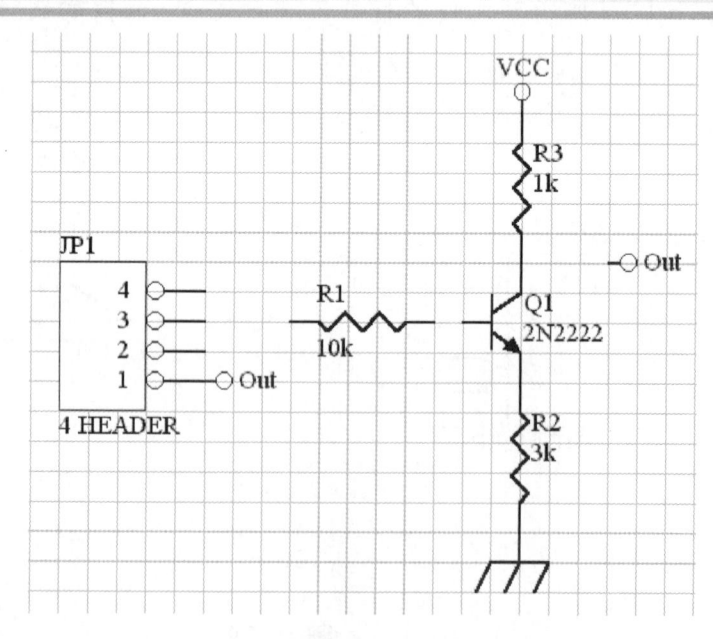

圖 3-30

七、畫線：

1. 接下來，可以進行畫線的動作，按Place > Wire命令，只要在起點的位置上，按Mouse左鍵一次，在轉彎的位置上，按Mouse左鍵一次，終點的位置，再按Mouse左鍵一次，最後按Mouse右鍵一次，就完成這段連線的畫線工作。
2. 重複步驟1，完成所有的畫線工作，最後按Mouse右鍵一次，終止畫線功能，電路圖如下所示。

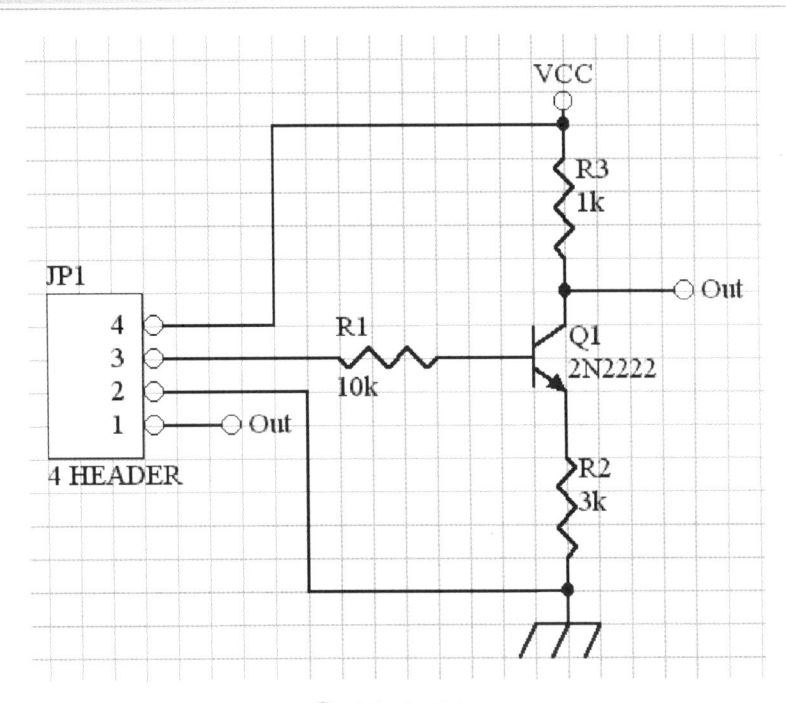

● 圖 3-31

八、儲存電路圖：

畫好電路圖，最好把電路圖儲存起來，才不會造成資料遺失，雖然關閉Protel視窗時，也會詢問你是否要儲存更動資料，但是無法保證電腦是否會當機，所以要隨時儲存電路圖，步驟如下：

1. 按File > Save命令，儲存電路圖。

九、重新命名：

電路圖中不可以有相同元件名稱，例如：呼叫電阻元件，通常系統預設名稱都是R?，所以會造成相同元件名稱，下面步驟可以把有?的元件名稱，重新設定名稱，步驟如下：

1. 按Tools > Annotate命令，產生Annotate對話盒，如下圖所示。

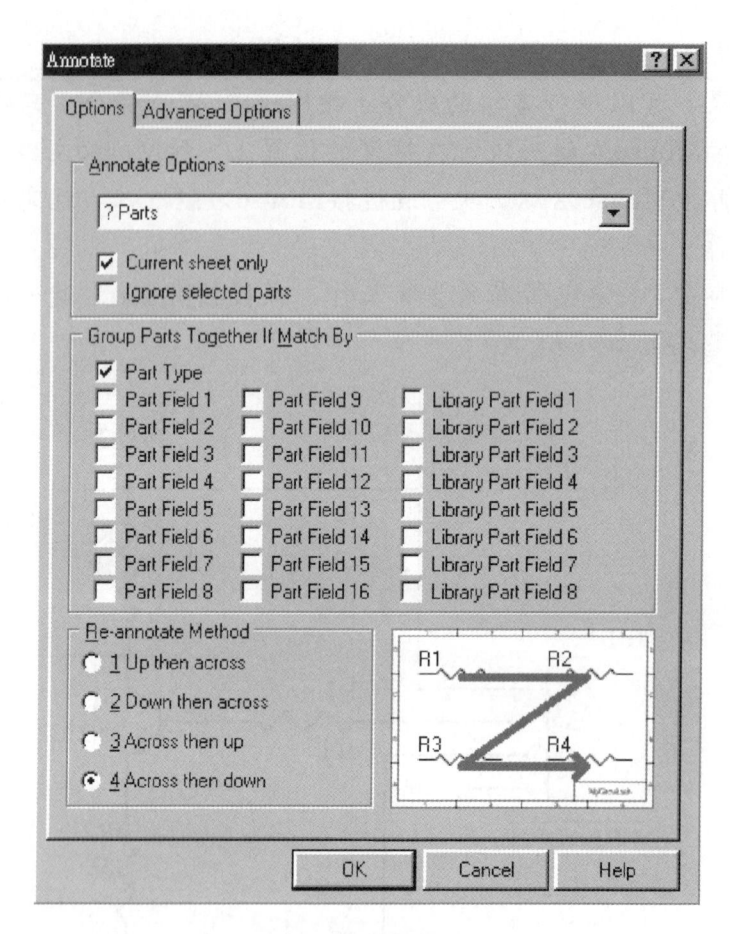

● 圖 3-32

　　在上面的對話盒中,會檢查所有元件的元件名稱,並且重新命名,其中Annotate Options欄位設定為？Parts,表示元件名稱有？,才會重新命名。

2. 按Ok鍵,重新命名,產生REP檔案,內容有重新命名的元件名稱。

十、電氣特性檢查：

1. 回到電路圖編輯器畫面,按Tools＞ERC命令,進行電路圖的電氣特性檢查,產生下面的對話盒。

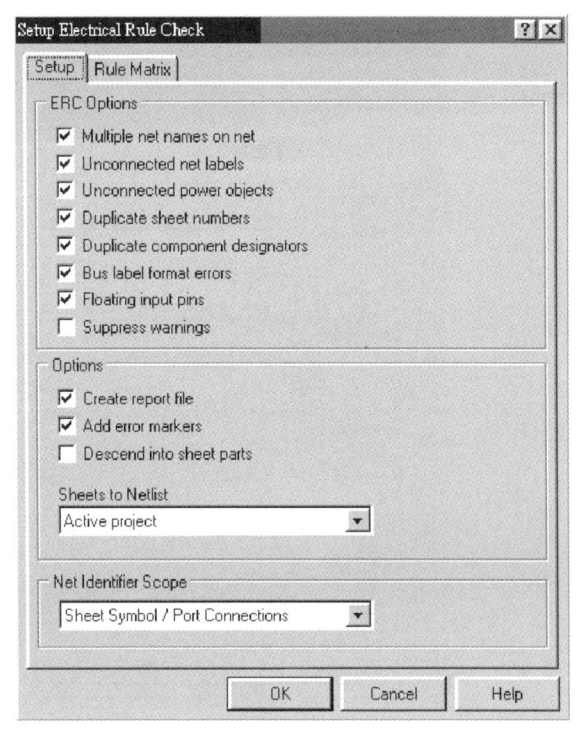

○ 圖 3-33

2. 按Ok鍵，檢查ERC電氣特性。

　　最後完成整個電路圖的設計工作，只要依據這些步驟，你可以很快畫出一個簡單的電路圖，有關複雜的操作方式，請看後面章節的說明。

3-5 項目特性對話盒的說明

　　在電路圖中，每一個項目都有自己的特性對話盒，可以修改項目的特性值，共有四種方式可以開啟特性對話盒，說明如下：
1. 還未放好項目之前，按Tab鍵，可以開啟對話盒。
2. 放好項目後，在項目上，連按Mouse左鍵兩次，也可以開啟對話盒。
3. 按Edit > Change命令，游標變成十字形狀，在項目上，按Mouse左鍵一次，也可以開啟對話盒。
4. 在項目上，按Mouse右鍵一次，產生快捷功能表，選擇Properties命令，也可以開啟對話盒。

　　以元件項目為範例，開啟一個元件的特性對話盒，如下圖所示：

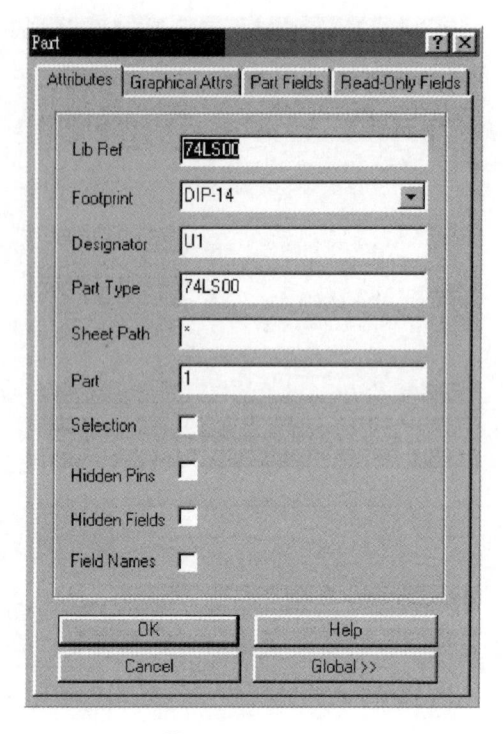

●圖 3-34

在上面對話盒中，參數說明如下：

1. Lib Ref：表示在元件庫中的元件參考名稱。
2. Footprint：表示元件外形圖，是實際元件的形狀符號。
3. Designator：表示在電路圖中的元件名稱。
4. Part Type：表示元件值。
5. Sheet path：表示電路圖的路徑。
6. Part：表示同一顆IC中，具有多個元件，以不同編號表示不同元件，以U1元件為例，編號1會產生U1A元件，編號2會產生U1B元件...

如何知道同一顆IC有多少個元件？可以看Sch設計面板的迷你視窗，如下圖所示：

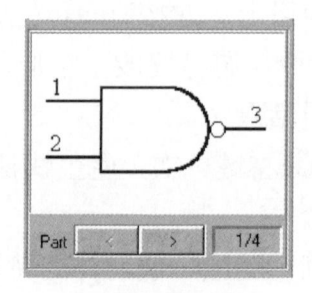

●圖 3-35

從上面圖形的Part欄位中，1/4表示同一顆IC中，共有四個元件存在，目前是使用第一個元件。

7. Selection：表示元件的圈選狀態。
8. Hidden Pins：切換顯示元件的隱藏接腳，一般而言，看不到隱藏接腳(通常是電源接腳)，啟動此設定，可以看到元件的隱藏接腳，如下圖所示：

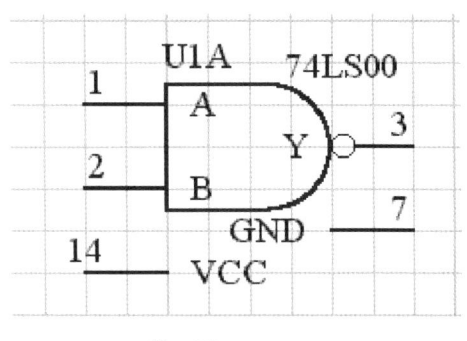

◯ 圖 3-36

大部份IC元件都具有隱藏接腳，只要和連線名稱相同，自動就會連接，不需要畫線表示連接。

9. Hidden Fields：切換顯示元件的隱藏欄位，啟動此設定，可以看到元件的隱藏欄位，如下圖所示：

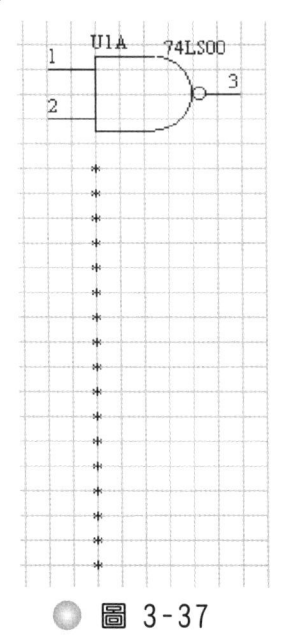

◯ 圖 3-37

在上面圖形中，元件的隱藏欄位內容都是*，有關設定隱藏欄位的內容，請看圖3-39的說明。

10.Field Names：切換顯示隱藏欄位的名稱，必須同時啟動 Hidden Fields 設定，才能顯示欄位名稱，如下圖所示：

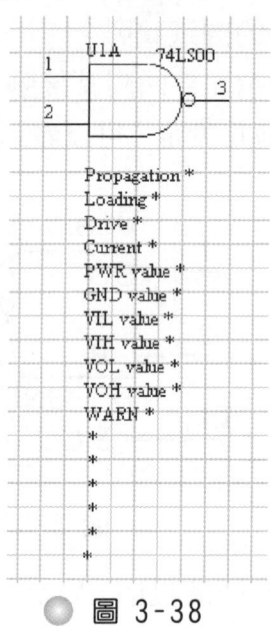

◯ 圖 3-38

在Part對話盒中，按 Part Fields 標籤，產生對話盒，可以看見隱藏欄位的名稱和內容，如下圖所示：

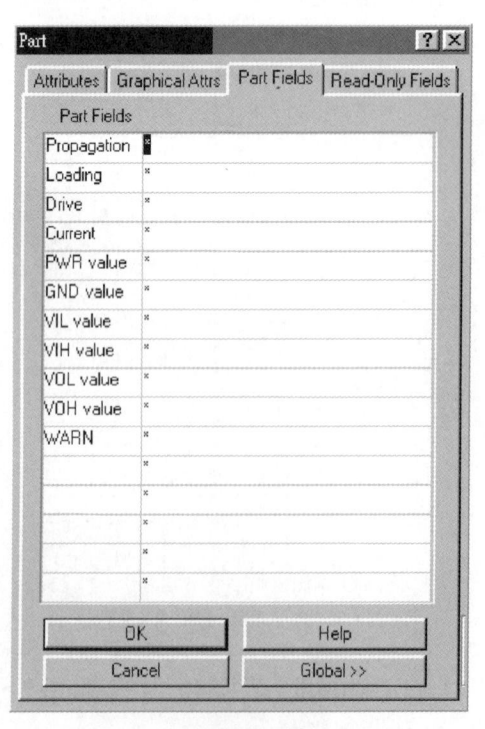

◯ 圖 3-39

請自行和上面兩個圖形(圖3-37、圖3-38)比較一下。

在Part對話盒中,按Graphical Attrs標籤,產生對話盒,如下圖所示:

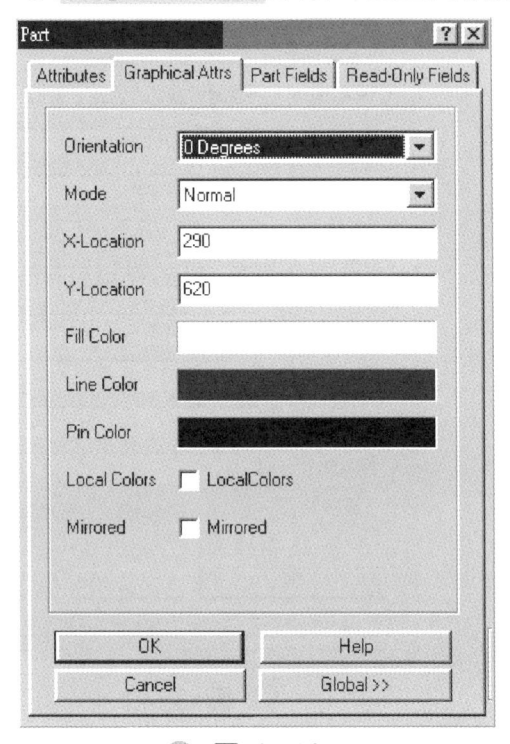

◯ 圖 3-40

在上面對話盒中,參數說明如下:

(1) Orientation:表示元件項目的放置方向,共有四個方向可以選擇。

(2) Mode:表示元件的圖形模式,共有三種選項,說明如下:

　　　　Normal:正常模式

　　　　DeMorgan:迪摩根模式

　　　　IEEE:IEEE模式

(3) X-Location:表示元件的X座標位置。

(4) Y-Location:表示元件的Y座標位置。

(5) Fill Color:表示元件圖形的填滿部分之顏色,通常用在一般IC元件的圖形。

(6) Line Color:表示直線的顏色。

(7) Pin Color:表示接腳的顏色。

(8) Local Colors:以元件顏色顯示(也就是Line Color所設定的顏色)。

(9) Mirrored:以鏡射方式顯示。

在Part對話盒中，按Read-Only Fields標籤，產生對話盒，如下圖所示：

● 圖 3-41

在上面對話盒中，各欄位是提供元件庫使用，通常能夠進行電路分析的元件，大部分的欄位(Field1-Field8)都必須設定，其中Description欄位表示元件的描述，這個部份的欄位是唯讀的，不可以隨便更改其內容，只能在元件編輯時(在第9章說明)，才能輸入相關內容，通常是SPICE轉換格式。

大部分項目的特性對話盒沒有那麼複雜，例如：連線(Wire)的特性對話盒，如右圖所示：

在上面對話盒中，可以更改線寬(Wire Width)，共有四種選項，其餘參數說明，請看前面的介紹。

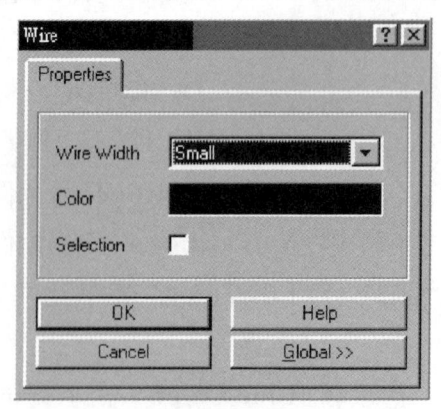

● 圖 3-42

章後實習

實習3-1

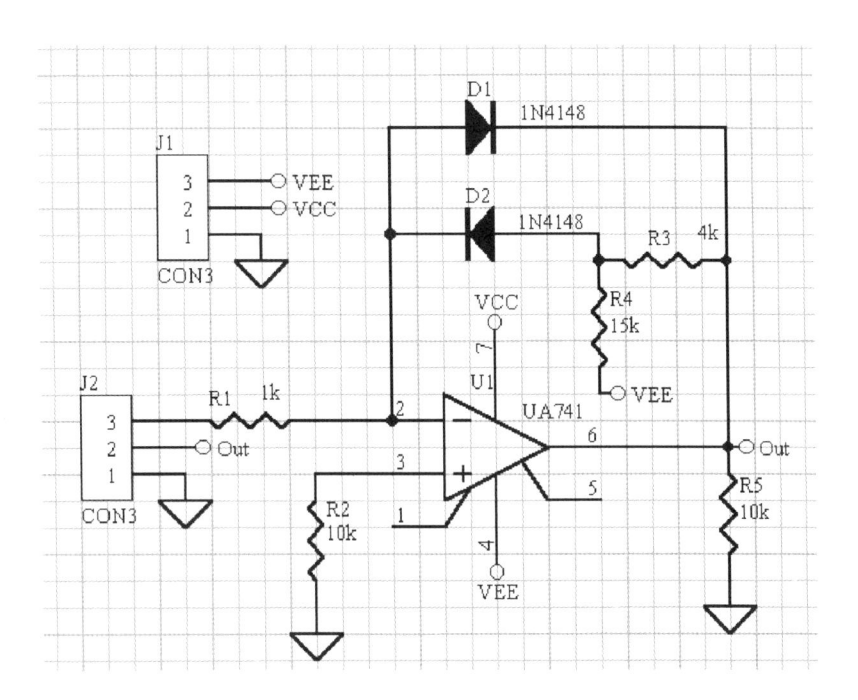

使用的元件，如下表所示：

元件(Lif Ref)	元件外形圖(Footprint)	元件名稱(Designator)	元件值(Part Type)
CON3	SIP3	J1-J2	CON3
RES	AXIAL0.3	R1-R5	1K;10k;4k;15k;10k
UA741	DIP8	U1	UA741
100HF100PV	DIODE0.4	D1-D2	1N4148

請連結兩個元件庫：Sim.ddb和Miscellaneous Devices.ddb

問題 完成上面的電路圖。

實習3-2

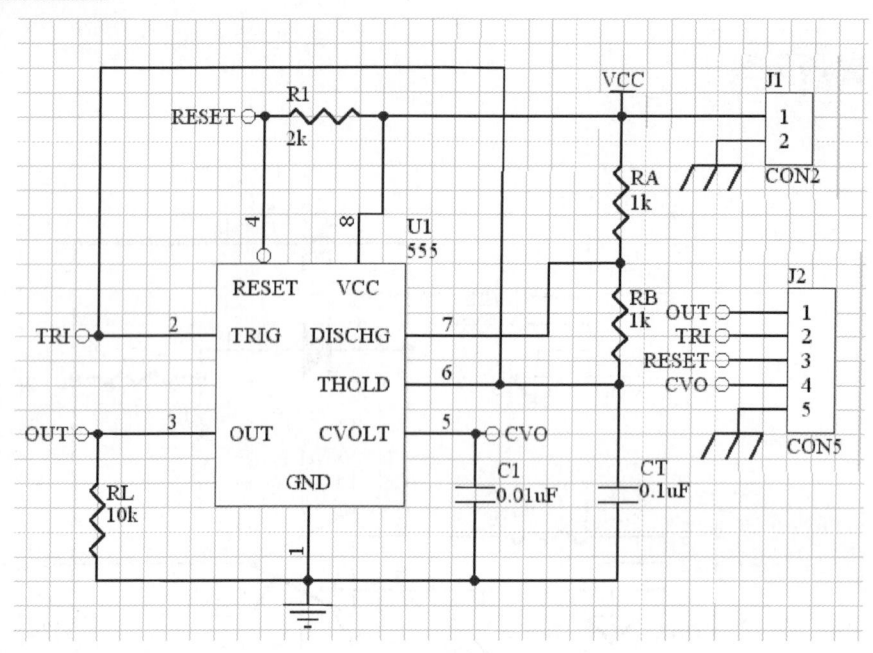

使用的元件,如下表所示:

元件(Lif Ref)	元件外形圖(Footprint)	元件名稱(Designator)	元件值(Part Type)
CON2	SIP2	J1	CON2
CON5	SIP5	J2	CON5
RES	AXIAL0.5	R1;RL;RA;RB	2K;10k;1k;1k
555	DIP8	U1	555
CAP	RAD0.3	C1;CT	0.01uF;0.1uF

請連結兩個元件庫:Sim.ddb和Miscellaneous Devices.ddb

問題 完成上面的電路圖。

實習3-3

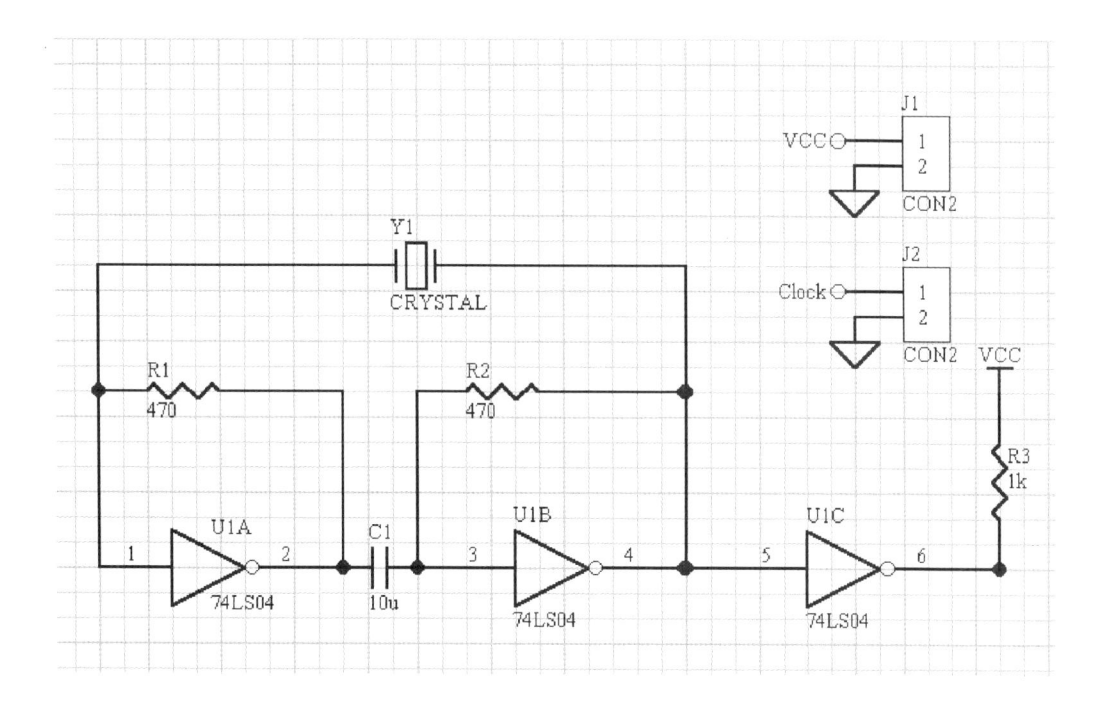

使用的元件，如下表所示：

元件(Lif Ref)	元件外形圖(Footprint)	元件名稱(Designator)	元件值(Part Type)
CRYSTAL	XTAL1	Y1	CRYSTAL
RES1	AXIAL0.4	R1;R2;R3	470;470;1k
CAP	RAD0.2	C1	10u
74LS04	DIP14	U1	74LS04
CON2	SIP2	J1-J2	CON2

請連結兩個元件庫：Sim.ddb和Miscellaneous Devices.ddb

問題 完成上面的電路圖。

實習3-4

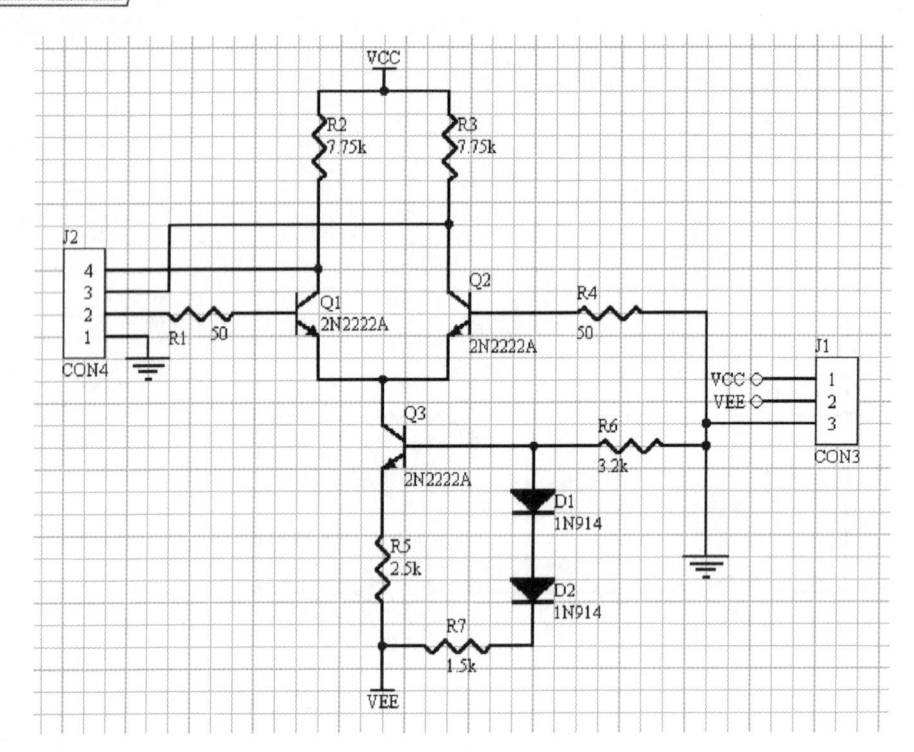

使用的元件,如下表所示:

元件(Lif Ref)	元件外形圖(Footprint)	元件名稱(Designator)	元件值(Part Type)
CON3	SIP3	J1	CON3
CON4	SIP4	J2	CON4
RES	AXIAL0.5	R1-R7	50
RES	AXIAL0.5	R2	7.75K
RES	AXIAL0.5	R3	7.75K
RES	AXIAL0.5	R4	50
RES	AXIAL0.5	R5	2.5K
RES	AXIAL0.5	R6	3.2K
RES	AXIAL0.5	R7	1.5K
2N1893	TO-46	Q1-Q3	2N2222A
100HF100PV	DIODE0.4	D1-D2	1N914

請連結兩個元件庫:Sim.ddb和Miscellaneous Devices.ddb

問題 完成上面的電路圖。

4 編輯功能的詳細說明

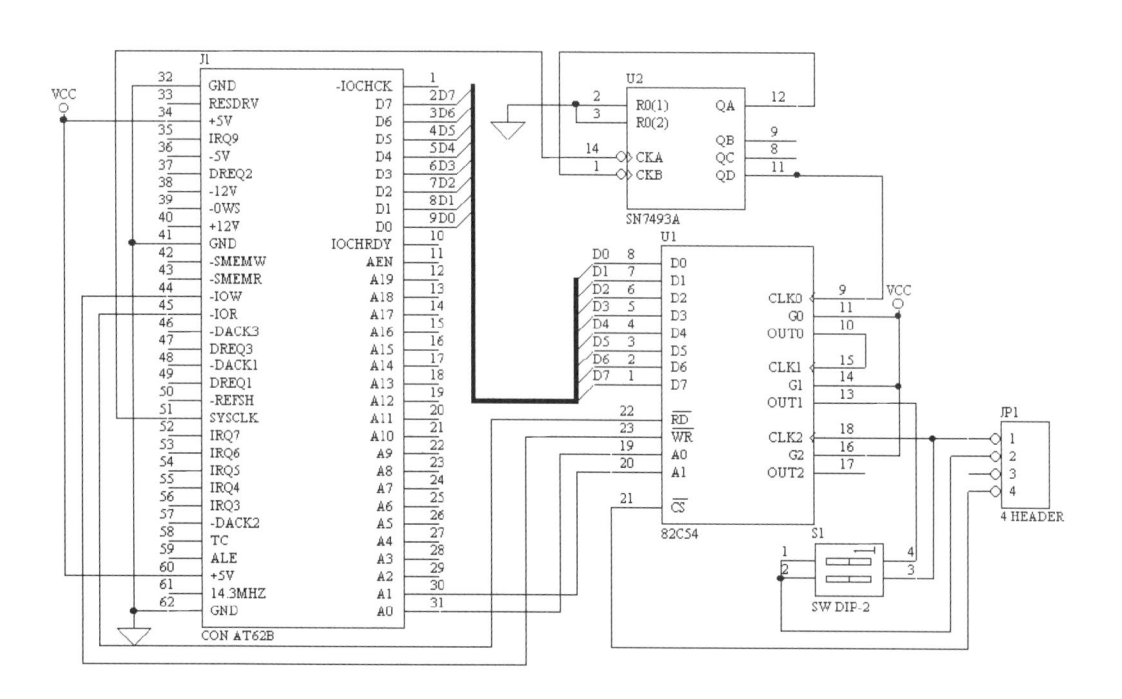

4-1 如何找到所要的電路圖元件

由於你的電路圖原稿可能是手畫的，也可能是OrCAD軟體所產生的，所以元件名稱不一定可以在Protel軟體中找到，但是元件名稱的部分關鍵字是相同的，所以可以利用這個特性，找到你要的元件，但是你要如何知道這個元件是你所需要的？以電路圖編輯器中的元件而言，只要元件形狀、接腳數目和接腳名稱是相同的，通常就可以認定是相同元件。

共有兩種方式，可以呼叫所要的元件，如下所示：

一、在設計總管中，如何找到所要的元件流程圖，如下：

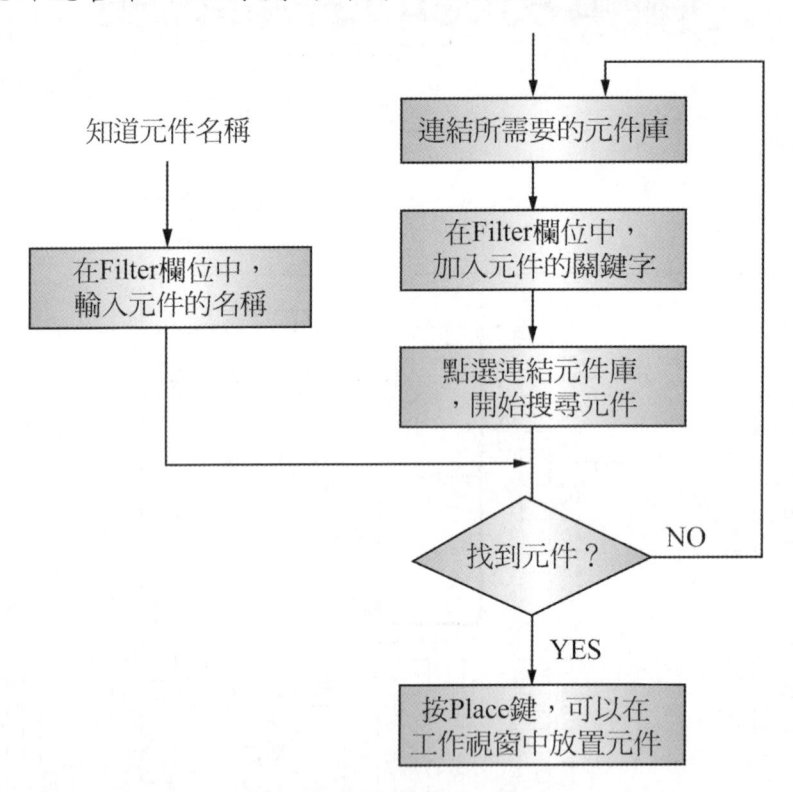

```
知道元件名稱              連結所需要的元件庫
        │                        │
        ▼                        ▼
在Filter欄位中，          在Filter欄位中，
輸入元件的名稱            加入元件的關鍵字
        │                        │
        │                        ▼
        │                點選連結元件庫
        │                ，開始搜尋元件
        │                        │
        └────────┬───────────────┘
                 ▼
              找到元件？ ──NO──┐
                 │             │
                YES            └──（回到連結所需要的元件庫）
                 ▼
          按Place鍵，可以在
          工作視窗中放置元件
```

以下是呼叫7493元件的步驟，如下：

1. 開啟一個新的電路圖編輯器。
2. 在Sch設計面板的Browse欄位中，按下拉鍵，點選Libraries。
3. 按Add/Remove鍵，產生Change Library File List對話盒，可以連結所需要的元件庫，如下圖所示。

第四章 編輯功能的詳細說明

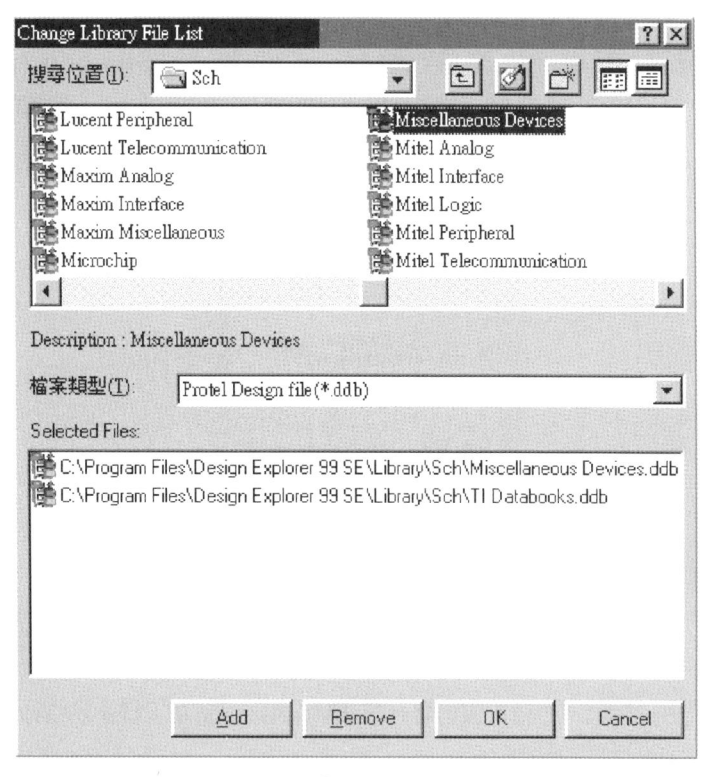

○ 圖 4-1

▶ **注意**
電路圖元件庫的路徑在 C:\Program Files\Design Explorer 99 SE \Library\Sch。

▶ **注意**
按Design > Add/Remove Library命令,也可以產生Change Library File List對話盒,如上圖所示,可以連結或取消連結元件庫。

4. 在上面欄位中,點選所要連結的元件庫Miscellaneous Devices.ddb(檔案類型(T)為Protel Design file(*.ddb))。

▶ **注意**
點選Miscellaneous Devices.ddb後,可以在Description格子中,看到這個元件庫的名稱)

5. 按Add鍵,可以連結這個元件庫。
6. 重複步驟4~5,連接元件庫TI Databooks.ddb。
7. 按Ok鍵,完成連結元件庫的動作。
8. 在Filter欄位中,輸入*74*93*,如下圖所示。

> **注意**
> 電路圖編輯器要連結兩個元件庫：Sim.ddb 和 Miscellaneous Devices.ddb，找不到元件時，可以利用搜尋元件庫方法，找到所要的元件(不同的元件庫)。

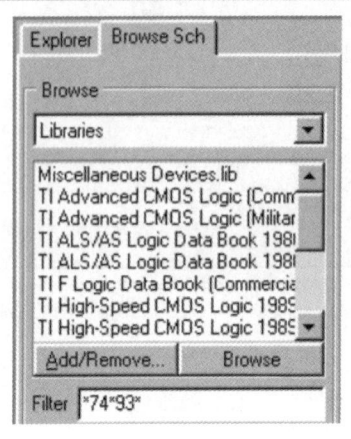

○ 圖 4-2

　　*表示萬用字元，可以表示任意個字元，也可以用？字元，這也是萬有字元，但是只表示一個字元，所以使用*字元，應該比較方便。

　　7493元件的關鍵字是74和93，所以在元件名稱的前後和中間都加入*字元，可以找到所有和7493名稱相關的元件。

　　有關決定元件名稱的關鍵字，必須根據經驗，例如：8254元件有8254和82C54兩種相近的元件，所以關鍵字可以設定為82和54，所以在Filter欄位中，輸入*82*54*，可以找到所有相關的元件。

> 9. 逐一點選元件庫，可以搜尋這個元件庫，找到符合條件的元件。
> 10. 從中間欄位中，點選SN7493A元件，在迷你視窗中，可以看見這個元件的圖形，如下圖所示。

　　SN7493A和SN74LS93是相同的元件，也和7493元件相同，只是在元件庫中的元件名稱(Lib Ref)不同。

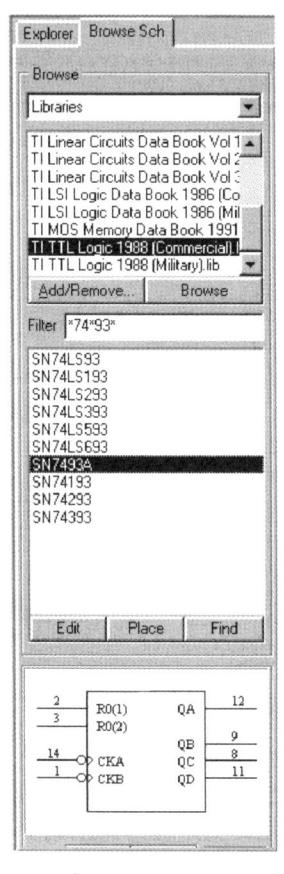

○ 圖 4-3

11. 按Place鍵，可以放置這個元件，此時游標上有元件的圖形，按Mouse左鍵一次，可以放好這個元件。
12. 按Mouse右鍵一次，可以終止放置元件的動作。

　　如果已經知道元件名稱，可以在Filter欄位中，輸入元件名稱，按Enter鍵，開始搜尋點選的元件庫。

二、按Place > Part命令，或按Wiring Tools工具列的元件按鈕，也可以呼叫所要的元件。

　　以下是呼叫7493元件的步驟，如下：

1. 開啟一個新的電路圖編輯器。
2. 按Place > Part命令，或按Wiring Tools工具列的元件按鈕，產生Place Part對話盒，如下圖所示。

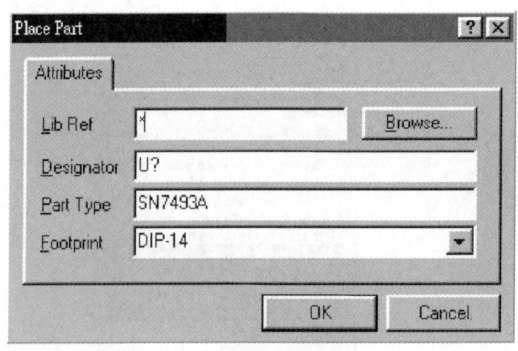

圖 4-4

可以在Lib Ref欄位中，輸入元件名稱，按Ok鍵，可以搜尋所有連結元件庫，但是元件名稱必須是完整的，不可以有萬用字元。

3. 按Browse鍵，產生Browse Libraries對話盒。
4. 按Add/Remove鍵，產生Change Library File List對話盒，可以連結元件庫，請參考前面步驟4~7。
5. 在Mask欄位中，輸入*74*93*。
6. 逐一點選元件庫，可以搜尋這個元件庫，找到符合條件的元件。
7. 從中間欄位中，點選SN7493A元件，可以在右邊欄位中，看見這個元件的圖形，如下圖所示。

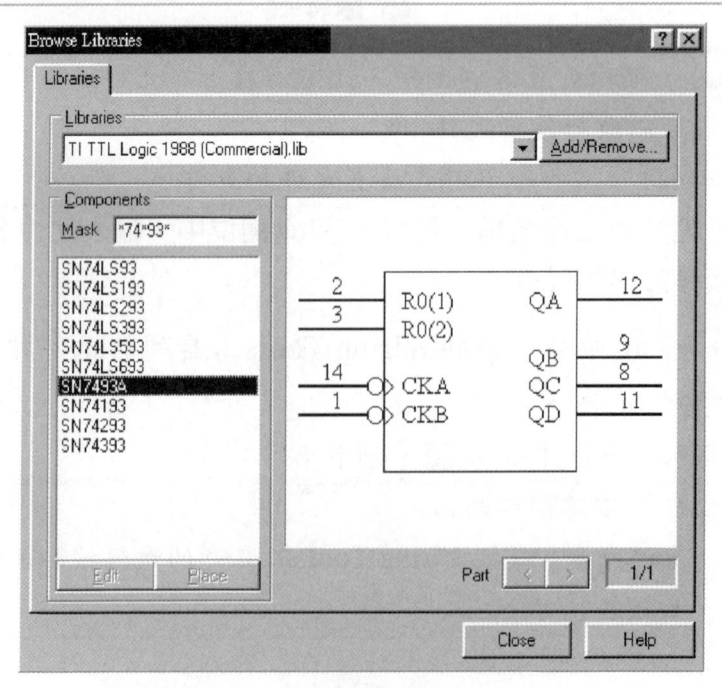

圖 4-5

> **注意**
> 按Design > Browse Library命令，也可以產生Browse Libraries對話盒，如上圖所示，但是這個命令和Part命令不同，差別點是Browse Library命令可以直接放置元件，只要在Components欄位中，按Place鍵，就可以放置元件。

8.按Close鍵，回到Place Part對話盒。
9.在對話盒中，輸入所需要的資料，如下圖所示。

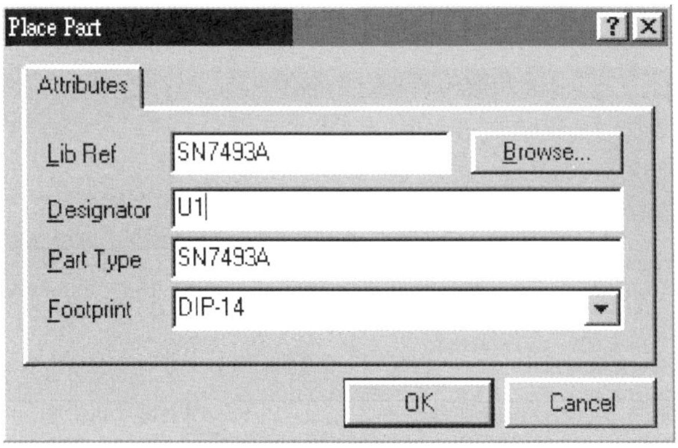

○ 圖 4-6

必須輸入元件名稱(Designator)和元件外形圖(Footprint)，這個元件的外形圖有兩種：DIP-14和SO14。

10.按Ok鍵，可以準備放置這個元件，此時游標有元件的圖形，按Mouse左鍵一次，可以放好這個元件，並且產生Place Part對話盒。
11.按Cancel鍵，終止放置元件的動作。

> **注意**
> 在畫電路圖時，就要把元件的外形圖輸入到Place Part對話盒中，才能把資料轉換到串接檔中，最後放入PCB電路板中。

快速放置元件方法：放置元件時，由於本書有提供完整的元件名稱(Lib Ref)，按Place > Part命令，產生Place Part對話盒，如圖4-6所示，在Lib Ref欄位中，輸入正確的元件名稱，例如：RES、4 HEADER...其他欄位的內容也要輸入，按Ok鍵後，可以自動搜尋連結的元件庫，找到元件後，會有元件符號在游標上，可以直接放置元件。

如果找不到元件，也會顯示對話盒，通知您找不到這個元件，再利用關鍵字，搜尋所要的元件。

這種方法相當快速且方便，當知道完整的元件名稱(Lib Ref)時，建議採用這種方式。

4-2 搜尋元件庫

在Sch設計面板中，有另外一個元件搜尋功能，按Find鍵，可以找到所要的元件。

1. 在Sch設計面板中，按Find鍵，產生Find Schematic Component對話盒，如下圖所示。

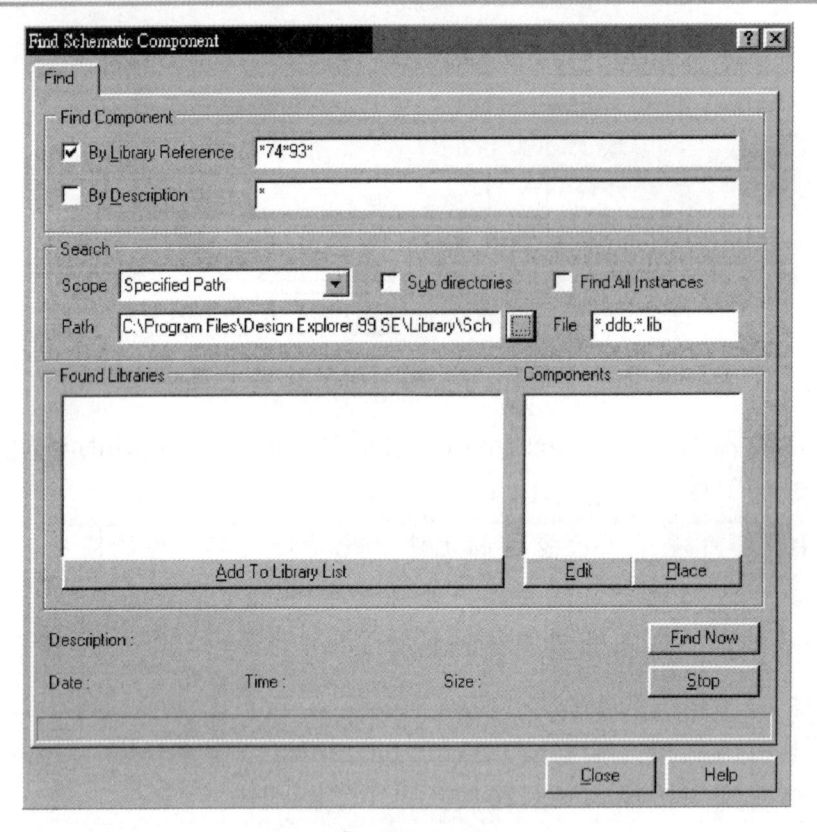

圖 4-7

▶ 注意

按Tools > Find Component命令，也可以產生Find Schematic Component對話盒，如上圖所示。

2. 在By Library Reference格子中，啟動這個設定，並且輸入*74*93*。
3. 在Path欄位中，按...鍵，產生瀏覽資料夾，如下圖所示。

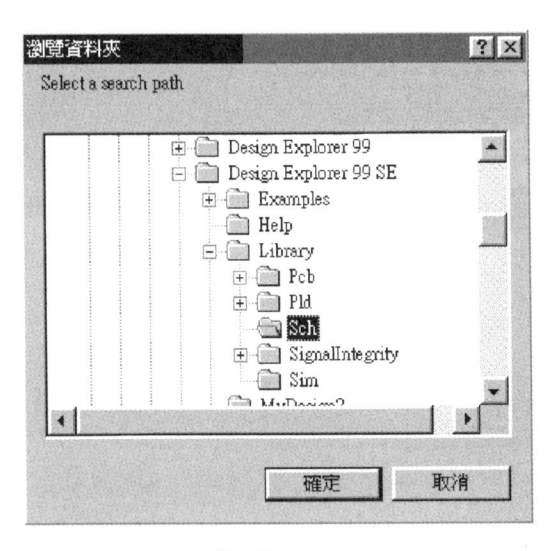

○ 圖 4-8

4. 選擇路徑C:\Program Files\Design Explorer 99 SE\Library\Sch，再按確定鍵，關閉對話盒。
5. 按Find Now鍵，開始搜尋元件庫，如下圖所示。

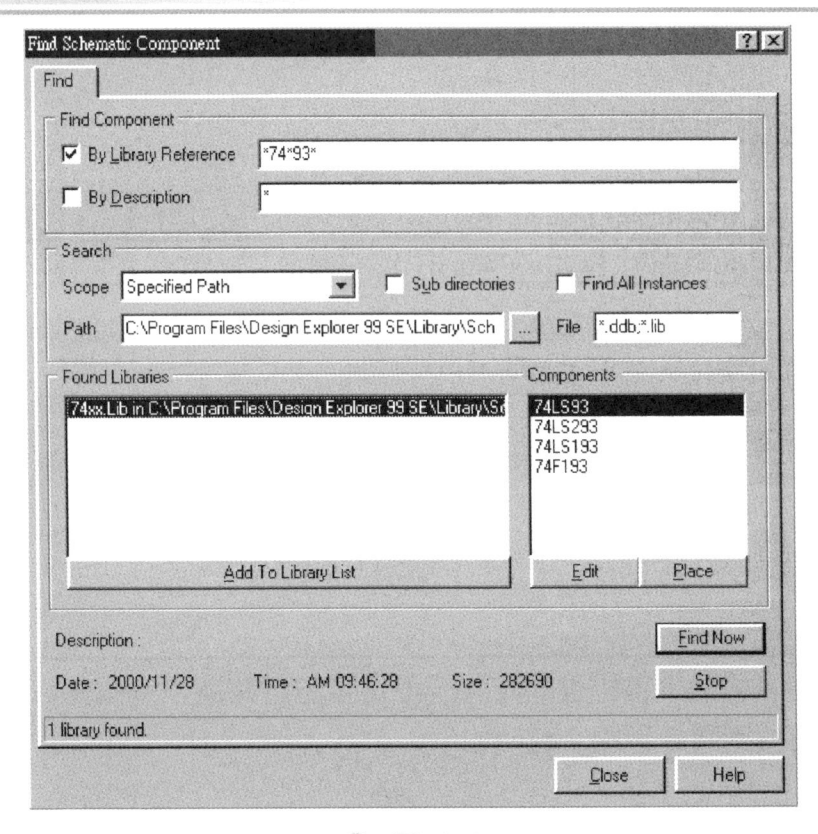

○ 圖 4-9

> 6. 按Place鍵，可以準備放置這個元件。
> 7. 按Mouse左鍵一次，可以放好這個元件，按Mouse右鍵一次，終止放置元件的功能。

啟動Find All Instances設定，可以找到所有符合條件的元件，如果沒有設定，則找到一個元件庫之後，就會終止搜尋的動作，如上圖所示。

按Add to Library List鍵，可以連結點選的元件庫。

4-3 決定關鍵字

如何決定關鍵字？從下面元件表格中，關鍵字是根據Part Type欄位內容決定，因為有時Part Type欄位的內容和Lib Ref欄位不同，例如：8051AH，所以關鍵字應該先看Part Type欄位，再根據Lib Ref欄位。

Lib Ref	Designator	Part Type
CAP	C1-C3	CAP
XTAL	Y1	12.000MHZ
RES1	R1-R9	RES1
LED	D1-D8	LED
8031AH	U1	8051AH
74LS165	U2	74LS165
SW DIP-8	S1	SW DIP-8

但是電阻、電容...等元件的Part Type欄位，必須輸入元件值，才能進行電路分析工作，所以此種元件的關鍵字就不能使用Part Type欄位，而是要使用Lib Ref欄位，如下表所示：

元件名稱 (Designator)	電路圖元件 (Lib Ref)	元件形式 (Part Type)
JP1	4 HEADER	4 HEADER
R1、R3	RES1	50k
R2、R4、R5	RES1	2k
Q1	NPN	NPN

上面表格是本書提供的資料，但是實際電路就沒有這些資料，這種情況要如何找到關鍵字呢？說明如下：

部分電路圖，如下所示：

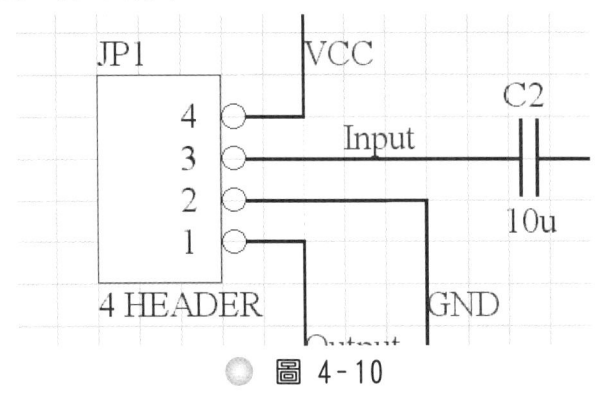

○ 圖 4-10

從上面電路圖中，可以看到那些元件資料？以JP1元件為範例，元件資料有：

> JP1：元件名稱(Designator)
> 4 HEADER：元件值(Part Type)

所以JP1元件的關鍵字可以使用*4*HEADER*，這就是Part Type參數。

如果是需要更動Part Type參數的元件，要如何處理這種情況？這些元件通常是電阻、電容...等常用的元件，一般而言，這些元件應該不需要搜尋，因為時常會用到這些元件，這些元件可以在Miscellaneous Devices.lib或Sim.ddb/Simulation Symbols.lib元件庫中找到。

4-4 點選和圈選項目

在Protel軟體中，要選擇某些項目，進行編輯工作，有兩種選擇項目的方法：點選和圈選。

一、點選項目：移動游標到項目上，按Mouse左鍵一次，可以點選這個項目，再進行編輯工作，通常點選後，少部分項目會產生編輯點，利用這些編輯點可以更改項目的長度，通常被點選的項目有虛線方框存在，以下介紹數種項目被點選的圖形，如下所示：

1. 連線(Wire)：可以點選一段連線，選擇的圖形共有兩個編輯點，如下圖所示：

○ 圖 4-11

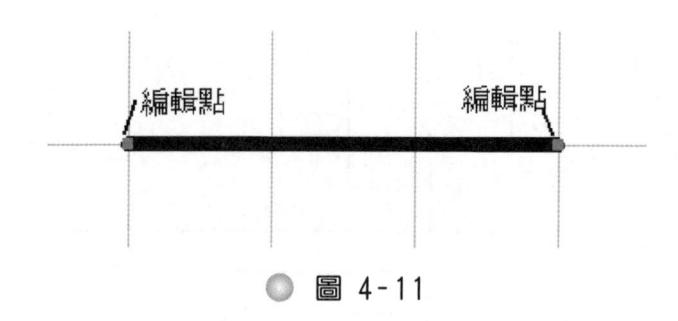

2. 元件(Part)：可以點選這個元件，被點選的元件沒有編輯點存在，只有虛線方框顯示，如下圖所示：

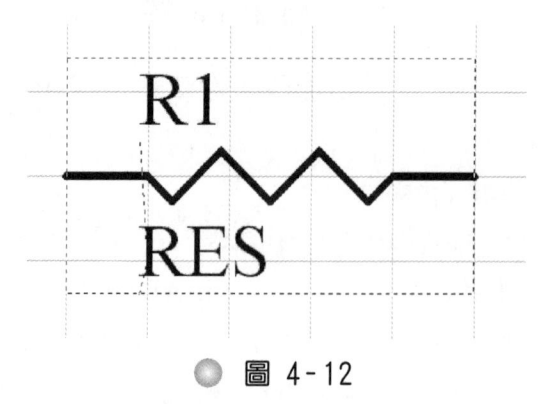

○ 圖 4-12

大部分被點選項目都有圈選方框存在。點選項目的常見編輯動作，如下所示：
1. 按Delete鍵，刪除選項。
2. 按住Mouse左鍵，可以移動選項(不一定要點選項目)。
3. 在編輯點上，按Mouse左鍵一次，可以更改項目的長度，再按Mouse左鍵一次，可以固定編輯點。
4. 一次只能點選一個項目。

▶ 注意
要取消點選項目，只要在空白位置，按Mouse左鍵一次。

二、圈選項目：按住Mouse左鍵，拉出一個方框，再放開Mouse左鍵，方框內的項目，都會被圈選，再進行全部項目的編輯工作，選項不會有編輯點，被圈選的項目會變成圈選顏色(預設顏色為黃色)。以下介紹數種項目被圈選的圖形，如下所示

1. 連線(Wire)：可以圈選所有連線，如下圖：所示：

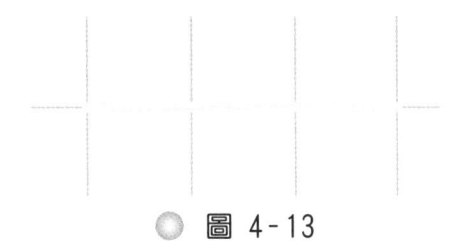

○ 圖 4-13

2. 元件(Part)：可以圈選元件，如下圖所示：

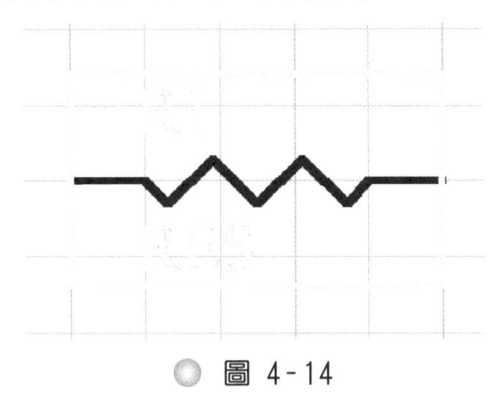

○ 圖 4-14

元件形狀的部分未變色，但是外框和字的部分都變成黃色。

除了利用Mouse直接圈選項目，也可以使用下列方法，圈選所有項目，如下所示：

1. 主功能表：按Edit > Select命令，產生Select子功能表，如下圖所示：

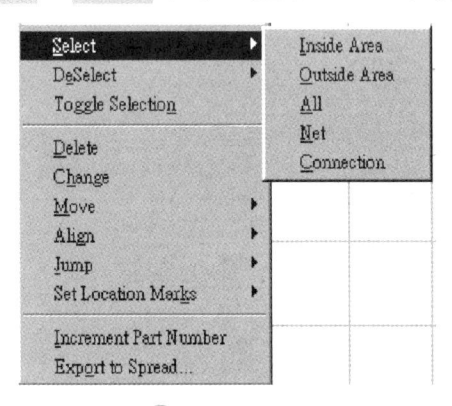

○ 圖 4-15

2. 主工具列(Main Tools)：有關圈選功能的按鈕，如下圖所示：

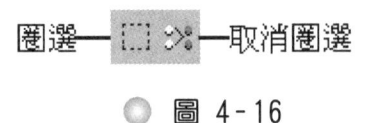

圈選──────取消圈選

○ 圖 4-16

以下是圈選功能的說明，如下表所示：

主功能表	主工具列	說　明
Inside Area	圈選按鈕	選取方框內的項目，方框由Mouse決定
Outside Area		選取方框外的項目，方框由Mouse決定
All		選取所有項目
Net		選取整條連線
Connection		兩點之間的連線

▶ **注意**

不需要按主功能表或主工具列按鈕，只要利用Mouse左鍵圈選項目，也可以選擇這些項目。

另外還有一個圈選命令，可以切換圈選狀態，按Edit > Toggle Selection命令，游標變成十字形狀，在電路圖的項目上，按Mouse左鍵一次，可以切換圈選項目的狀態，原本是圈選的項目會變成沒有圈選項目，反之亦然。

要取消圈選項目，可以使用下列方法，如下所示：

主功能表：按Edit > Deselect命令，產生Deselect子功能表，如下圖所示：

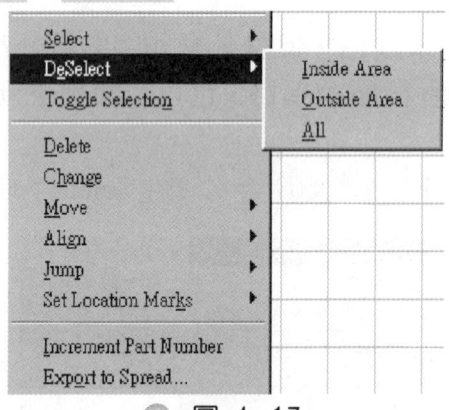

● 圖 4-17

以下是取消圈選功能的說明，如下表所示：

主功能表	主工具列	內容說明
Inside Area		取消選取方框內的項目
Outside Area		取消選取方框外的項目
All	取消圈選按鈕	取消選取所有項目

▶ **注意**

按X+A鍵，也可以取消所有選項。

三、圈選的編輯動作：被圈選的項目可以全部一起進行編輯工作，可以進行的編輯工作有哪些？如下表所示：

主功能表	快速鍵	主工具列	內容說明
Edit > Cut	Ctrl+X	剪下按鈕	刪除選項，放入剪貼簿中
Edit > Copy	Ctrl+C		複製選項，放入剪貼簿中
Edit > Paste	Ctrl+V	貼上按鈕	把剪貼簿內容，貼在視窗中
Edit > Paste Array			把剪貼簿內容，以陣列方式，貼在視窗中
Edit > Clear	Ctrl+Del		刪除選項

4-5 基本編輯功能說明

在前一節中，已經介紹過數種基本編輯功能，這些編輯功能必須搭配圈選項目，本節不再說明這些功能。

以下要介紹數種的基本編輯功能，如下所示：

一、刪除項目：按Edit > Delete命令，可以刪除在視窗中的任何項目，不需要點選或圈選這個項目。按Edit > Delete命令，游標變成十字形狀，在要刪除的項目上，按Mouse左鍵一次，就可以刪除這個項目，一次只能刪除一個項目，可以連續刪除項目，要終止刪除功能，只要按Mouse右鍵或ESC鍵。

游標的形狀會隨著執行功能的不同而變化，說明如下：

1. 不執行任何功能時，游標是箭頭形狀，可以點選或圈選項目，並且可以按主功能表或工具列按鈕...等。
2. 執行某一個功能時(例如：刪除功能、複製功能...)，游標是十字形狀，必須執行這個功能，游標移動到視窗邊緣，會自動執行邊移功能。
3. 執行放置項目功能時，游標上面有這個項目的圖形和符號(浮接狀態)，按Mouse左鍵一次，才可以放置這個元件，移動游標到視窗邊緣，也會自動執行邊移功能。
4. 按Mouse右鍵或ESC鍵，可以終止執行功能，回到一般狀態，游標形狀由十字形狀變成箭頭形狀。

二、更改項目特性值：按Edit > Change命令，可以更改項目的特性值。按Edit > Change命令，游標變成十字形狀，在某一項目上(例如：

元件)，按Mouse左鍵一次，產生項目的特性表(如下圖)，可以更改項目的特性值，按Mouse右鍵，可以終止這個功能。

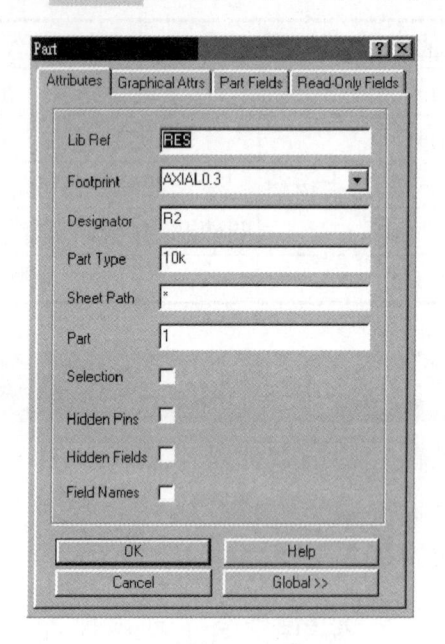

● 圖 4-18

除了主功能表的Change命令外，還有兩種方法，也可以啟動項目的特性表，說明如下：

1. 在項目上，連按Mouse左鍵兩次。
2. 游標在項目上，按Mouse右鍵，產生快捷功能表，點選Properties命令。

如果在游標的位置上，有多個項目重疊在一起，連按Mouse左鍵兩次，會出現選擇對話盒，如下圖所示：

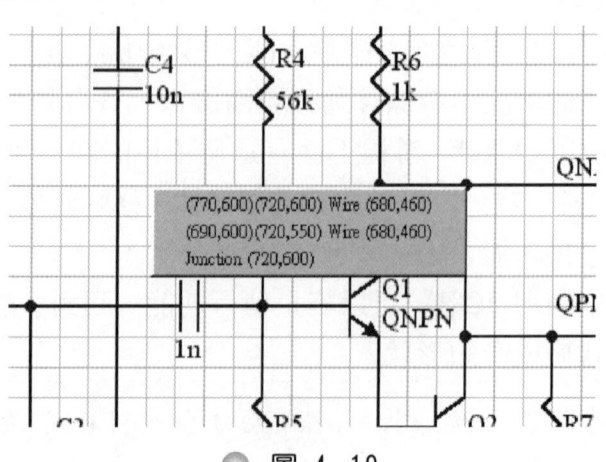

● 圖 4-19

共有三個項目在游標的位置上，如下：

(1) 連線(Wire)

(2) 連線(Wire)

(3) 接點(Junction)

選擇其中一個項目，按Mouse左鍵一次，可以產生這個項目的特性對話盒。

三、移動項目：按Edit > Move命令，產生Move子功能表，可以移動項目，如下圖所示：

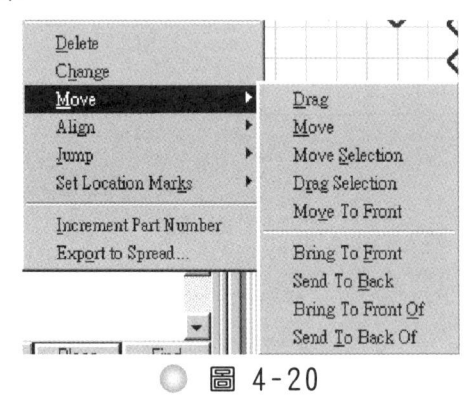

● 圖 4-20

有關移動項目功能的說明，如下表所示：

移動功能	內容說明
Drag	選擇要拖曳的項目，可以移動這個項目，並且保持連線連接。
Move	選擇要移動的項目，可以移動這個項目，但是無法保持連接。
Move Selection	移動圈選項目，無法保持連接。
Drag Selection	拖曳圈選項目，可以保持連接。
Move To Front	移動並且放置項目在最上面(重疊時)。
Bring To Front	使項目移到最上面(重疊時)。
Send To Back	使項目移到最下面(重疊時)。
Bring To Front Of	使項目移到另一個項目的上面(重疊時)。
Send To Back Of	使項目移到另一個項目的下面(重疊時)。

以下是執行移動項目的功能，步驟如下：

1. 開啟電路圖編輯器，在這個編輯器中，有一個電路圖，如下圖所示。

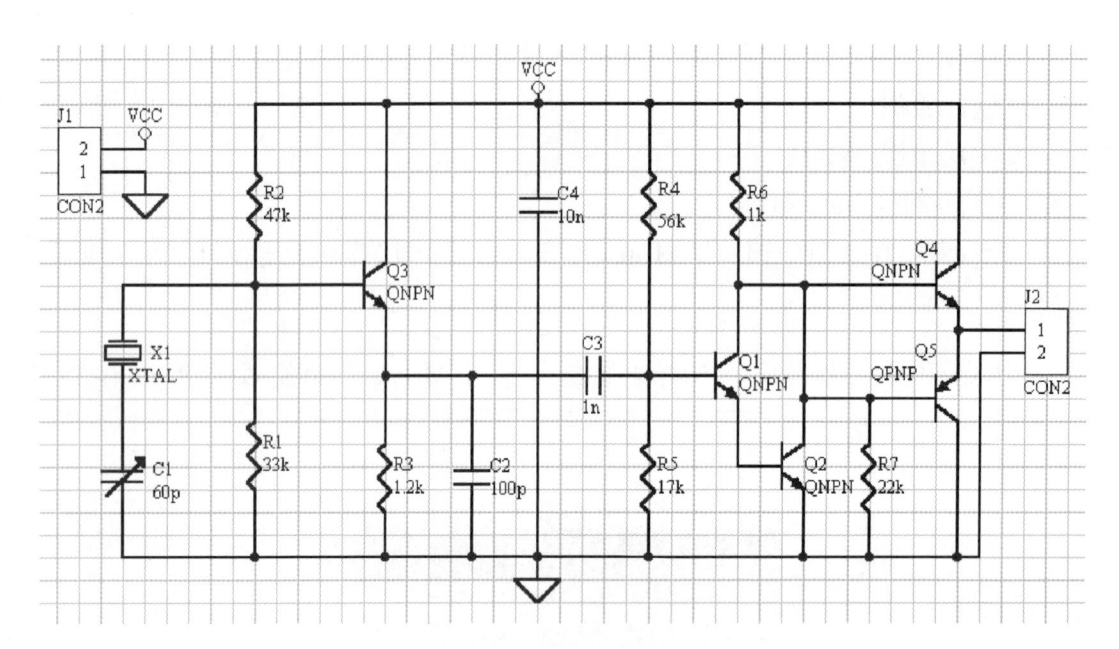

○ 圖 4-21

2. 按Edit > Move > Drag命令，游標變成十字形狀。
3. 點選要拖曳的C1元件項目(按Mouse左鍵一次)，可以移動這個項目，並且和其他項目保持連接，如下圖所示。

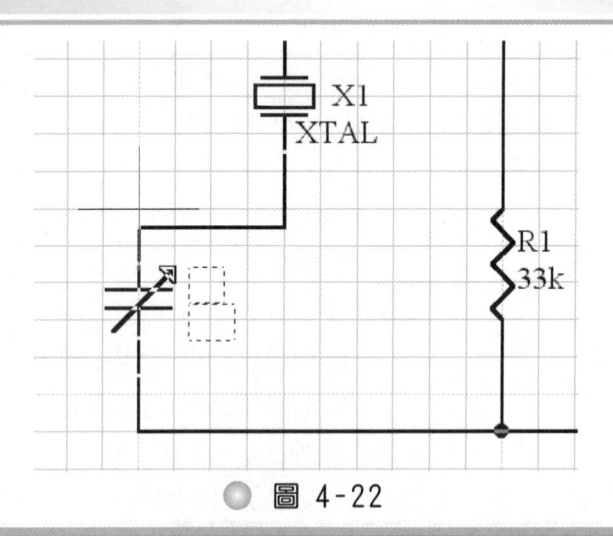

○ 圖 4-22

4. 移動到要放置的地方，按Mouse左鍵一次，可以放好這個項目，如下圖所示。

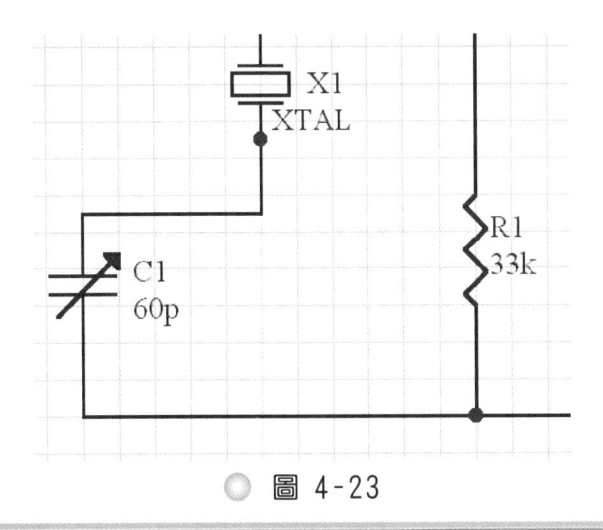

◉ 圖 4-23

5. 按Mouse右鍵一次,終止拖曳項目功能。
6. 按Edit > Move > Move命令,游標變成十字形狀。
7. 點選要移動的C1元件項目,可以單獨移動這個項目,無法保持連接狀況。
8. 移動到要放置的地方,按Mouse左鍵一次,可以放好這個項目,如下圖所示。

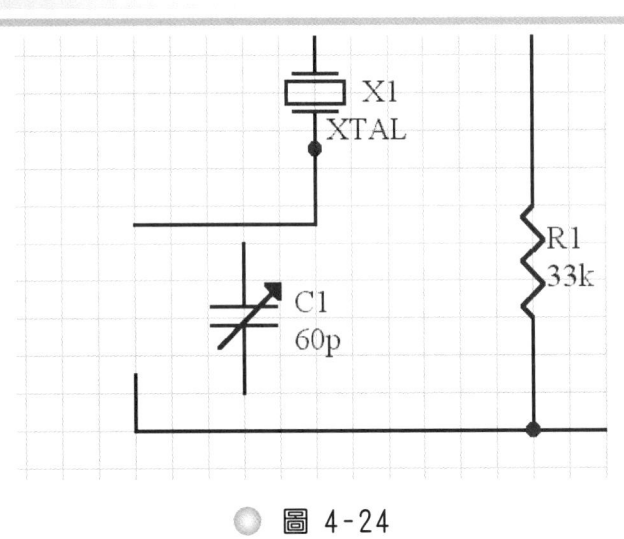

◉ 圖 4-24

9. 按Mouse右鍵一次,終止移動項目功能。

另外Move Selection及Drag Selection兩個功能和Move及Drag功能相同,差別只在於一個是移動(或拖曳)圈選項目,另一個移動(或拖曳)點選項目。

五、縮放功能：按 View 命令，可以看到軟體提供的許多縮放功能，如下圖所示：

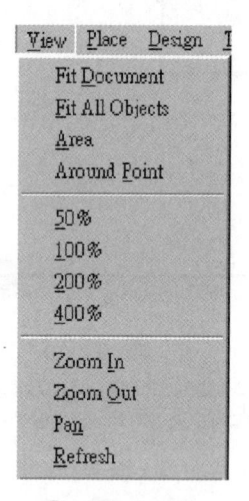

● 圖 4-25

其中最上面4個縮放功能，已經在前一章介紹過，所以不再說明，其他縮放功能的說明，如下表所示：

縮放功能	內容說明
50%	設定放大等級=0.5倍
100%	設定放大等級=1倍(一般大小)
200%	設定放大等級=2倍
400%	設定放大等級=4倍
Zoom In	放大電路圖
Zoom Out	縮小電路圖
Pan	上下或左右移動畫面
Refresh	把視窗畫面重畫

除了主功能表的縮放功能外，還有兩種縮放功能啟動方法，說明如下：
1. 主工具列：有三個按鈕和縮放功能有關，如下圖所示：

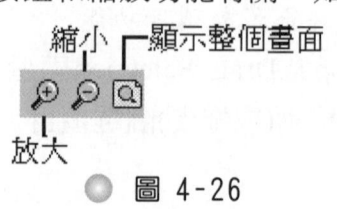

● 圖 4-26

2. 快捷功能表：在工作視窗中，按Mouse右鍵一次，產生快捷功能表，如下圖所示：

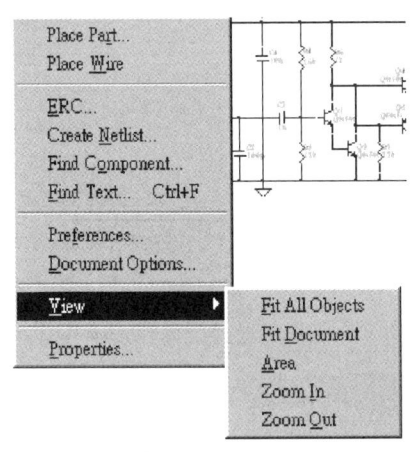

◎ 圖 4-27

上面五種縮放功能的說明，如下表所示：

縮放功能	內容說明
View > Fit All Objects	顯示所有電路圖項目
View > Fit Document	顯示整個電路圖頁
View > Area	放大電路圖的某個區域
View > Zoom In	放大電路圖
View > Zoom Out	縮小電路圖

▶ 注意
(1)按PgUp鍵，可以放大電路圖，和Zoom In功能相同。
(2)按PgDn鍵，可以縮小電路圖，和Zoom Out功能相同。
(3)按V+A鍵，可以執行Area功能，放大電路圖的某個區域。

章後實習

實習4-1

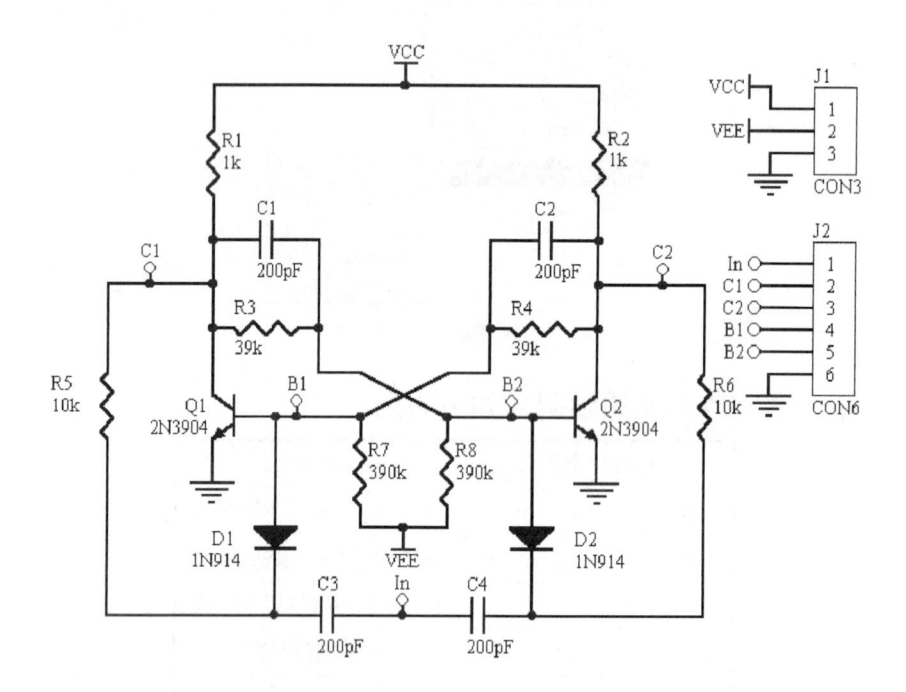

使用的元件，如下表所示：

元件(Lif Ref)	元件名稱(Designator)	元件值(Part Type)
RES	R1-R8	
CAP	C1-C4	
2N1893	Q1-Q2	2N3904
100HF100PV	D1-D2	1N914
CON3	J1	CON3
CON6	J2	CON6

問題 自行連結所要的元件庫(可以利用搜尋元件庫方法，找到所要的元件)，完成上面的電路圖。

實習4-2

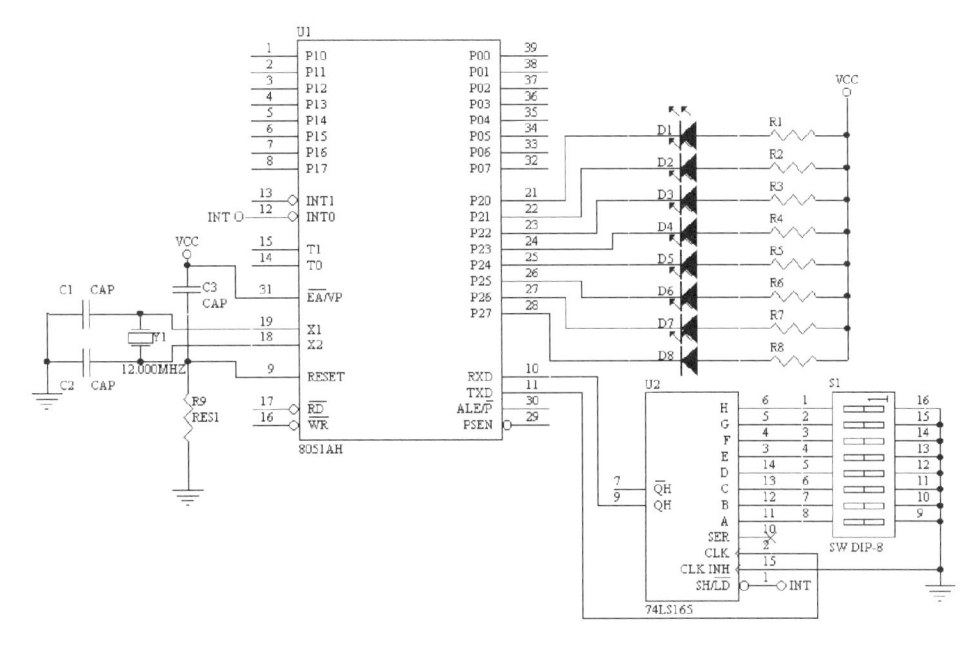

使用的元件，如下表所示：

Lib Ref	Designator	Part Type
CAP	C1-C3	CAP
XTAL	Y1	12.000MHZ
RES1	R1-R9	RES1
LED	D1-D8	LED
8031AH	U1	8051AH
74LS165	U2	74LS165
SW DIP-8	S1	SW DIP-8

問題 自行連結所要的元件庫(可以利用搜尋元件庫方法，找到所要的元件)，完成上面的電路圖。

實習4-3

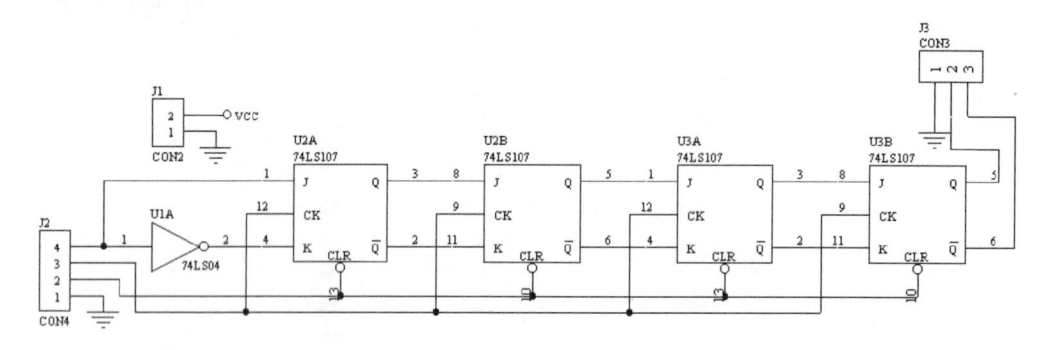

使用的元件,如下表所示:

Lib Ref	Designator	Part Type
CON2	J1	CON2
CON4	J2	CON4
CON3	J3	CON3
74LS04	U1	74LS04
74LS107	U2、U3	74LS107

問題 自行連結所要的元件庫(可以利用搜尋元件庫方法,找到所要的元件),完成上面的電路圖。

實習4-4

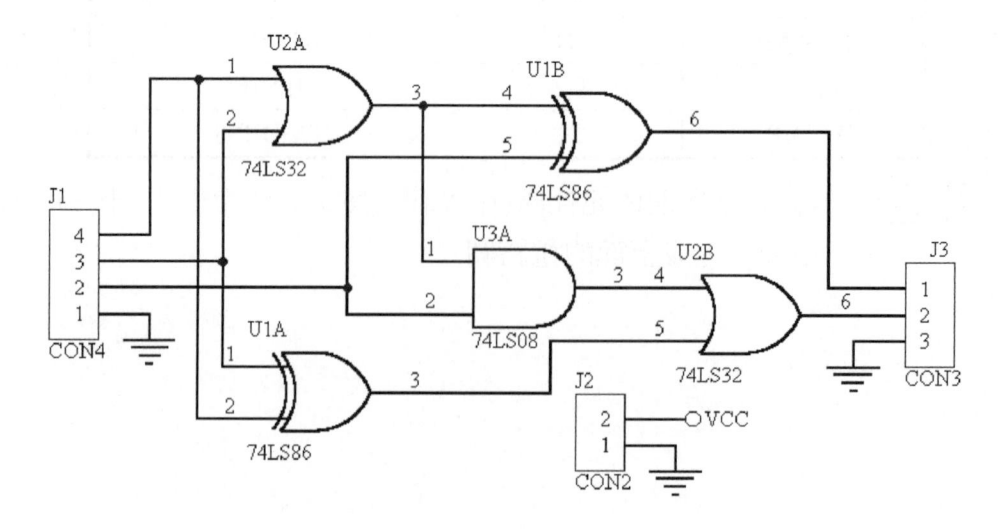

使用的元件,如下表所示:

Lib Ref	Designator	Part Type
CON4	J1	CON4
CON2	J2	CON2
CON3	J3	CON3
74F32	U2	74LS32
74LS86	U1	74LS86
74F08	U3	74LS08

問題 自行連結所要的元件庫(可以利用搜尋元件庫方法，找到所要的元件)，完成上面的電路圖。

心得筆記

5 畫一個具有匯流排的電路圖

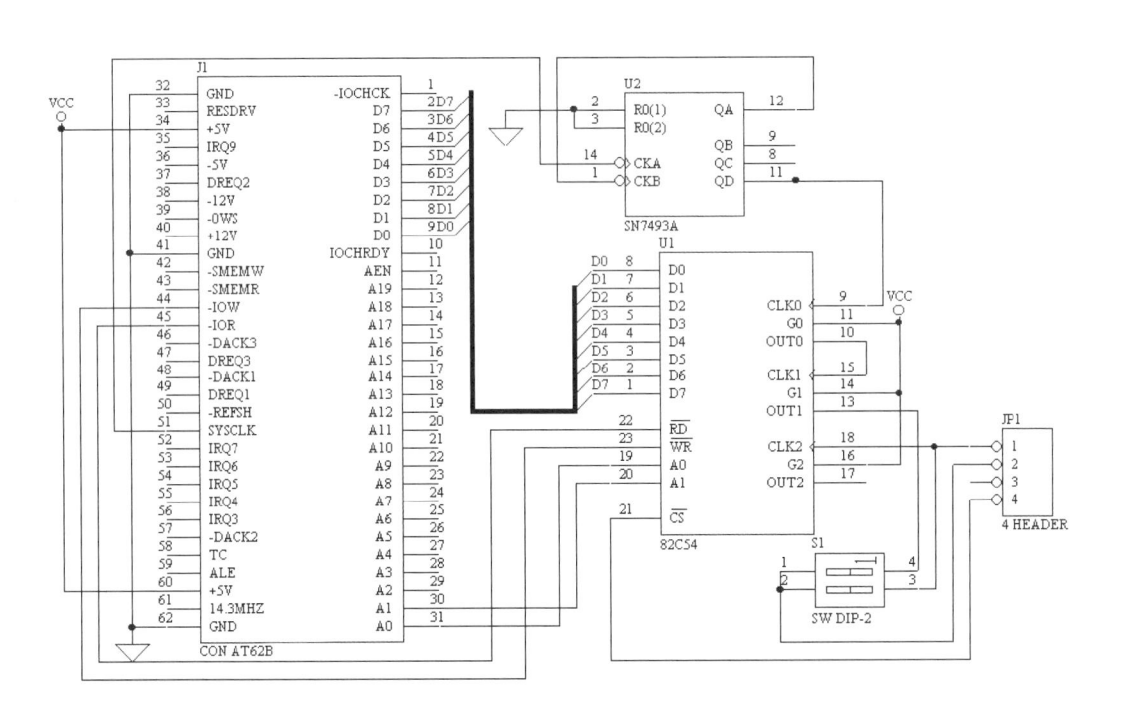

5-1 匯流排的基本項目說明

和匯流排有關的基本項目有兩個：匯流排(Bus)和匯流排輸入線(Bus Entry)，要畫這兩個項目的命令，說明如下：

主功能表	畫電路圖工具列	內容說明
Place > Bus	畫匯流排按鈕	畫匯流排
Place > Bus Entry	畫匯流排輸入線按鈕	畫匯流排輸入線

1. 畫匯流排：按Place > Bus命令，或按畫電路圖工具列的畫匯流排按鈕，游標變成十字形狀，可以開始畫匯流排。

   從開始點到結束點，分別按Mouse左鍵一次，如果要轉彎，只要按Mouse左鍵一次，就可以轉一個彎，再按Mouse右鍵一次，就可以完成這條匯流排，完成所有匯流排，最後按Mouse右鍵一次，可以結束畫匯流排功能。

   匯流排的圖形，如下圖所示：

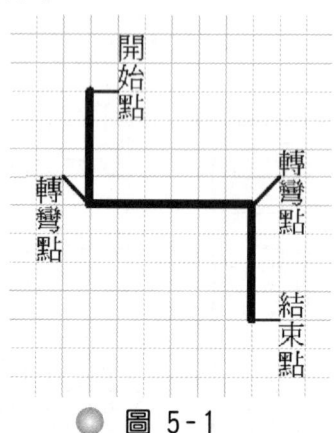

   ● 圖 5-1

   匯流排就像是電力公司的高壓電線，不會和每一個家庭連接，所以匯流排不會和元件接腳直接連接，必須透過匯流排輸入線，才能連接在一起，由於同一條匯流排線可能有多條連線存在，所以必須要設定不同的連線名稱。

2. 畫匯流排輸入線：按Place > Bus Entry命令，或按畫電路圖工具列的畫匯流排輸入線按鈕，游標變成十字形狀，並且有一個斜線符號存在。

   移動游標到匯流排上，按Mouse左鍵一次，可以放好一段匯流排輸入線到匯流排上，如下圖所示：

◯ 圖 5-2

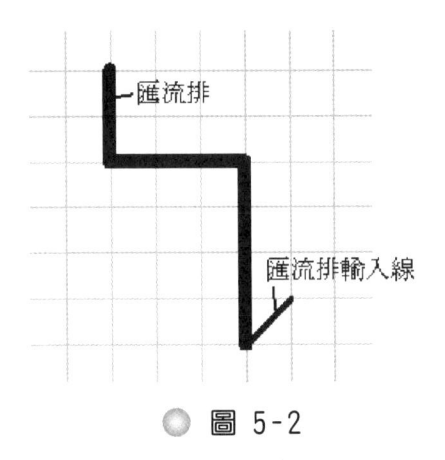

匯流排輸入線是從匯流排中拉出一條連線，如果有8條連線通過匯流排，則必須有16個匯流排輸入線和匯流排相連，16個輸入線分成兩組，具有相同連線名稱，表示連接在一起，連線名稱的設定不是在匯流排輸入線，而是在和輸入線相連的連線上設定，必須使用放置連線名稱(Net Label)功能，才能設定連線名稱。

5-2 如何畫匯流排電路

對於一個比較複雜的電路圖，例如：介面卡電路、8051相關電路...等，電路圖都可能會有匯流排存在，當然也可以不畫匯流排，但是會造成電路圖過於複雜的問題，比較不容易檢查和除錯，所以練習畫電路圖時，就一定要會使用匯流排功能。

假設要在下面電路圖中畫匯流排，這不是一個完整電路，只是為了說明如何畫匯流排，所以不用管電路是否能正確工作，如下圖所示：

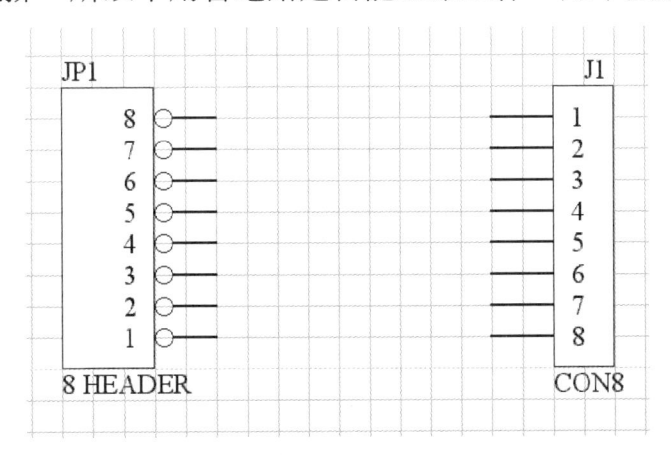

◯ 圖 5-3

以下是畫匯流排的步驟，如下所示：

1. 按Place > Bus命令，游標變成十字形狀。
2. 在匯流排的開始點，按Mouse左鍵一次。
3. 移動游標到轉彎處，按Mouse左鍵一次，可以轉一個彎，這條匯流排要轉兩個彎。
4. 移動游標到終點，按Mouse左鍵一次，再按Mouse右鍵一次，可以完成這條匯流排。
5. 按Mouse右鍵一次，結束畫匯流排功能。

此時電路圖的圖形，如下圖所示：

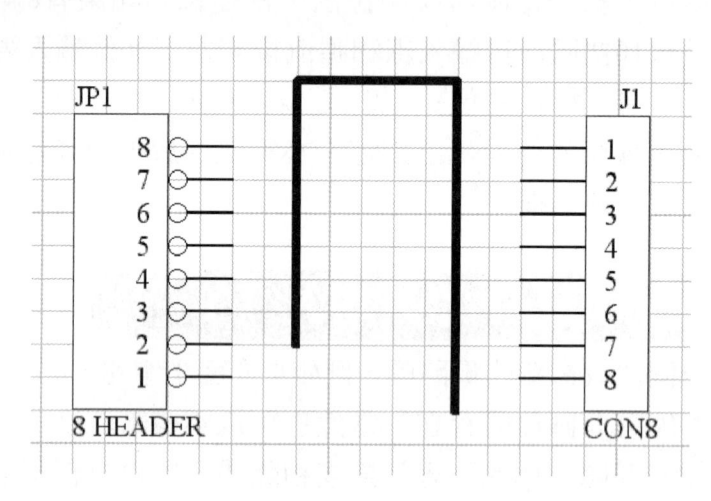

圖 5-4

匯流排不會和元件接腳直接連接，必須透過匯流排輸入線，才能夠連結在一起(相同的連線名稱，表示連接在一起)，接下來，要畫匯流排輸入線和加入連線名稱。

6. 按Place > Bus Entry命令，游標變成十字形狀，並且有一段斜線存在。
7. 移動游標到匯流排上，按Mouse左鍵一次，可以放好一段匯流排輸入線，如下圖所示：

第五章 畫一個具有匯流排的電路圖

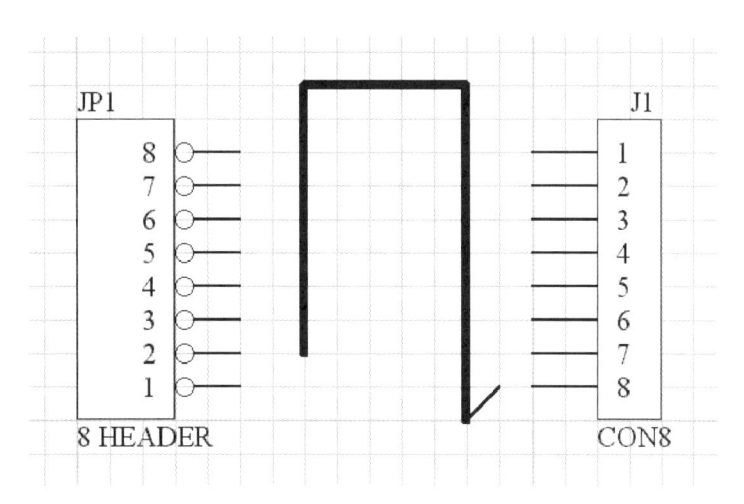

◎ 圖 5-5

8. 重複步驟7，把其他的匯流排輸入線放好，如下圖所示：

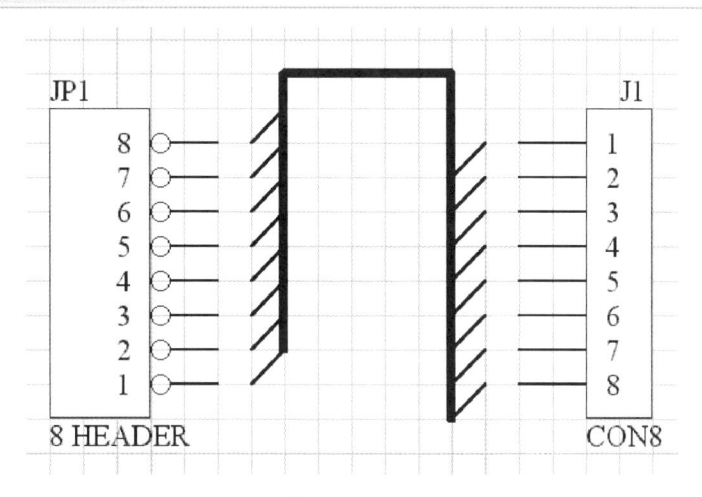

◎ 圖 5-6

9. 按Mouse右鍵一次，終止放置匯流排輸入線的功能。
10. 按Place > Wire命令，把所有線(Wire)畫好，在起點處，按Mouse左鍵一次，在終點處，按Mouse左鍵一次，再按Mouse右鍵一次，就可以畫好一段線，最後電路圖的圖形，如下圖所示：

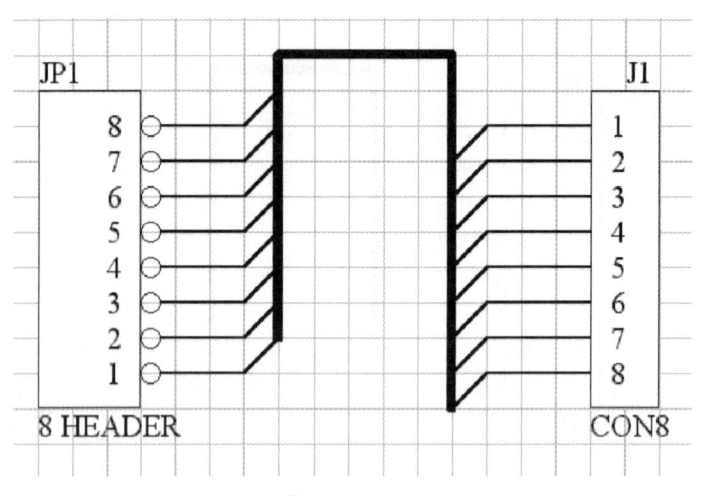

```
         JP1                              J1
          8 ○─┐                         ┌─○ 1
          7 ○─┼┐                       ┌┼─○ 2
          6 ○─┼┼┐                     ┌┼┼─○ 3
          5 ○─┼┼┼┐                   ┌┼┼┼─○ 4
          4 ○─┼┼┼┼┐                 ┌┼┼┼┼─○ 5
          3 ○─┼┼┼┼┼┐               ┌┼┼┼┼┼─○ 6
          2 ○─┼┼┼┼┼┼┐             ┌┼┼┼┼┼┼─○ 7
          1 ○─┼┼┼┼┼┼┼┐           ┌┼┼┼┼┼┼┼─○ 8
       8 HEADER                         CON8
```

● 圖 5-7

11. 按 Mouse 右鍵一次，結束畫線功能。

    接下來，要設定連線名稱，相同的連線名稱表示相連。

12. 按 Place > Net Label 命令，游標變成十字形狀，並且有一個虛線方框。

13. 按 Tab 鍵，產生 Net Label 對話盒，在 Net 格子中，輸入 D0，按 Ok 鍵，如下圖所示。

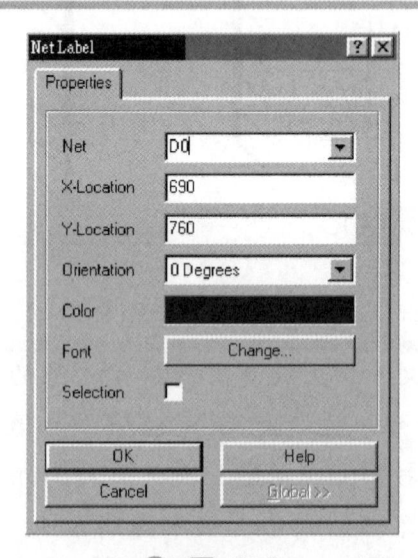

● 圖 5-8

14. 移動游標到某個連線上，按 Mouse 左鍵一次，可以放好這個連線名稱。

15. 重複步驟 14，放好右邊的連線名稱，可以連續放置，連線名稱會自動遞增。最後按 Mouse 右鍵一次，終止放置連線名稱的功能，如下圖所示。

◯ 圖 5-9

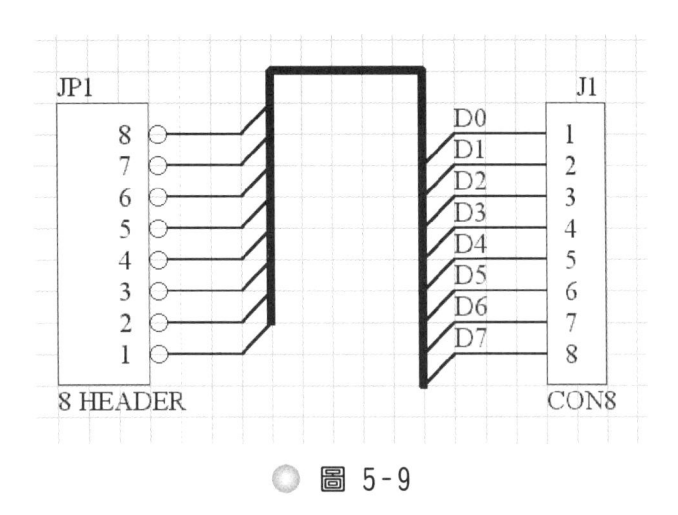

16. 重複步驟12-15，放置另一邊的連線名稱，最後的電路圖圖形，如下圖所示。

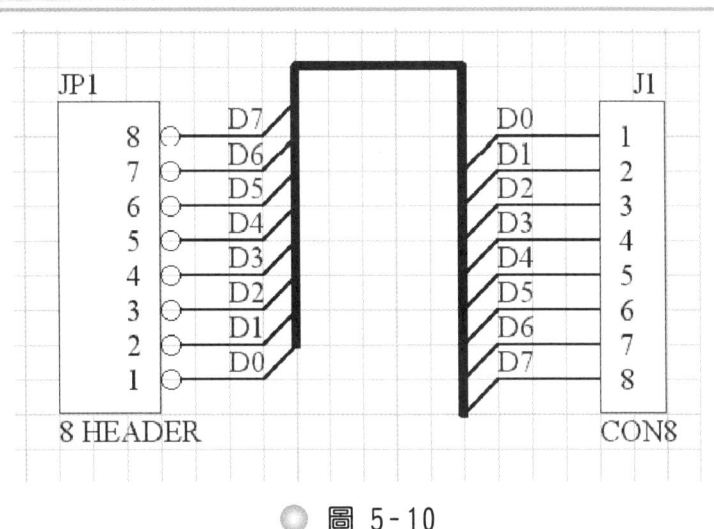

◯ 圖 5-10

D0連線名稱表示JP1元件的第一支接腳和J1元件的第一支接腳相連，以此類推，完成JP1元件和J1元件之間的連接。

5-3 畫一個具有匯流排的複雜電路

本節要介紹如何畫一個具有匯流排的複雜電路，一般而言，基本的畫電路圖方法，已經在第3章說明過，而畫匯流排的方法，則在5-2節說明，所以這些編輯方法不再重複說明，請自行參考，本節要介紹的是進階的編輯方法。

要畫的電路圖，如下圖所示：

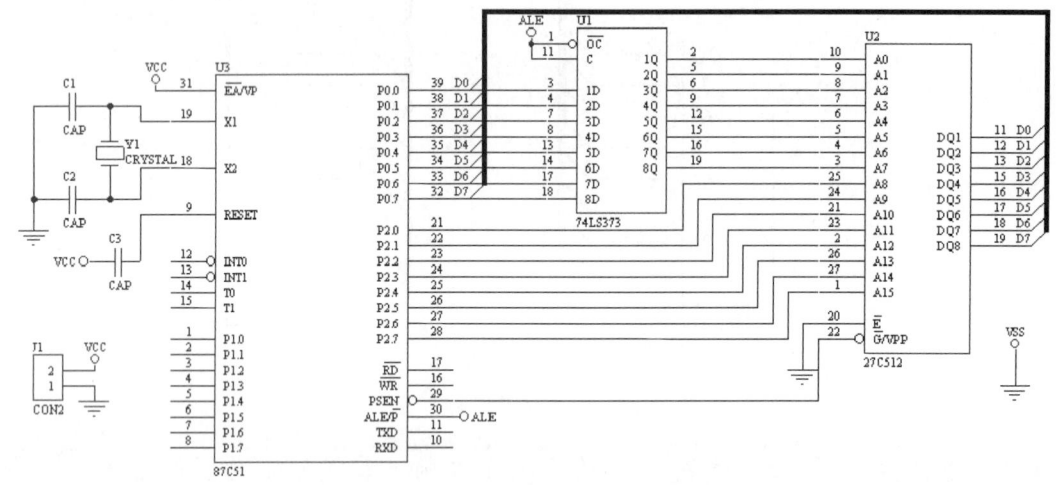

● 圖 5-11

使用的元件，如下表所示：

Lib Ref	Footprint	Designator	Part Type
CAP	RAD0.1	C1-C3	CAP
CRYSTAL	XTAL1	Y1	CRYSTAL
CON2	SIP2	J1	CON2
87C51	DIP40	U3	87C51
74LS373	DIP20	U1	74LS373
27C512	DIP28	U2	27C512

下面說明一些進階的編輯方法，如下所示：

一、如何快速從其他電路圖複製圖形：

通常複雜的電路圖會有相當比例是重複的，例如：8051應用的電路圖，所以可以複製其他電路圖，再進行修改，可以縮短畫電路圖的時間，步驟如下：

1. 開啟要複製的電路圖(來源電路)，如上圖所示。
2. 圈選要複製的部分電路或整個電路。
3. 按Edit > Copy命令，準備把圈選部分複製到剪貼簿中，游標變成十字形狀。
4. 在圈選電路，按Mouse左鍵一次，把圈選部分電路加入到剪接簿。
5. 按Edit > DeSelect > All命令，或按X+A鍵，取消圈選狀態。
6. 開啟要貼上的電路圖(目的電路)。
7. 按Edit > Paste命令，游標變成十字形狀，並且有電路符號在游標上，如下圖所示。

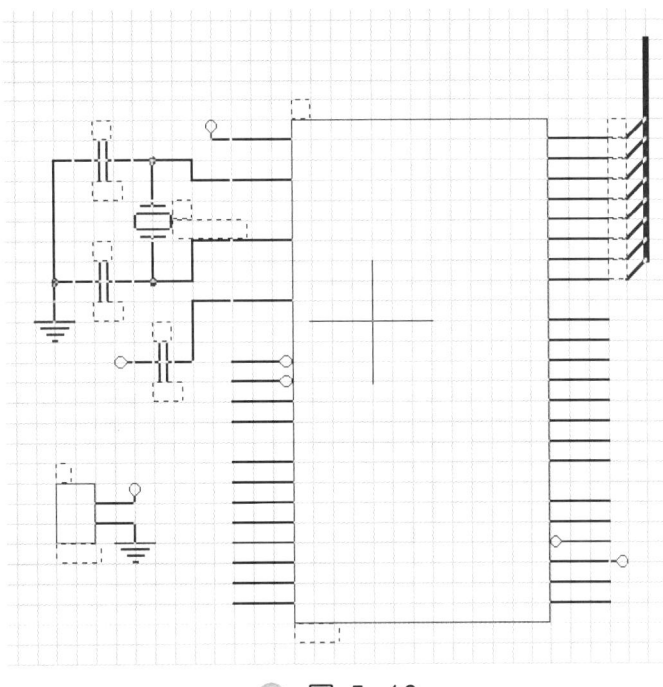

○ 圖 5-12

8. 在適當位置上，按Mouse左鍵一次，放好電路。
9. 按Edit > DeSelect > All命令，或按X+A鍵，取消圈選狀態，如下圖所示。

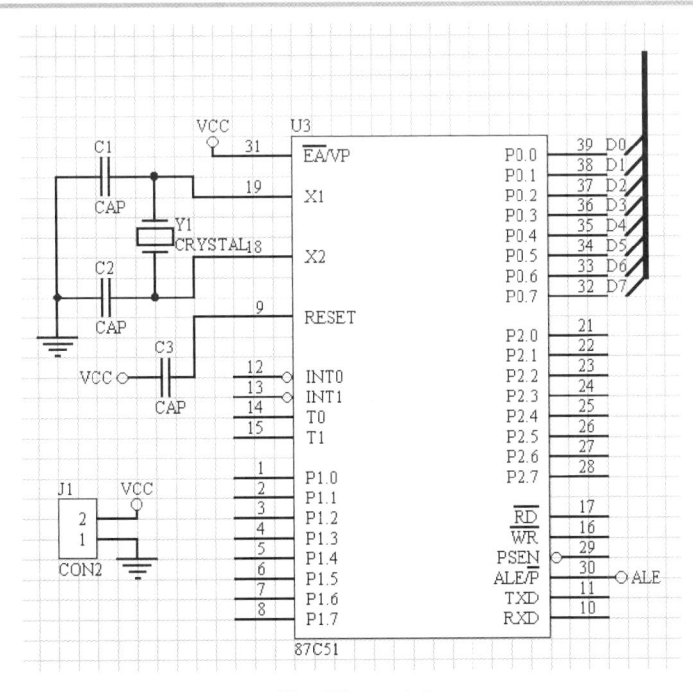

○ 圖 5-13

二、如何對大電路進行編輯動作：

把所要修改的電路，複製到新的電路圖，放置的位置可能不好，例如：太接近工作視窗的邊緣，必須移動整個電路圖到適當位置，也可能放置的方向不對，必須旋轉整個電路圖。接下來，要介紹如何對大電路進行編輯動作，步驟如下：

1. 圈選要編輯的電路，如圖5-11所示。
2. 在圈選電路中，按住Mouse左鍵，可以移動圈選電路，到適當位置，放開Mouse左鍵，放好電路。
3. 按Edit > Move > Move Selection命令，游標變成十字形狀。
4. 在圈選項目上，按Mouse左鍵一次，可以移動電路，如下圖所示。

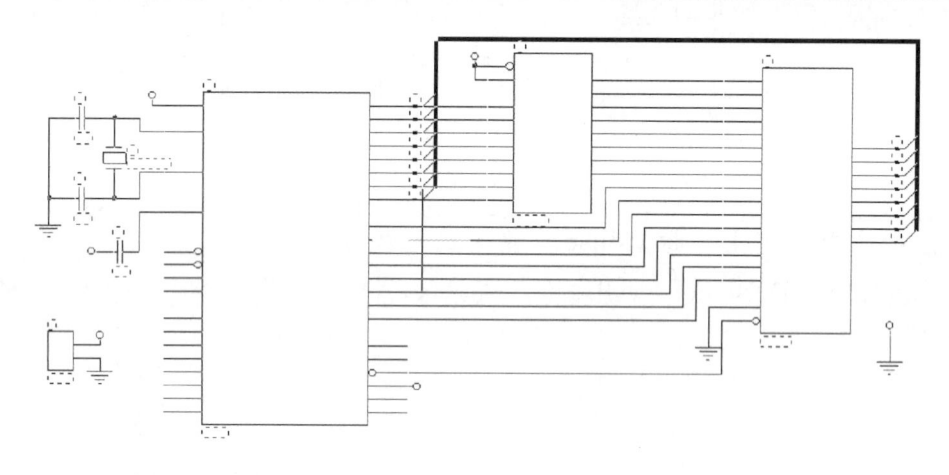

● 圖 5-14

5. 在適當位置上，按Mouse左鍵一次，可以放好電路。
6. 重複上面步驟3-4，按Space鍵，可以旋轉電路，再按Mouse左鍵一次，可以放好電路，如下圖所示。

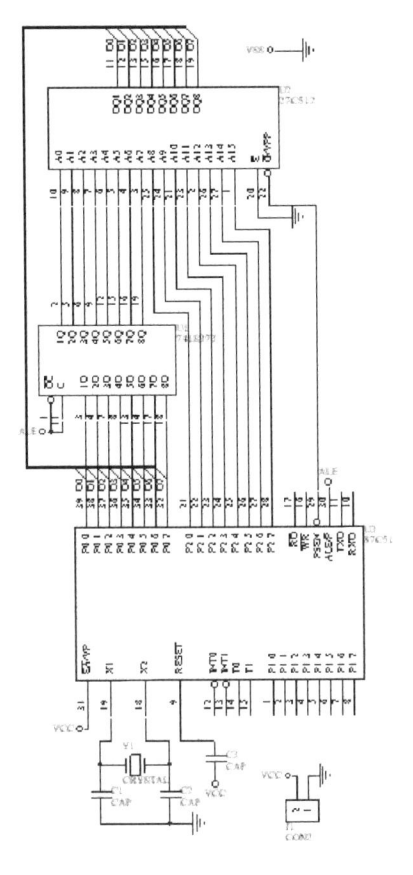

第五章 畫一個具有匯流排的電路圖

◯ 圖 5-15

7. 重複上面步驟3-4，按X鍵，可以水平鏡射電路，按Y鍵，可以垂直鏡射電路，按Mouse左鍵一次，可以放好電路。
8. 按Edit > DeSelect > All命令，或按X+A鍵，取消圈選狀態。
9. 如果要刪除不必要的電路，只要圈選這些電路，按Edit > Clear命令，立刻刪除這些電路。

三、隱藏接腳問題：

　　由於較複雜電路通常都有大量的IC元件，這些IC元件都有隱藏接腳，常見的隱藏接腳是VCC和GND，例如：74LS373元件，如下圖所示：

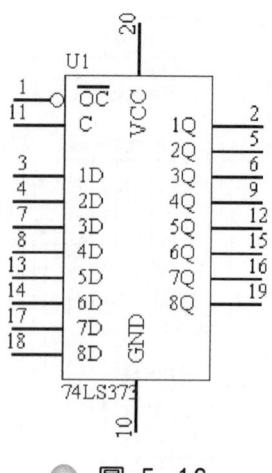

◎ 圖 5-16

在上面圖形中，VCC和GND是隱藏接腳，但是有少部份IC元件的隱藏接腳，並不是常見的VCC和GND，例如：87C51元件，如下圖所示：

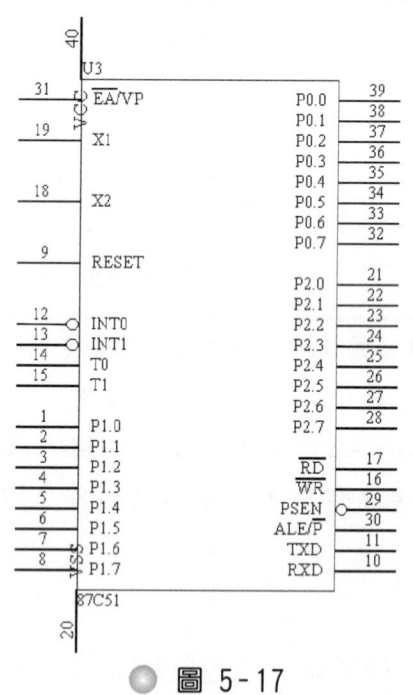

◎ 圖 5-17

在上面圖形中，VCC和VSS是隱藏接腳，如果沒有檢查87C51元件的隱藏接腳，就可能造成接腳VSS沒有連接，這樣的電路圖是有問題的。

如何檢查元件的隱藏接腳？只要在元件上，連按Mouse左鍵兩次，產生Part對話盒。

啟動Hidden Pins設定，再按Ok鍵後，回到電路圖中，就可以看見元件的隱藏接腳。

章後實習

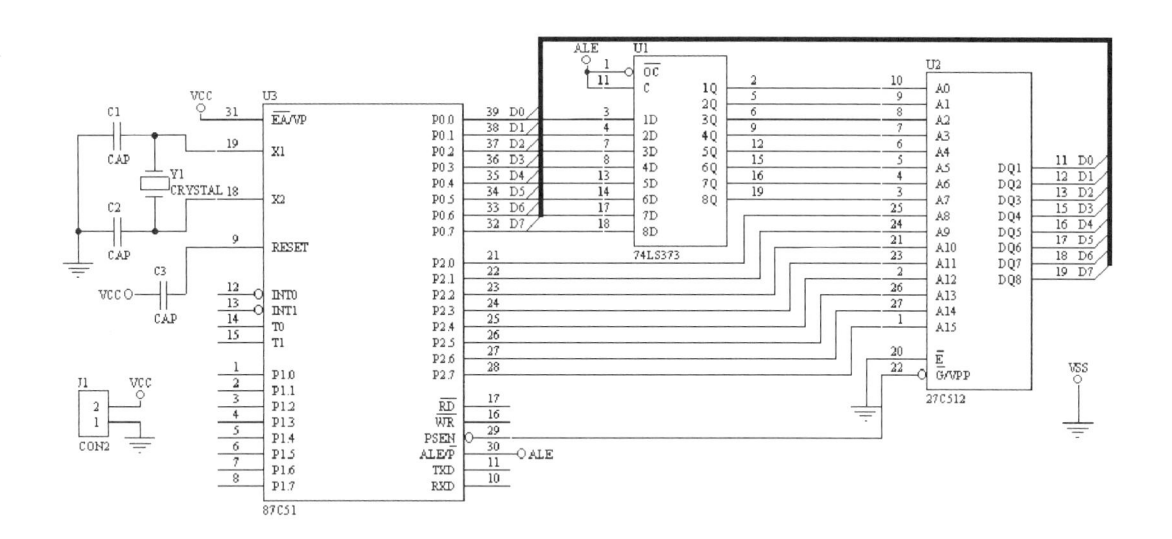

實習5-1

使用的元件，如下表所示：

Lib Ref	Designator	Part Type	使用的PCB元件庫
CAP	C1-C3	CAP	Miscellaneous.lib
CRYSTAL	Y1	CRYSTAL	Miscellaneous.lib
CON2	J1	CON2	Miscellaneous.lib
87C51	U3	87C51	PCB Footprints.lib
74LS373	U1	74LS373	PCB Footprints.lib
27C512	U2	27C512	PCB Footprints.lib

問題1 列出所有元件的隱藏接腳。

問題2 完成上面電路圖(可以利用搜尋元件庫方法，找到所要的元件)。

實習5-2

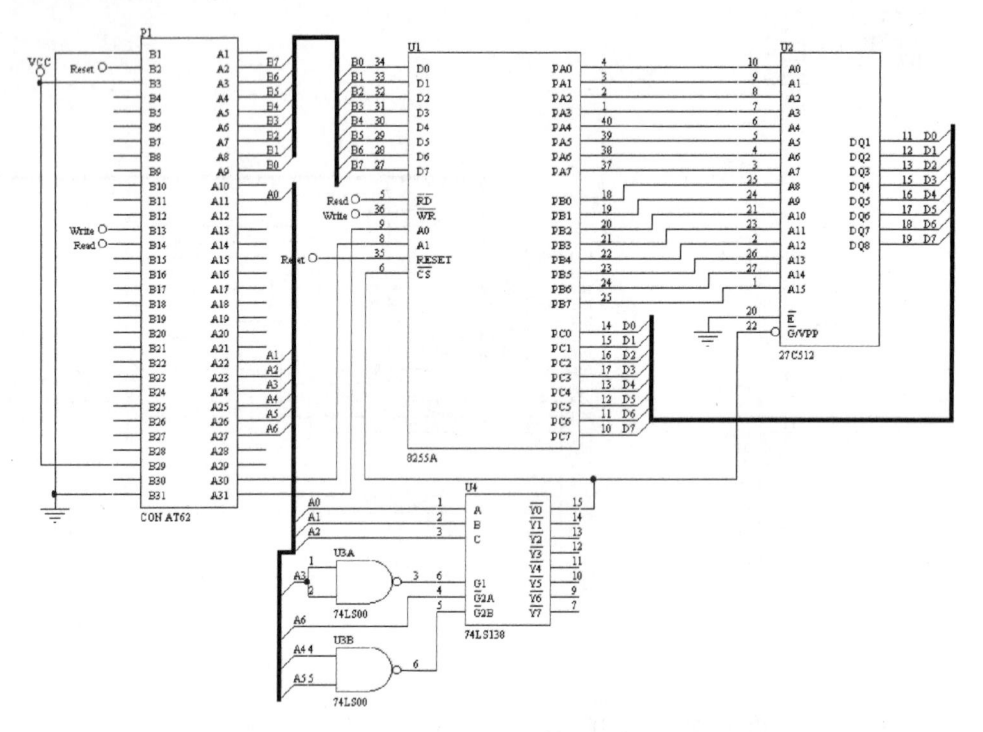

使用的元件，如下表所示：

Lib Ref	Footprint	Designator	Part Type
CON AT62		P1	CON AT62
8255A	DIP40	U1	8255A
27C512	DIP28	U2	27C512
74LS00	DIP14	U3	74LS00
74LS138	DIP16	U4	74LS138

問題1　列出所有元件的隱藏接腳。

問題2　完成上面電路圖(可以利用搜尋元件庫方法，找到所要的元件)。

實習5-3

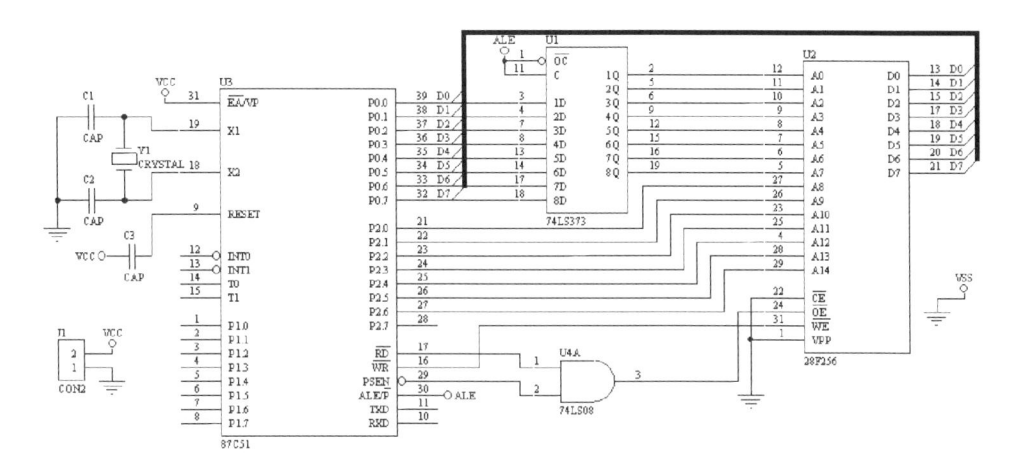

使用的元件，如下表所示：

Lib Ref	Designator	Part Type	使用的PCB元件庫
CAP	C1-C3	CAP	Miscellaneous.lib
XTAL	Y1	12.000MHZ	Miscellaneous.lib
CON2	J1	CON2	Miscellaneous.lib
87C51	U3	87C51	PCB Footprints.lib
74LS373	U1	74LS373	PCB Footprints.lib
28F256	U2	28F256	PCB Footprints.lib
74F08	U4	74LS08	PCB Footprints.lib

問題1 列出所有元件的隱藏接腳。

問題2 完成上面電路圖(可以利用搜尋元件庫方法，找到所要的元件)。

實習5-4

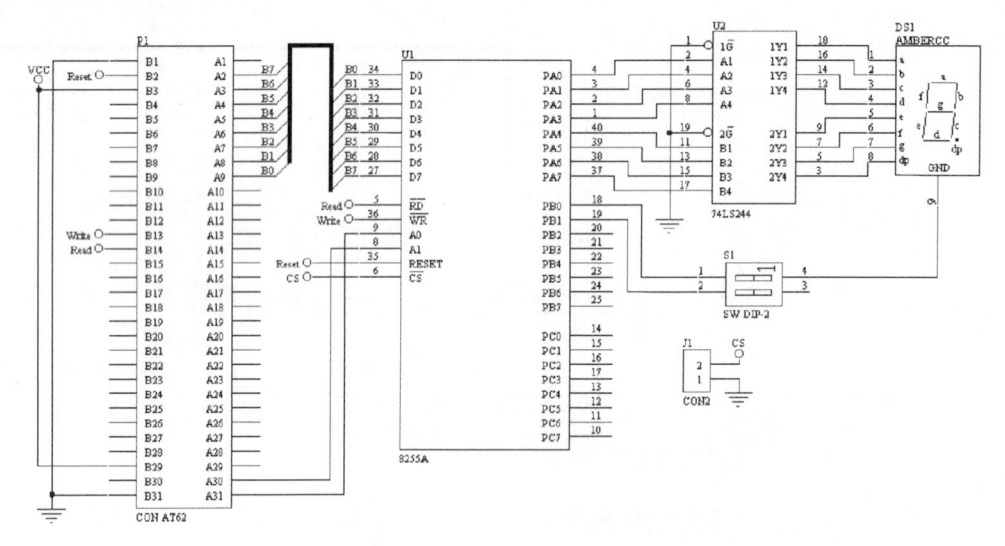

使用的元件，如下表所示：

Lib Ref	Footprint	Designator	Part Type
CON AT62		P1	CON AT62
8255A	DIP40	U1	8255A
74F244	DIP20	U2	74LS244
SW DIP-2	DIP4	S1	SW DIP-2
CON2	SIP2	J1	CON2
AMBERCC	7SEG	DS1	AMBERCC

問題1 列出所有元件的隱藏接腳。

問題2 完成上面電路圖(可以利用搜尋元件庫方法，找到所要的元件)。

6 畫電路圖的重要功能

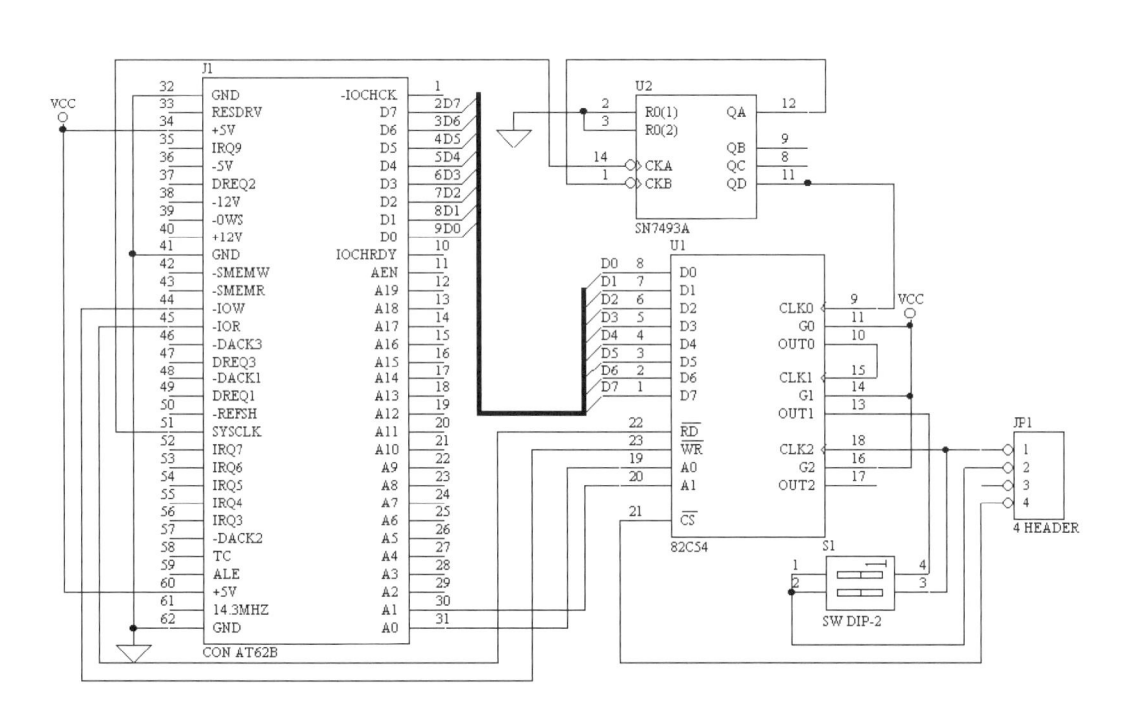

6-1 電路圖的檢查工作

當你完成電路圖時，接下來，要檢查電路圖的電氣特性，例如：輸入接腳應該要有訊號輸入，所以輸入接腳應該被連接，電氣特性檢查會檢查所有輸入接腳是否有連接?因此完成的電路圖必須檢查電氣特性。

按Tools > ERC命令，產生Setup Electrical Rule Check對話盒，如下圖所示：

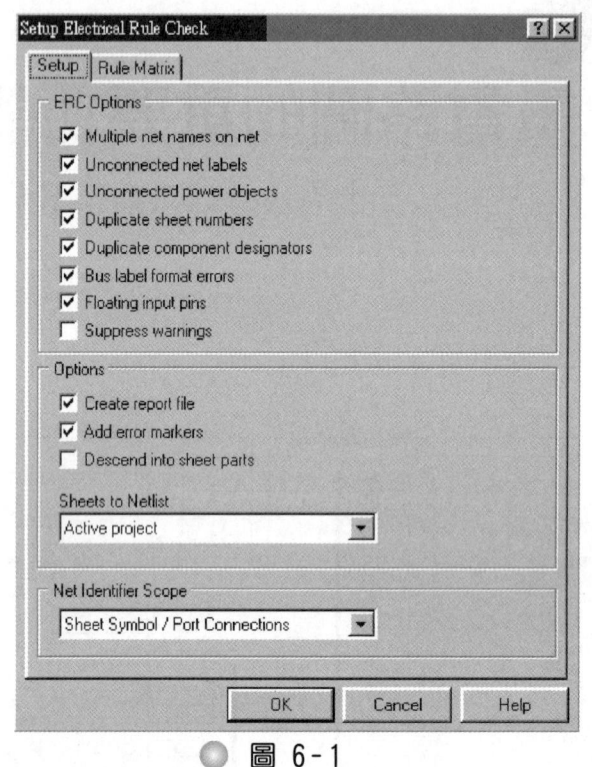

圖 6-1

在上面對話盒中，參數說明如下：

1. ERC Options：設定ERC檢查的種類，如下：

ERC檢查種類	內容說明
Multiple net names on net	在連線上，有多個連線名稱存在
Unconnected net labels	連線名稱未連接
Unconnected power objects	電源項目未連接
Duplicate sheet numbers	電路圖編號重複
Duplicate component designators	元件名稱重複
Bus label format errors	匯流排名稱格式錯誤
Floating input pins	輸入接腳浮接
Suppress warnings	隱藏警告訊息

2. Options:設定ERC功能的選項,說明如下:
   (1) Create report file:產生ERC報告檔案。
   (2) Add error markers:在電路圖中,放置錯誤符號。
   (3) Descend into sheet parts:檢查到電路圖元件等級。
   (4) Sheets to Netlist:表示選擇要產生串接檔的電路圖。
   (5) Net Identifier Scope:表示連線的辨識範圍。
   對話盒的內容,採用預設值,按Ok鍵,產生*.ERC檔案,如下圖所示。

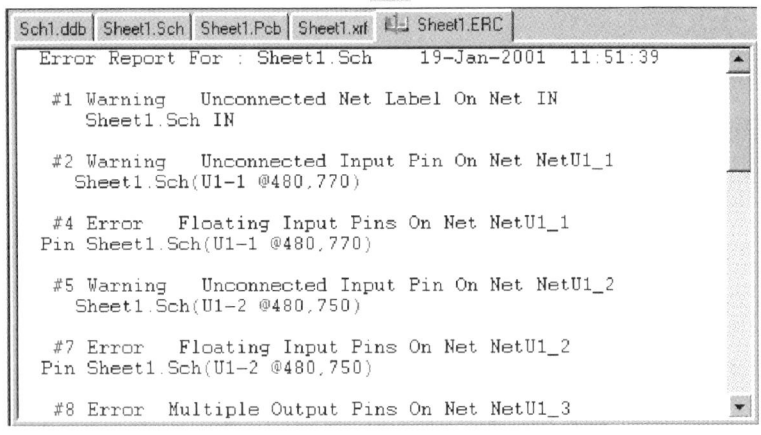

圖 6-2

在對話盒中,按**Rule Matrix**標籤,產生新的對話盒,如下圖所示:

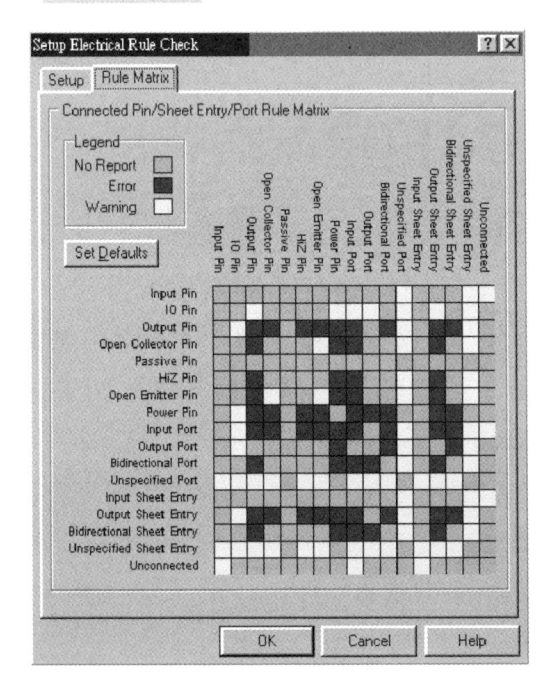

圖 6-3

可以設定兩個接腳連接的檢查等級,只要在顏色方塊上,按Mouse左鍵一次,就可以更改檢查等級,共有三種等級:綠色(不報告)、紅色(錯誤訊息)和黃色(警告訊息),按Set Defaults鍵,可以回復成預設狀態,例如:輸出接腳(Output Pin)和輸出接腳相連接是紅色,表示ERC檢查的等級是錯誤訊息。

ERC檢查的錯誤和警告訊息可以顯示在三個地方,說明如下:

1. *.ERC檔案:也就是ERC報告檔案,如圖6-2所示,必須啟動Create report file設定。
2. 在電路圖中顯示錯誤符號:在電路圖中,有ERC錯誤的位置,會顯示錯誤符號,是一個紅色的符號,必須啟動Add error markers設定,如下圖所示(U2A元件的接腳2和3):

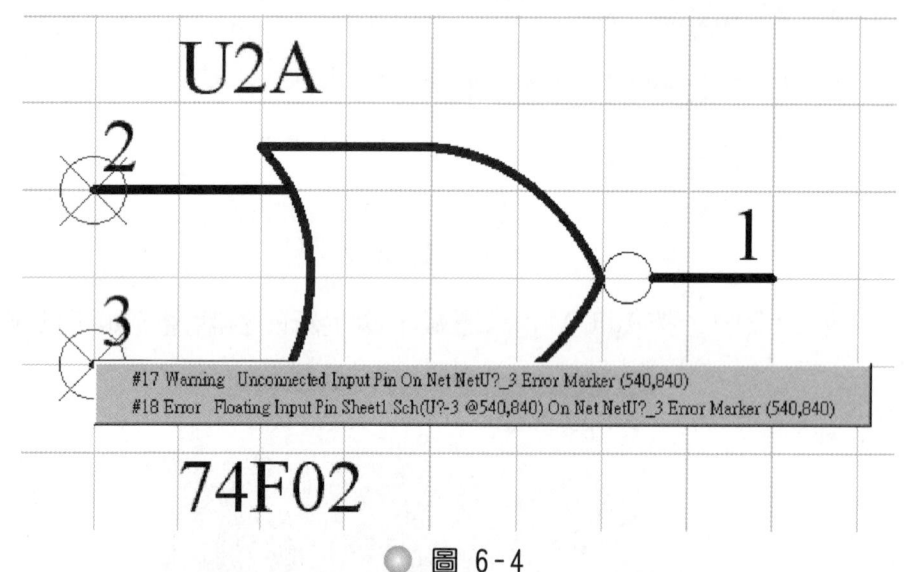

● 圖 6-4

在同一個位置上,可能會有多個錯誤或警告訊息產生,這些訊息重疊在一起,在錯誤符號上,按Mouse左鍵一次,產生選擇對話盒,如上圖所示,選擇其中一個項目,可以點選這個錯誤符號,如果連按Mouse左鍵兩次,可以產生Error Marker對話盒,如下圖所示:

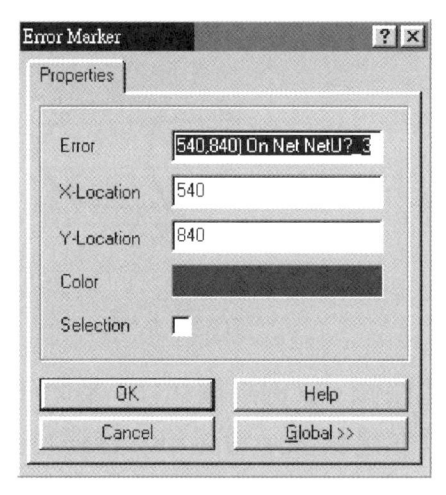

○ 圖 6-5

3. 設計面板：在Browse欄位中，按下拉鍵，點選Primitives，再點選Error Markers，可以在中間欄位中，看見所有ERC錯誤訊息，如下圖所示：

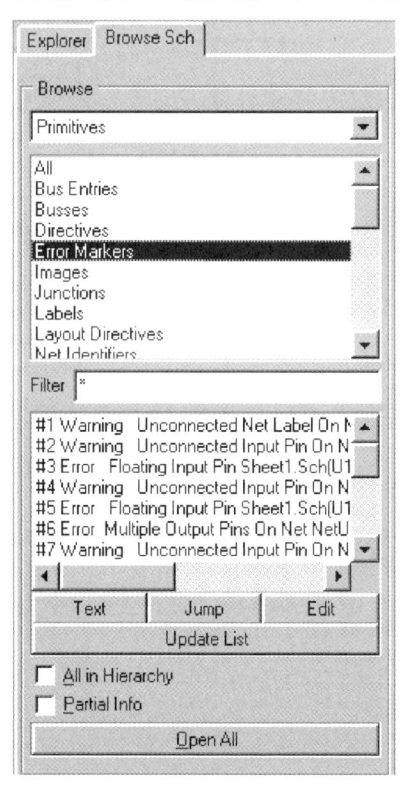

○ 圖 6-6

選擇ERC錯誤訊息，再按Jump鍵，可以顯示這個錯誤訊息的位置，並且點選這個錯誤訊息，如下圖所示：

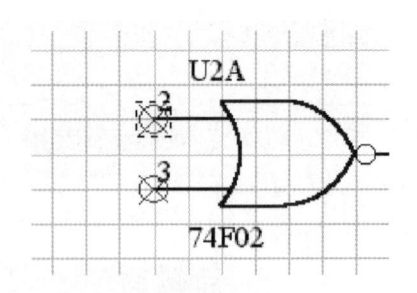

○ 圖 6-7

開啟一個新的電路圖,放置兩個元件:電阻(RES)和NAND閘(74LS00),執行ERC檢查,可以在電路圖中看見ERC錯誤符號,如下圖所示:

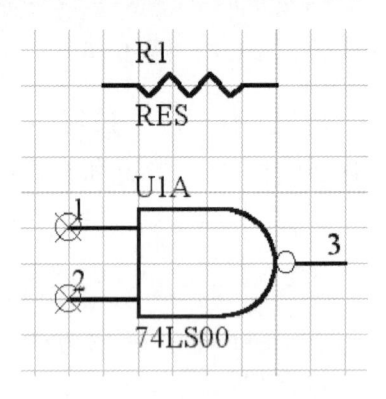

○ 圖 6-8

為什麼U1A元件會發生ERC錯誤,而R1元件不會,首先檢查ERC錯誤的內容,如下圖所示:

```
Error Report For : Sheet2.Sch    19-Jan-2001   14:08:14

 #1 Warning   Unconnected Input Pin On Net NetU1_1
    Sheet2.Sch(U1-1 @350,800)

 #3 Error    Floating Input Pins On Net NetU1_1
Pin Sheet2.Sch(U1-1 @350,800)

 #4 Warning   Unconnected Input Pin On Net NetU1_2
    Sheet2.Sch(U1-2 @350,780)

 #6 Error    Floating Input Pins On Net NetU1_2
Pin Sheet2.Sch(U1-2 @350,780)

End Report
```

○ 圖 6-9

U1A元件共發生兩種ERC錯誤,說明如下:
1. Unconnected Input Pin:輸入接腳未連接(警告訊息)。

2. Floating Input Pins：輸入接腳浮接(錯誤訊息)。

這兩種ERC錯誤均發生在U1A元件，而R1元件沒有發生這方面的問題，在相同的情況下，為何有如此差異？可以看這兩個元件的接腳特性，就可以說明為何會有這種情況發生！如下所示：

U1A(74LS00)元件的部分接腳說明，如下表所示：

接腳編號	電氣形式	內容說明
1	Input	輸入接腳
2	Input	輸入接腳
3	Output	輸出接腳

R1(RES)元件的接腳說明，如下表所示：

接腳編號	電氣形式	內容說明
1	Passive	被動式接腳
2	Passive	被動式接腳

(有關如何檢查元件的接腳特性，請看第9章的說明)

由上面兩個接腳表格可知，由於U1A元件的接腳1和2是輸入接腳，所以會發生ERC錯誤(因為輸入接腳沒有連接)，而R1元件的接腳1和2是被動式接腳，所以不會發生這種ERC錯誤。

6-2 放置不連接符號

如果有輸入接腳不要連接，而且要讓ERC檢查沒有錯誤發生，要如何處理這種情況？解決方法是放置不連接符號。

按 Place > Directives > No ERC 命令，可以放置不連接符號，在電氣特性檢查(ERC)時，可以取消連線的不連接錯誤訊息，輸入接腳(Input pin)必須連接，如果沒有連結，可以加入不連接符號(No ERC)，否則會發生錯誤和警告訊息。

以74F00元件為範例，介紹使用No ERC項目的效果，74F00元件的圖形，如下圖所示：

○ 圖 6-10

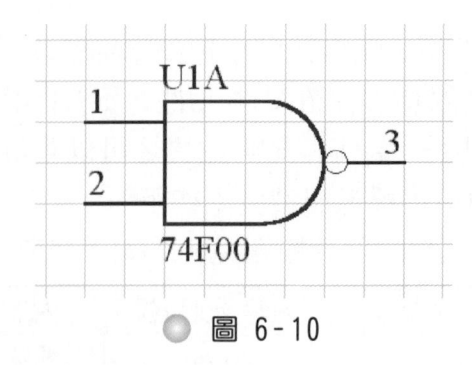

74F00元件的部分接腳說明，如下表所示：

接腳名稱	接腳編號	電氣形式	內容說明
A	1	Input	輸入接腳
B	2	Input	輸入接腳
Y	3	Output	輸出接腳
GND	7	Power	電源接腳
VCC	14	Power	電源接腳

(74F00元件是四個NAND元件放在同一個IC中)

輸入接腳一定要連接，否則會產生電氣特性錯誤，為了要執行電氣特性檢查，按Tools > ERC命令，產生Setup Electrical Rule Check對話盒，按Ok鍵，開始ERC檢查，產生*.ERC檔案，如下圖所示：

```
C:\Program Files\Design Explorer 99 SE\Examples\Sch1.ddb
Sch1.ddb | Sheet1.Sch | Sheet1.ERC | Sheet1.Pcb

Error Report For : Sheet1.Sch    11-Jan-2001  22:00:26

 #1 Warning   Unconnected Input Pin On Net NetU1_1
   Sheet1.Sch(U1-1 @460,360)

 #3 Error   Floating Input Pins On Net NetU1_1
Pin Sheet1.Sch(U1-1 @460,360)

 #4 Warning   Unconnected Input Pin On Net NetU1_2
   Sheet1.Sch(U1-2 @460,340)

 #6 Error   Floating Input Pins On Net NetU1_2
Pin Sheet1.Sch(U1-2 @460,340)

End Report
```

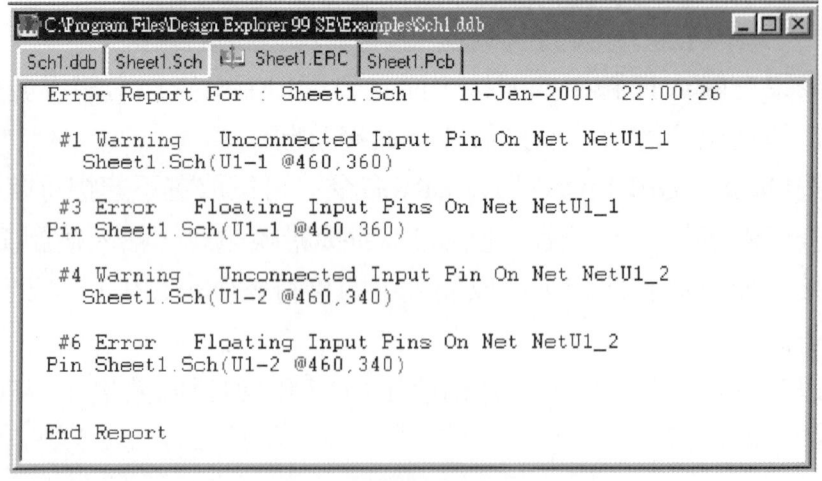

○ 圖 6-11

NetU1_1連線表示U1元件(74F00)的接腳1，這個接腳共發生一個錯誤訊息和一個警告訊息，分別說明如下：

(1) 錯誤訊息：輸入接腳浮接(Floating)。

(2) 警告訊息：輸入接腳未連接(Unconnected)。

另一支接腳(接腳編號2)也有同樣的問題。

在接腳編號1和2上，各放置一個不連接符號，如下圖所示：

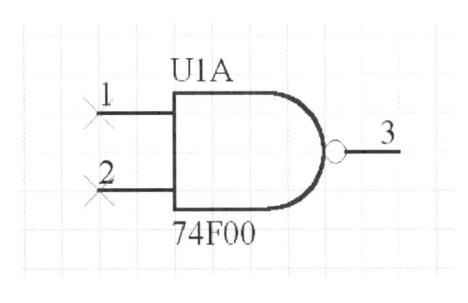

◎ 圖 6-12

按Tools > ERC命令，產生Setup Electrical Rule Check對話盒，按Ok鍵，開始ERC檢查，產生*.ERC檔案，如下圖所示：

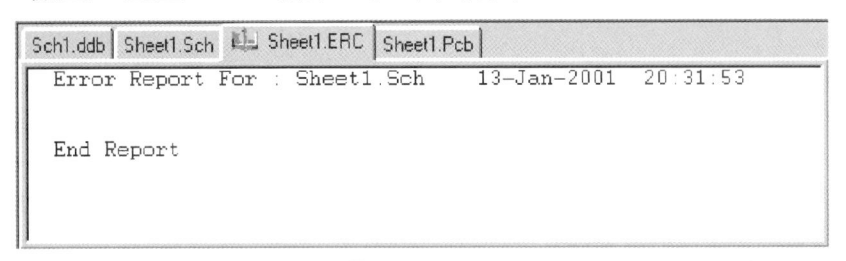

◎ 圖 6-13

從上圖得知，原本的錯誤和警告訊息都不見了，所以加入不連接符號(No ERC)，可以使得輸入接腳不再發生ERC錯誤，但是不代表電路是正確的，因為NAND邏輯閘元件的兩支接腳必須要有輸入訊號，元件才能產生輸出訊號。

會發生不連接問題的元件，通常是具有許多支接腳的IC元件，例如：8051AH，某些輸入接腳可能會沒有連接。

6-3 畫電路圖的目的

畫電路圖的目的只有一個，也就是轉換成其他用途，例如：要進行電路分析、產生PCB電路板、產生其他格式的串接檔...以下分別說明：

一、產生PCB電路板：

電路圖的圖形，如下圖所示：

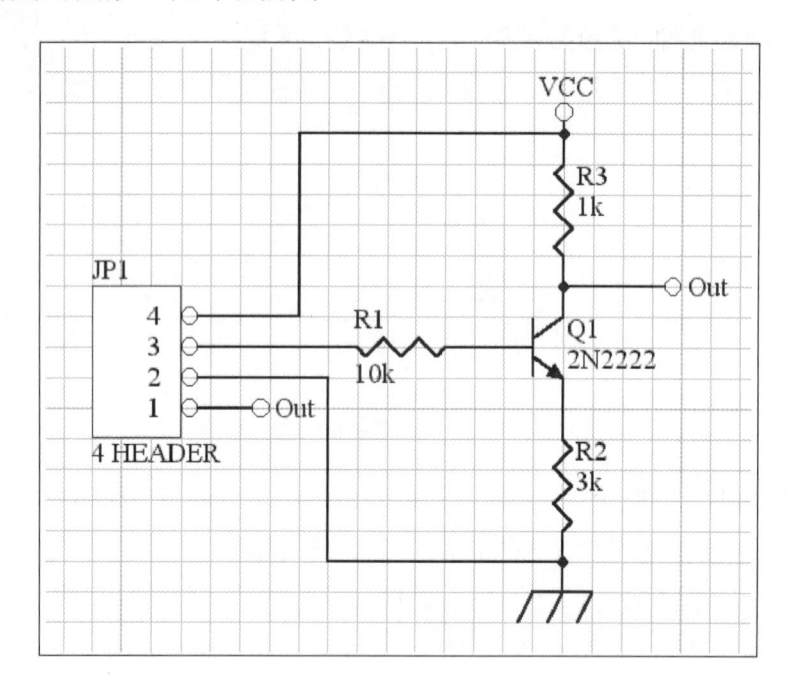

◯ 圖 6-14

將所有PCB電路板相關參數設定好，按Design > Create Netlist命令，準備產生Protel格式的串接檔，產生Netlist Creation對話盒，如下圖所示：

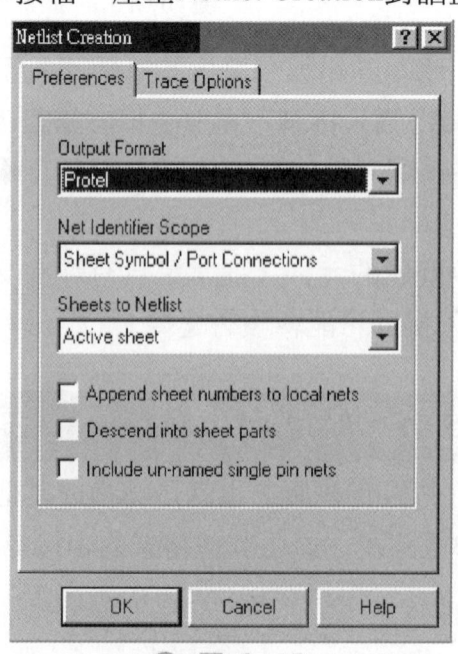

◯ 圖 6-15

按Ok鍵，產生*.NET檔案，如下圖所示：

```
[
JP1
POWER4
4 HEADER


]
[
Q1
TO-92A
2N2222
```

○ 圖 6-16

產生新的電路板編輯器，載入Protel格式的*.NET檔案，根據畫電路板的步驟，可以產生電路板的圖形，如下圖所示：

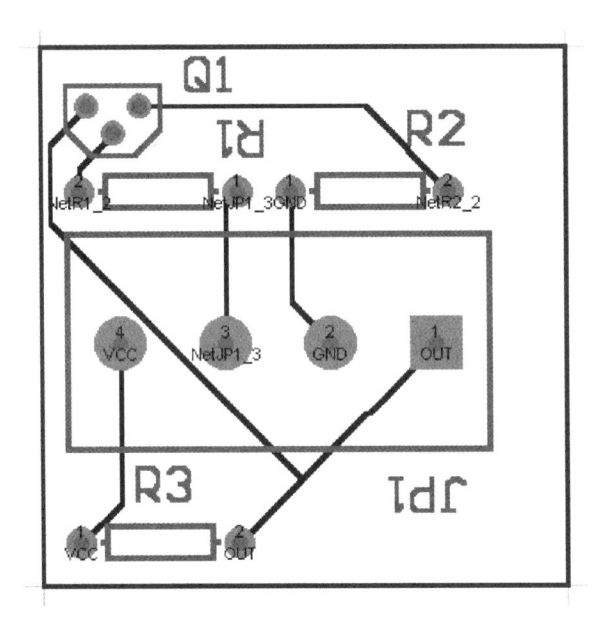

○ 圖 6-17

二、產生其他格式的串接檔：

按Design > Create Netlist命令，也可以產生其他格式的串接檔，從Netlist Creation對話盒中(圖6-15)，在Output Format欄位中，按下拉鍵，選擇要轉換的串接檔格式，如下圖所示：

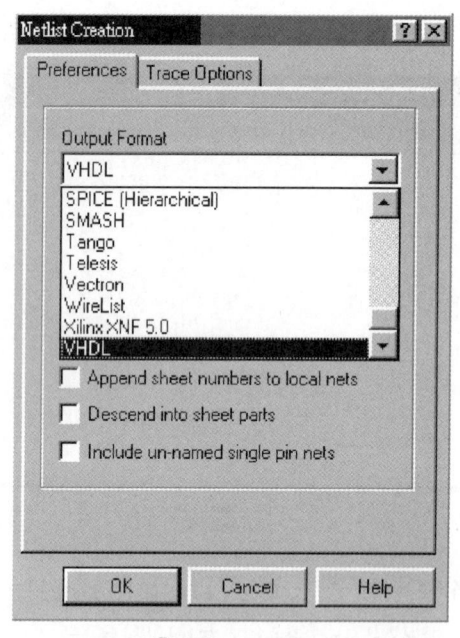

圖 6-18

選擇VHDL格式，再按Ok鍵，產生VHDL格式的串接檔，如下圖所示：

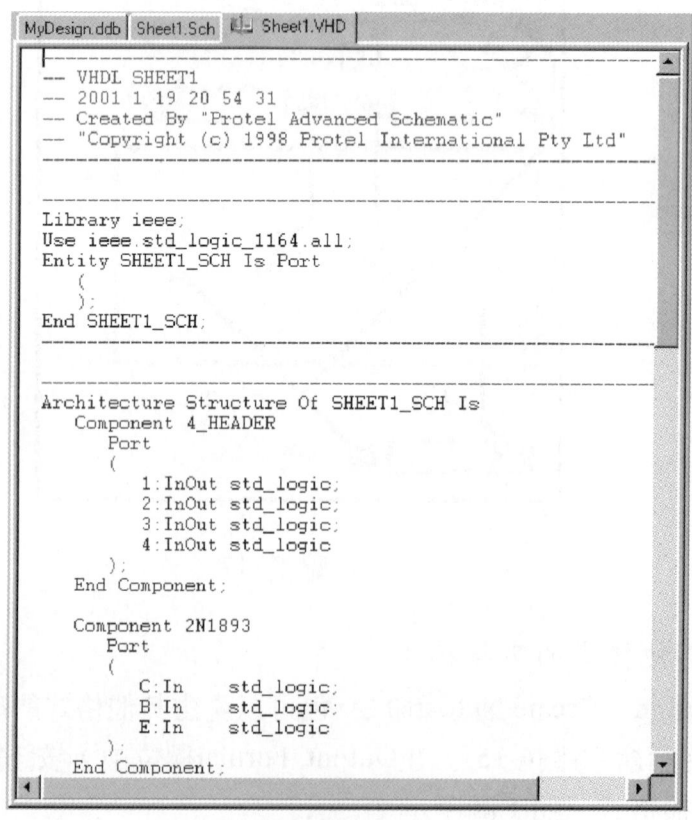

圖 6-19

從Output Format欄位中，可以選擇38種格式的串接檔。

三、進行電路分析：

電路圖的圖形，如下圖所示：

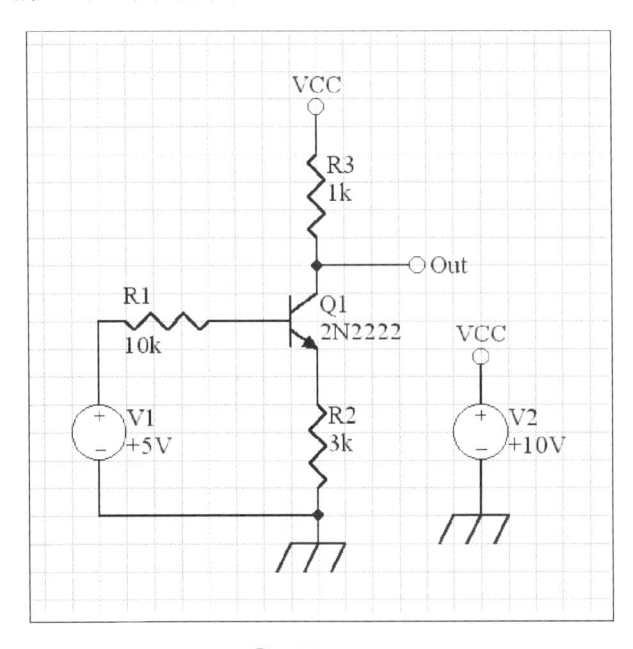

○ 圖 6-20

將分析相關參數設定好，按Simulate > Setup命令，設定直流掃瞄的分析參數，按Run Analyses鍵，執行設定的分析，產生分析結果*.sdf檔案，如下圖所示：

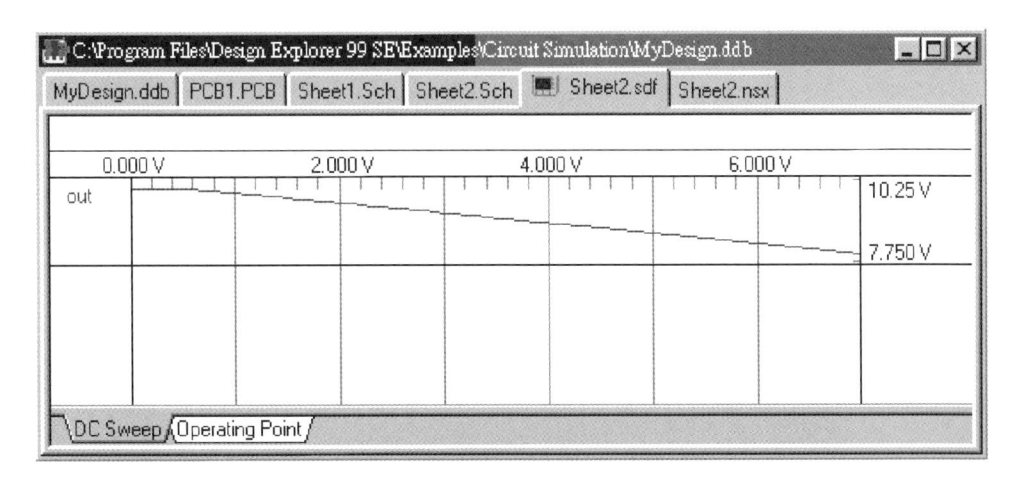

○ 圖 6-21

從上面圖形中，可以看見節點電壓Out的波形。

6-4 電路圖報告

當完成電路圖後，接下來，可以製作一些電路圖報告，提供這個電路圖的一些基本資料，有關產生電路圖報告的命令說明，如下表所示：

報告命令	內容說明
Reports > Selected Pins	列出所有圈選接腳
Reports > Bill of Material	產生使用元件表
Reports > Design Hierarchy	產生一個文字檔，表示檔案的階層結構
Reports > Cross Reference	對目前電路圖，產生元件/電路圖互相比對
Reports > Add Port References(Flat)	加入Port-to-Port電路圖互相比對資料，到輸出入埠中
Reports > Add Port References(Hierarchical)	加入階層電路圖互相比對資料，到輸出入埠中
Reports > Remove Port References	移除電路圖互相比對資料
Reports > Netlist Compare	比較兩個Protel格式的串接檔，並且產生比較報告

一、產生使用元件表：

1. 在電路圖編輯器中，按Reports > Bill of Material命令，可以產生這個電路圖所有元件的報表，產生BOM Wizard對話盒。

這是使用元件表精靈，可以協助您產生使用元件表，如下圖所示：

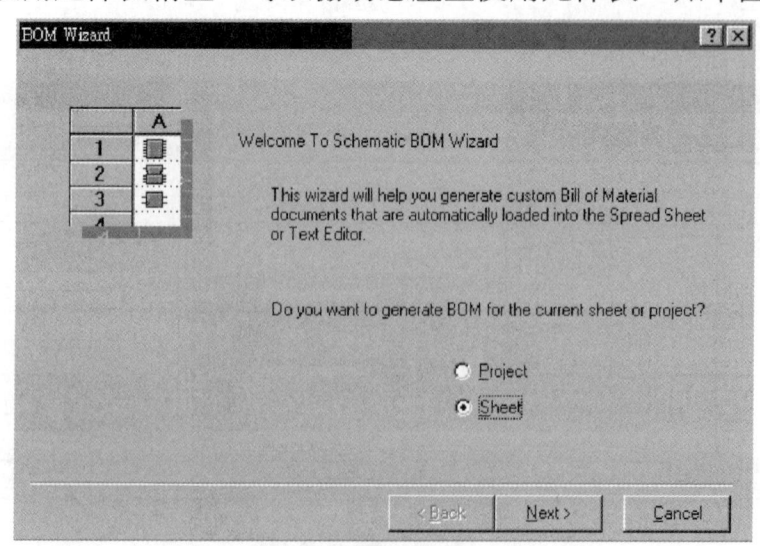

圖 6-22

在上面對話盒中，詢問要產生元件表的電路圖範圍，說明如下：

(1) Project：同一個設計檔案中的所有電路圖都要產生元件表。

(2) Sheet：只有目前電路圖才產生元件表。

2. 點選Sheet。
3. 按NEXT>鍵，產生新的對話盒，如下圖所示。

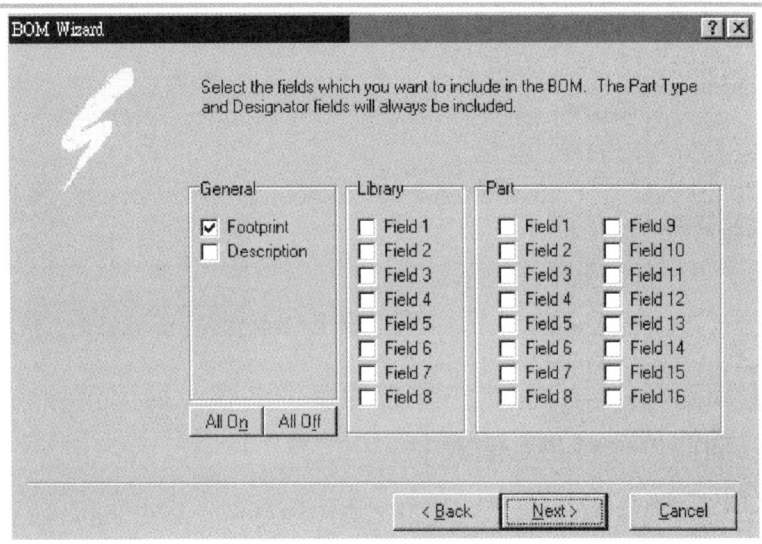

◎ 圖 6-23

在上面對話盒中，可以選擇要放入元件表的元件欄位資料，按**All On**鍵，可以啟動所有設定，按**All Off**鍵，可以取消所有設定，其中元件值(Part Type)和元件名稱(Designator)是元件表的固定資料，不需要加以選擇，自動會顯示在元件表中。

4. 只啟動Footprint設定。
5. 按NEXT>鍵，產生新的對話盒，如下圖所示。

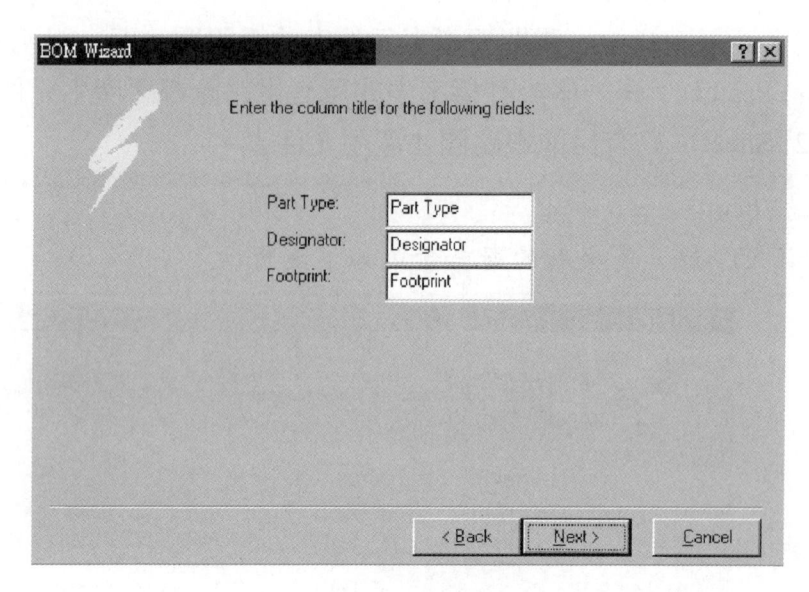

○ 圖 6-24

　　在上面對話盒中,設定工作表的欄位名稱,採用預設名稱就可以,目前共有三個欄位資料在元件表中。

6. 採用預設名稱。
7. 按NEXT>鍵,產生新的對話盒,如下圖所示。

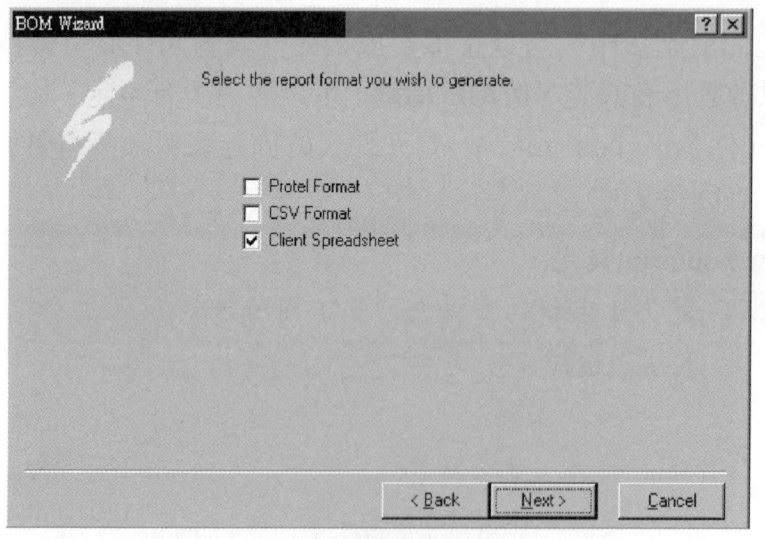

○ 圖 6-25

　　在上面對話盒中,選擇要輸出的報告格式,共有三種格式可以使用,如下所示:

　　(1) Protel Format:Protel軟體所提供的格式,產生*.BOM檔案。

(2) CSV Format：以CSV格式表示，產生*.CSV檔案。

(3) Client Spreadsheet：以工作單格式表示，產生*.XLS檔案。

8. 啟動三個設定。

9. 按NEXT>鍵，產生新的對話盒，如下圖所示。

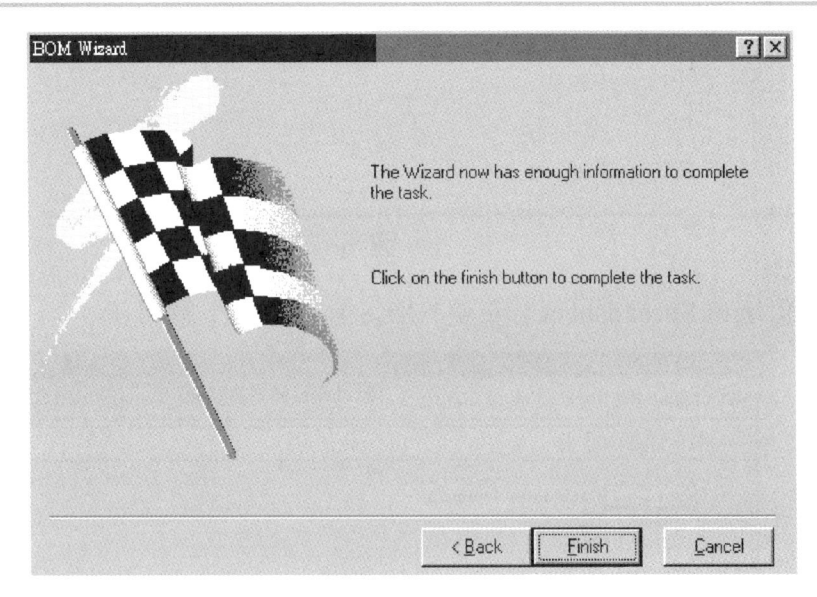

○ 圖 6-26

在上面對話盒中，表示已經完成工作表的設定工作。

10.按Finish鍵，完成設定工作，並且立刻產生三個元件表檔案，如下所示。

(1) Protel Format：產生*.BOM檔案，如下圖所示：

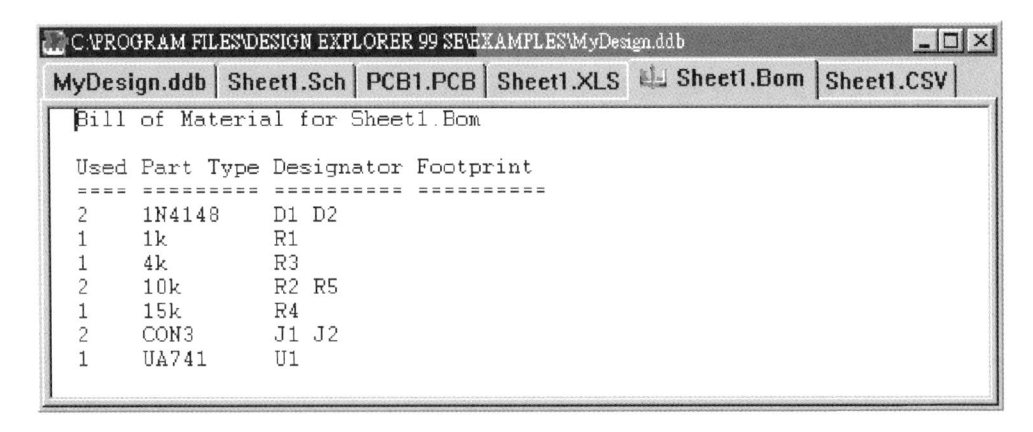

```
Bill of Material for Sheet1.Bom

Used Part Type Designator Footprint
==== ========= ========== ==========
2    1N4148    D1 D2
1    1k        R1
1    4k        R3
2    10k       R2 R5
1    15k       R4
2    CON3      J1 J2
1    UA741     U1
```

○ 圖 6-27

(2) CSV Format：產生*.CSV檔案，如下圖所示：

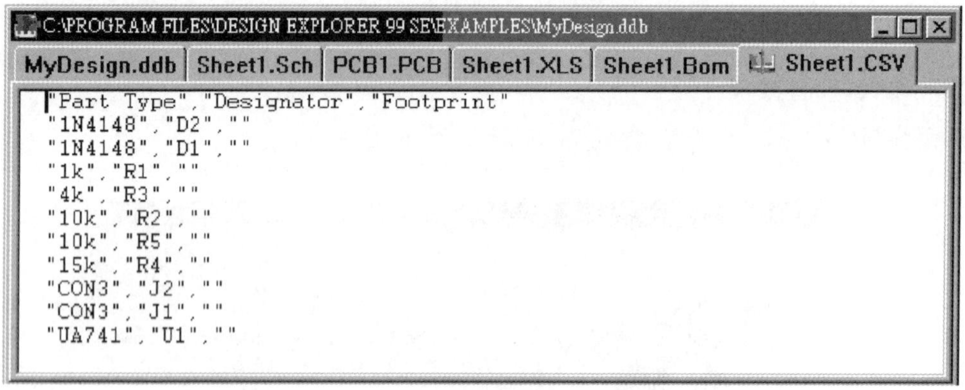

○ 圖 6-28

(3) Client Spreadsheet：產生*.XLS檔案，如下圖所示：

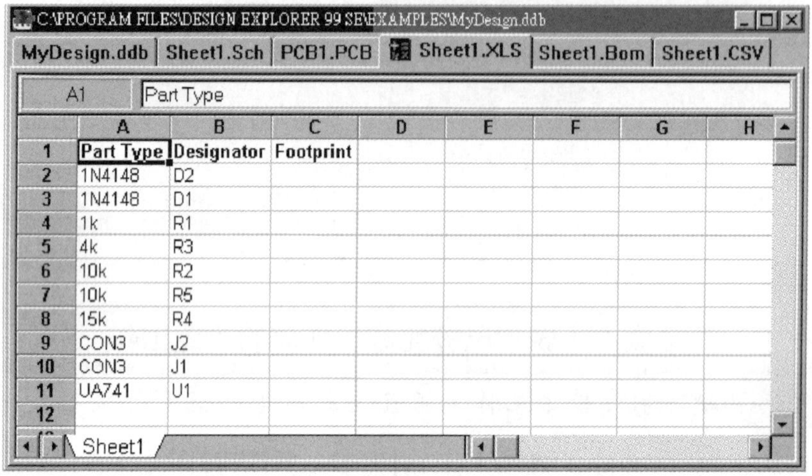

○ 圖 6-29

二、產生檔案的階層結構報告：

在電路圖編輯器中，按 Reports > Design Hierarchy 命令，產生*.rep檔案，如下圖所示：

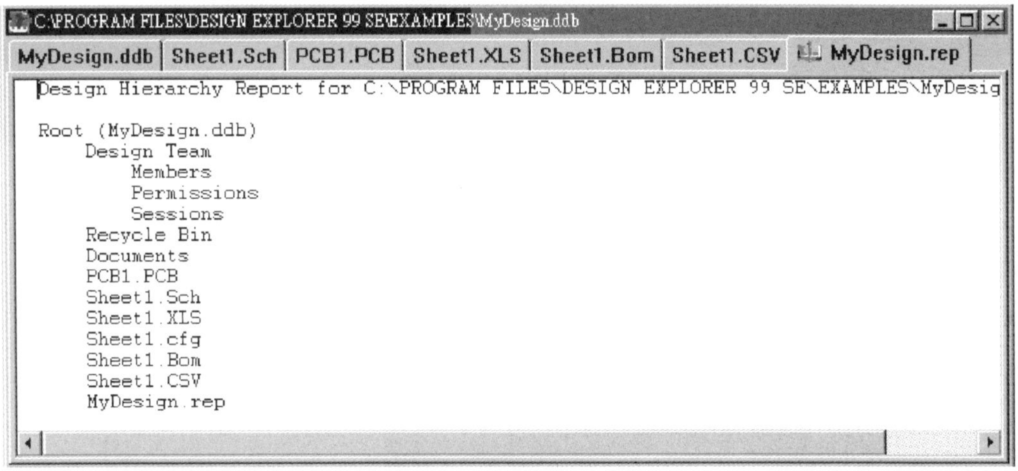

```
C:\PROGRAM FILES\DESIGN EXPLORER 99 SE\EXAMPLES\MyDesign.ddb
MyDesign.ddb | Sheet1.Sch | PCB1.PCB | Sheet1.XLS | Sheet1.Bom | Sheet1.CSV | MyDesign.rep

Design Hierarchy Report for C:\PROGRAM FILES\DESIGN EXPLORER 99 SE\EXAMPLES\MyDesig

Root (MyDesign.ddb)
    Design Team
        Members
            Permissions
            Sessions
    Recycle Bin
    Documents
    PCB1.PCB
    Sheet1.Sch
    Sheet1.XLS
    Sheet1.cfg
    Sheet1.Bom
    Sheet1.CSV
    MyDesign.rep
```

◎ 圖 6-30

在上面圖形中，是一個文字檔，表示目前設計檔案的階層結構，和設計總管的Explorer部份是相同的。

章後實習

實習6-1

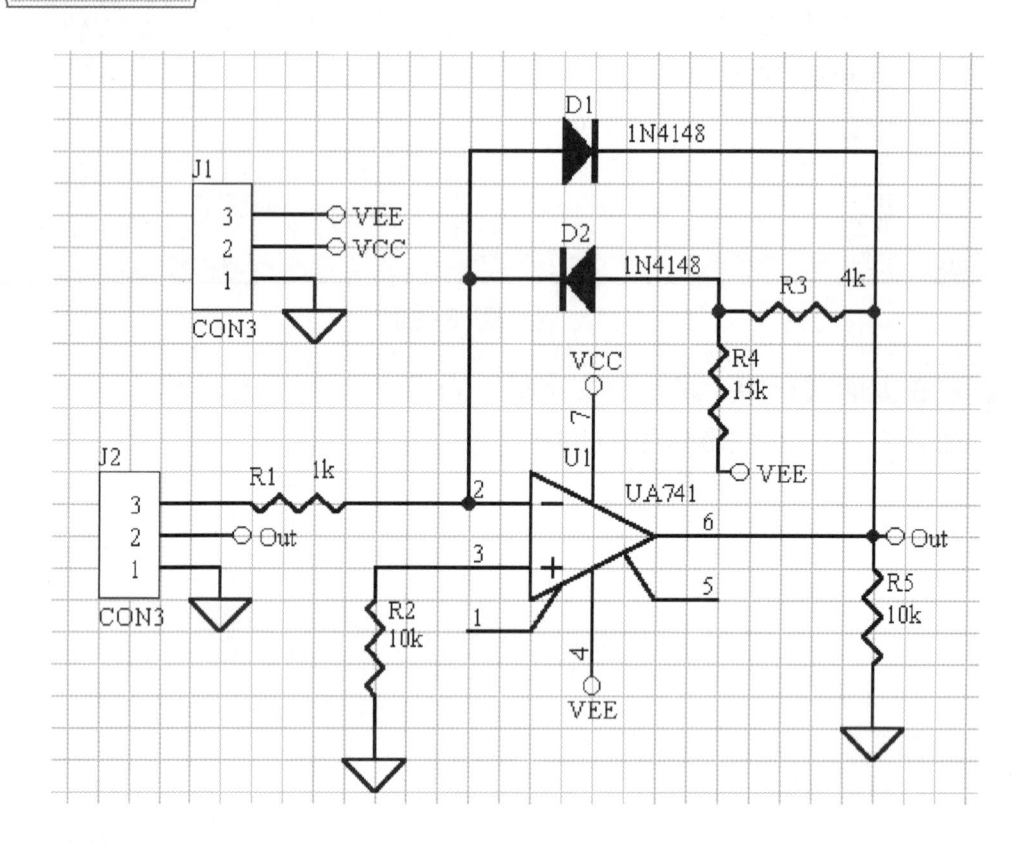

使用的元件，如下表所示：

元件(Lif Ref)	元件外形圖(Footprint)	元件名稱(Designator)	元件值(Part Type)
CON3	SIP3	J1-J2	CON3
RES	AXIAL0.3	R1-R5	1K;10k;4k;15k;10k
UA741	DIP8	U1	UA741
100HF100PV	DIODE0.4	D1-D2	1N4148

所有元件都要加入元件外形圖(Footprint)參數，只要在Part對話盒中(在元件上，連按Mouse左鍵兩次)，在Footprint格子中，輸入元件外形圖。

問題 產生Protel格式的串接檔。

實習6-2

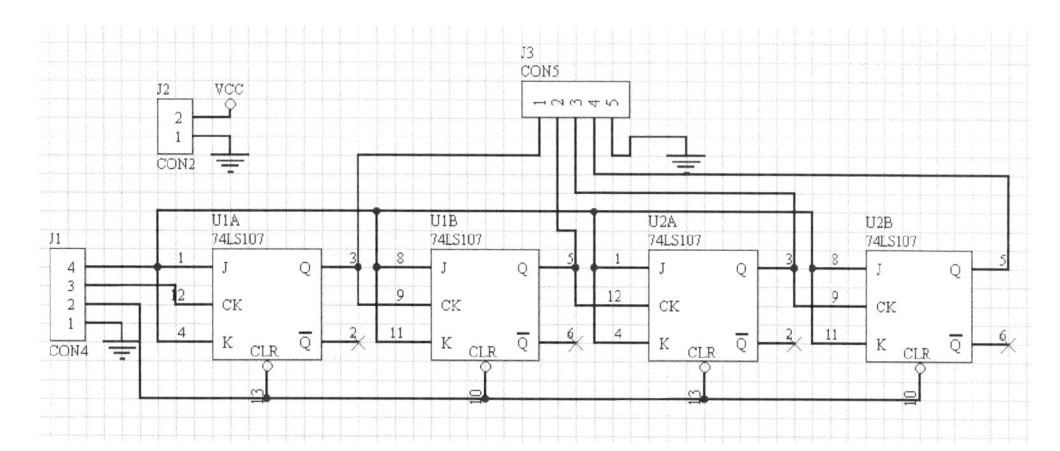

使用的元件，如下表所示：

Lib Ref	Footprint	Designator	Part Type
CON4	SIP4	J1	CON4
CON2	SIP2	J2	CON2
CON5	SIP5	J3	CON5
74LS107	DIP14	U1	74LS107
74LS107	DIP14	U2	74LS107

所有元件都要加入元件外形圖(Footprint)參數，只要在Part對話盒中(在元件上，連按Mouse左鍵兩次)，在Footprint格子中，輸入元件外形圖。

問題 產生Protel格式的串接檔。

實習6-3

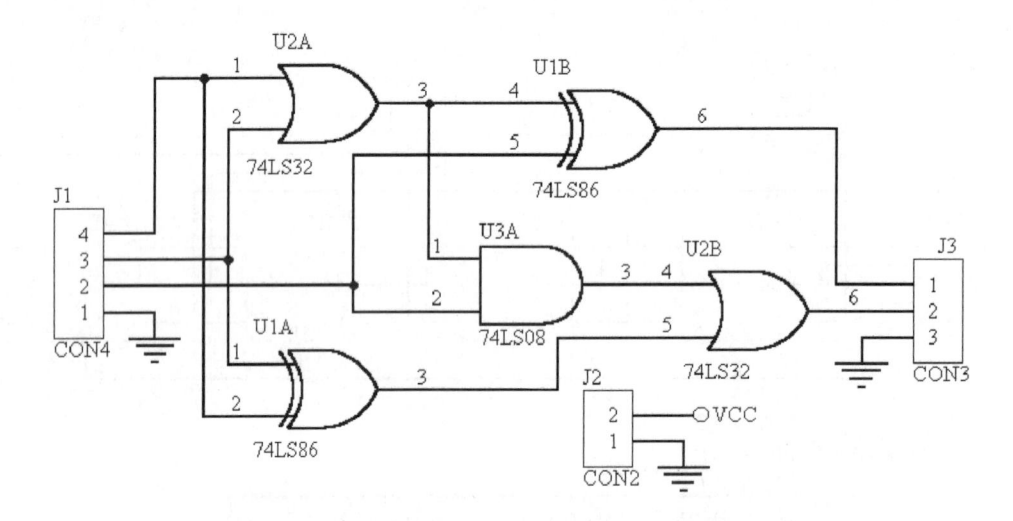

[電路圖：包含 J1(CON4)、U2A(74LS32)、U1B(74LS86)、U3A(74LS08)、U2B(74LS32)、U1A(74LS86)、J2(CON2)、J3(CON3) 等元件組成的邏輯電路]

使用的元件，如下表所示：

Lib Ref	Designator	Part Type	使用的PCB元件庫
CON4	J1	CON4	Miscellaneous.lib
CON2	J2	CON2	Miscellaneous.lib
CON3	J3	CON3	Miscellaneous.lib
74F32	U2	74LS32	PCB Footprints.lib
74LS86	U1	74LS86	PCB Footprints.lib
74F08	U3	74LS08	PCB Footprints.lib

所有元件都要加入元件外形圖(Footprint)參數，只要在Part對話盒中(在元件上，連按Mouse左鍵兩次)，在Footprint格子中，輸入元件外形圖。

問題 產生Protel格式的串接檔。

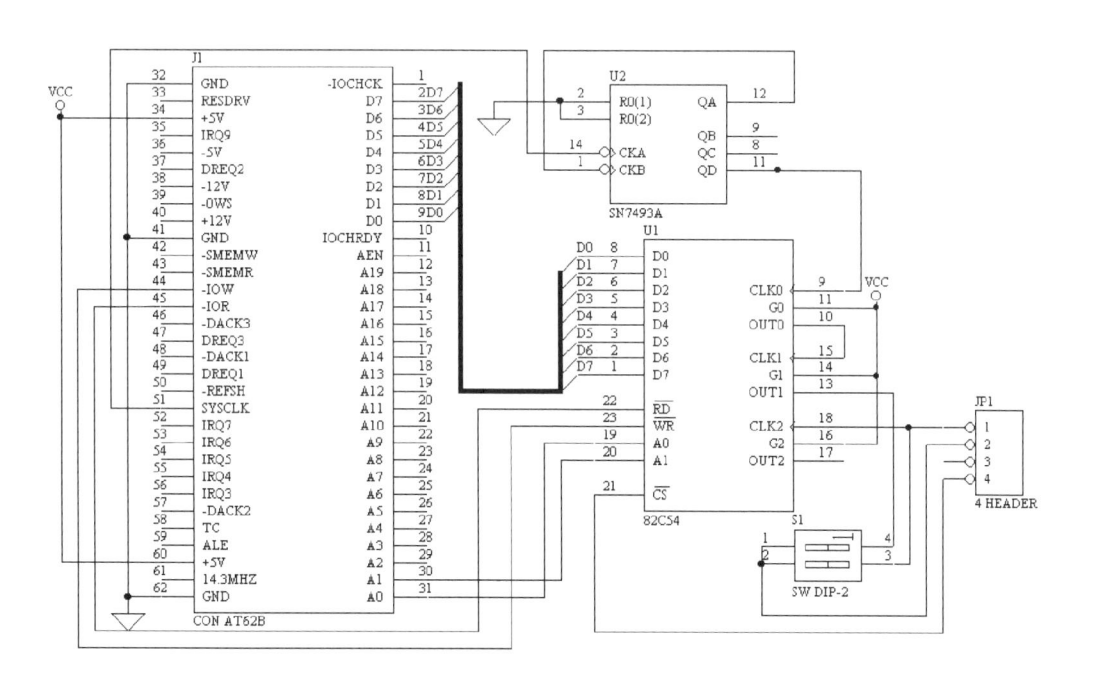

第七章 畫一個階層電路

7-1 階層電路的基本項目說明

和階層電路有關的基本項目有兩個：電路圖符號(Sheet Symbol)和電路圖輸出入埠(Add Sheet Entry)，畫這兩個項目的命令，說明如下：

主功能表	畫電路圖工具列	內容說明
Place > Sheet Symbol	放置電路圖符號按鈕	放置電路圖符號
Place > Add Sheet Entry	放置電路圖輸出入埠按鈕	放置電路圖輸出入埠

1. 放置電路圖符號：按Place > Sheet Symbol命令，或按畫電路圖工具列的放置電路圖符號按鈕，游標變成十字形狀，並且有電路圖方塊存在，如下圖所示：

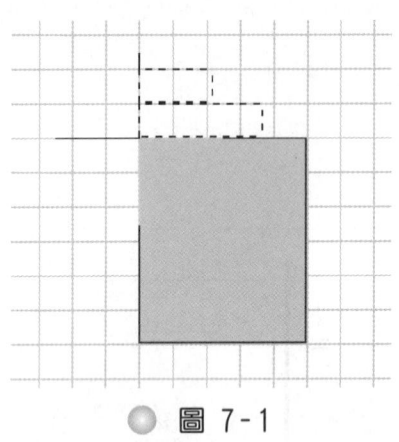

● 圖 7-1

按Mouse左鍵一次，決定方塊的左上角，再按Mouse左鍵一次，決定方塊的右下角，可以完成電路圖方塊，並且可以輸入下一個電路圖符號，按Mouse右鍵一次，結束畫電路圖符號功能，完成的電路圖符號，如下圖所示：

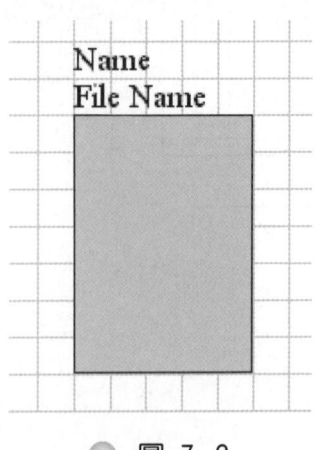

● 圖 7-2

電路圖符號是一個綠色方塊，表示是一個電路圖，電路圖的接腳是由電路圖輸出入埠項目決定。

在電路圖符號上，連按Mouse左鍵兩次，產生Sheet Symbol對話盒，如下圖所示：

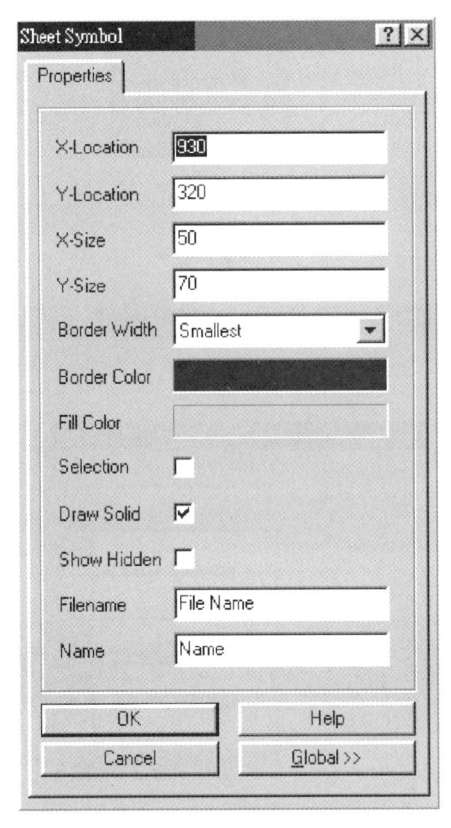

圖 7-3

在上面對話盒中，重要參數說明如下：

(1) Draw Solid：設定填滿方式，所以電路圖符號是綠色方塊，如果取消這個設定，電路圖符號是一個空心的方框。

(2) Filename：設定這個電路圖符號的下層電路，也就是實際電路的檔名。

(3) Name：表示這個電路圖符號的名稱。

2. 放置電路圖輸出入埠：按Place > Add Sheet Entry命令，或按畫電路圖工具列的放置電路圖輸出入埠按鈕，游標變成十字形狀，在電路圖符號的邊線上，按Mouse左鍵一次，此時游標有輸出入埠符號，如下圖所示：

● 圖 7-4

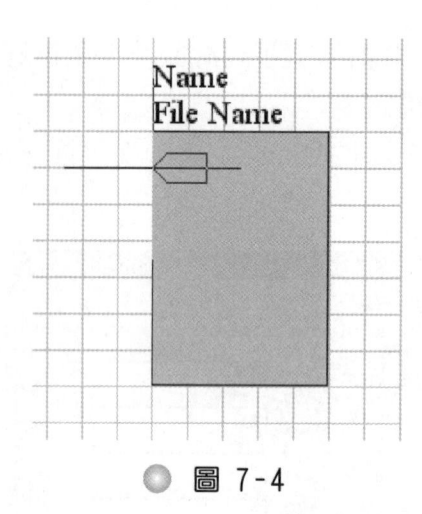

還未放好電路圖輸出入埠項目，按 Tab 鍵，產生 Sheet Entry 對話盒，如下圖所示：

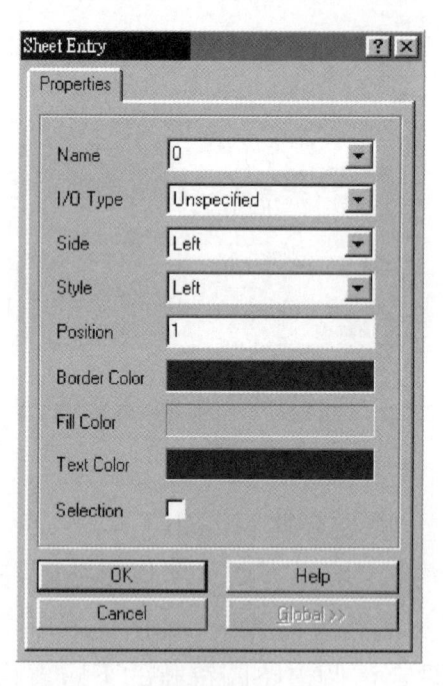

● 圖 7-5

在上面對話盒中，重要參數說明如下：

(1) Name：表示電路圖輸出入埠的名稱。

(2) I/O Type：設定為輸入或輸出形式，如下表所示：

I/O形式	內容說明
Unspecified	未設定為何種形式
Output	設定為輸出形式
Input	設定為輸入形式
Bidirectional	設定為輸出入形式

(3) Side：表示輸出入埠放在電路圖符號的那一邊，說明如下：

Side	內容說明
Left	放在電路圖符號的左邊
Right	放在電路圖符號的右邊
Top	放在電路圖符號的上面
Bottom	放在電路圖符號的下面

(4) Style：表示輸出入埠的形狀時，可以分成平頭和尖頭兩種，詳細的內容，請看3-3節的輸出入埠項目說明。

(5) Position：表示輸出入埠在電路圖符號中的位置，左右兩邊從上面開始設定，以格線為間距，分別是1、2、3...上下兩面從左邊開始設定(1、2、3...)。

7-2 階層電路的命令說明

除了階層電路的基本項目外，還有主功能表命令需要說明，和階層電路有關的主功能表命令，如下表所示：

命　令	內容說明
Design > Create Sheet From Symbol	在電路圖符號中，產生新的電路圖，並且加入輸出入埠。
Design > Create Symbol From Sheet	產生電路圖符號，表示目前電路圖。
Tools > Up/Down Hierarchy	切換目前電路圖的階層。
Tools > Complex To Simple	轉換複雜階層電路設計為簡單階層電路設計。

1. Create Sheet From Symbol功能：先畫好上層電路的電路圖符號，按Design > Create Sheet From Symbol命令，游標變成十字形狀，在電路圖符號上，按Mouse左鍵一次，可以產生新的電路圖編輯器(會先產生一個Confirm對話盒)，並且加入電路圖符號的輸出入埠，如下圖所示：

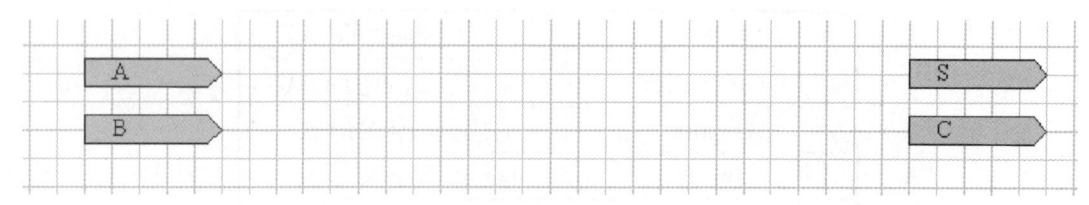

[圖示：電路圖輸出入埠 A、B、S、C]

● 圖 7-6

再利用這些輸出入埠，完成下層電路圖。

2. Create Symbol From Sheet功能：開啟一個新的電路圖編輯器，按Design > Create Symbol From Sheet命令，產生Choose Document to Place對話盒，如下圖所示：

[對話盒：Choose Document to Place，Documents頁籤，列出 Sheet1.Sch、EX7-1、EX7-2.Sch，按鈕 OK、Cancel、Help]

● 圖 7-7

從上面對話盒中，選擇一個電路圖，當成電路圖的下層電路，按Ok鍵後(會先產生Confirm對話盒)，把下層電路圖轉換成電路圖符號，按Mouse左鍵一次，可以放好電路圖符號，如下圖所示：

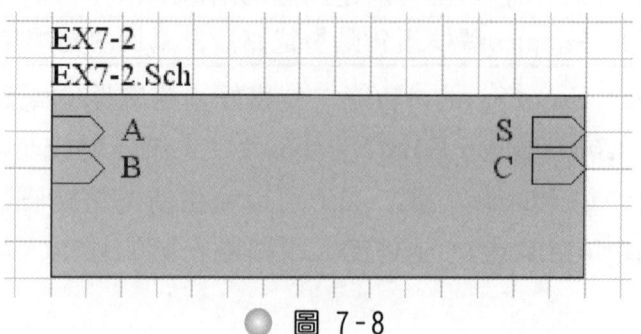

[電路圖符號：EX7-2 / EX7-2.Sch，左側埠 A、B，右側埠 S、C]

● 圖 7-8

3. Up/Down Hierarchy功能：按Tools > Up/Down Hierarchy命令，游標變成十字形狀，可以切換電路的階層，在上層電路圖的電路圖符號上，按 Mouse 左鍵一次，可以跳到下層電路，在下層電路圖的輸出入埠上，按 Mouse 左鍵一次，可以回到上層電路。

7-3 畫一個階層電路

進行實際系統的電路設計時，通常電路都會相當大，並不適合把所有元件都放在相同的電路圖中，這樣會增加設計和除錯的困難度，所以可以把電路圖分割成數個小模組，分別進行電路設計和除錯工作，以提高電路的除錯能力和可讀性。

設計方法可以分成由上而下的電路設計和由下而上的電路設計兩種，本節要介紹由上而下的電路設計方法。

上層電路圖，如下圖所示：

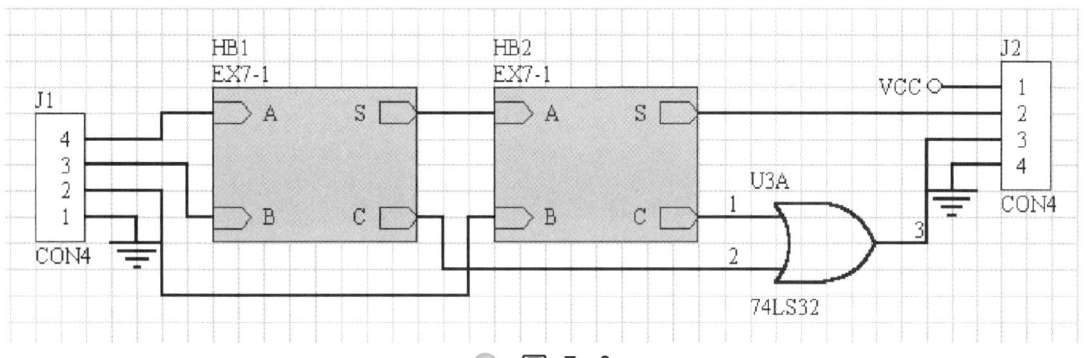

◎ 圖 7-9

下層電路圖，如下圖所示：

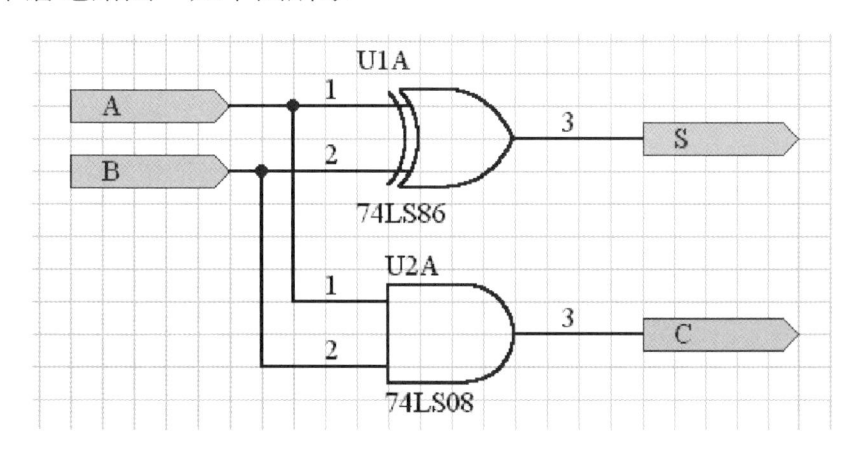

◎ 圖 7-10

本電路圖需要使用的元件，如下表所示：

Lib Ref	Designator	Part Type	所在的元件庫
74LS86	U1	74LS86	Sim.ddb/74xx.Lib
74F08	U2	74LS08	Sim.ddb/74xx.Lib
74F32	U3	74LS32	Sim.ddb/74xx.Lib
CON4	J1	CON4	Miscellaneous Devices.Lib
CON4	J2	CON4	Miscellaneous Devices.Lib

以下要畫上層電路的電路圖符號，步驟如下：

1. 開啟一個新的電路圖編輯器。
2. 按Place > Sheet Symbol命令，游標變成十字形狀，並且有電路圖方塊。
3. 按Mouse左鍵一次，決定方塊的左上角，再按Mouse左鍵一次，決定方塊的右下角，完成一個電路圖方塊。
4. 按Mouse右鍵一次，終止畫電路圖符號功能。
5. 在電路圖符號上，連按Mouse左鍵兩次，產生Sheet Symbol對話盒。
6. 在對話盒中，輸入下列資料：
   Filename = EX7-1
   Name = HB1
7. 按Ok鍵，完成修改項目的特性值，如下圖所示。

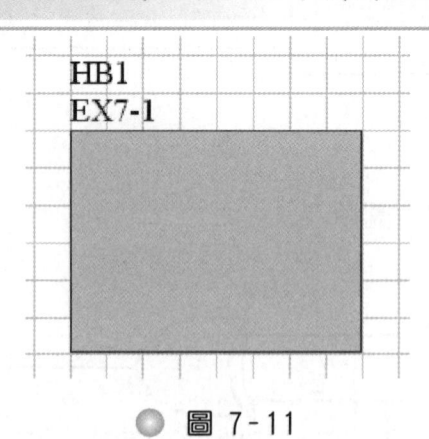

● 圖 7-11

以下要畫電路圖輸出入埠，步驟如下：

1. 按Place > Add Sheet Entry命令，游標變成十字形狀。
2. 在電路圖符號的左邊，按Mouse左鍵一次，此時游標有輸出入埠符號存在。
3. 按Tab鍵，產生Sheet Entry對話盒。

4. 在對話盒中,輸入下列資料:
   Name = A
   I/O Type = Input
   Side = Left
   Style = Right
5. 移動游標到電路圖符號的左邊,按 Mouse 左鍵一次,放好電路圖輸出入埠A,如下圖所示。

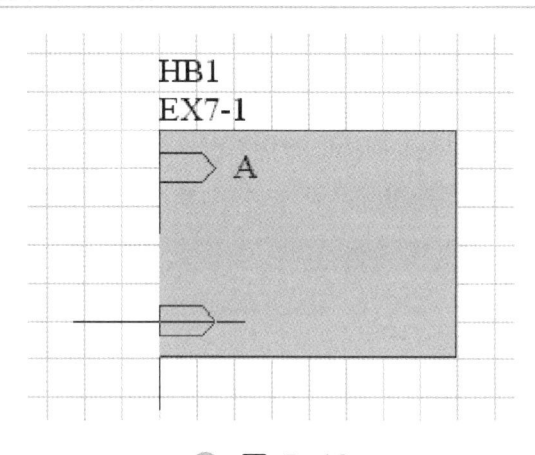

◯ 圖 7-12

接下來,可以放下一個輸出入埠。

6. 重複上面步驟3-5,放好其他3個電路圖輸出入埠,有關這三個輸出入埠的基本資料,如下表所示。

Name	I/O Type	Side	Style
B	Input	Left	Right
S	Output	Right	Right
C	Output	Right	Right

7. 按 Mouse 右鍵一次,終止放置電路圖輸出入埠功能,此時電路圖的圖形,如下圖所示。

```
    HB1
    EX7-1
    ┌─────────────┐
    │ ▷ A      S ◁│
    │             │
    │ ▷ B      C ◁│
    └─────────────┘
```

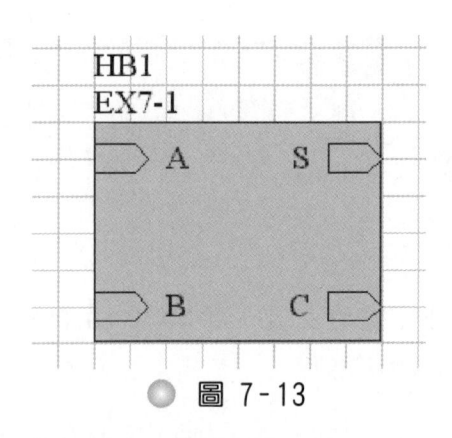

● 圖 7-13

以下要畫下層電路的內容，步驟如下：

1. 按Design > Create Sheet From Symbol命令，游標變成十字形狀。
2. 在電路圖符號上，按Mouse左鍵一次，產生Confirm對話盒，如下圖所示。

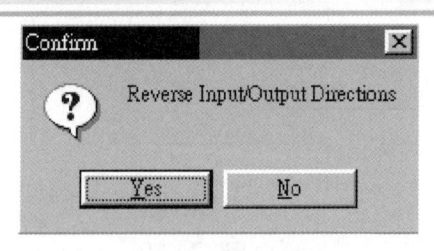

● 圖 7-14

詢問：是否要轉換輸入/輸出的方向？按Yes鍵，會造成輸入埠變成輸出埠，輸出埠變成輸入埠，當然不需要如此處理。

3. 按No鍵，產生EX7-1電路圖編輯器，如下圖所示。

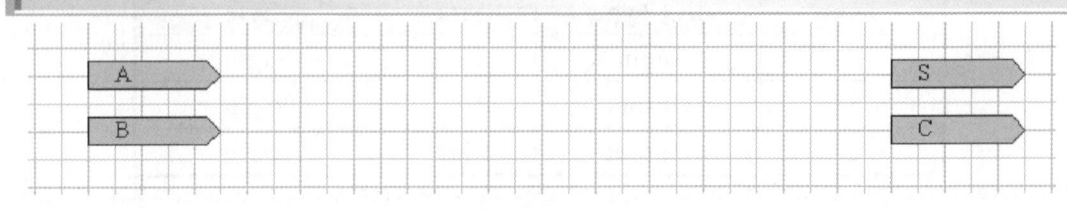

● 圖 7-15

可以把電路圖輸出入埠(A、B、S和C)轉換到新的電路圖中，這個電路圖編輯器要畫下層電路圖的內容。

4. 移動游標到輸入埠A上，按Mouse左鍵兩次，產生Port對話盒。

檢查I/O Type欄位的內容，仍然是Input，所以符合要求，如果在圖7-14對話盒中，按Yes鍵，I/O Type欄位會變成Output。

5. 按Ok鍵，關閉Port對話盒。
6. 根據下面電路圖，把下層電路圖畫好，如下圖所示。

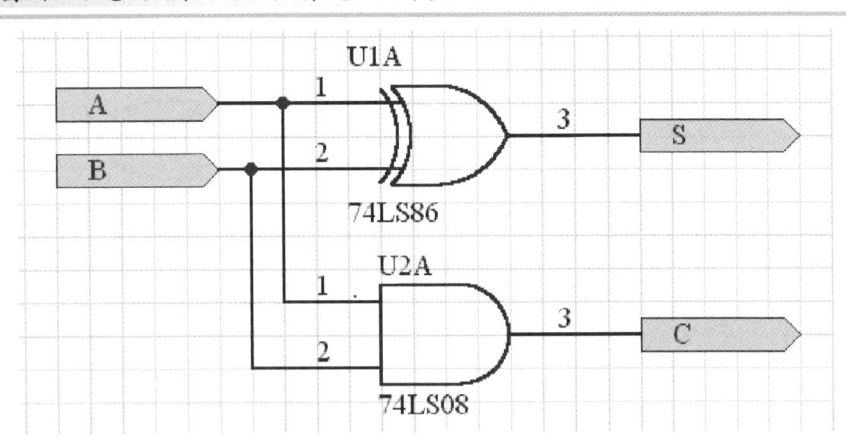

◯ 圖 7-16

7. 按Tools > Up/Down Hierarchy命令，游標變成十字形狀。
8. 移動游標到輸入埠A上，按Mouse左鍵一次，回到上層電路圖。
9. 按Mouse右鍵一次，終止切換階層命令。

以下要畫上層電路圖的內容，步驟如下：

1. 按住Mouse左鍵，拉開方框，框住HB1電路圖符號，再放開Mouse左鍵，可以圈選這個項目。
2. 按Edit > Copy命令，游標變成十字形狀。
3. 在圈選項目上，按Mouse左鍵一次，把圈選項目存入剪貼簿中。
4. 按Edit > Paste命令，準備把剪貼簿的內容放入工作視窗中，按Mouse左鍵一次，放好複製項目。
5. 按X+A鍵，取消圈選狀態。
6. 在新加入的項目上，連按Mouse左鍵兩次，產生Sheet Symbol對話盒。
7. 修改Name欄位內容，修改成HB2，而且Filename保持為EX7-1，表示呼叫同一個下層電路圖。
8. 按Ok鍵，關閉對話盒。
9. 根據下面電路圖，把上層電路圖畫好，如下圖所示。

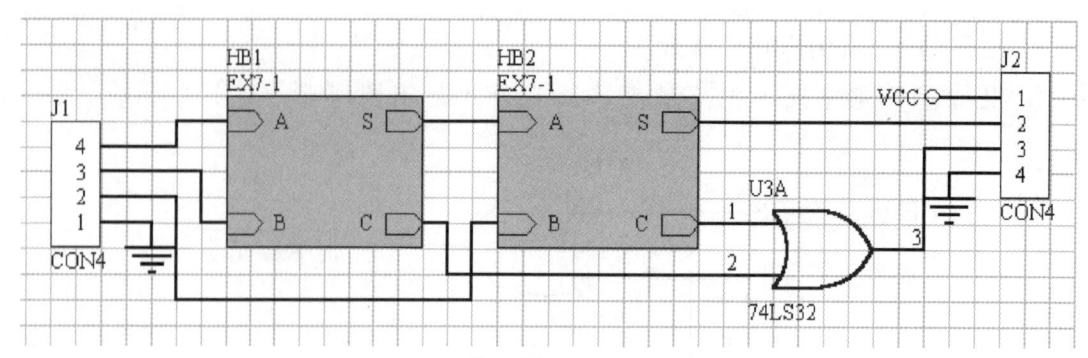

◎ 圖 7-17

接下來，要檢查這個階層電路，步驟如下：

1. 在上層電路圖中，按Design > Options命令，產生Document Options對話盒。
2. 按Organization標籤，產生新的對話盒，如下圖所示。

◎ 圖 7-18

3. 在Sheet欄位中，輸入下列資料：

   No. = 1

   Total = 2
4. 按Ok鍵，關閉對話盒。
5. 按Tools > Up/Down Hierarchy命令，游標變成十字形狀。
6. 在HB2元件上，按Mouse左鍵一次，跳到EX7-1.Sch電路圖中。
7. 按Mouse右鍵一次，終止切換階層命令。
8. 重複上面步驟1-4，更改Sheet欄位內容(No.=2，Total=2)。

> 9. 按Tools > Up/Down Hierarchy命令，游標變成十字形狀。
> 10. 在輸出入埠B上，按Mouse左鍵一次，跳回上層電路圖。
> 11. 按Mouse右鍵一次，終止切換階層命令。
> 12. 按Tools > ERC命令，產生Setup Electrical Rule Check對話盒，再按Ok鍵，執行電氣特性檢查，可以產生*.ERC檔案。

此時電路圖的檔案結構，可以看設計總管的內容，如下圖所示：

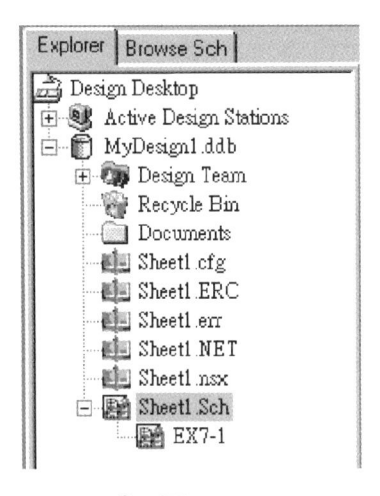

● 圖 7-19

Sheet1.Sch電路圖是上層電路，而EX7-1電路圖是下層電路。

7-4 由下而上的電路設計方法

接下來，要介紹由下而上的電路設計方法，必須先畫好下層電路圖(EX7-2.Sch)，步驟如下：

> 1. 根據下面電路圖，畫好下層電路圖，如下圖所示。

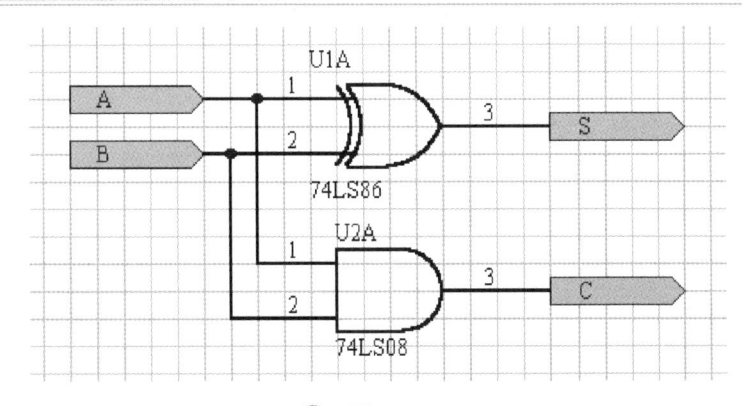

● 圖 7-20

其中輸出入埠(A、B、S和C)項目可以利用執行Place > Port命令，放置這些輸出入埠，有關輸出入埠的特性值，如下表所示：

Name	Style	I/O Type	Alignment
A	Right	Input	Left
B	Right	Input	Left
S	Right	Output	Left
C	Right	Output	Left

2. 開啟一個新的電路圖編輯器(Sheet2.Sch)。
3. 按Design > Create Symbol From Sheet命令，產生Choose Document to Place對話盒。
4. 選擇EX7-2.Sch，按Ok鍵，產生Confirm對話盒。
   詢問：是否要轉換輸入/輸出的方向。
5. 按No鍵，把下層電路圖轉換成電路圖符號，游標變成十字形狀，而且有電路圖符號在游標上。
6. 按Mouse左鍵一次，放好電路圖符號，如下圖所示。

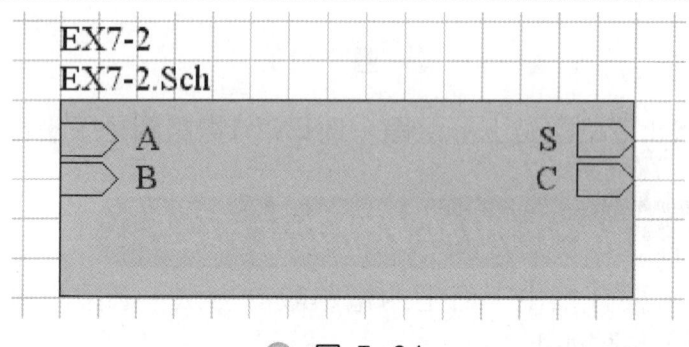

● 圖 7-21

7. 在電路圖符號上，連按Mouse左鍵兩次，開啟Sheet Symbol對話盒。
8. 修改Name欄位的內容為HA1。
9. 按Ok鍵，關閉對話盒。
10. 圈選電路圖符號HA1。
11. 按Edit > Copy命令，游標變成十字形狀。
12. 在圈選項目上，按Mouse左鍵一次，把圈選項目存入剪貼簿中。
13. 按Edit > Paste命令，準備把剪貼簿的內容放入工作視窗中，按Mouse左鍵一次，放好複製項目。
14. 按X+A鍵，取消圈選狀態。

15. 在新加入的項目上，連按Mouse左鍵兩次，產生Sheet Symbol對話盒。
16. 修改Name欄位內容，修改成HA2，而且Filename保持為EX7-2.Sch，表示呼叫同一個下層電路圖。
17. 按Ok鍵，關閉對話盒。
18. 根據下面電路圖，把上層電路圖畫好，如下圖所示。

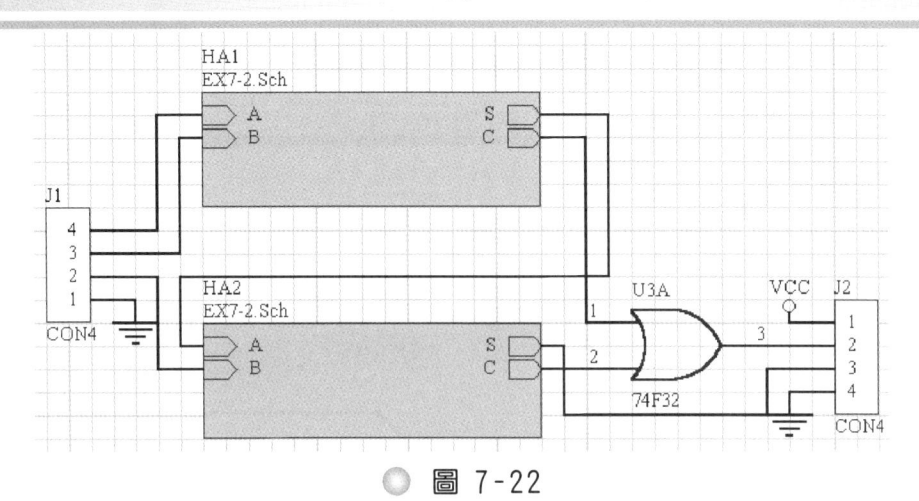

○ 圖 7-22

根據前一節的檢查階層電路步驟，修改Document Options對話盒的Sheet欄位內容，如下表所示：

檔案	No.	Total
Sheet2.Sch	1	2
EX7-2.Sch	2	2

此時電路圖的檔案結構，可以看設計總管的內容，如下圖所示：

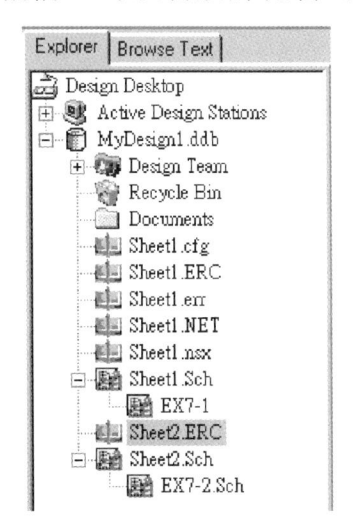

○ 圖 7-23

Sheet2.Sch是上層電路，而EX7-2.Sch是下層電路。

如果流過匯流排的連線名稱，或電路圖輸出入埠的名稱是FTSC0、FTSC1...FTSC7，連線名稱可以設定為FTSC[0..7]，分別表示FTSC0、FTSC1...FTSC7，如下圖所示：

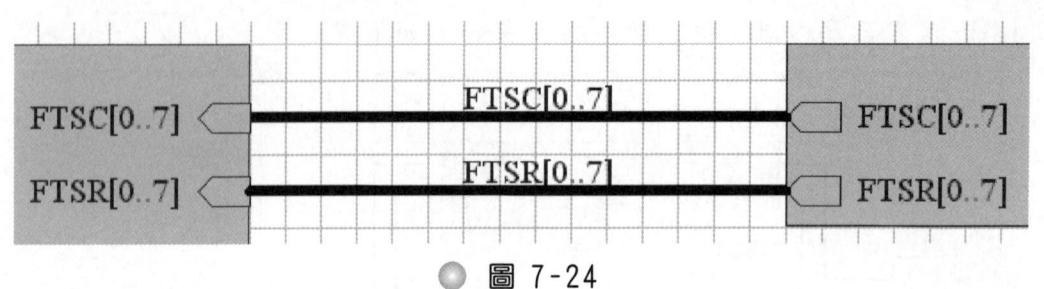

● 圖 7-24

這樣可以減少畫線的複雜程度，當然也可以把某一條連線單獨連接到某個接腳，例如：BLUEDAC0，如下圖所示：

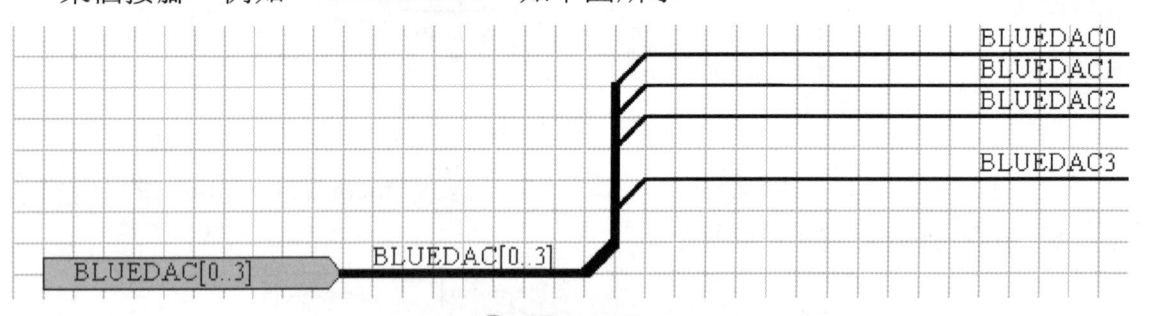

● 圖 7-25

章後實習

實習7-1

上層電路圖，如下圖所示：

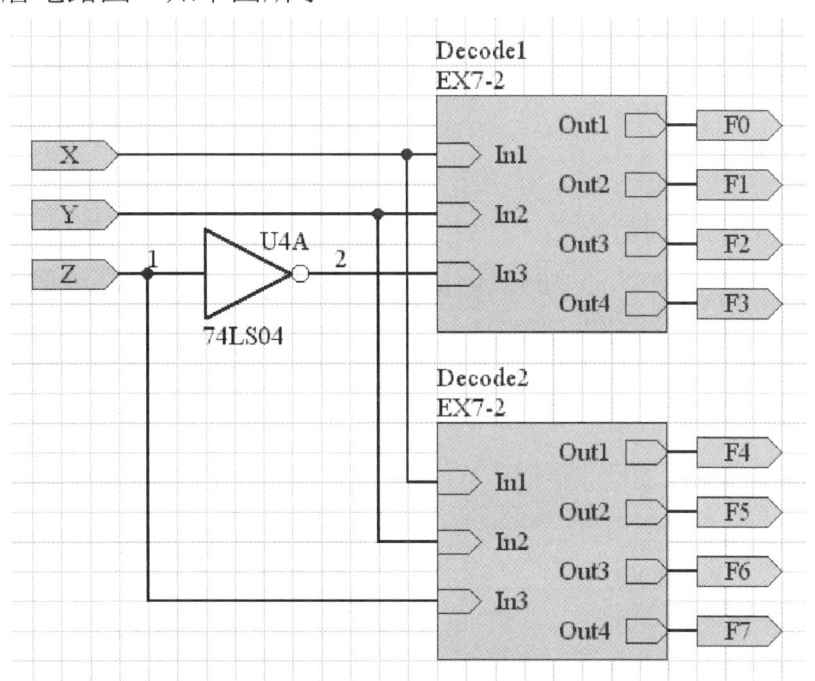

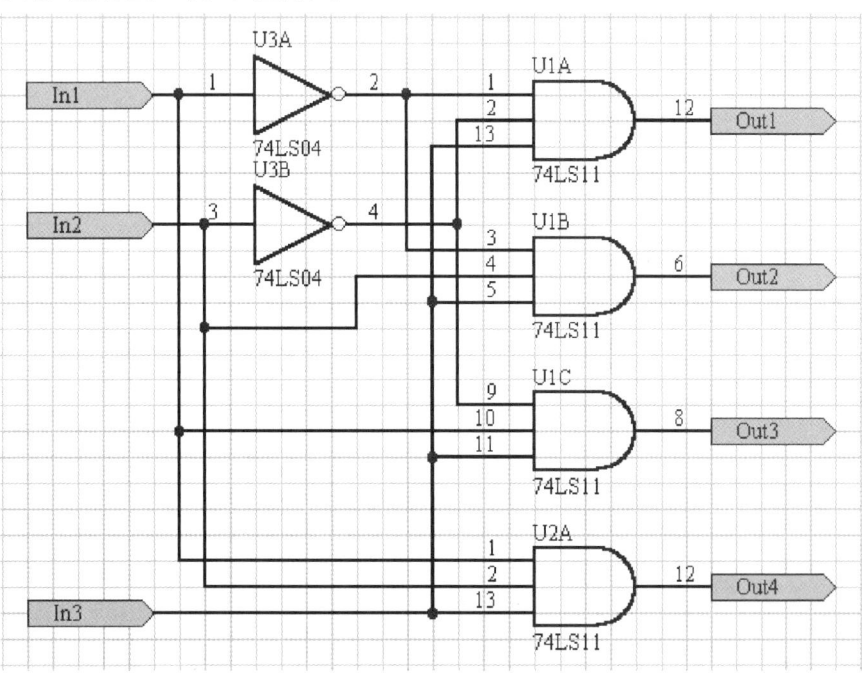

下層電路圖，如下圖所示：

需要使用的元件，如下表所示：

Lib Ref	Designator	Part Type	使用的元件庫
74LS11	U1-U2	74LS11	74xx.Lib
74LS04	U3-U4	74LS04	74xx.Lib

上層電路使用輸出入埠(按Place > Port)，決定電路的輸入和輸出。

問題 使用由上而下的設計方法，完成3*8解碼器的階層電路，列印出電路圖。

實習7-2

使用實習7-1的電路圖。

問題 使用由下而上的電路設計方法，完成3*8解碼器的階層電路，列印出電路圖。

實習7-3

上層電路圖，如下圖所示：

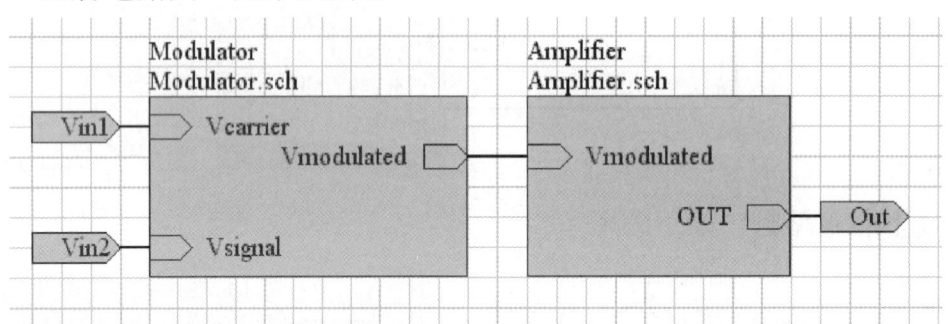

下層電路圖(Modulator.Sch)，如下圖所示：

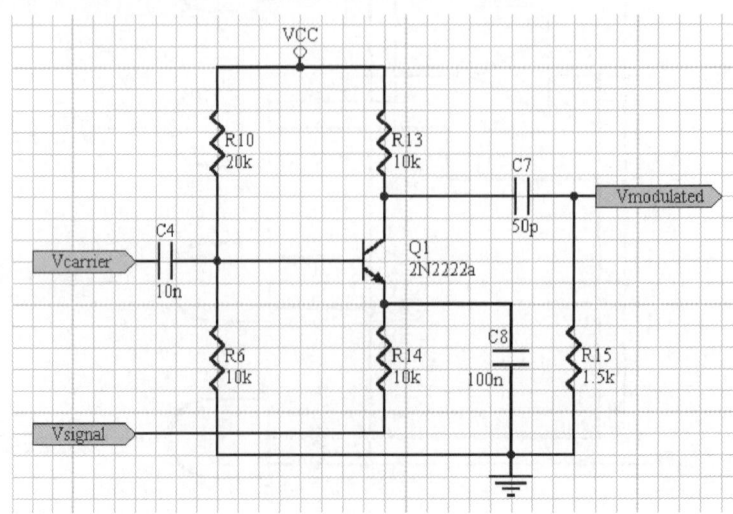

下層電路圖(Amplifier.Sch)，如下圖所示：

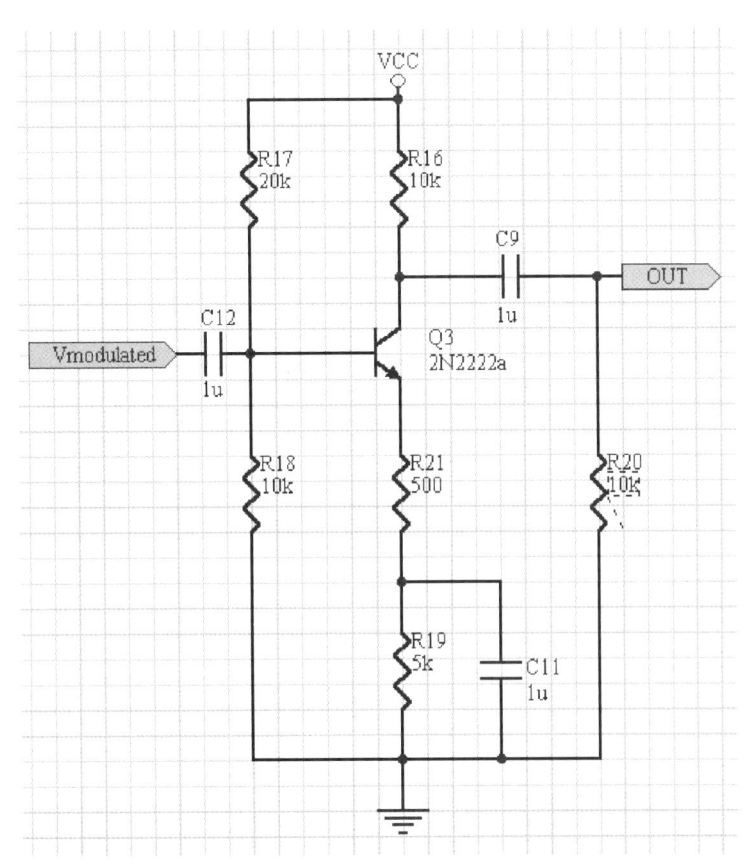

使用的元件，如下表所示：

Lib Ref	Part Type	使用的元件庫
CAP	-	Simulation Symbols.Lib
RES	-	Simulation Symbols.Lib
2N1893	2N2222a	BJT.Lib

上層電路使用輸出入埠(按Place > Port)，決定電路的輸入和輸出。

問題 使用由上而下的設計方法，完成上面的階層電路，列印出電路圖。

心得筆記

第八章 編輯元件庫的電路圖元件

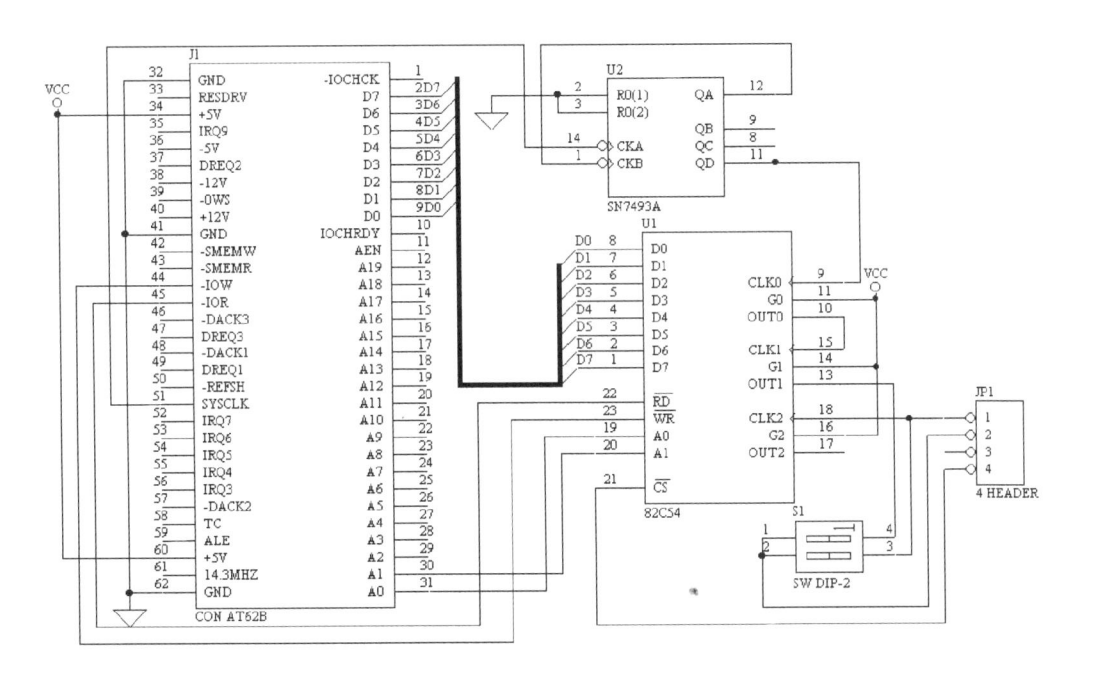

8-1 如何進入元件庫編輯器

一般而言，Protel軟體已經提供相當多的元件庫，所以畫電路圖時，應該可以找到所需要的電路圖元件，但是初學者由於對元件命名方式不熟悉，所以有時根本找不到適用的元件，另外隨著科技的進步，有許多新的元件出現，而軟體可能來不及提供，所以也可能找不到所要的電路圖元件，當然有太多的原因存在，最後可能找不到所要的元件，畫電路圖的動作就會受阻，所以要會畫電路圖元件，以備不時之需。

如何開啟元件庫編輯器視窗，常見的方法共有三個，說明如下：

一、**開啟新的元件庫**：按File > New命令，產生New Document對話盒，如下圖所示：

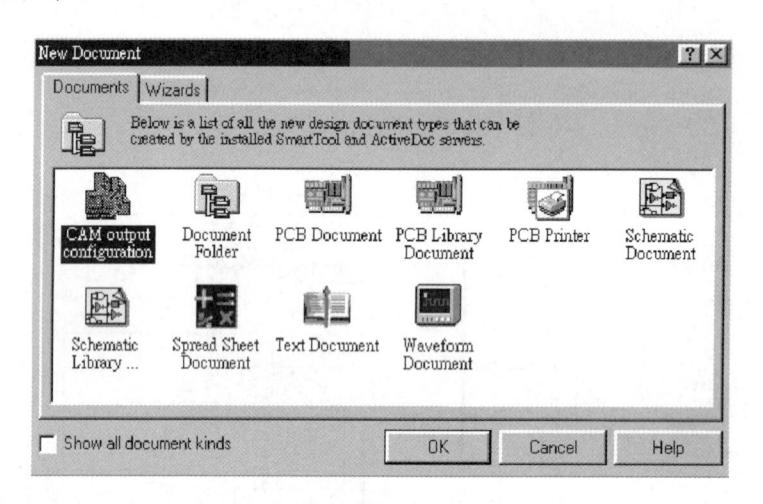

● 圖 8-1

點選Schematic Library圖示，再按Ok鍵，可以開啟一個新的元件庫編輯器Schlib1.Lib。

二、**開啟舊的元件庫**：在電路圖編輯器的Sch設計面板中，在Browse欄位中，點選Libraries，再點選要修改元件的元件庫(Miscellaneous Devices.lib)，在中間欄位中，點選要修改的元件(LED)，如下圖所示：

第八章 編輯元件庫的電路圖元件

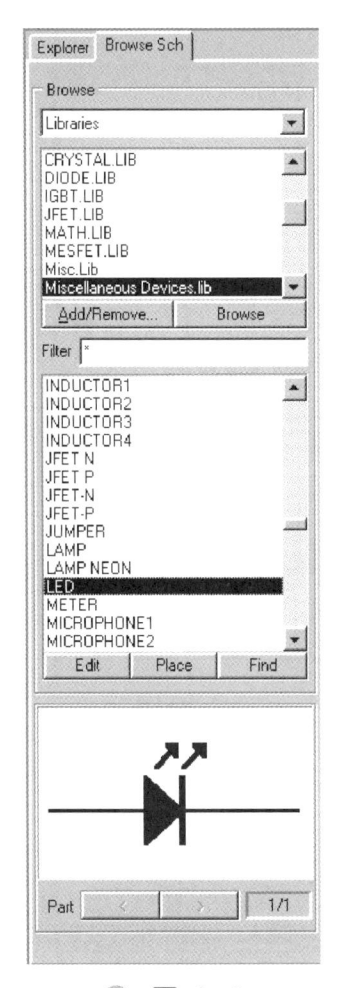

○ 圖 8-2

　　按Edit鍵，可以開啟Miscellaneous Devices.lib元件庫編輯器，並且顯示LED元件在工作視窗中。

▶ **注意**
　　不要隨便更改Protel軟體的預設元件庫，因為可能影響到許多電路圖，最好採用下列方法，把元件複製到新的元件庫中，再進行修改元件的動作。

三、建立電路圖自己的元件庫：在一個已經放好所有元件的電路圖中，如下圖所示：

圖 8-3

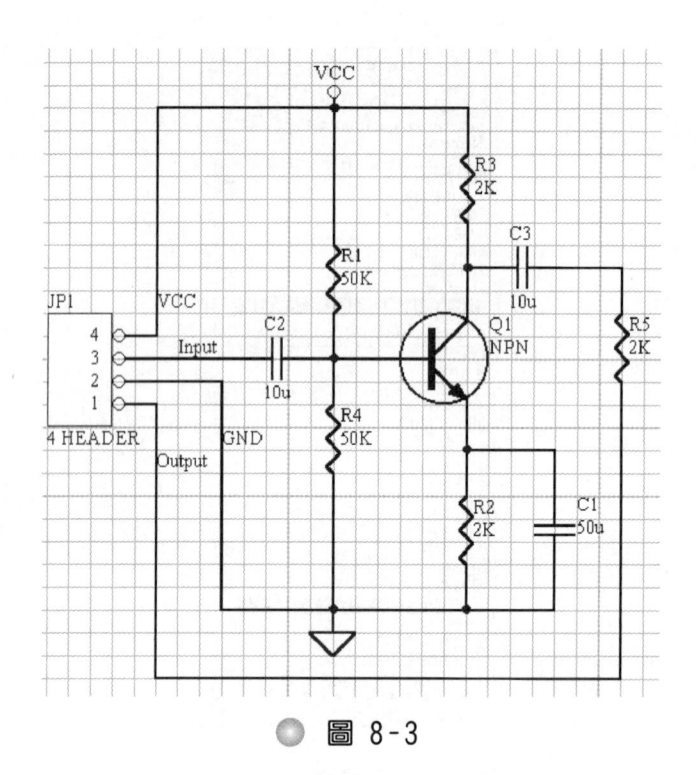

共使用四種元件：4 HEADER、CAP、NPN和RES1，按Design > Make Project Library命令，可以建立目前電路圖自己的元件庫，並且開啟元件庫編輯器，如下圖所示：

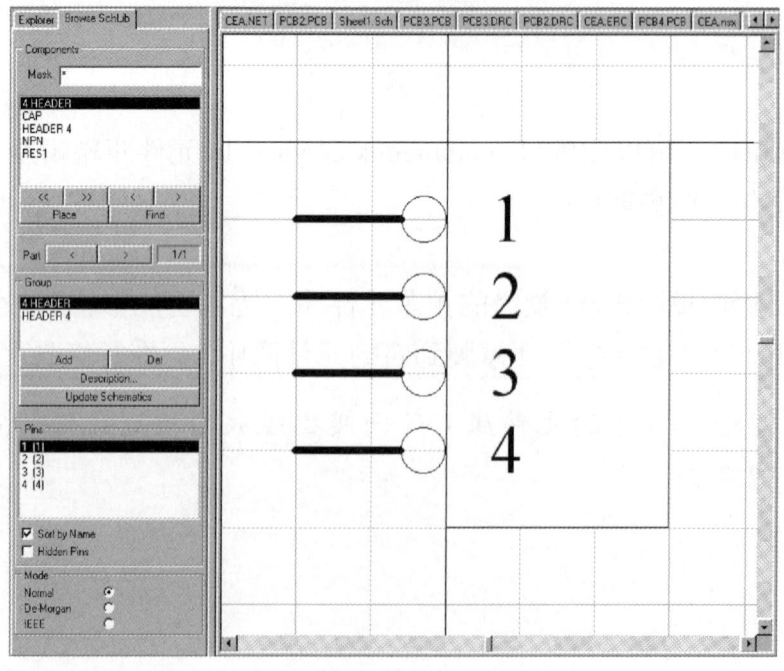

圖 8-4

從SchLib設計面板的Components欄位中，可以看到這個元件庫的所有元件，共有五種元件：4 HEADER、CAP、HEADER 4、NPN和RES1，其中HEADER 4和4 HEADER是同一組元件，所以一齊複製到這個元件庫中。

8-2 元件庫編輯器的說明

在本節中，只介紹元件庫編輯器中的重要部分，大部分的內容都和電路圖編輯器一樣，所以請自行參考前面章節的說明，說明如下：

一、SchLib設計面板：

SchLib設計面板是相當重要的部分，所以必須詳細介紹，大部分編輯動作及相關內容，都可以利用設計面板來處理和顯示，如圖8-4的左半部，說明如下：

　　1. Components欄位：可以顯示這個元件庫的所有元件，如下圖所示：

◎ 圖 8-5

　　2. Group欄位：表示同一組元件的所有元件，以及重要的編輯命令，如下圖所示：

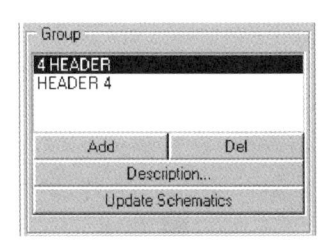

◎ 圖 8-6

重要部分說明如下：
(1) 中間部分：顯示這組元件的所有元件，可以點選其中元件，一般而言，大部份同一組元件只有一個元件存在。
(2) Add鍵：按此鍵後，產生New Component Name對話盒，可以在同一組中加入新的元件，如下圖所示：

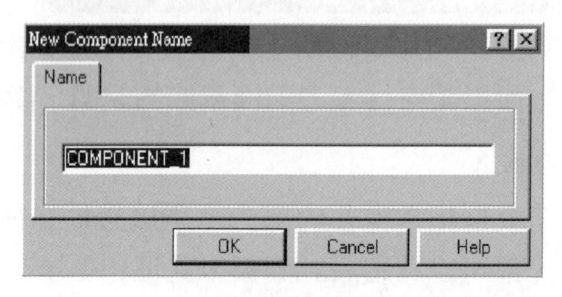

◯ 圖 8-7

輸入新的元件名稱，再按Ok鍵，可以編輯這個元件的圖形，也可以按 Tools > New Component 命令。

(3) Del鍵：先點選要刪除的元件，再按Del鍵，可以刪除不要的元件，也可以按Tools > Remove Component命令，但是會刪除整組元件。
(4) Description鍵：按此鍵後，產生Component Text Fields對話盒，可以編輯元件特性對話盒的內容，如下圖所示：

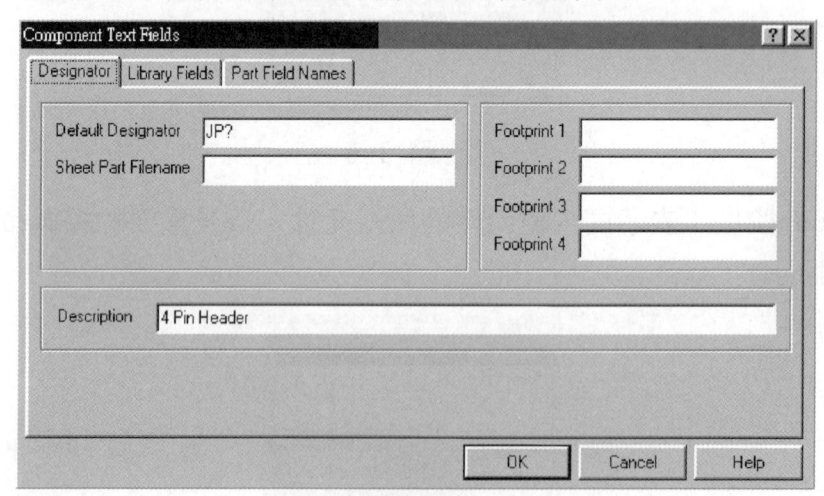

◯ 圖 8-8

對話盒的重要內容，說明如下：
  a. Default Designator：表示預設的元件名稱。
  b. Sheet Part Filename：表示電路圖元件的檔名。

c. Footprint：表示這個元件的元件外形圖，共可以設定4種不同的元件外形圖，以提供使用者選擇。

d. Description：表示這個元件的描述。

上面這些內容都可以在Part對話盒中看到，在電路圖編輯器的元件上，連按Mouse左鍵兩次，產生Part對話盒。也可以按Tools > Description命令。

(5) Update Schematic鍵：按此鍵後，可以修改這個元件的圖形(在電路圖中)。

3. Pins欄位：表示點選元件的所有接腳，在接腳1(1)中，前面的1表示接腳名稱(Name)，後面的1(在括弧內)表示接腳編號(Number)，如下圖所示：

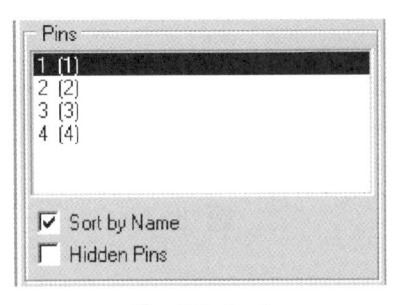

◯ 圖 8-9

有兩個設定，說明如下：

(1) Sort by Name：以接腳名稱(Name)排序。

(2) Hidden Pins：顯示隱藏接腳，隱藏接腳通常是電源接腳，如下圖所示：

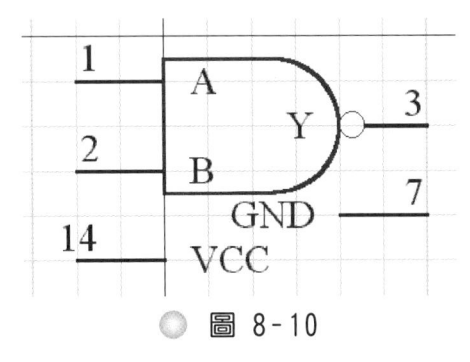

◯ 圖 8-10

在上圖中，隱藏接腳有VCC和GND兩支接腳。

4. Mode欄位：表示元件圖形的模式，共有三種模式，每一種模式可以有自己的圖形，通常是邏輯閘元件才會有多種模式顯示，以74F00元件為範例，說明如下：

(1)Normal：以一般模式顯示，這是預設圖形，如下圖所示：

◎ 圖 8-11

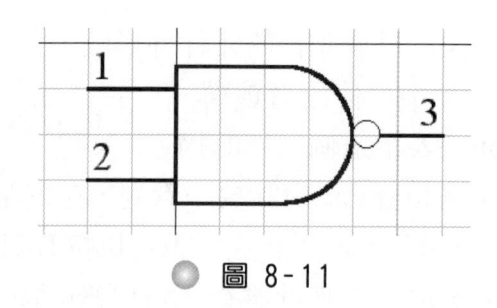

(2) De-Morgan：以迪摩根模式顯示。
(3) IEEE：以IEEE模式顯示，如下圖所示：

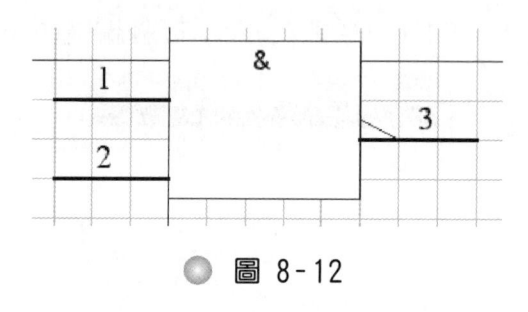

◎ 圖 8-12

二、工具列：

在元件庫編輯器中，重要的元件庫有兩個，說明如下：
1. IEEE工具列(IEEE Toolbar)：提供畫IEEE模式的符號，按View > Toolbars > IEEE Toolbar命令，可以切換顯示IEEE工具列，如下圖所示：

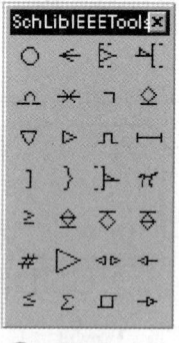

◎ 圖 8-13

也可以按Place > IEEE Symbols命令，可以放置這些IEEE符號。
2. 繪圖工具列(Drawing Toolbar)：提供一般繪圖的功能命令，可以畫元件圖形，大多數不具有電氣特性，按View > Toolbars > Drawing Toolbar命令，可以切換顯示繪圖工具列，如下圖所示：

第八章 編輯元件庫的電路圖元件

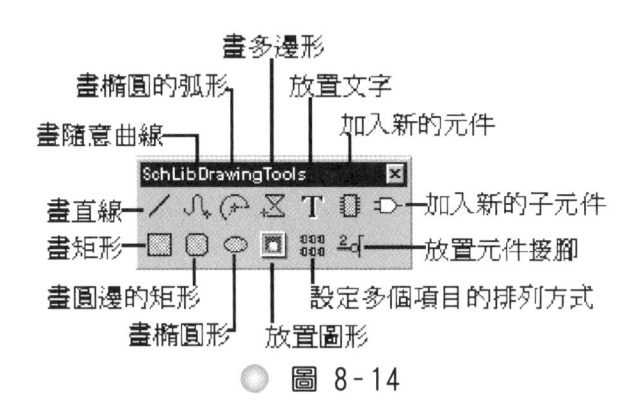

圖中標示：
- 畫隨意曲線
- 畫橢圓的弧形
- 畫多邊形
- 放置文字
- 加入新的元件
- 畫直線
- 畫矩形
- 畫圓邊的矩形
- 畫橢圓形
- 放置圖形
- 設定多個項目的排列方式
- 放置元件接腳
- 加入新的子元件

○ 圖 8-14

也可以按 Place 命令，如下表所示：

Place命令	內容說明
Place > Pins	放置元件接腳
Place > Arcs	畫弧形
Place > Elliptical Arcs	畫橢圓的弧形
Place > Ellipses	畫橢圓形
Place > Pie Charts	畫扇形
Place > Line	畫直線
Place > Rectangle	畫矩形
Place > Round Rectangle	畫圓邊的矩形
Place > Polygons	畫多邊形
Place > Beziers	畫隨意曲線
Place > Text	放置文字
Place > Graphic	放置圖形

三、時常使用的按鍵：

在元件庫編輯器中，時常使用的按鍵說明，如下：

按鍵	內 容 說 明
Tab	開啟特性對話盒
PgUp	放大視窗
PgDn	縮小視窗
V+A	放大視窗的某個區域
Del	刪除點選的項目
X+A	取消圈選的狀態
X	使可移動的項目水平鏡射
Y	使可移動的項目垂直鏡射
Space	使可移動的項目逆時針旋轉90度

在元件庫編輯器中，也可以點選和圈選項目。

四、工作視窗的中心點：

在電路圖編輯器中，工作視窗的座標原點在左下角，而在元件庫編輯器中，工作視窗的座標原點在視窗的中心，電路圖元件一定要放在座標原點附近，如下圖所示：

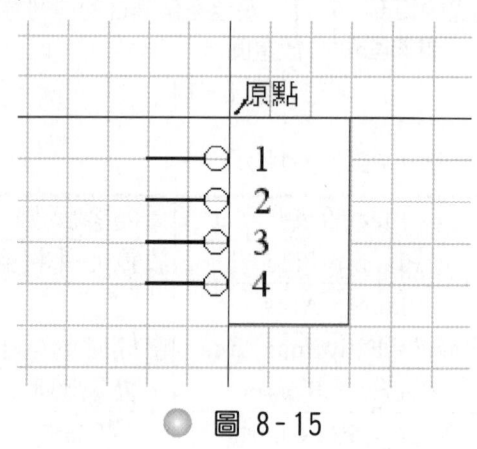

● 圖 8-15

在上面圖形中，元件圖形和接腳放在X座標軸的下方，並且在原點附近(相鄰)。

8-3 電路圖元件的組成單元

接下來，要介紹電路圖元件的組成單元，以4 HEADER連接器為例，如下圖所示：

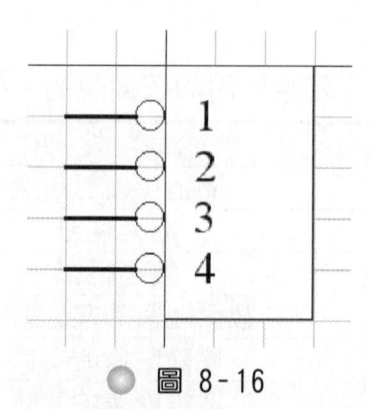

● 圖 8-16

電路圖元件可以分成三個部分，分別說明如下：
1. 元件圖形：代表元件的形狀，可以用簡單的矩形表示，如下圖所示(4 HEADER連接器)：

○ 圖 8-17

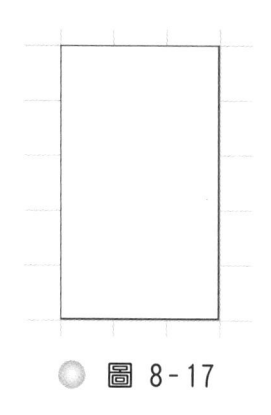

也可以是元件的符號,如下圖所示(NPN電晶體):

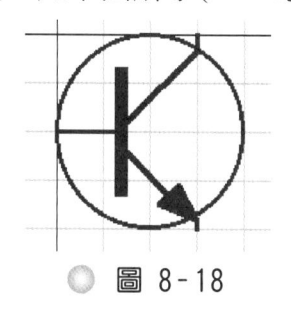

○ 圖 8-18

這個部份只是表示元件,不具有任何電氣特性,也就是不需要和連線連接,任何圖形都可以,只要能代表這個元件,按Place命令,可以放置元件圖形的項目,例如:按Place > Rectangle命令,可以放置矩形。

2. 元件接腳:表示元件要連接的接腳,按Place > Pins命令,可以放置元件接腳,游標變成十字形狀,並且有元件接腳符號存在,如下圖所示:

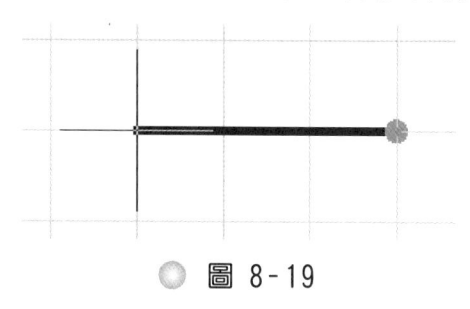

○ 圖 8-19

在上面圖形中,接腳的右邊有一個圓點存在,這個圓點表示連線要連接的位置,所以必須放在外側,而把接腳的另一邊和元件圖形相接,還未放好接腳時,按Tab鍵,可以開啟Pin對話盒,如下圖所示:

○ 圖 8-20

如果已經放好接腳，只要在接腳上，連按Mouse左鍵兩次，也可以開啟Pin對話盒。

在上面對話盒中，參數說明如下：

(1) Name：表示接腳名稱。

(2) Number：表示接腳編號。

(3) Dot Symbol：表示反相接腳，如下圖所示：

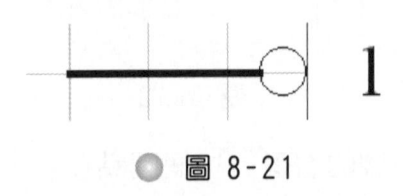

○ 圖 8-21

(4) Clk Symbol：表示時脈接腳，如下圖所示：

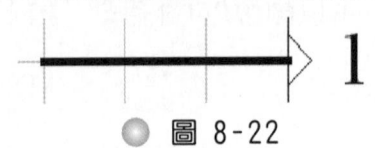

○ 圖 8-22

(5) Electrical Type：表示接腳的電氣形式，共有八種形式可供選擇，說明如下：

電氣形式	內容說明
Input	輸入接腳
IO	輸出入接腳
Output	輸出接腳
OpenCollector	開集極接腳
Passive	被動式接腳
HiZ	高阻抗接腳
OpenEmitter	開射極接腳
Power	電源接腳

(6) Hidden：表示隱藏接腳，通常是電源接腳。

(7) Show Name：顯示接腳名稱。

(8) Show Number：顯示接腳編號。

(9) Pin Length：設定接腳的長度，預設值是30。

(10) Selection：表示接腳的圈選狀態。

3. 元件特性值：設定元件的特性值內容，按 Tools > Description 命令，或按 SchLib 設計面板的 Description 鍵，產生 Component Text Fields 對話盒，如下圖所示：

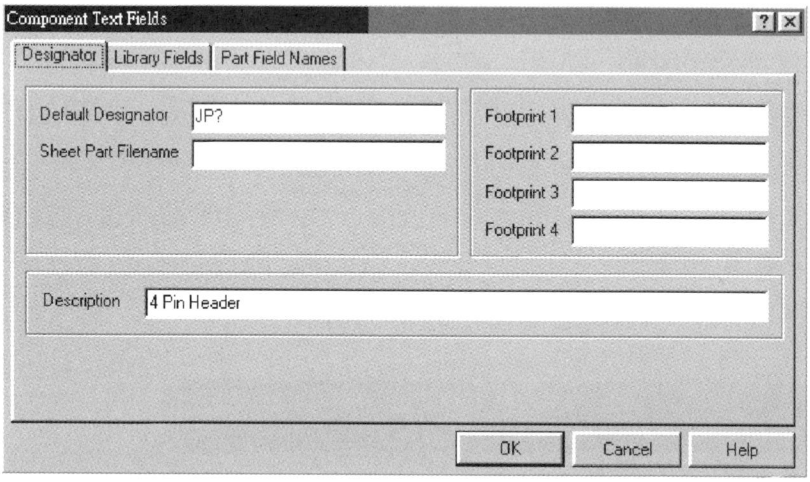

● 圖 8-23

8-4 畫電路圖元件的準備工作

在什麼情況下？需要畫電路圖元件，有兩種情況需要畫電路圖：
1. 找不到適用的元件，需要畫一個新的電路圖元件。
2. 找到類似的元件，可以修改這個電路圖元件。

要畫電路圖元件時，你需要準備哪些資料？說明如下：

1. 只要畫電路圖元件，必須知道元件接腳的資料，所以在編輯元件之前，要準備好下列表格的內容，如下表所示(以電容元件為例)：

接腳名稱(Name)	接腳編號(Number)	電氣特性(Electrical Type)	接腳設定
1	1	Passive	
2	2	Passive	

接腳設定欄位可以設定下列資料，如下：
(1) Dot Symbol：接腳是反相接腳？
(2) Clk Symbol：接腳是時脈接腳？
(3) Hidden：接腳是隱藏接腳？

上面的接腳資料要填入Pin對話盒中(圖8-20)。

2. 如果要完成PCB電路板，則必須知道電路圖元件的元件外形圖(Footprint)，這個資料可以填入Component Text Fields對話盒中(圖8-23)。

常用的元件都應該找得到電路圖元件，所以要畫的電路圖元件通常是比較少見的元件，例如：特殊IC、新設計的IC、感測器元件…等，以元件組成單元分別說明，如下：

1. 元件圖形：只是一個元件符號，所以可以隨便畫，只要能代表這個元件，最簡單的元件圖形可以是一個矩形。
2. 元件接腳：在畫電路圖元件之前，一定要先準備好接腳資料的表格內容，如上表所示。
3. 元件特性值：輸入這個元件的特性值。

8-5 畫一個電路圖元件

本節將介紹兩種畫電路圖元件的方法，分別說明如下：
假設要畫一個新的電路圖元件，首先準備好下列資料：

1. 元件接腳資料，如下表所示：

接腳名稱 (Name)	接腳編號 (Number)	電氣特性 (Electrical Type)	接腳設定 (Hidden)
SIGNAL	1	Passive	不是隱藏接腳
COMP	2	Passive	不是隱藏接腳
VOUT	3	Passive	不是隱藏接腳
VSS	4	Passive	是隱藏接腳
DEM	5	Passive	不是隱藏接腳
VIN	6	Passive	不是隱藏接腳
PCOMP	7	Passive	不是隱藏接腳
VDD	8	Passive	是隱藏接腳

(Pin Length設定為20)

2. 元件外形圖(Footprint)資料：這個元件可以使用元件外形圖DIP14。
其餘資料可以自行設定，包括：元件特性值…
畫這個電路圖元件，步驟如下：

一、開啓新的元件庫編輯器：

1. 開啟一個新的電路圖編輯器。
2. 在電路圖編輯器中，按File > New命令，產生New Document對話盒。
3. 點選Schematic Library圖示。
4. 按Ok鍵，可以開啟一個新的元件庫編輯器Schlib1.Lib。

二、畫元件的元件圖形部分：

1. 在設計總管中，按Browse SchLib標籤，顯示SchLib設計面板。
2. 按V+A鍵，放大工作視窗的中心部分。
3. 按Place > Rectangle命令，游標變成十字形狀。
4. 在(X,Y)=(0,0)位置上，按Mouse左鍵一次，決定矩形的左上角。
5. 在(X,Y)=(80,-80)位置上，按Mouse左鍵一次，決定矩形的右下角，再按Mouse右鍵一次，終止畫矩形的動作，此時元件圖形，如下圖所示：

● 圖 8-24

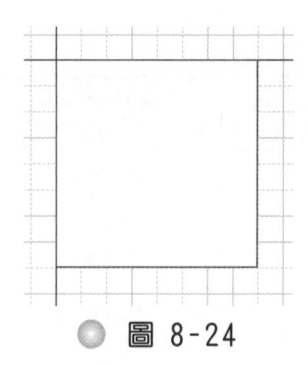

三、放置元件接腳：

1. 按Place > Pins命令，游標上有接腳符號存在。
2. 按Tab鍵，產生Pin對話盒，如下圖所示。
3. 根據前面表格的接腳資料，輸入下列資料：
   Name = SIGNAL
   Number = 1
   Electrical Type = Passive
   取消Hidden設定
   Pin Length = 20
4. 按Ok鍵，完成接腳1的設定。

● 圖 8-25

另外要啟動Show Name和Show Number設定。

5. 移動游標到(X,Y)=(0,-20)位置上,按Mouse左鍵一次,放好接腳1,並且在游標上,仍然有游標符號存在,可以放置下一個接腳,如下圖所示。

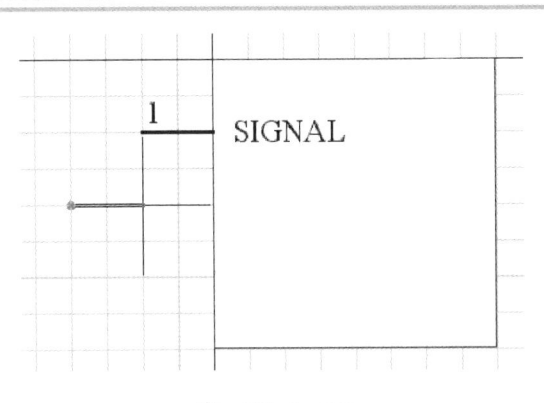

○ 圖 8-26

接腳的圓點必須在外側,不可以和矩形相接,如果要旋轉接腳,只要按SPACE鍵,就可以逆時針旋轉90度。

放好接腳後,要再移動或旋轉接腳,只要游標在接腳上,按住Mouse左鍵,可以移動接腳,按SPACE鍵,可以旋轉接腳(此時仍要按住Mouse左鍵),再放開Mouse左鍵。

6. 重複前面步驟1-5,把其他接腳都放好,此時圖形,如下圖所示。
   (接腳4和8暫時不要隱藏,否則不容易放置接腳)

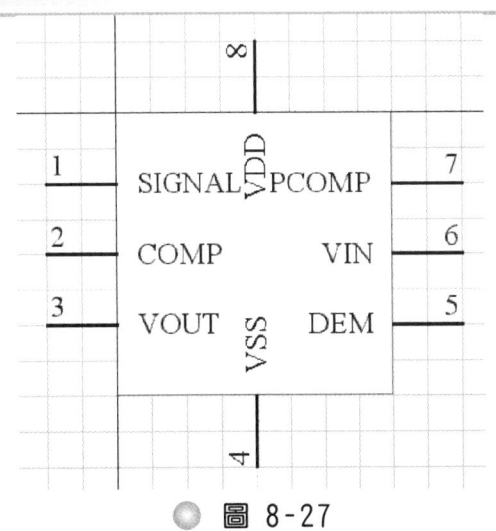

○ 圖 8-27

7. 在接腳4上,連按Mouse左鍵兩次,產生Pin對話盒。
8. 啟動Hidden設定,再按Ok鍵,關閉對話盒。

9. 重複上面步驟7-8,把接腳8的Hidden設定啟動,此時元件形狀,如下圖所示。

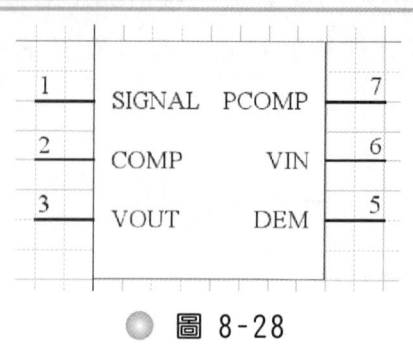

● 圖 8-28

四、編輯元件特性值:

1. 按Tools > Description命令,或按SchLib設計面板的Description鍵,可以開啟Component Text Fields對話盒,如下圖所示。
2. 在對話盒中,輸入下列資料:
Default Designator = U?
Footprint = DIP8
Description = IC with 8 pins

● 圖 8-29

3. 按Ok鍵,關閉對話盒。

五、更改元件名稱:

1. 按Tools > Rename Component命令,產生New Component Name對話盒,如下圖所示。

2. 輸入IC1。
3. 按Ok鍵，關閉對話盒。

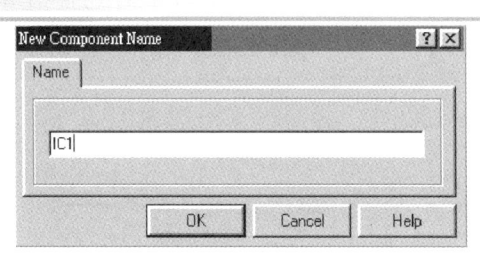

◎ 圖 8-30

六、儲存檔案：

1. 按File > Save命令，儲存元件庫的內容。

七、把元件放在電路圖中：

1. 在SchLib設計面板的Component欄位中，點選IC1。
2. 按Place鍵，回到電路圖編輯器，並且在游標上有元件符號存在。
3. 按Mouse左鍵一次，放好IC1元件，再按Mouse右鍵一次，終止放置元件的動作。
4. 在元件上，連按Mouse左鍵兩次，產生Part對話盒，如下圖所示。
5. 在對話盒中，輸入下列資料：
   Designator = U1
   Part Type = IC1
6. 按Ok鍵，關閉對話盒。

◎ 圖 8-31

八、呼叫其他元件：

1. 呼叫另外兩個元件：4 HEADER和CON 5(元件在Miscellaneous Devices.lib元件庫中)，如下圖所示。

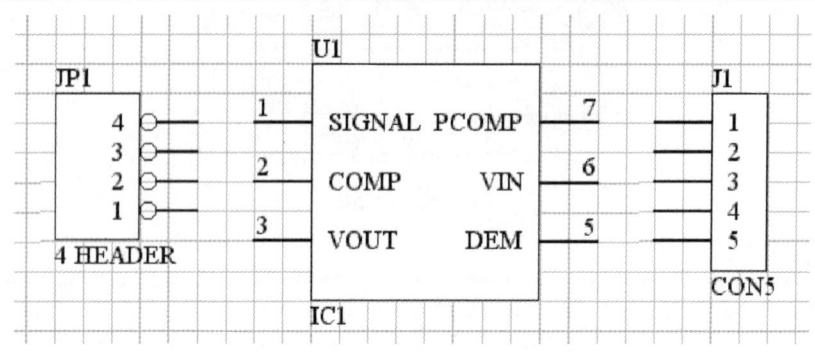

● 圖 8-32

九、開啓舊的元件庫：

1. 在Sch設計面板中，按Add/Remove鍵，產生Change Library File List對話盒，點選目前的*.ddb設計檔案，按Add鍵，連結目前的元件庫Schlib1.Lib。
2. 在Sch設計面板的Browse欄位中，點選Libraries。
3. 點選Schlib1.Lib元件庫，再點選IC1元件，按Edit鍵，產生Schlib1.Lib元件庫編輯器，並且顯示IC1元件在工作視窗中。

十、修改電路圖元件：

1. 在SchLib設計面板的Components欄位中，點選IC1元件(通常已經顯示這個元件，所以這個步驟可以不用執行)。
2. 在接腳1上，按住Mouse左鍵，把接腳1移到下一個位置，再放開Mouse左鍵，如下圖所示。
3. 重複前面步驟2，把其他接腳(3、5和7)移動到適當的位置。

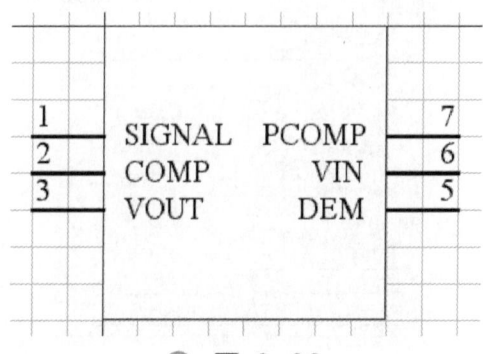

● 圖 8-33

除了修改元件接腳外，也可以修改其他部分。

4. 按File > Save命令，儲存元件庫的內容。
5. 在SchLib設計面板中，按Update Schematic鍵，可以更改電路圖的這個元件。
6. 回到電路圖編輯器。
7. 根據下面電路圖，把電路圖畫好。

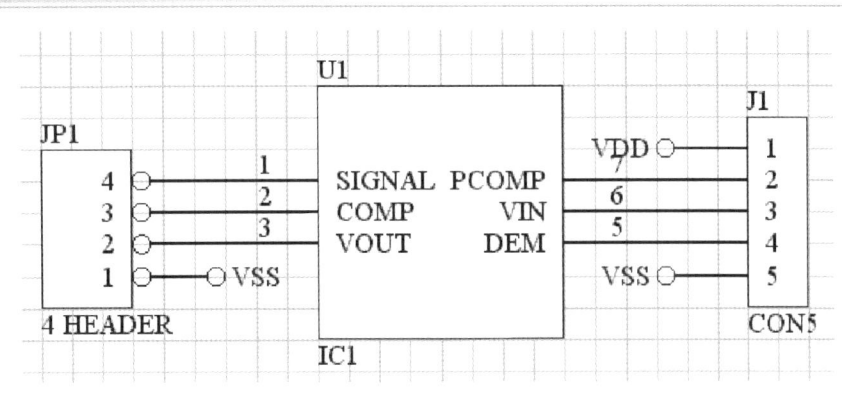

圖 8-34

前面執行移動元件的接腳，只是為了說明：如何修改電路圖元件，通常不需要做這種動作。

十一、畫新的電路圖元件：

1. 在設計總管中，按Explorer標籤，顯示檔案階層。
2. 點選Schlib1.Lib元件庫。
3. 在設計總管中，按Browse SchLib標籤，顯示SchLib設計面板。
4. 按Tools > New Component命令，產生New Component Name對話盒，如下圖所示。
5. 輸入IC2。
6. 按Ok鍵，關閉對話盒。
7. 可以開始編輯下一個電路圖元件IC2。

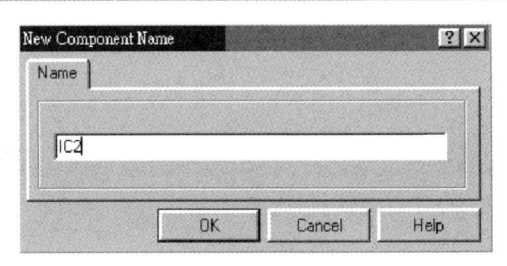

圖 8-35

畫元件圖形時，如果圖形項目不在格線上，則無法畫這些圖形項目，必須更改設定，才能畫這些圖形項目，按 Options > Document Options 命令，產生 Library Editor Workspace 對話盒，如下圖所示：

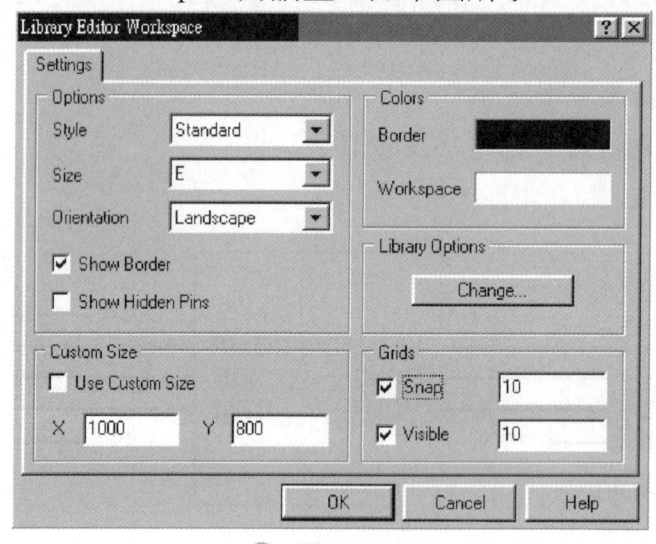

圖 8-36

在對話盒的 Grids 欄位中，取消 Snap 的設定，使得游標可以在任何位置上，而不會限制只能在格線上移動，當這些不在格線上的圖形項目完成後，建議立刻恢復成原來的設定，因為接腳一定要在格線上，否則會發生無法連接的問題。

如何檢查元件的接腳特性：

> 開啟元件庫編輯器，呼叫要檢查的元件，移動游標到接腳上，連按 Mouse 左鍵兩次，產生 Pin 對話盒，如圖 8-20 所示，在 Electrical Type 格子中，可以看到這個接腳的電氣特性。

章後實習

實習8-1

某個元件的圖形，如下圖所示：

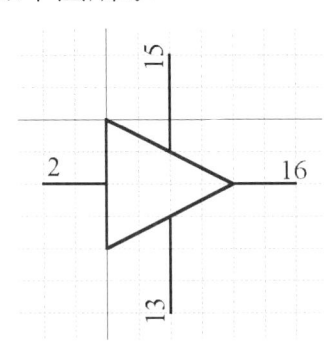

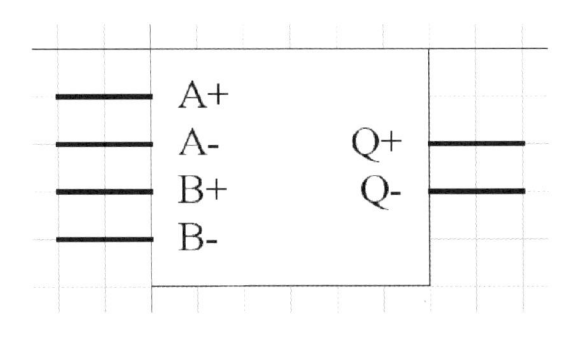

元件的接腳資料，如下表所示：

Name	Number	Electrical Type	Hidden
IN	2	Passive	不是
V-	13	Power	不是
V+	15	Power	不是
OUT	16	Passive	不是
GND	1	Power	是

問題 完成上面的電路圖元件。

實習8-2

某個元件的圖形，如下圖所示：

元件的接腳資料，如下表所示：

Name	Number	Electrical Type	Hidden
A+	1	Input	不是
A-	2	Input	不是
B+	3	Input	不是
B-	4	Input	不是
Q+	5	Output	不是
Q-	6	Output	不是

問題 完成上面的電路圖元件。

實習8-3

某個元件的圖形，如下圖所示：

```
 4 ──┤ SC      D0 ├── 7
 5 ──┤ OE      D1 ├── 9
     │         D2 ├── 10
 1 ──┤ VIN     D3 ├── 11
     │         D4 ├── 12
 2 ──┤ REF+    D5 ├── 13
     │         D6 ├── 14
 3 ──┤ REF-    D7 ├── 15
     │         EOC├── 6
```

元件的接腳資料，如下表所示：

Name	Number	Electrical Type	Hidden
SC	4	Input	不是
OE	5	Input	不是
VIN	1	Input	不是
REF+	2	Passive	不是
REF-	3	Passive	不是
D0	7	Output	不是
D1	9	Output	不是
D2	10	Output	不是
D3	11	Output	不是
D4	12	Output	不是
D5	13	Output	不是
D6	14	Output	不是
D7	15	Output	不是
EOC	6	Output	不是
VCC	16	Power	是
GND	8	Power	是

問題 完成上面的電路圖元件。

心得筆記

9 PCB設計項目說明

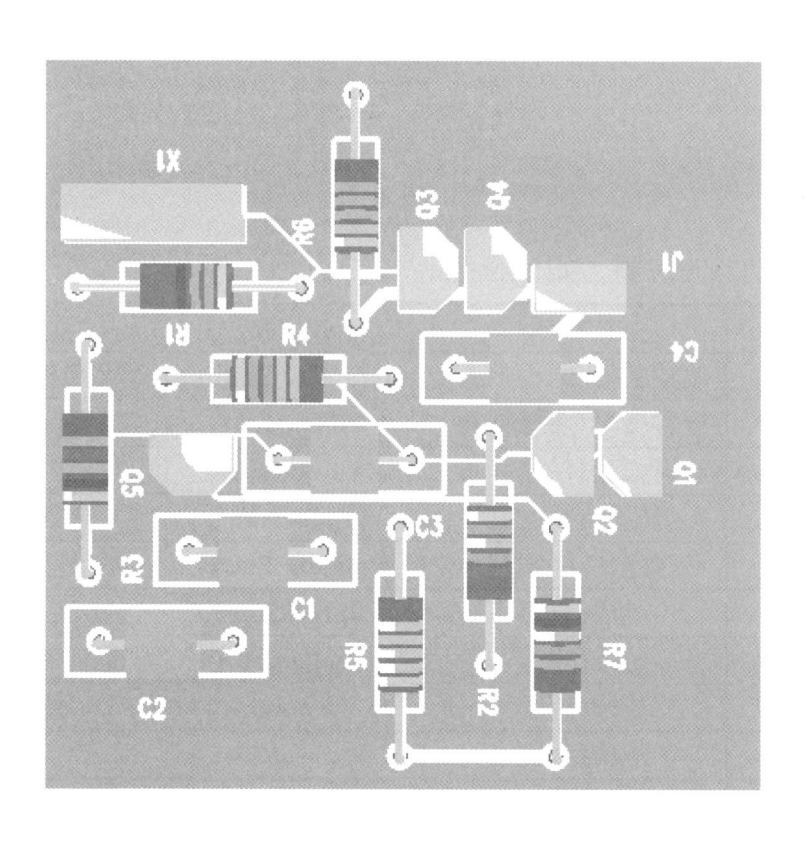

9-1 PCB設計項目介紹

進入電路板編輯器之後,可以開始放置PCB設計項目,放置PCB設計項目共有三種方法,如下所示:

1. **主功能表**:在主功能表中,按Place鍵,展開Place功能,如下圖所示:

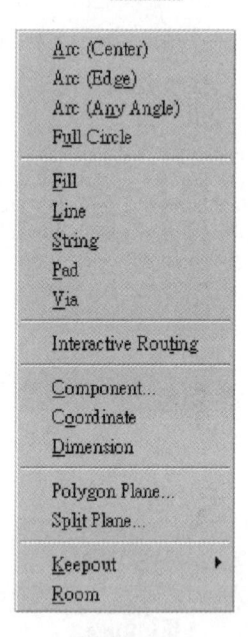

圖 9-1

Place功能的說明,如下表所示:

Place功能	說　明	Place功能	說　明
Arc(Center)	放置弧形(中心放置)	Interactive Routing	放置互相作用的佈線
Arc(Edge)	放置弧形(邊緣放置)	Component	放置元件外形圖
Arc(Any Angle)	放置弧形(任意角度)	Coordinate	放置座標
Full Circle	放置完整的圓	Dimension	放置游標尺
Fill	放置填滿項目	Polygon Plane	放置多邊形平面
Line	放置直線	Split Plane	放置分割平面
String	放置字串	Keepout	放置佈局層禁止區域
Pad	放置銲點	Room	放置區域
Via	放置導孔		

2. **快速鍵**:在主功能表中,各功能命令的字母有底線,這些字母也就是快速鍵,例如:Place功能的快速鍵是P,在工作視窗中,按P鍵之後,產生圖9-1功能表,可以點選命令或按快速鍵,放置PCB設計項目。

例如 要放置導孔(Via)，只要按P+V鍵(表示按P鍵之後，再按V鍵)，游標有導孔(Via)符號，就可以放置導孔，如下圖所示：

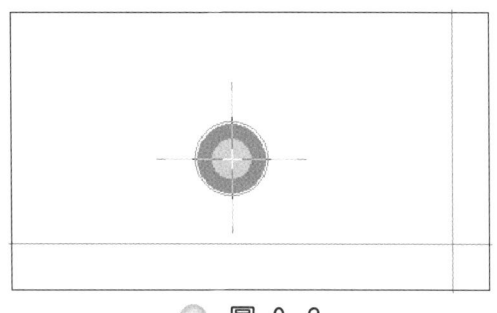

◎ 圖 9-2

3. Placement Tools工具列：在這個工具列中，可以點選所要的項目，如果看不到這個工具列，按View > Toolbars > Placement Tools命令，就可以看見這個工具列，Placement Tools工具列的說明，如下圖所示：

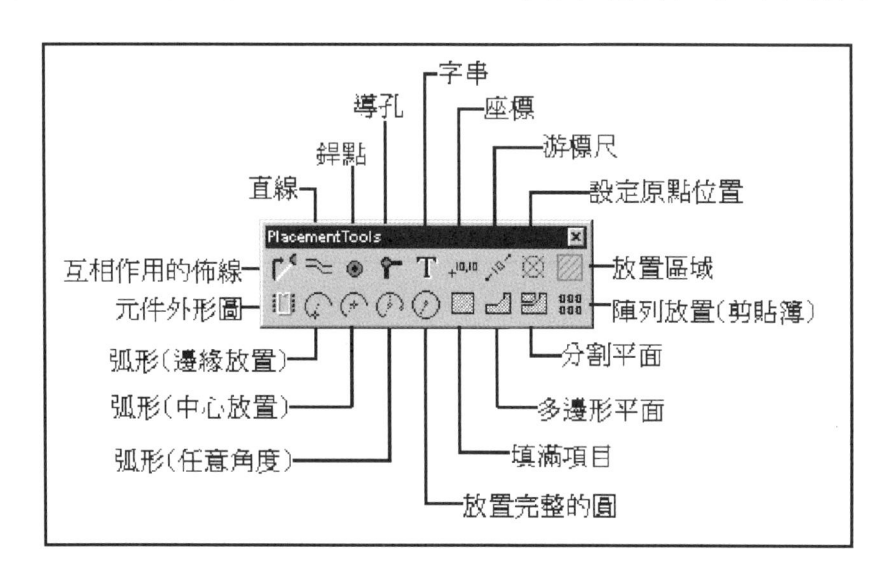

◎ 圖 9-3

在PCB佈局層中，所有可以放置的項目，如下表所示：

項　目	名　稱	電氣項目	內　容　說　明
弧形	Arc	是	一段彎曲的連線
元件外形圖	Component Footprint	不是	表示PCB電路板上的實際元件
座標	Coordinate	不是	表示(X，Y)座標資料
游標尺	Dimension	不是	表示游標尺資料
填滿項目	Fill	是	一個實心長方形方塊
互相作用的連線	Interactive Routing	是	形成兩個銲點之間的連線
直線	Line	不是	表示一段直線
銲點	Pad	是	表示元件接腳的連接銲點
字串	String	不是	在電路板上放置文字
導孔	Via	是	形成兩個佈局層之間的連接
多邊形平面	Polygon Plane	是	放置一塊實心區域
分割平面	Split Plane	是	在內部平面層中，分割成數個平面
放置區域	Placement Room	不是	限制元件放置的區域
佈局層禁止區域	Layer-specific Keepouts	不是	在禁止佈局層中，放置佈線的限制區域

在印刷電路板的設計中，可以使用不同的項目進行設計工作，要特別注意：在印刷電路板中，大部分項目是定義銅箔存在區域或空白區域，其中接線(Tracks)、銲點(Pads)表示電氣項目，文字(Text)、游標尺(Dimension)代表非電氣項目，當然不只這四種項目存在，另外還有導孔(Vias)、座標(Coordinate)...等等。

▶ **注意**

電氣項目是表示電路板的銅箔區域，是可以傳送電氣訊號。

設計項目需要注意下列兩點：
1. 每一個項目需要定義大小，例如：接線需要定義線寬。
2. 項目放在那一個佈局層？例如：銲點可以放在任一個佈局層上，所以銲點項目是放在MultiLayer佈局層上。

要知道項目的所有特性值，必須進入項目的特性對話盒，要產生項目的特性對話盒，有兩種方法可以使用，如下所示：
1. 項目還未放好之前(放在工作視窗中)，按Tab鍵，可以產生對話盒。

2. 項目放好之後，必須在項目上，連按Mouse左鍵兩次，也可以開啟特性對話盒。

以下是編輯導孔(Via)的特性對話盒，步驟如下：

1. 產生一個新的電路板編輯器。
2. 按View > Area命令，或按V+A鍵，游標變成十字形狀。
3. 在要放大的區域，按Mouse左鍵一次，移動游標到放大區域的對角線上，此時放大區域有虛線方框存在，再按Mouse左鍵一次，就可以放大這個區域。
4. 按Place > Via命令，或按Placement Tools工具列的導孔按鈕，游標變成十字形狀。
5. 在要放置導孔(Via)的位置上，按Mouse左鍵一次，放好導孔項目，可以連續放置導孔，按Mouse右鍵一次，終止放置導孔功能。
6. 在導孔項目上，連按Mouse左鍵兩次，產生Via對話盒，這是導孔的特性對話盒，如下圖所示。

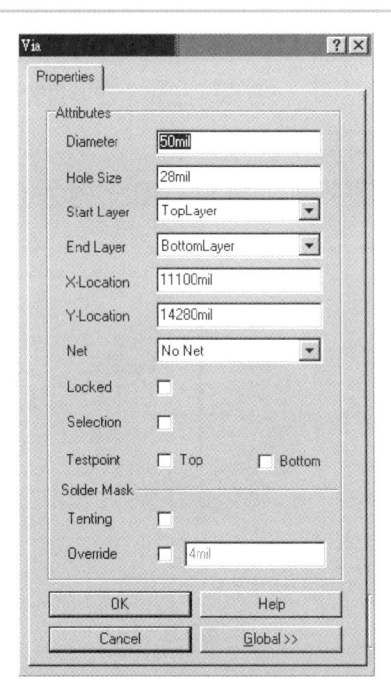

◯ 圖 9-4

7. 按Ok鍵，關閉特性對話盒。
8. 按Place > Via命令，或按Placement Tools工具列的導孔按鈕，游標變成十字形狀。

9. 按Tab鍵，可以編輯這個導孔的特性值，產生Via對話盒，如圖9-4所示。

在Via對話盒中(圖9-4)，參數說明如下：

參數	內容說明	範例
Diameter	表示導孔的直徑	50mil
Hole Size	表示導孔的孔徑大小	28mil
Start Layer	導孔開始的佈局層	TopLayer
End Layer	導孔結束的佈局層	BottomLayer
X-Location	X座標軸的位置	11100mil
Y-Location	Y座標軸的位置	14280mil
Net	表示導孔所在的連接線名稱	No Net
Locked	表示這個項目是否被鎖定，不可以編輯	
Selection	表示這個項目是否被選擇	
Testpoint	以測試點形狀表示	
Tenting	以Tenting方式表示	
Override	不要銲錫光罩存在	

前面提及項目的特性值，需要注意下列兩點，如下所示：

(1) 每一個項目需要定義大小：

導孔必須定義直徑(Diameter)和孔徑大小(Hole size)，如下圖所示：

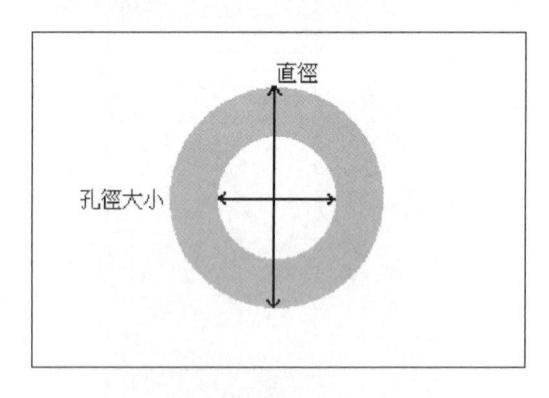

● 圖 9-5

(2) 項目放在那一個佈局層：

導孔必須定義兩個佈局層，使得這兩個佈局層上面的連線互相導通，導孔項目放在開始佈局層(Start Layer)到結束佈局層(End Layer)，形成電氣連接。

9-2 PCB設計項目詳細說明

本節將針對具有電氣特性的PCB設計項目,提供詳細的說明,如下所示:

一、弧形項目(Arc):

這個PCB設計項目的啟動方法有下列三種,如下表所示:

啟動方法	邊緣放置	中心放置	任意角度	完整的圓
Placement Tools工具列	邊緣放置按鈕	中心放置按鈕	任意角度按鈕	完整的圓按鈕
主功能表	Place>Arc(Edge)	Place>Arc(Center)	Place>Arc(Any Angle)	Place>Full Circle
快速鍵	P+E鍵	P+A鍵	P+N鍵	P+U鍵

由上面表格可知,弧形項目放置方法有四種:邊緣放置、中心放置、任意角度和完整的圓,放置的方法不同,但是都可以產生弧形項目。

弧形項目(Arc)的特性,如下所示:

(1) 可以放置的佈局層:所有佈局層都可以
(2) 是不是電氣項目:是的

1. 項目描述:弧形項目是一段彎曲的連線,有兩種用途:
   (1) 佈線(Routing):可以產生彎曲的連線。
   (2) 弧形項目可以放在元件外形圖或電路板外框上。
2. 放置方法:這個地方只介紹兩種放置方式:中心放置(Center placement)和邊緣放置(Edge placement),以下分別說明:
   (1) 中心放置方法:以中心點開始放置,要放置中心模式的弧形,必須決定四個點,順序是:中心點、半徑、弧形開始點和弧形結束點,這四個定點,只要分別按Mouse左鍵一次,就可以決定好這四個定點。可以連續畫不同的弧形項目,如果要結束畫弧形項目,只要按Mouse右鍵一次,或按ESC鍵。

▶ **注意**
要終止放置項目的動作,只要按Mouse右鍵一次,或按ESC鍵。

畫一個弧形(中心放置)，如下圖所示：

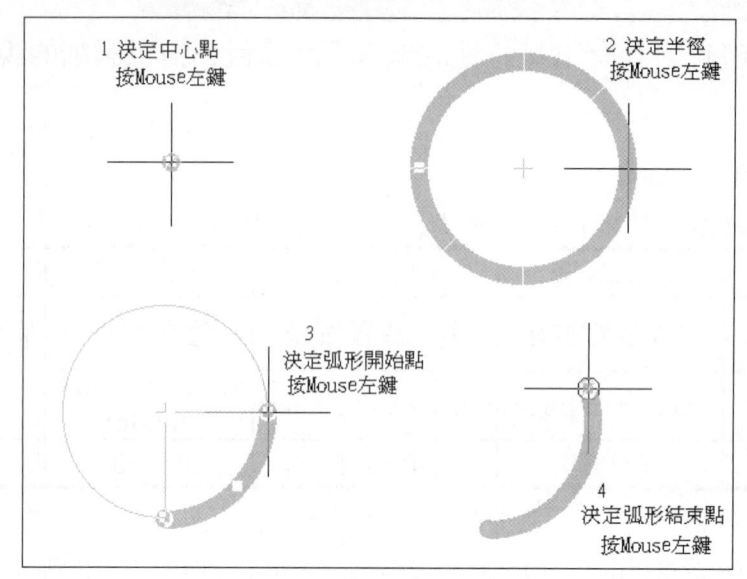

● 圖 9-6

(2) 邊緣放置方法：以弧形開始點開始放置，要放置邊緣模式的弧形，必須決定兩個點，順序是：弧形開始點和弧形結束點。

畫一個弧形(邊緣放置)，如下圖所示：

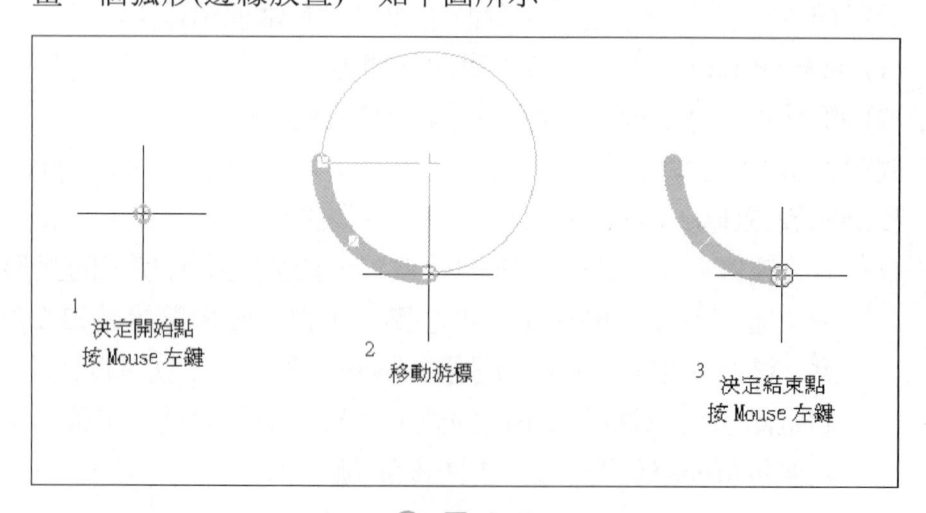

● 圖 9-7

二、元件外形圖(Component Footprint)：

元件外形圖(Component Footprint)的特性，如下所示：

(1) 可以放置的佈局層：Top或Bottom訊號佈局層
(2) 是不是電氣項目：不是(但是元件外形圖的銲點是電氣項目)

1. 項目描述：

 元件外形圖代表電路板上面的實際元件，外形圖可能包括：

 (1) 銲點：這些銲點會連接到元件接腳。

 (2) 元件包裝的實際外框。

 (3) 元件框架的特性值。

2. 放置方式：

 按Place > Component命令，產生Place Component對話盒，如下圖所示。

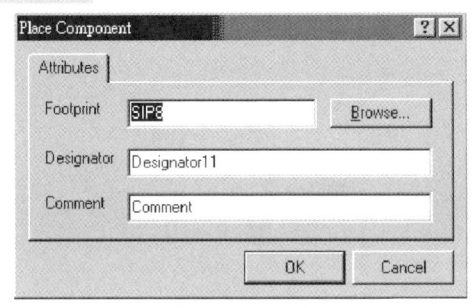

◯ 圖 9-8

從連結的PCB元件庫中，搜尋元件外形圖，設定適當的元件名稱(Designator)和注釋(Comment)，按Ok鍵，關閉對話盒，回到工作視窗中，元件外框出現在游標上面，按Mouse左鍵或Enter鍵，就可以放置這個元件外形圖，對話盒(圖9-8)會再開啟，可以放置另一個元件外形圖，按Cancel鍵，跳出元件放置模式。

在圖9-8對話盒中，按Browse鍵，產生Browse Libraries對話盒，如下圖所示：

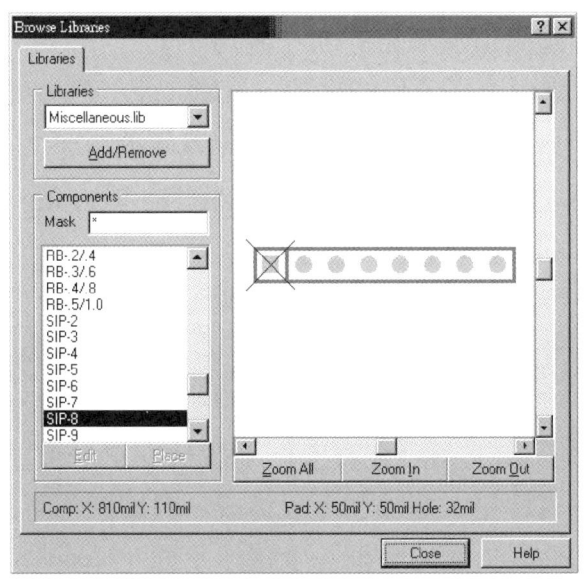

◯ 圖 9-9

在圖9-9對話盒中，可以連結或取消連結元件庫，點選所需要的元件外形圖。

放置DIP8元件外形圖到PCB電路板中，如下圖所示：

圖 9-10

三、填滿項目(Fill)：

填滿項目(Fill)的特性，如下所示：

(1)可以放置的佈局層：所有都可以
(2)是不是電氣項目：是的

1. 項目描述：填滿項目可以放一個實心長方形方塊，到目前的PCB佈局層中。
2. 放置方式：
   (1) 進入放置填滿項目功能，移動游標到要放置的位置，按Mouse左鍵一次，這是填滿項目的的一個角。
   (2) 移動游標到填滿項目的對角，按Mouse左鍵一次，就可以完成這個填滿項目，可以重複放置另一個填滿項目。

四、連線(Track)--互相作用的佈線(Interactive Routing)：

連線項目(Track)的特性，如下所示：

(1) 可以放置的佈局層：所有都可以
(2) 是不是電氣項目：是的

1. 項目描述：互相作用的佈線是一個連續放置連線片段的動作，連線是一個直的實心線(必須設定寬度)，連線放在單一佈局層中，形成元件銲點之間的電氣連接，連線也可以當成一般繪圖用直線，可以建立電路板外框、元件外形圖的外框、多邊形平面、Keep-out邊界...等。

2. 放置方式：一般而言，你要放置一連串互相連接的連線，形成兩點之間的連接，這種方式稱為佈線(Routing)。

▶ **注意**
在Protel軟體中，連線是一個單一直線片段，一般需要數個連續放置的連線，才能形成兩點之間的連接，在電路板中，使用一連串接線，完成兩點之間的連接動作，稱為佈線。

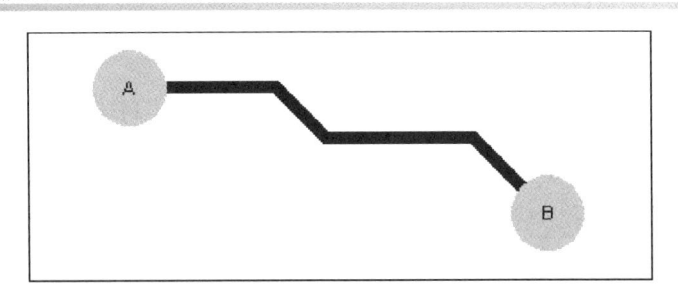

○ 圖 9-11

在上圖中，銲點A和銲點B之間的連接，是由4段互相連接的連線所組合而成的。

五、銲點(Pad)：

銲點項目(Pad)的特性，如下所示：

(1) 可以放置的佈局層：所有都可以
(2) 是不是電氣項目：是的

1. 項目描述：銲點項目用在產生元件接腳的連接銲點。
2. 放置方式：進入銲點放置功能，移動游標到放置的位置上，按Mouse左鍵一次，可以放好一個銲點，能夠連續放置銲點，按Mouse右鍵一次，可以終止放置功能。

六、導孔(Via)：

導孔項目(Via)的特性，如下所示：

(1) 可以放置的佈局層：所有的佈局層對
(2) 是不是電氣項目：是的

1. 項目描述：
   導孔形成兩個PCB佈局層之間的電氣連接，使得兩條連線(不同佈局層)互相連接。

2. 放置方式：

移動游標到要放置的位置上，按Mouse左鍵一次，放置一個導孔，可以連續放置導孔，按Mouse右鍵一次，終止放置導孔功能。

> **注意**
> 當人工佈線時，更改佈局層(按Tab鍵)，導孔自動地加入到電路板中，表示電氣連接。

七、多邊形平面(Polygon Plane)：

多邊形平面項目(Polygon Plane)的特性，如下所示：
(1) 可以放置的佈局層：所有都可以
(2) 是不是電氣項目：是的

1. 項目描述：多邊形平面項目放置實心區域(在選擇的PCB佈局層上)，多邊形平面一般用來產生大型的銅箔區域，其實多邊形平面是由一連串連線組合而成的。

2. 放置方式：進入多邊形放置功能，產生Polygon Plane對話盒，如下圖所示：

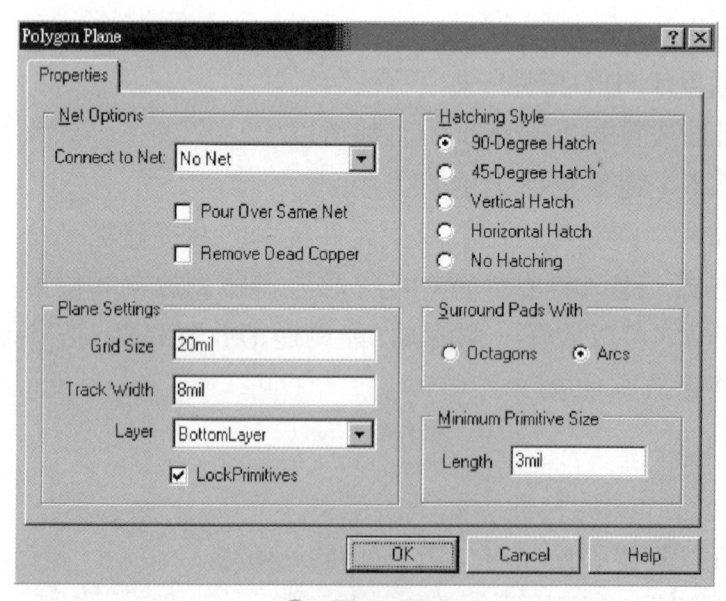

圖 9-12

設定需要的選項，再按Ok鍵，回到電路板視窗中，開始畫多邊形的外框，外框是由連線所組合而成的，畫外框的動作，類似佈線動作，如果完成外框，按Mouse右鍵一次，會自動填滿多邊形的內部，並且終止多邊形放置功能。

畫多邊形外框時，如果沒有完成整個外框，系統會自動地加入一段連線(由開始點到最後一點)，也能完成多邊形的外框。

以下是畫一個多邊形平面的步驟，如下：

1. 在電路板編輯器中，按Place > Polygon Plane命令，產生Polygon Plane對話盒，如圖9-12所示。
2. 按Ok鍵，關閉對話盒，可以開始畫多邊形平面。
3. 移動游標到(0 mil，0 mil)位置上，按Mouse左鍵一次。
4. 移動游標到(160 mil，0 mil)位置上，按Mouse左鍵一次。
5. 移動游標到(160 mil，160 mil)位置上，按Mouse左鍵一次。
6. 按Mouse右鍵一次，系統自動加入一段連線，並且填滿多邊形的內部，如下圖所示。

(也可以移動游標到(0 mil，0 mil)位置上，再按Mouse左鍵一次，同樣也能完成一個多邊形平面)

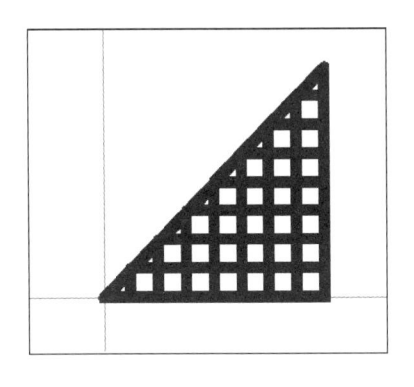

◎ 圖 9-13

7. 如果要把這個多邊形平面變成實心的平面，可以在多邊形平面上，連按Mouse左鍵兩次，產生Polygon Plane對話盒。
8. 在Track Width格子中，輸入20 mil。
9. 按Ok鍵，產生Confirm對話盒，如下圖所示。

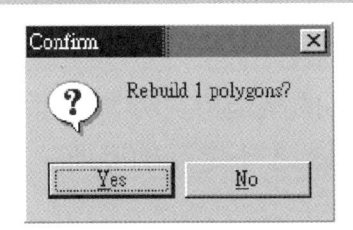

◎ 圖 9-14

10. 按Yes鍵，可以把多邊形平面變成實心平面，如下圖所示。

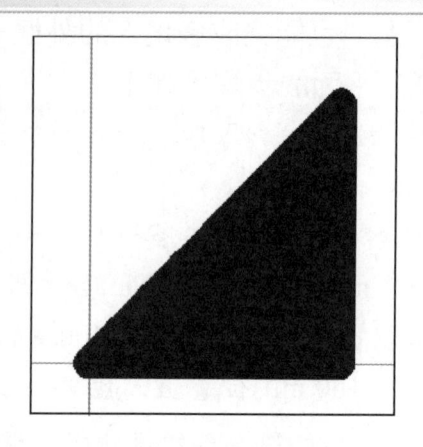

圖 9-15

▶ **注意**
　　為了要產生實心的多邊形平面，必須使得連線寬度(Track Width)比格線大小(Grid Size)大或相等，才能產生實心的多邊形平面。

　　多邊形平面自動平鋪在電氣項目的四周，並沒有和這些電氣項目連接，如果要連接，必須設定Connect to Net欄位，決定和那條連線連接，多邊形平面就會和這條連線的電氣項目互相連接。

八、分割平面(Split Plane)：

　　分割平面項目(Split Plane)的特性，如下所示：

　　(1) 可以放置的佈局層：內部平面層1~16
　　(2) 是不是電氣項目：是的

1. 項目描述：Protel軟體提供四個內部平面佈局層，可以當成電壓或接地平面，當電路板生產時，這些平面形成實心的銅箔層，電氣項目可以利用導孔連接到這個平面上，分割平面是一個在內部平面的多邊形項目，分割後的兩個平面是互相絕緣的區域，每一個平面有自己的連線名稱，在一個內部平面佈局層可以分割成數個內部平面。
2. 放置方式：和多邊形平面的放置方法相同。

▶ **注意**
　　因為內部平面是實心的銅箔層，分割平面的外框是定義一個空白的區域，如此不同的分割平面，才不會互相導通。

9-3 人工放置元件外形圖的注意事項

1. 人工放置元件時，還未放好元件(浮接狀態)，按SPACE鍵，可以逆時針旋轉，按SHIFT+SPACE鍵，可以順時針旋轉。
2. 元件旋轉角度可以在Preferences對話盒中設定，只要按Tools > Preferences命令，產生Preferences對話盒，按Options標籤，如下圖所示：

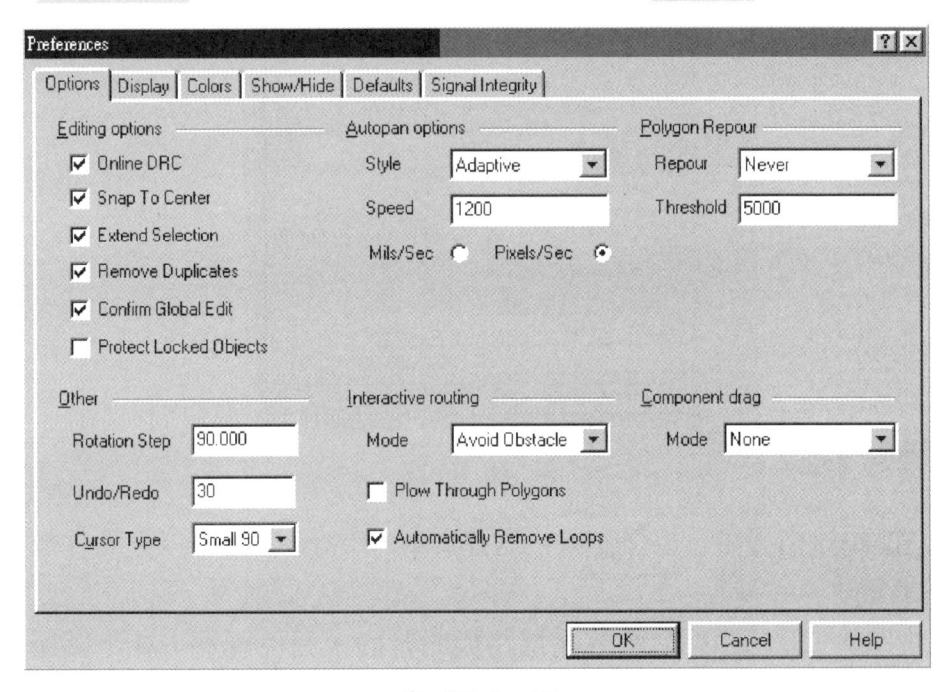

● 圖 9-16

在Other欄位中，在Rotation Step格子中，可以設定元件的旋轉角度，預設值是90度。

3. 放好元件後，先圈選元件外形圖，按Edit > Move > Rotate Selection命令，可以設定旋轉角度，游標變成十字形狀，移動到圈選元件上，按Mouse左鍵一次，可以旋轉這個項目。
4. 放好元件後，按Edit > Move > Component命令，點選要移動元件，按SPACE鍵，可以旋轉這個元件。
5. 如果要把元件放在電路板的背面，必須鏡射處理，共有兩種方式，可以完成這個動作，如下所示：
    (1) 元件還未放好之前，按L鍵，可以把元件放在電路板的背面。
    (2) 元件放好後，在元件上，連按Mouse左鍵兩次，產生Component對話盒，按Properties標籤，如下圖所示：

● 圖 9-17

在Layer格子中，按下拉鍵，選擇BottomLayer，也可以把元件放在電路板的背面。

把TO-92B元件外形圖放在電路板的背面，元件圖形，如下圖所示：

● 圖 9-18

6. 電路板編輯器的常用按鍵使用說明,如下所示:

按 鍵	內 容 說 明
ESC	取消功能
Tab	開啟特性對話盒(項目還未放好之前)
PgUp	放大視窗
PgDn	縮小視窗
X	使尚未放好的項目左右鏡射
Y	使尚未放好的項目水平鏡射
SPACE	使尚未放好的項目逆時針旋轉90度
Del	刪除點選項目
Ctrl+Del	刪除圈選項目
X+A	取消圈選狀態

7. 如果要移動項目時,可能會產生一個選擇對話盒,選擇所要移動的項目,這是因為游標所在的位置,同時有數個項目重疊在一起,所以必須加以選擇,你可以選擇你所要的項目,再按Mouse左鍵一次,就可以移動這個項目。

8. 單位切換的公式,如下:
1 in.=2.54 cm=1000 mil

9-4 放置元件外形圖

開啟電路板編輯器,再按Place > Component命令,或按Placement Tools工具列的元件外形圖按鈕,產生Place Component對話盒,如下圖所示:

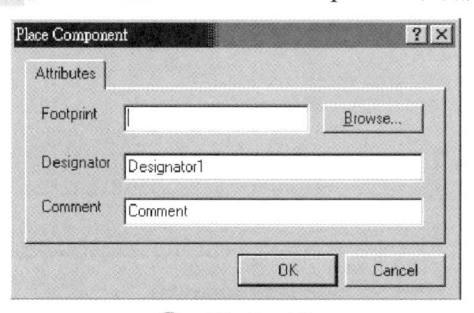

圖 9-19

在上面對話盒中,PCB元件的特性值,說明如下:
1. Footprint:設定元件的外形圖。
2. Designator:設定元件名稱。
3. Comment:設定元件的註解。

按Browse鍵，產生Browse Libraries對話盒，如下圖所示：

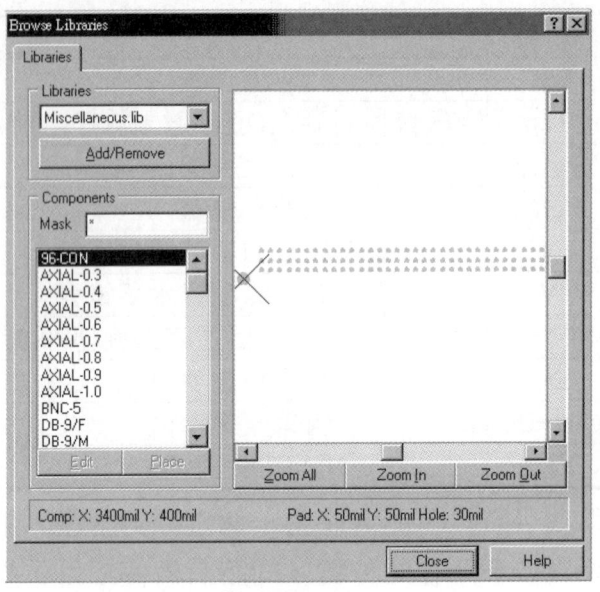

● 圖 9-20

在上面對話盒中，可以分成四個部分：元件庫、元件、圖形視窗和說明欄位，說明如下：

1. 元件庫(Libraries)：按下拉鍵，可以點選所要的元件庫，所有已經連結的元件庫，都可以在此處點選，按Add/Remove鍵，產生PCB Libraries對話盒，可以連結或取消連結元件庫，如下圖所示：

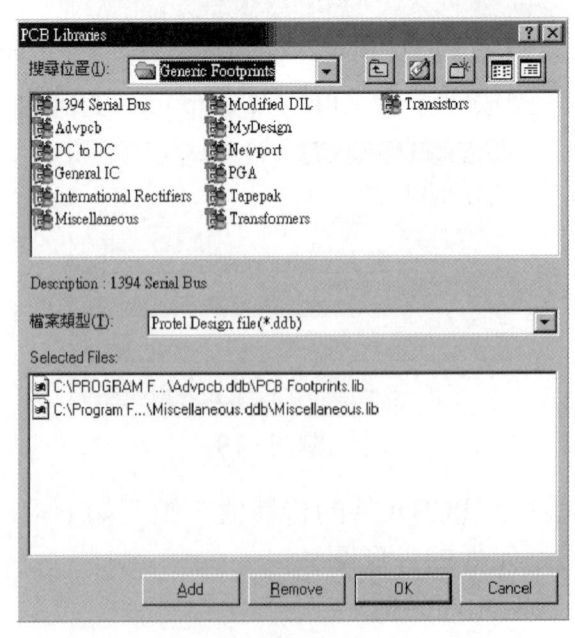

● 圖 9-21

(1) 連結新的元件庫：點選要連結的元件庫(上面欄位)，按Add鍵，可以連結新的元件庫。

> **注意**
> 電路板元件庫的路徑在C:\Program Files\Design Explorer 99 SE\Library\Pcb\Generic Footprints。

(2) 取消連結元件庫：在Selected Files欄位中，點選要取消的連結元件庫(下面欄位)，按Remove鍵，可以取消不需要的元件庫。

2. 元件(Components)：點選所要的元件外形圖，在Mask格子中，可以設定過濾器(萬用字元*)，例如：所需要的元件外形圖，名稱是以D字開頭，所以輸入D*，再按Enter鍵，只列出D字開頭的元件外形圖，可以快速點選所要的元件外形圖，如下圖所示：

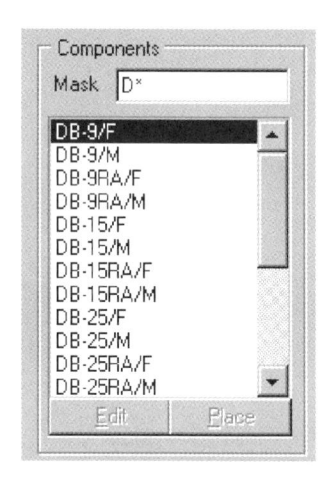

圖 9-22

另外還有兩個按鍵，說明如下：
(1) Edit鍵：可以編輯這個元件外形圖。
(2) Place鍵：可以放置這個元件外形圖。

3. 圖形視窗：被點選元件外形圖的圖形，顯示在這個畫面中，例如：點選AXIAL-0.3元件，這個元件外形圖的圖形，如下圖所示：

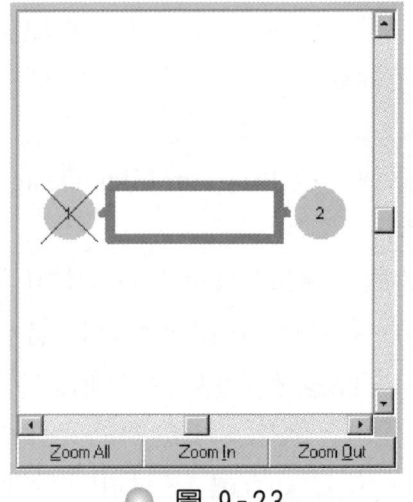

◎ 圖 9-23

另外還有三個按鍵，說明如下：
(1) Zoom All 鍵：觀看所有的圖形。
(2) Zoom In 鍵：放大圖形。
(3) Zoom Out 鍵：縮小圖形。
4. 說明欄位：提供選擇元件外形圖的大小說明，如下圖所示：

```
Comp: X: 362mil Y: 72mil          Pad: X: 62mil Y: 62mil Hole: 32mil
```

◎ 圖 9-24

說明欄位共分為兩種子欄位，前面的子欄位表示元件的大小(Comp: X:362mil Y:72mil)，後面的子欄位表示銲點的大小(Pad: X:62mil Y:62mil)和孔徑大小(Hole: 32mil)。

以下是呼叫AXIAL-0.3元件外形圖的步驟，如下所示：

1. 在電路板編輯器中，按TopLayer標籤(視窗下面)，按Place > Component命令，或按Placement Tools工具列的元件外形圖按鈕，產生Place Component對話盒。
2. 按Browse鍵，產生Browse Libraries對話盒。
3. 在Mask格子中，輸入AXIAL*，按Enter鍵。
4. 點選AXIAL-0.3元件(元件庫為Miscellaneous.lib)。
5. 按Close鍵，回到Place Component對話盒。
6. 在Designator格子中，輸入R1。
7. 在Comment格子中，輸入2K。

8. 按Ok鍵，游標上面有一個元件外形圖項目(目前是浮接狀態)。
9. 在適當的位置上，按Mouse左鍵一次，放好這個元件外形圖，並且再產生Place Component對話盒，可以放置下一個元件外形圖。
10. 按Cancel鍵，終止放置元件外形圖的功能。
11. 電路板編輯器的圖形，如下圖所示。

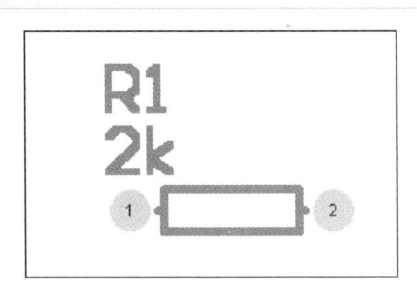

◎ 圖 9-25

9-5 點選和圈選項目

在Protel軟體中，要選擇某些項目，進行編輯工作，有兩種選擇項目的方法：點選和圈選。

一、點選項目：移動游標到項目上，按Mouse左鍵一次，可以點選這個項目，再進行編輯工作，通常點選後，項目會產生編輯點，利用這些編輯點，可以更改項目的大小或長度，其中銲點(Pad)和導孔(Via)沒有編輯點存在。

▶ **注意**
無法點選元件外形圖項目。

可以點選一段連線，選擇的圖形共有三個編輯點，如下圖所示：

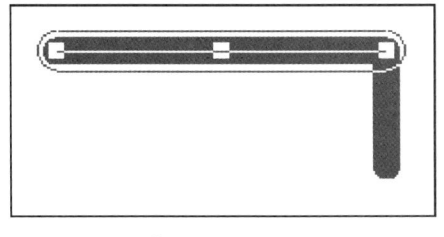

◎ 圖 9-26

點選項目的常見編輯動作，如下所示：
1. 按Delete鍵，可以刪除選項。
2. 按住Mouse左鍵，可以移動選項。
3. 在編輯點上，按Mouse左鍵一次，可以更改項目的大小和長度，再按Mouse左鍵一次，完成編輯動作。

> **注意**
> 要取消點選項目，只要在空白的區域，按Mouse左鍵一次。

二、圈選項目：按住Mouse左鍵，拉出一個方框，再放開Mouse左鍵，方框內的項目都會被圈選，再進行全部項目的編輯工作，選項不會有編輯點，選項的顏色會變成黃色(系統的預設顏色)。

可以圈選所有連線，如下圖所示：

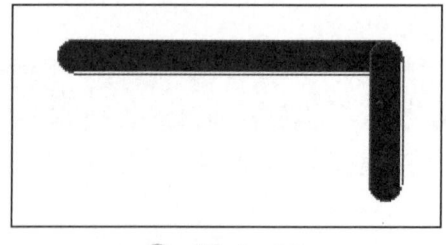

◯ 圖 9-27

除了利用Mouse直接圈選項目，也可以使用下列方法，圈選所要項目，如下所示：

1. 主功能表：按Edit > Select命令，產生Select子功能表，如下圖所示：

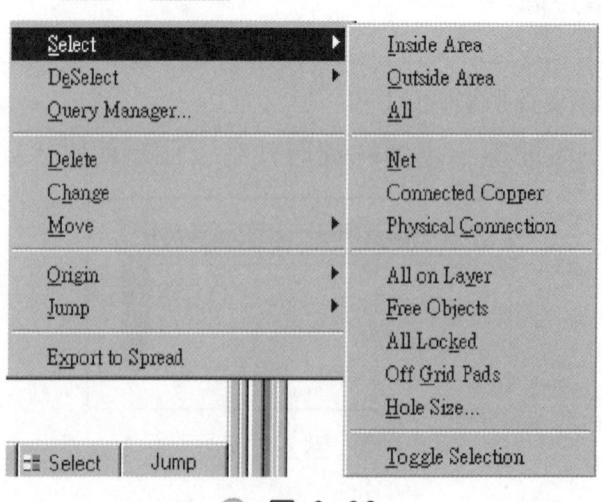

◯ 圖 9-28

2. 主工具列(Main Toolbar)：有關圈選功能的按鈕，如下圖所示：

圈選——▭ ✄——取消圈選

○ 圖 9-29

以下是圈選功能的說明，如下表所示：

主功能表	主工具列	內容說明
Inside Area	圈選按鈕	選取方框內的項目,方框由Mouse決定
Outside Area		選取方框外的項目,方框由Mouse決定
All		選取所有項目
Net		選取標示線項目
Connected Copper		選取已經完成的連線(可以不具有連線名稱)
Physical Connection		選取已經完成的連線(要具有連線名稱)
All on Layer		選取目前佈局層的所有項目
Free Objects		選取元件以外的所有項目
All Locked		選取所有鎖住的項目
Off Grid Pads		選取所有不在格線上的項目
Hole Size		選取相同孔徑大小的銲點或導孔
Toggle Selection		可以切換圈選

▶ **注意**
不需要按主功能表或主工具列按鈕,只要利用Mouse左鍵,圈選項目,也可以選擇這些項目。

要取消圈選項目，可以使用下列方法，如下所示：

主功能表：按Edit > Deselect命令，產生Deselect子功能表，如下圖所示：

DeSelect ▶	Inside Area
Query Manager...	Outside Area
	All
Delete	
Change	All on Layer
Move ▶	Free Objects
Origin ▶	Toggle Selection

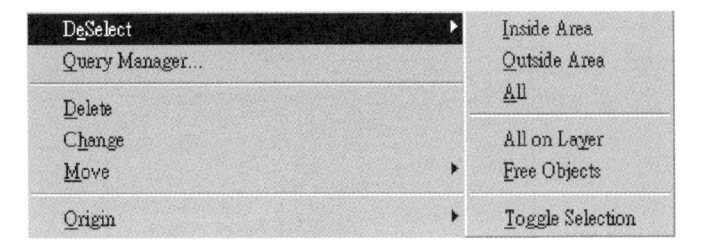

○ 圖 9-30

以下是取消圈選功能的說明，如下表所示：

主功能表	主工具列	內容說明
Inside Area		取消選取方框內的項目
Outside Area		取消選取方框外的項目
All	取消圈選按鈕	取消選取所有項目
All on Layer		取消選取目前佈局層的所有項目
Free Objects		取消選取元件以外的所有項目
Toggle Selection		可以切換圈選

▶ **注意**

按X+A鍵，也可以取消所有選項。

三、圈選的編輯動作：

被圈選的項目可以全部一起進行編輯工作，可以進行的編輯工作有那些？如下表所示：

主功能表	快速鍵	主工具列	內容說明
Edit > Cut	Ctrl+X	刪除按鈕	刪除選項,放入剪貼簿中
Edit > Copy	Ctrl+C		複製選項,放入剪貼簿中
Edit > Paste	Ctrl+V	剪貼按鈕	把剪貼簿的內容,貼在視窗中
Edit > Paste Special			把剪貼簿的內容,貼在視窗中(有些變化)
Edit > Clear	Ctrl+Del		刪除選項

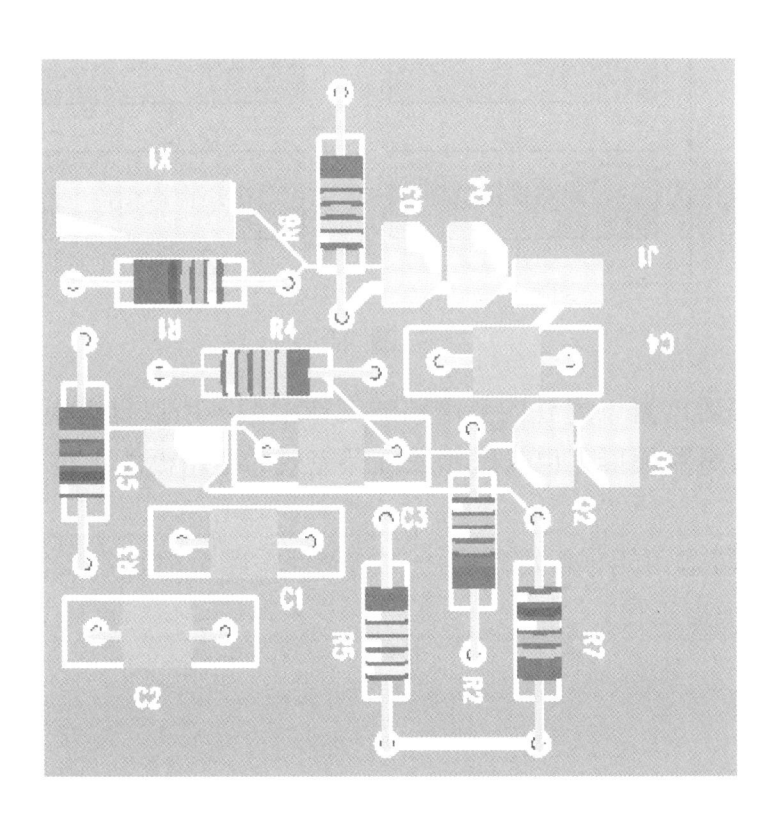

10 PCB電路板的設計流程

10-1 電路板的設計流程

在Protel軟體中,要進行印刷電路板的設計工作,最簡單的設計流程,如下圖所示:

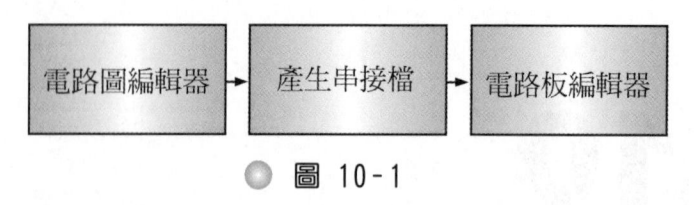

```
電路圖編輯器 → 產生串接檔 → 電路板編輯器
```

● 圖 10-1

如果電路只具有簡單元件,而沒有複雜IC(例如:8051),通常可以進行模擬分析,以確保電路圖的規格符合設計要求,如果電路圖不能符合設計要求,即使產生電路板也無法正常工作,簡化的流程圖,如下圖所示:

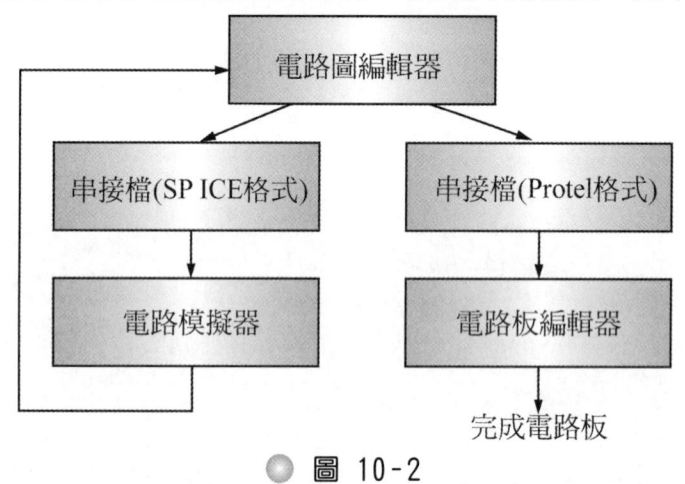

```
              電路圖編輯器
              ↙        ↘
   串接檔(SPICE格式)    串接檔(Protel格式)
        ↓                    ↓
     電路模擬器           電路板編輯器
                              ↓
                           完成電路板
```

● 圖 10-2

由於複雜IC難以建立內部電路的工作模型,所以具有複雜IC的電路,就無法進行電路模擬,也就是無法確保完成的電路板能正常工作。

建議 應該盡可能分析電路圖,才能確保電路板能正常工作(除非無法進行電路模擬工作)。

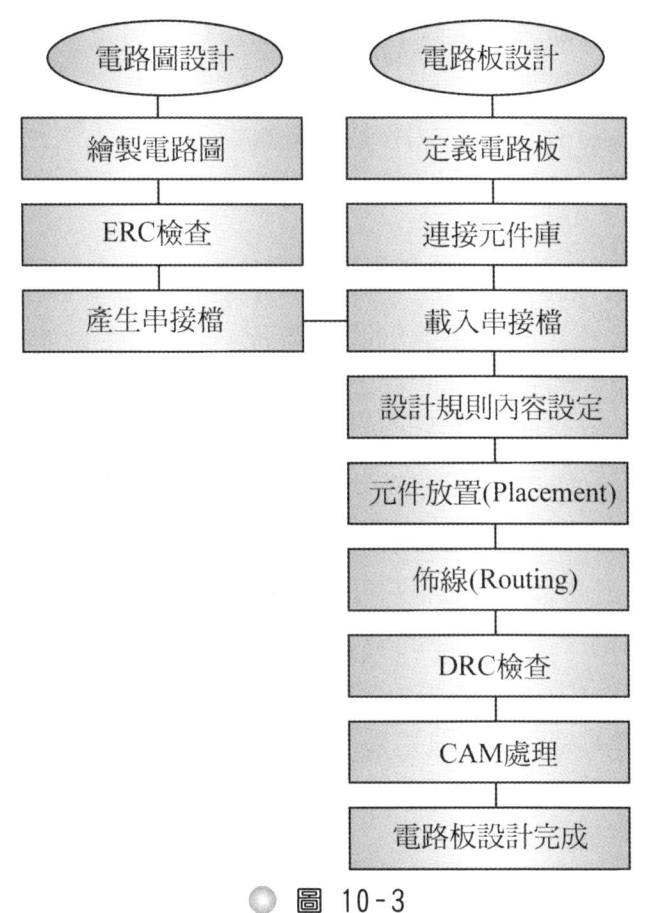

詳細的PCB電路板設計流程，如下圖所示：

```
電路圖設計                電路板設計
    │                        │
繪製電路圖              定義電路板
    │                        │
ERC檢查                 連接元件庫
    │                        │
產生串接檔──────────→載入串接檔
                             │
                      設計規則內容設定
                             │
                      元件放置(Placement)
                             │
                      佈線(Routing)
                             │
                      DRC檢查
                             │
                      CAM處理
                             │
                      電路板設計完成
```

◎ 圖 10-3

印刷電路板有充裕的空間，佈線工作會變得比較容易，Protel軟體可以全部自動佈線，但是人工佈線也是有需要。

要定義電路板的內容，通常要設定兩個部分：

1. 佈局層堆疊結構：決定電路板的層數，按Design > Layer Stack Manager命令，可以設定佈局層堆疊結構，並且加入所需要的佈局層。
2. 電路板的大小：如果要進行自動佈線，一定要在KeepOutLayer佈局層，設定電路板的佈線區域，可以用連線或弧形...等項目，決定這個區域的大小，另外可以在機械繪圖層(Mechanical Layer)，設定這個電路板的大小。

上面流程圖說明，設計電路板的工作流程，電路圖是設計流程的開始，但是不一定需要電路圖，以下說明兩者之間的分別：

1. 有電路圖：由於直接採用電路圖的串接檔，所以元件接腳之間的連接一定正確，除非電路圖有問題，佈線時，可以依據標示線，進行電路板的佈線工作。
2. 沒有電路圖：必須在電路板編輯器中，直接放置元件外形圖，直接佈線，也可以自行設定接腳之間的標示線，再進行佈線工作。

> **建議** 由於沒有電路圖存在，所以進行佈線時，容易發生連錯接腳的問題存在，所以最好採用有電路圖的設計流程，以確保不會連錯接腳的問題出現。

在元件放置的階段中，有兩種放置方式：自動放置和人工放置，元件項目較少時，可以使用人工放置，決定外形圖項目的位置，如果元件項目比較多時，可以使用自動放置。

> **建議** 當元件外形圖項目比較多時，最好採用自動放置，可以依據標示線長度和設計規則，決定元件的位置，才能得到最好的元件項目放置結果。

在佈線階段中，有兩種佈線方式：自動佈線和人工佈線，如果簡單的電路可以採用人工佈線，但是建議採用自動佈線，除非佈線結果不符要求，或無法完成所有佈線，可以採用人工佈線加以處理。

10-2 畫一個簡單的PCB電路板

本節以一個簡單的電路，介紹電路板設計的流程，從畫電路圖開始，到完成PCB電路板為止，可以讓讀者了解整個設計流程，如下所示：

一、開啓一個電路圖編輯器：

1. 按開始 > 程式集 > Protel 99 SE Trail > Protel 99 SE命令，開啓Client99對話盒。
2. 按Continue鍵，進入Design Explorer視窗。
3. 按File > New命令，產生New Design Database對話盒。
4. 設定參數，如下：
   Design Storage Type = MS Access Database
   Database File Name = Pcbtest.ddb
5. 按Ok鍵，產生Pcbtest.ddb設計檔案。

6. 按File > New命令，產生New Document對話盒。
7. 點選Schematic Document圖示，再按Ok鍵，產生Sheet1.Sch圖示，只要在Sheet1.Sch圖示上，連按Mouse左鍵兩次，可以進入Sheet1.Sch視窗，這個視窗就是電路圖編輯器。

二、繪製電路圖：

簡單的電路圖，如下圖所示：

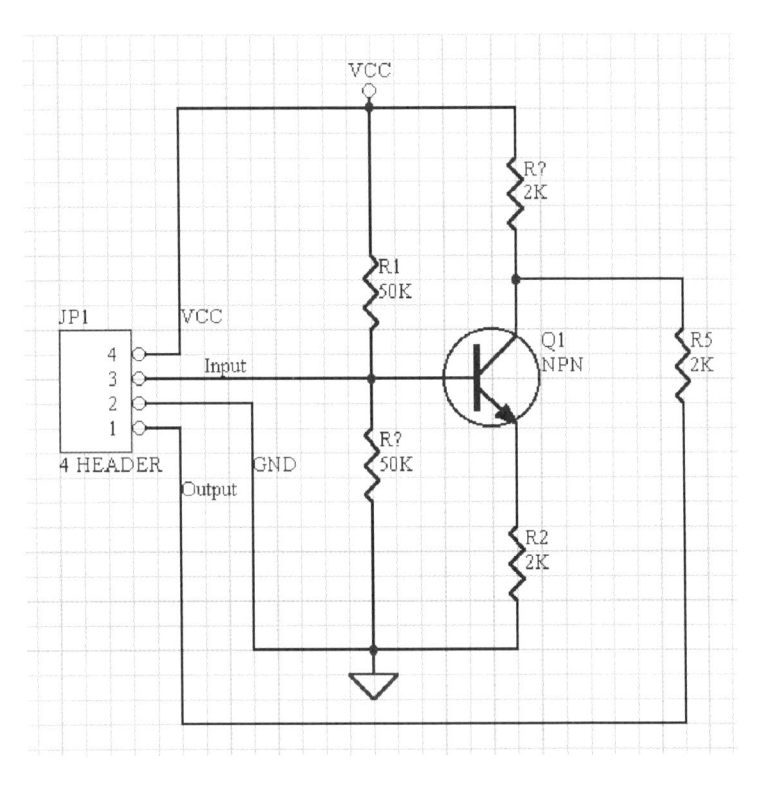

◯ 圖 10-4

以下是這個電路的所有元件特性值，如下表所示：

元件名稱 (Designator)	電路圖元件 (Lib Ref)	元件外形 (Footprint)	PCB元件庫	元件形式 (Part Type)
JP1	4 HEADER	POWER4	PCB Footprints	4 HEADER
R1、R?	RES1	AXIAL0.3	PCB Footprints	50k
R2、R?、R5	RES1	AXIAL-0.3	Miscellaneous	2k
Q1	NPN	TO-92A	PCB Footprints	NPN

要產生電路板的電路圖，有四個很重要的特性值，會傳送到電路板編輯器中(透過Protel格式的串接檔)，如下所示：

1. 元件名稱(Designator)：會變成電路板編輯器中的元件名稱(Designator)參數，例如：R1。
2. 元件形式(Part Type)：會變成電路板編輯器中的註解(Comment)參數，例如：50k。
3. 元件外形圖(Footprint)：會變成電路板編輯器中的元件外形圖(Footprint)參數，例如：AXIAL0.3。
4. 連線：表示元件的連接情形，由電路圖的連線(Wire)所決定。

上面前三個特性值，可以在元件的特性表中設定，只要在元件上，連按Mouse左鍵兩次，產生特性表，可以直接輸入特性值，電阻R1的特性表，如下圖所示：

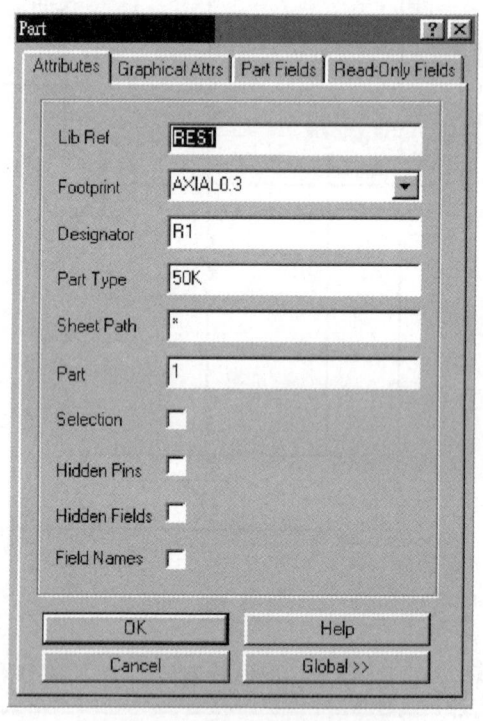

● 圖 10-5

請依據上表，把前三個特性值輸入到元件特性表中。

▶ 注意

在電路圖中，共有兩個電阻的元件名稱都是R？，這是因為要說明：如果忘記輸入元件名稱，要如何處理(R?是元件的預設名稱)？才故意保留。

三、元件名稱(Designator)重新命名：

由於畫電路圖時，有時可能會忘記輸入元件名稱，就會出現R?、C?...等元件名稱，Protel軟體提供重新命名功能，可以防止這個問題。

1. 在電路圖編輯器中，按Tools > Annotate命令，產生Annotate對話盒，如下圖所示。

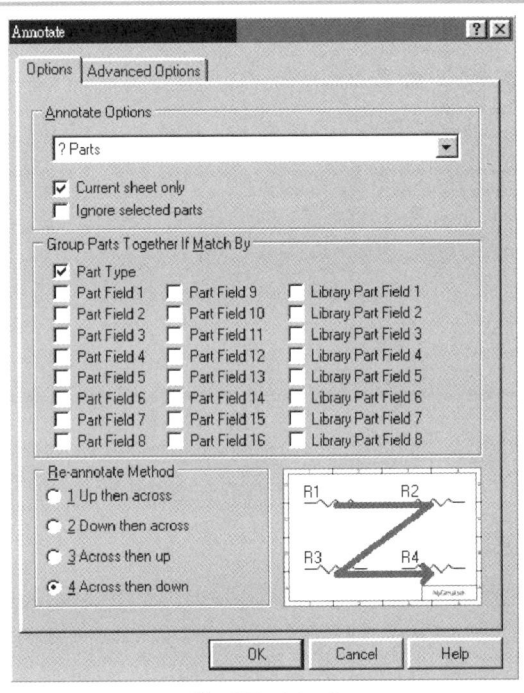

◯ 圖 10-6

在Annotate Options格子中，?Part表示只要對未知元件名稱，進行重新命名工作，再編序的方法採用Across then down，可以對整個電路圖，完成元件名稱的重新命名工作。

2. 按Ok鍵，產生Sheet1.REP視窗，完成重新命名功能，如下圖所示，再按視窗上面的Sheet1.Sch標籤。

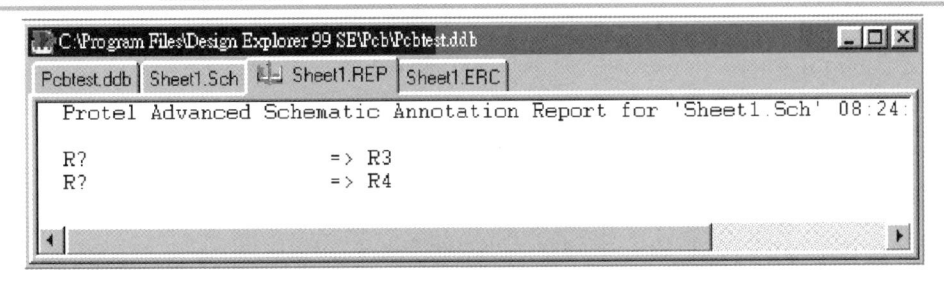

◯ 圖 10-7

把兩個R?電阻元件，修改成R3和R4電阻元件，回到Sheet1.Sch視窗(只要按上面的Sheet1.Sch標籤)，可以發現R3和R4電阻元件，已經有正確的元件名稱。

四、ERC電氣特性檢查：

1. 在Sheet1.Sch電路圖編輯器中，按Tools > ERC命令，產生對話盒。
2. 在對話盒中，參數採用預設值。
3. 按Ok鍵，開始進行電氣特性檢查(ERC)工作，產生檢查結果(Sheet1.ERC)，如下圖所示，再按視窗上面的Sheet1.Sch標籤。

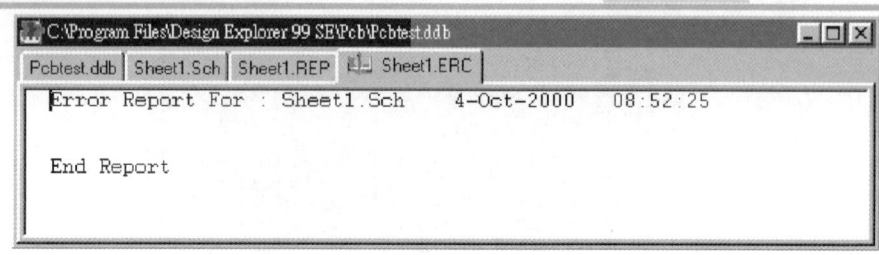

● 圖 10-8

從Sheet1.ERC視窗中，找不到任何錯誤的說明，所以這個電路沒有任何電氣方面的問題。

五、產生串接檔：

1. 在Sheet.Sch電路圖編輯器中，按Design > Create Netlist命令，產生Netlist Creation對話盒，如下圖所示。

● 圖 10-9

> 2. 在對話盒中，設定參數如下：
>   Output Format = Protel
>   Net Identifier Scope = Sheet Symbol/Port Connections
>   Sheets to Netlist = Active Sheet
> 3. 按Ok鍵，產生Sheet1.NET串接檔案，並且開啟這個視窗，如下圖所示。

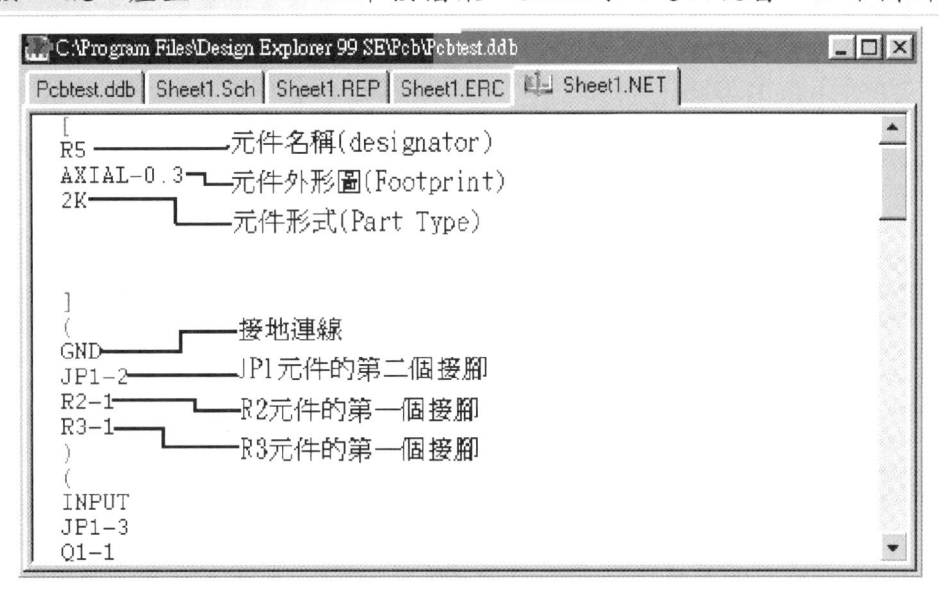

◎ 圖 10-10

Sheet1.NET的串接檔案是一種Protel格式的串接檔，主要有兩個部分：元件和連線，這種格式的串接檔內容有四個重要特性值，如下所示：

> 1. 元件：
>   元件名稱(designator)=R5
>   元件外形圖(Footprint)=AXIAL-0.3
>   元件形式(Part Type)=2k
> 2. 連線：
>   連線名稱=GND
>   元件接腳=JP1-2、R2-1、R3-1

AXIAL0.3 是 PCB Footprints.lib 元件庫的元件，AXIAL-0.3 是 Miscellaneous.lib元件庫的元件，這兩個元件都可以使用，兩個元件外行圖是相同的。

六、開啟一個新的電路板編輯器：

1. 按File > New命令，產生New Document對話盒。
2. 點選PCB Document圖示，再按Ok鍵，可以進入PCB1.PCB視窗，這個視窗就是電路板編輯器。

　　如果此時視窗畫面是Pcbtest.ddb視窗，開啟一個新的電路板編輯器，會產生PCB1.PCB圖示，只要在PCB1.PCB圖示上，連按Mouse左鍵兩次，可以進入PCB1.PCB視窗。

　　如果此時視窗畫面不是Pcbtest.ddb視窗，則會直接進入PCB1.PCB視窗，不會看見PCB1.PCB圖示。

七、定義電路板：

1. 在PCB1.PCB編輯器中，按Design > Layer Stack Manager命令，產生對話盒，如下圖所示。

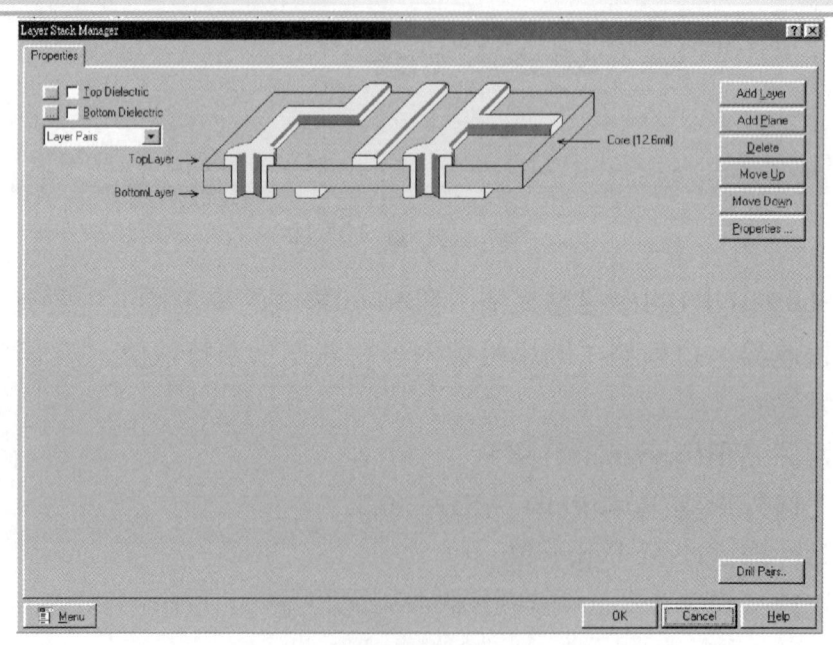

● 圖 10-11

　　在上面的對話盒中，佈局層堆疊結構是雙層電路板(包括:TopLayer和BottomLayer訊號佈局層)，這是預設的電路板結構，這個電路圖採用預設的電路板結構就可以了。

▶ 注意
　　學生製作電路板，通常是單層或雙層電路板結構，所以預設的電路板結構，就已經足夠使用。

2. 採用預設的佈局層堆疊結構，這是一個雙層電路板。
3. 按Ok鍵，完成電路板結構設定。
4. 按View > Area命令，放大(900mil，900mil)到(2500mil，2500mil)區域。
5. 按KeepOutLayer標籤(在視窗下面)。
6. 按Place > Interactive Routing命令，游標變成十字形狀。
7. 畫一個方框，方框大小為(1000mil，1000mil)到(2000mil，2000mil)。
8. 按Mouse右鍵一次，終止放置連線功能。

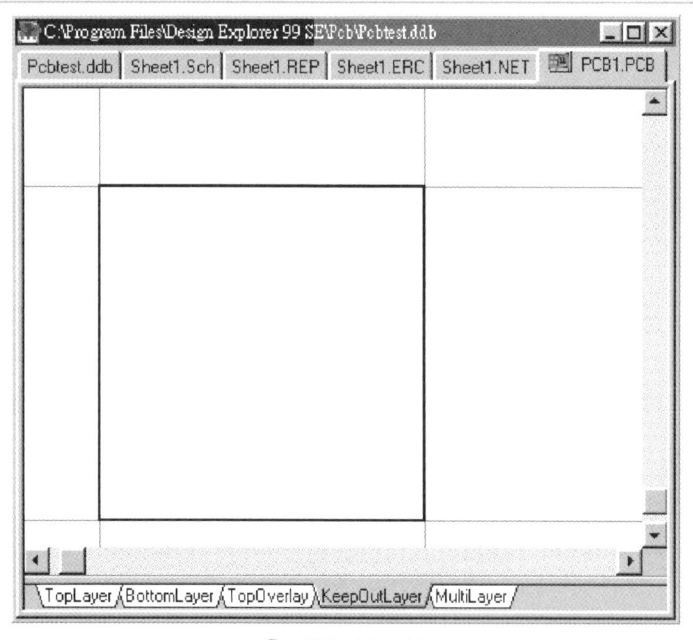

圖 10-12

　　完成電路板大小的設定，將來元件項目的放置和佈線，都必須放在方框內。

　　畫方框時，如果沒有點選KeepOutLayer標籤，則無法進行自動放置和自動佈線，而你之前所畫出來的方框，可能放在TopLayer佈局層上，可以自行修改成KeepOutLayer佈局層，只要在方框的邊上，連按Mouse左鍵兩次，產生Track對話盒，如下圖所示：

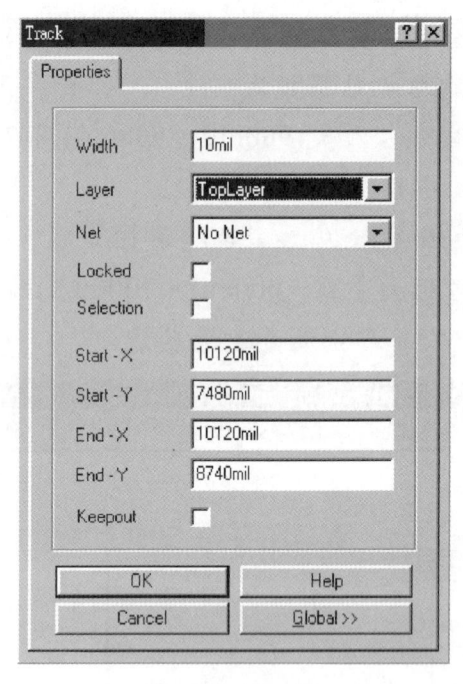

◯ 圖 10-13

在Layer欄位中，修改成KeepOutLayer，再按Ok鍵，就完成一段連線的佈局層修改，必須再修改其他3段連線。

八、連接元件庫：

1. 在PCB設計面板中，按Browse PCB標籤。
2. 在Browse欄位中，按下拉鍵，點選Libraries，檢查連接元件庫，如下圖所示。

◯ 圖 10-14

如果需要的元件庫存在，就不需要再加入新的元件庫，如果找不到需要的元件庫，必須加以連結新的元件庫。

3. 按Add/Remove鍵(PCB設計面板中)，產生PCB Libraries對話盒。
4. 點選Miscellaneous.lib，按Add鍵，連接Miscellaneous.lib元件庫。
5. 按Ok鍵，完成連結元件庫的動作。
6. 重複步驟4-5，連結Advpcb.ddb/PCB Footprints.lib元件庫。

九、載入串接檔：

1. 按Design > Load Nets命令，產生Load/Forward Annotate Netlist對話盒。
2. 按Browse鍵，產生Select對話盒，如下圖所示。

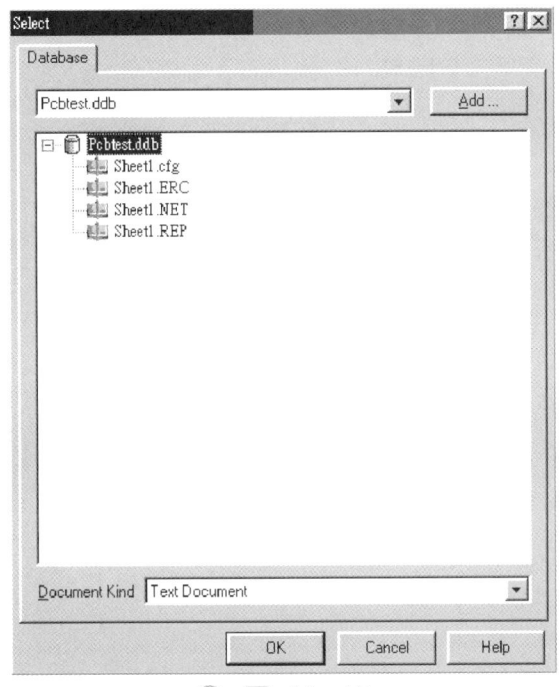

◉ 圖 10-15

3. 點選Sheet1.NET串接檔案。
4. 按Ok鍵，開始檢查元件外形圖、連線和接腳內容，檢查對話盒的Status欄位內容，All macros validated表示所有資料沒有問題，如下圖所示。

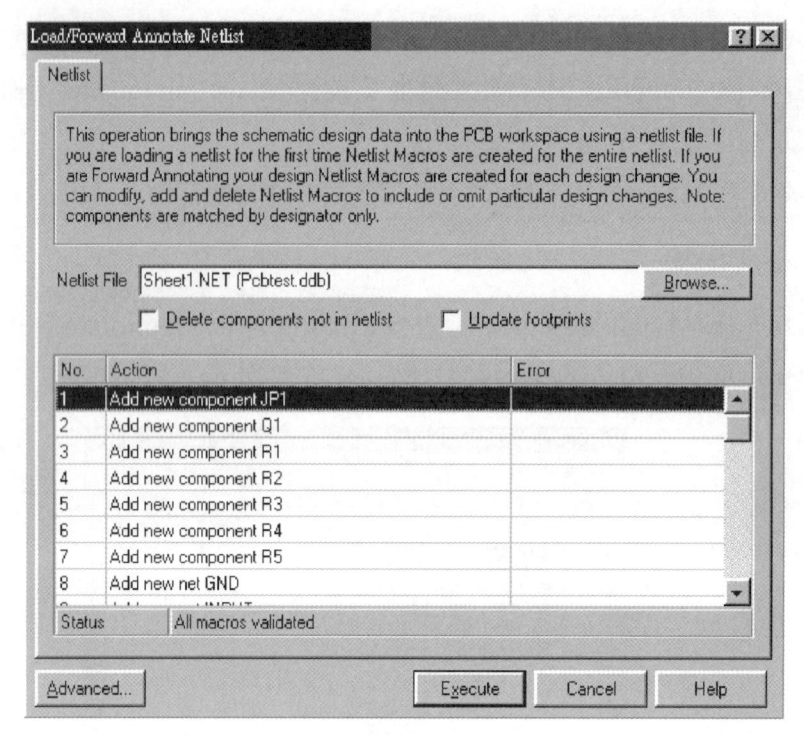

○ 圖 10-16

　　如果元件外形圖的名稱輸入錯誤時，就無法順利完成載入的動作，例如：R1元件的外形圖採用AXIAL*0.3(正確是AXIAL0.3或AXIAL-0.3)，會產生下列的錯誤，如下圖所示：

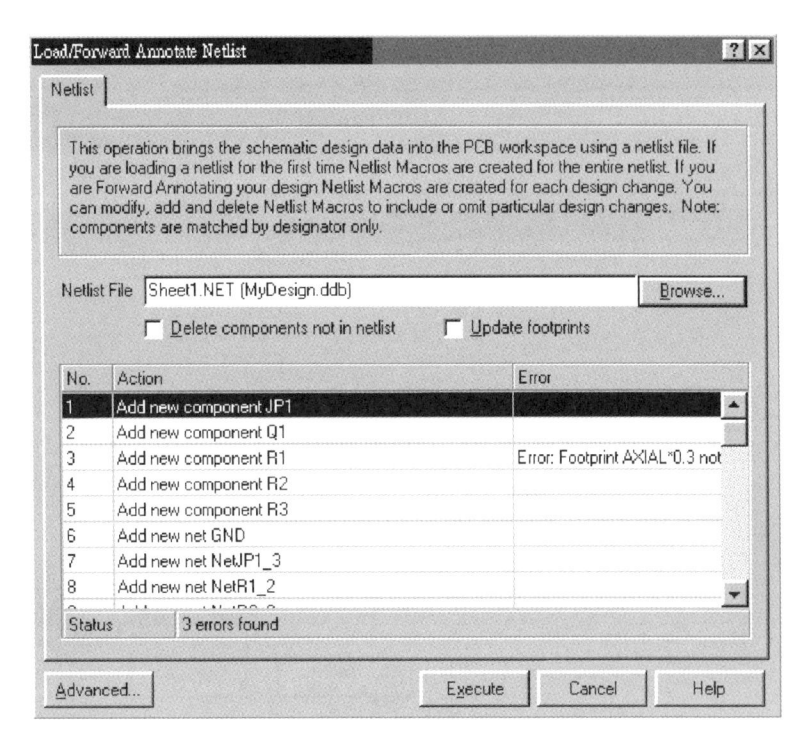

○ 圖 10-17

修改R1元件的元件外形圖，再重新載入串接檔。

5. 按Execute鍵，開始載入元件外形圖和連線。
6. 按View > Fit Document命令，改變畫面的大小，如下圖所示。

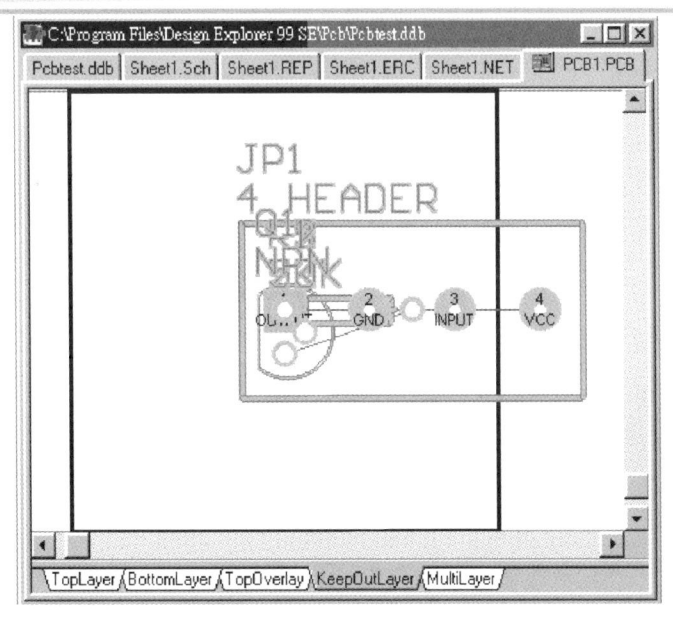

○ 圖 10-18

十、元件放置(Placement)：

1. 按Tools > Auto Placement > Auto Placer命令，產生Auto Place對話盒，如下圖所示。

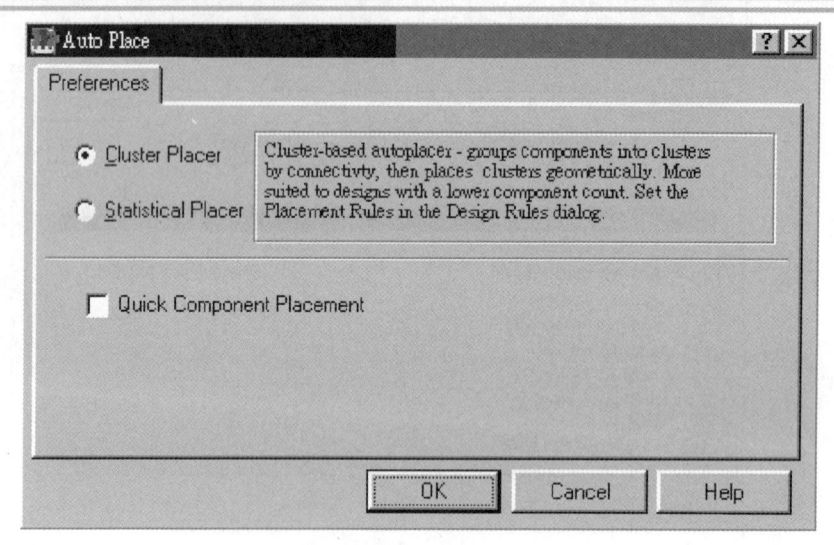

● 圖 10-19

2. 啟動Cluster Placer設定。
3. 按Ok鍵，開始自動放置元件，如下圖所示。

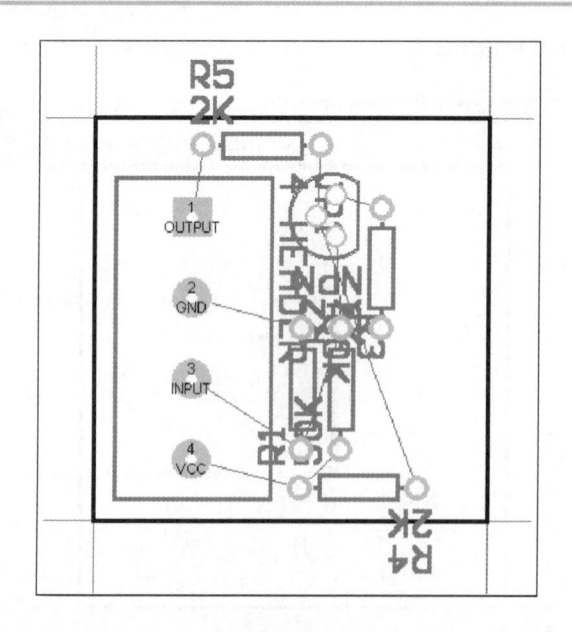

● 圖 10-20

4. 隱藏元件的註解內容，在R5元件外形圖上，按Mouse左鍵兩次，產生Component對話盒，按Comment標籤，設定Hide為On，如下圖所示。

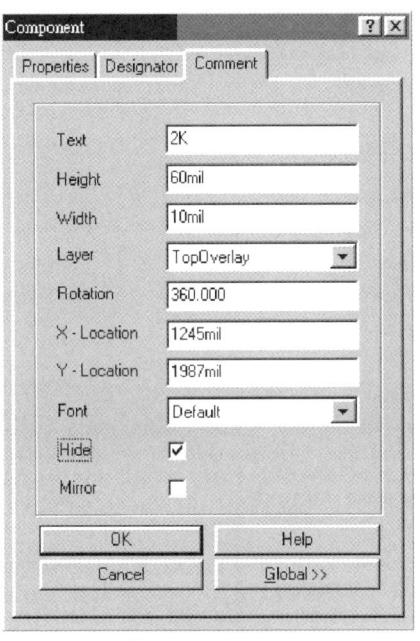

● 圖 10-21

5. 按Ok鍵，可以隱藏元件的註解。
6. 重複步驟4-5，把所有元件的註解都隱藏起來。
7. 移動元件名稱，只要移動游標到元件名稱上，按住Mouse左鍵，移動到適當的位置，再放開Mouse左鍵，最後的電路板圖形，如下圖所示。

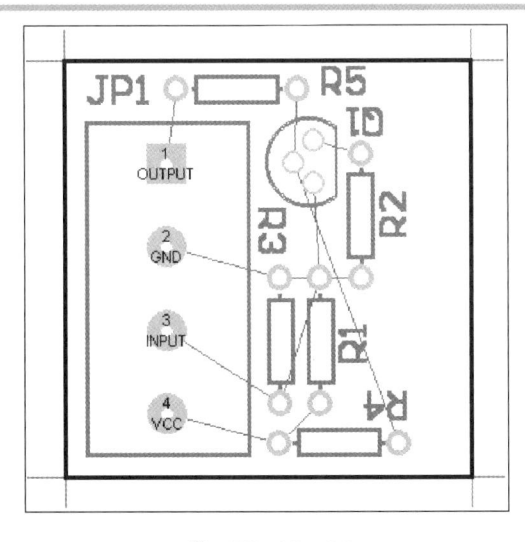

● 圖 10-22

十一、佈線(Routing)：

1. 按 Auto Route > All 命令，產生 Autorouter Setup 對話盒，如下圖所示。

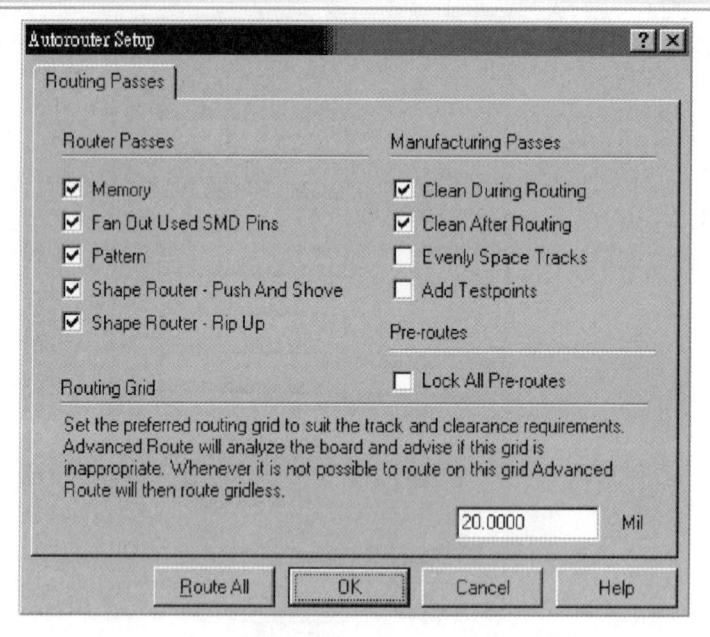

● 圖 10-23

2. 設定參數，如上圖所示。
3. 按 Route All 鍵，開始進行自動佈線工作，完成佈線工作後，產生對話盒，如下圖所示。

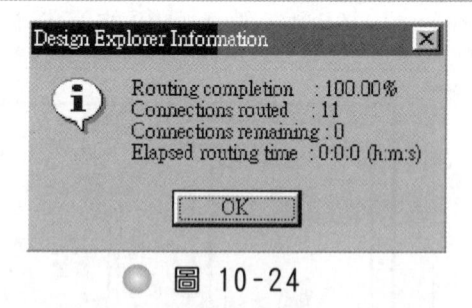

● 圖 10-24

4. 按 Ok 鍵，完成所有佈線工作。
5. 按 View > Refresh 命令，重新整理畫面，最後的印刷電路板圖形，如下圖所示。

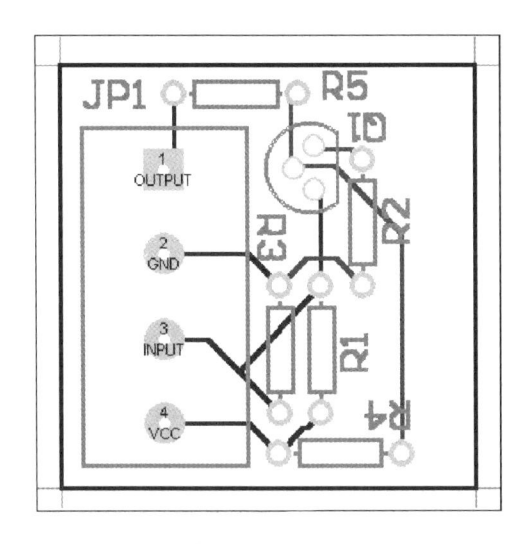

● 圖 10-25

十二、設計規則檢查：

1. 按Tools > Design Rule Check命令，產生Design Rule Check對話盒，如下圖所示。

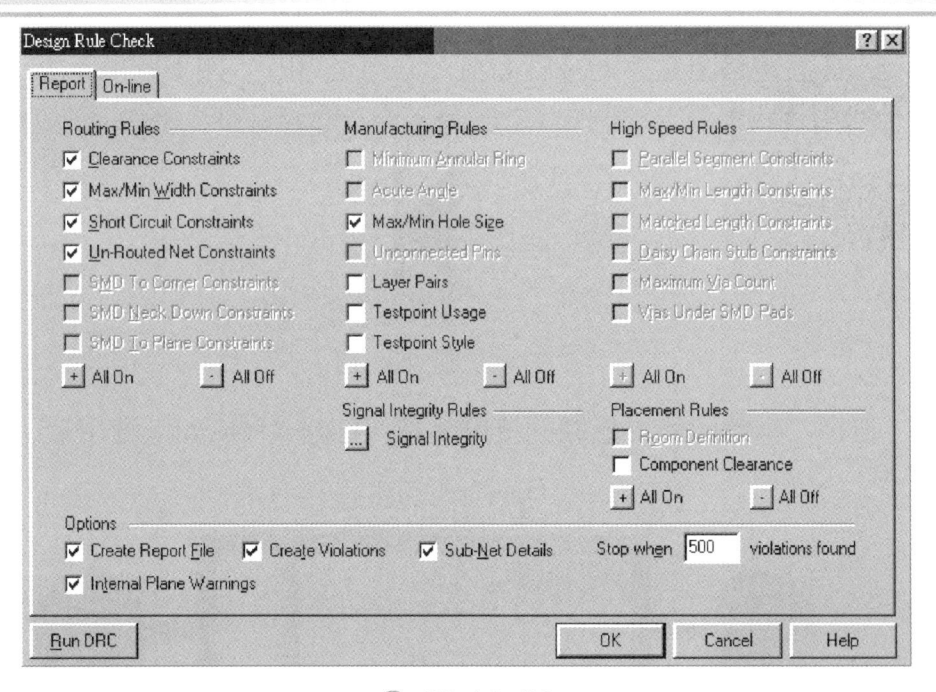

● 圖 10-26

2. 按Run DRC鍵，開始進行設計規則檢查，檢查結果儲存到PCB1.DRC檔案中，如下圖所示。

```
C:\Program Files\Design Explorer 99 SE\Pcb\Pcbtest.ddb
Pcbtest.ddb | Sheet1.Sch | Sheet1.REP | Sheet1.ERC | Sheet1.NET | PCB1.PCB | PCB1.DRC

Protel Design System Design Rule Check
PCB File : PCB1.PCB
Date    : 5-Oct-2000
Time    : 14:50:35

Processing Rule : Short-Circuit Constraint (Allowed=Not Allowed) (On the
Rule Violations :0

Processing Rule : Broken-Net Constraint ( (On the board ) )
Rule Violations :0

Processing Rule : Clearance Constraint (Gap=10mil) (On the board ),(On th
Rule Violations :0

Processing Rule : Width Constraint (Min=10mil) (Max=10mil) (Prefered=10mi
Rule Violations :0

Processing Rule : Hole Size Constraint (Min=1mil) (Max=100mil) (On the bo
Rule Violations :0

Violations Detected :  0
Time Elapsed        :  00:00:00
```

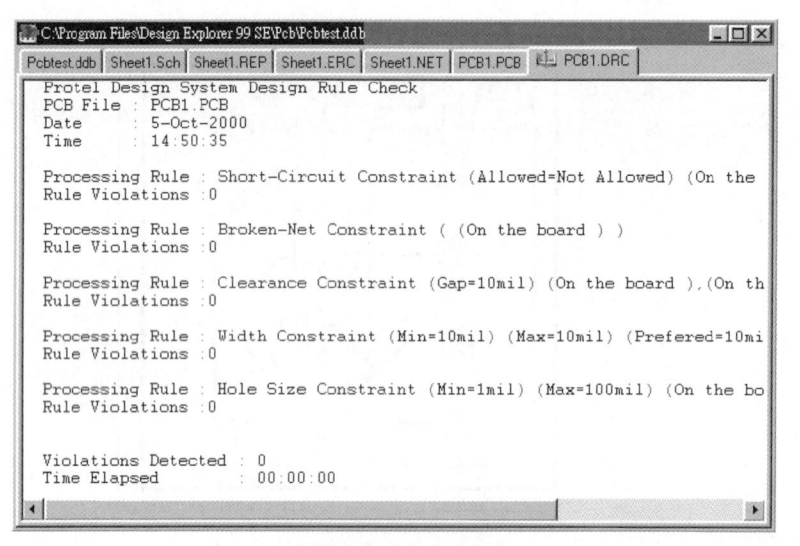

● 圖 10-27

設計規則的檢查結果是沒有錯誤，所以PCB1.DRC檔案的最後第二行是 Violations Detected：0，沒有偵測到違反規則的情況。

10-3 二極體載入電路板的問題

二極體電路圖元件的接腳名稱，分別是1和2，如下圖所示：

● 圖 10-28

但是二極體元件外形圖的接腳名稱，卻是A和K,如下圖所示：

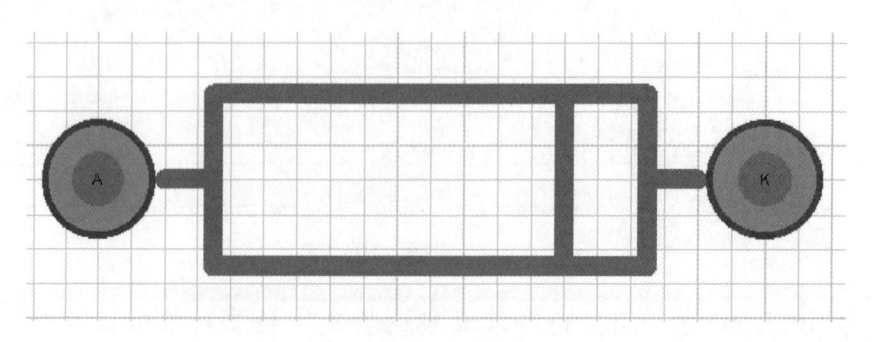

● 圖 10-29

這樣情況，當載入串接檔案內容時，會發生錯誤，無法順利把電路圖資料載入到電路板中，大部分的電路元件都沒有這種情況，目前只發現二極體有這種情況，如果發生找不到接腳名稱或連線名稱，你可能就要檢查電路圖元件和元件外形圖的接腳名稱是否一致，如果不一致時，就要修改元件的接腳名稱，共有三種方法，可以解決這種情況，如下所示：

1. 修改電路圖元件的接腳名稱。
2. 修改元件外形圖的接腳名稱。

上面兩種方法都會更動軟體的元件庫，如果你不要更動元件庫的內容，可以採用下列方法，修改串接檔案的內容即可，如下所示：

把串接檔案的內容(*.NET)，有二極體的接腳都修改成下列情況(以D1元件為例)，如下：

把D1-1修改成D1-A

把D1-2修改成D1-K

修改後的串接檔案內容，如下圖所示：

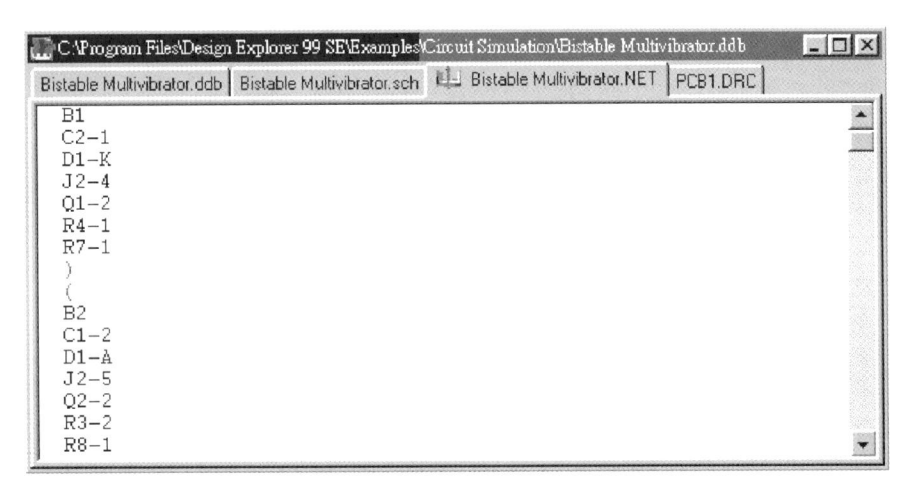

● 圖 10-30

章後實習

實習10-1

問題 請依據下面電路圖,完成電路板設計。

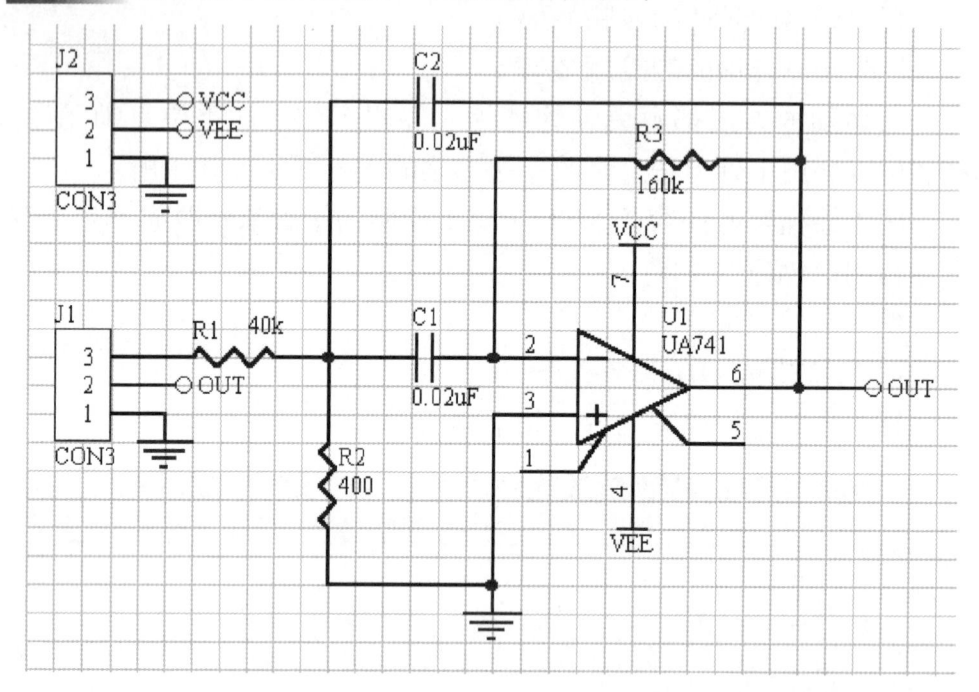

本電路圖是一個帶通濾波器(Bandpass Filter),所要使用的元件特性值,如下所示:

元件(Lif Ref)	元件外形圖(Footprint)	元件名稱(Designator)	元件值(Part Type)
CON3	SIP3	J1-J2	CON3
RES	AXIAL0.5	R1-R3	40K;400;160k
CAP	RAD0.3	C1-C2	0.02uF;0.02uF
UA741	DIP8	U1	UA741

附註:電路板採用兩層板(預設),電路板的設計規則採用預設值,電路板的大小自行決定。

1. 呼叫電路圖元件,請使用Sch設計面板的Find按鍵功能,搜尋整個Sch目錄,搜尋關鍵字請採用Part Type欄位的內容。
2. 連結兩個PCB元件庫:PCB Footprints.lib和Miscellaneous.lib。

實習10-2

問題 請依據下面電路圖，完成電路板設計。

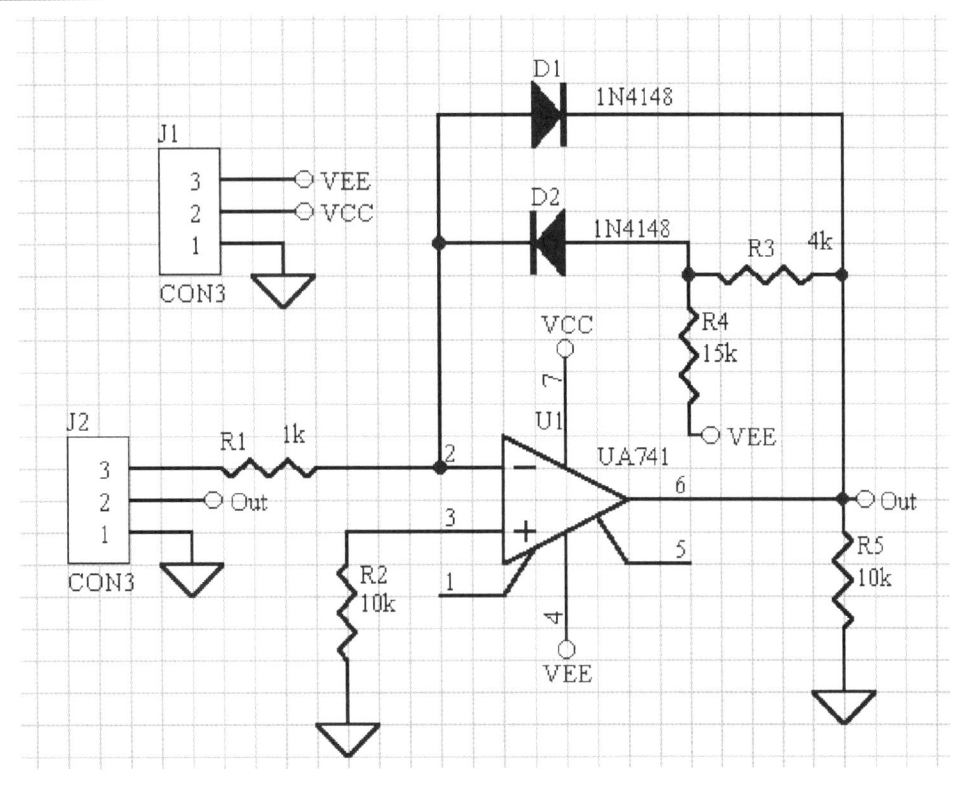

本電路圖所要使用的元件特性值，如下所示：

元件(Lif Ref)	元件外形圖(Footprint)	元件名稱(Designator)	元件值(Part Type)
CON3	SIP3	J1-J2	CON3
RES	AXIAL0.3	R1-R5	-
UA741	DIP8	U1	UA741
100HF100PV	DIODE0.4	D1-D2	1N4148

附註：請參考實習10-1的附註。

實習10-3

問題 請依據下面電路圖，完成電路板設計。

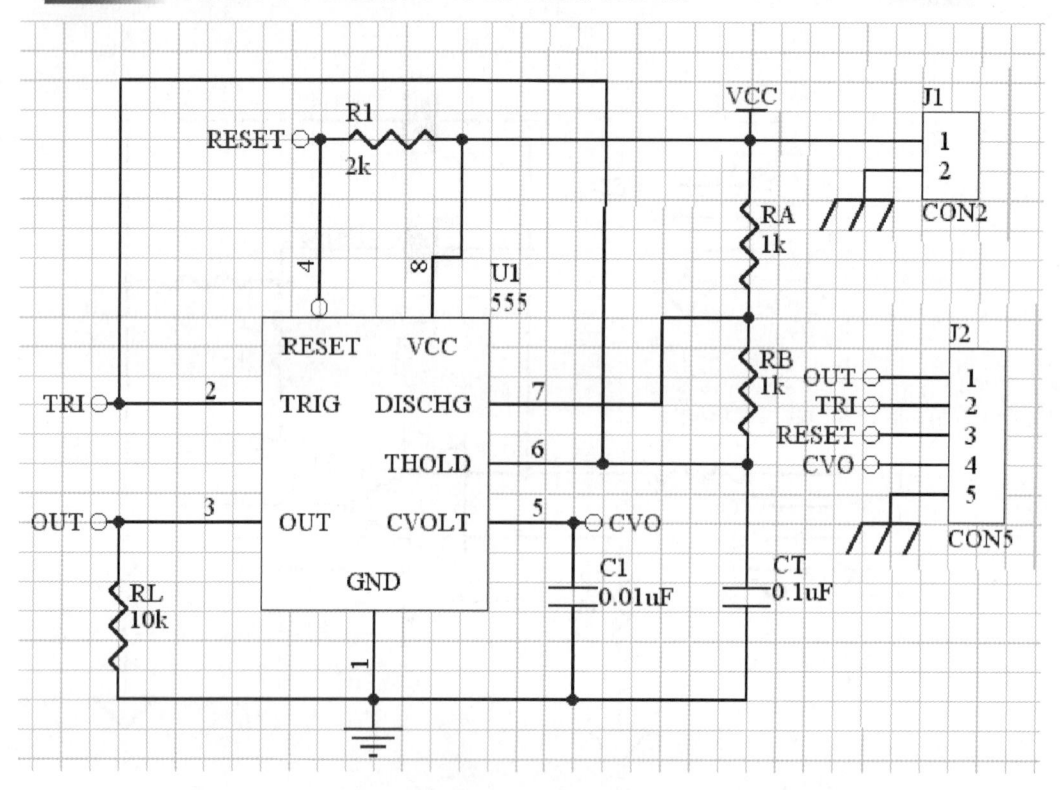

本電路圖所要使用的元件特性值，如下所示：

元件(Lif Ref)	元件外形圖(Footprint)	元件名稱(Designator)	元件值(Part Type)
CON2	SIP2	J1	CON2
CON5	SIP5	J2	CON5
RES	AXIAL0.5	R1;RL;RA;RB	2K;10k;1k;1k
555	DIP8	U1	555
CAP	RAD0.3	C1;CT	0.01uF;0.1uF

附註：請參考實習10-1的附註。

實習10-4

問題 請依據下面電路圖,完成電路板設計。

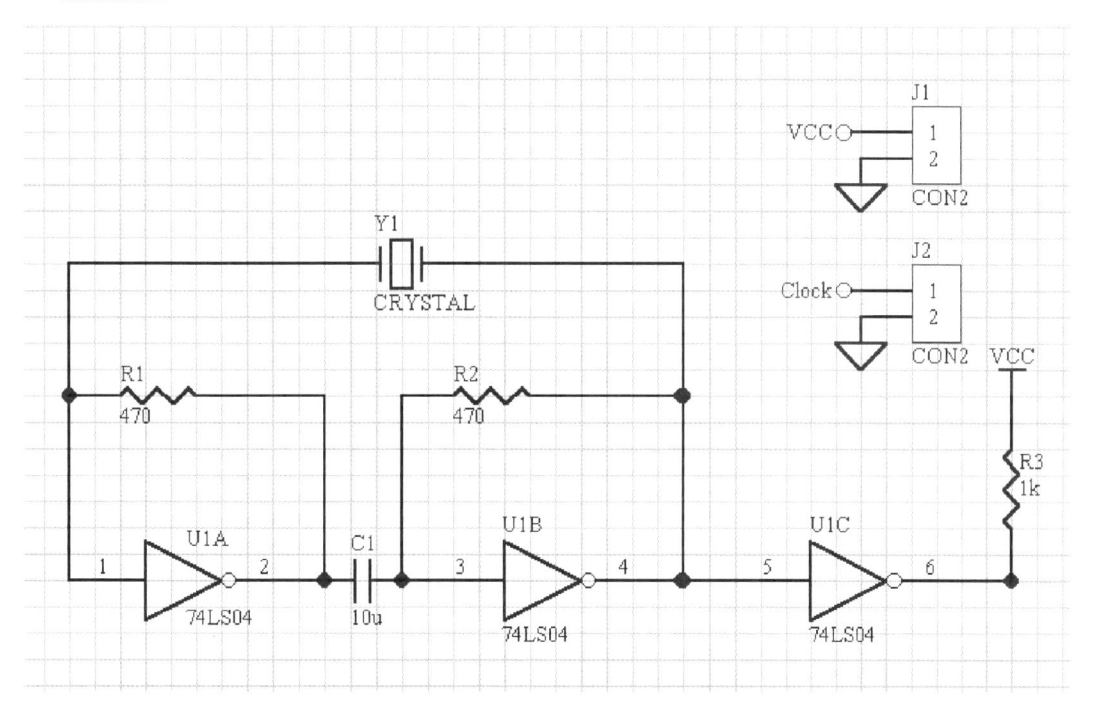

本電路圖所要使用的元件特性值,如下所示:

元件(Lif Ref)	元件外形圖(Footprint)	元件名稱(Designator)	元件值(Part Type)
CRYSTAL	XTAL1	Y1	CRYSTAL
RES1	AXIAL0.4	R1-R3	470;470;1K
CAP	RAD0.2	C1	10u
74LS04	DIP14	U1	74LS04
CON2	SIP2	J1-J2	CON2

附註:請參考實習10-1的附註。

實習10-5

問題 請依據下面電路圖，完成電路板設計。

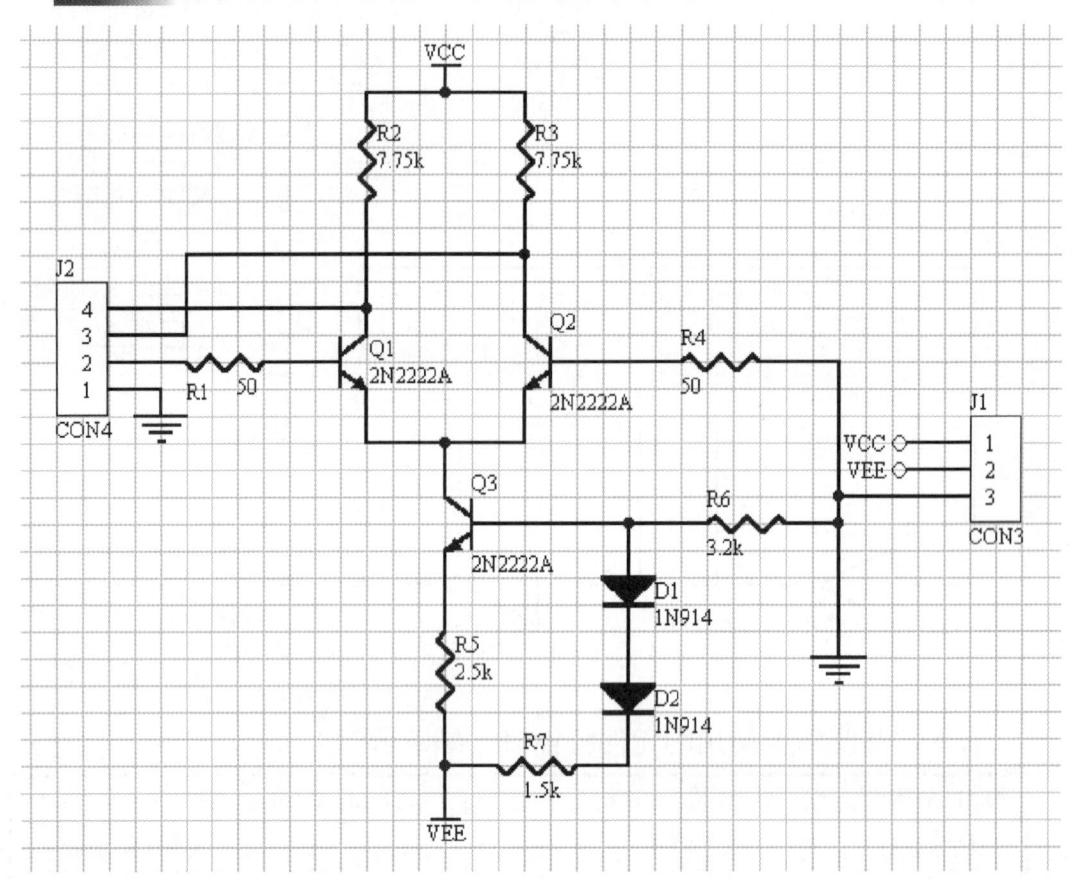

本電路圖所要使用的元件特性值，如下所示：

元件(Lif Ref)	元件外形圖(Footprint)	元件名稱(Designator)	元件值(Part Type)
CON3	SIP3	J1	CON3
CON4	SIP4	J2	CON4
RES	AXIAL0.5	R1-R7	-
2N1893	TO-46	Q1-Q3	2N2222A
100HF100PV	DIODE0.4	D1-D2	1N914

附註：請參考實習10-1的附註。

11 PCB佈局層說明

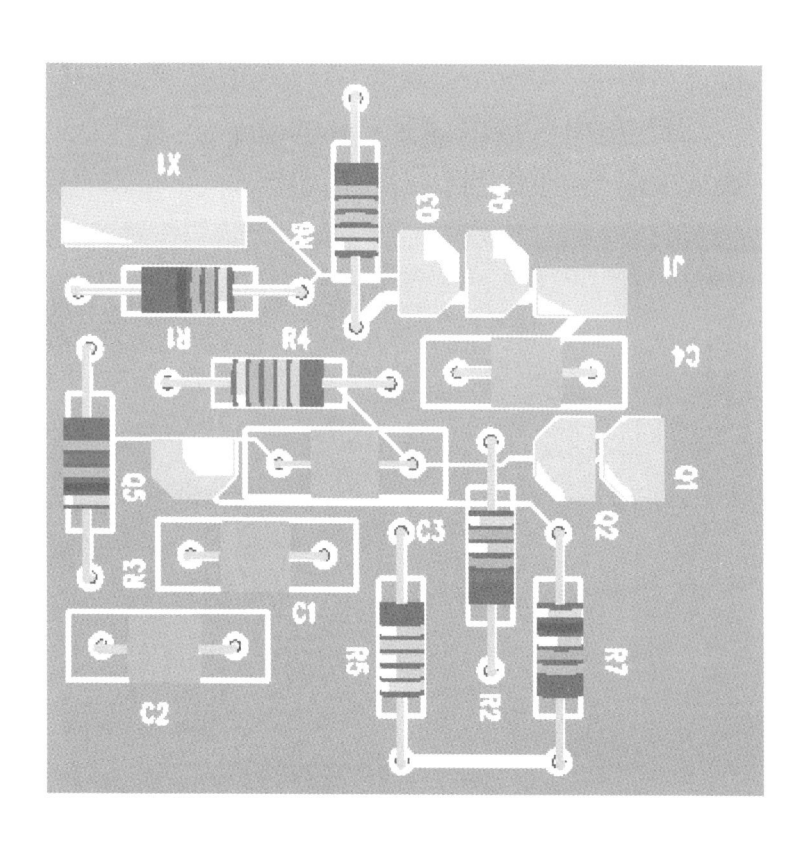

11-1 PCB佈局層堆疊結構

PCB電路板是以一連串的佈局層表示，包括：銅箔電氣佈局層、絕緣佈局層、光罩佈局層和文字及圖形覆蓋佈局層，層層相疊，形成堆疊結構。

在PCB電路板中，有兩種具有電氣特性的佈局層，可以傳送訊號，如下所示：

1. 訊號佈局層：包含訊號連接路徑，這是一個銅箔層。
2. 內部平面層：也是一個銅箔層，提供電源連接。

在Protel軟體的電路板編輯器中，提供最多可以有32層的訊號佈局層和16層的內部平面層，這些訊號和平面層是層層相疊，可以在Layer Stack Manager對話盒中設定，另外還有一些特殊的佈局層，例如：銲錫光罩層、機械製圖層、鑽孔層...等。

在Protel軟體中，有16個機械製圖層可以使用，當列印輸出資料時，可以加入到其他佈局層中，如果項目放在MultiLayer佈局層中，則自動地加入到每一個訊號佈局層。

在電路板編輯視窗中，按Design > Options命令，產生Document Options對話盒，按Layers鍵，產生對話盒，如下圖所示：

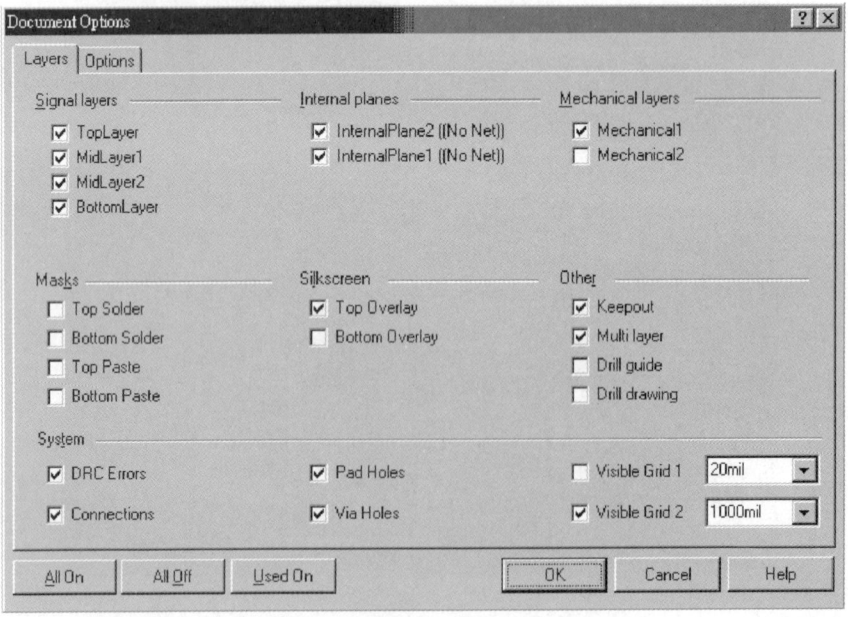

● 圖 11-1

在上面對話盒中，顯示目前所有正在使用的佈局層，其中有三種佈局層必須加以設定，決定電路板需要多少層的佈局層，設定方法如下所示：

1. 訊號佈局層(Signal Layers)：在Layer Stack Manager對話盒中定義(按Design > Layer Stack Manager命令)。
2. 內部平面層(Internal Planes)：在Layer Stack Manager對話盒中定義(按Design > Layer Stack Manager命令)。
3. 機械製圖層(Mechanical Layers)：在Setup Mechanical Layers對話盒中定義(按Design > Mechanical Layers命令)。

其餘的佈局層都是必須存在的，不需要加以定義，只是需要設定是否要顯示？

一、定義PCB佈局層堆疊結構：

按Design > Layer Stack Manager命令，產生Layer Stack Manager對話盒，可以定義佈局層的堆疊結構，對話盒中間的圖形顯示目前佈局層的結構，預設內容是雙層電路板，按Add Layer鍵和Add Plane鍵，可以加入新的佈局層，新的佈局層會加入到選擇佈局層的下面，在佈局層名稱上，連按Mouse左鍵兩次，可以編輯佈局層的特性。

在對話盒下面的Menu鍵，包括數個事先定義的佈局層堆疊結構範例，這些電路板範例並不是固定的，你可以修改這些電路板範例，把所需要的佈局層加入到堆疊中，按Move Up鍵和Move Down鍵可以修改佈局層堆疊結構，而且新的佈局層可以加入到任何位置。

總共有32個訊號佈局層(Top、Bottom和30個中間層)和16個內部平面層，按Design > Options命令，產生Document Options對話盒，可以控制顯示哪些佈局層。

二、選擇佈局層的堆疊形式：

在佈局層堆疊結構中，除了電氣特性佈局層外，還包括：非電氣特性的絕緣佈局層，有兩種絕緣板會用在電路板生產過程中，通常是：

(1) Core：核心絕緣層
(2) Prepreg：膠質絕緣層

堆疊形式是依據絕緣佈局層的順序，有三種預設的堆疊形式提供使用，如下所示：

(1) Layer-pairs(佈局層對)
(2) Internal layer-pairs(內部佈局層對)
(3) Build up

修改佈局層堆疊形式，會改變Core和Prepreg層的分佈情形(在佈局層堆疊結構中)。

在Layer Stack Manager對話盒的左上方，可以選擇所要的堆疊形式，如果你計畫使用半埋式和全埋式導孔，就必須定義所要的堆疊形式，另外可以提供完整的訊號分析所需要的資料。

11-2 PCB佈局層堆疊設定說明

按Design > Layer Stack Manager命令，產生Layer Stack Manager對話盒，如下圖所示：

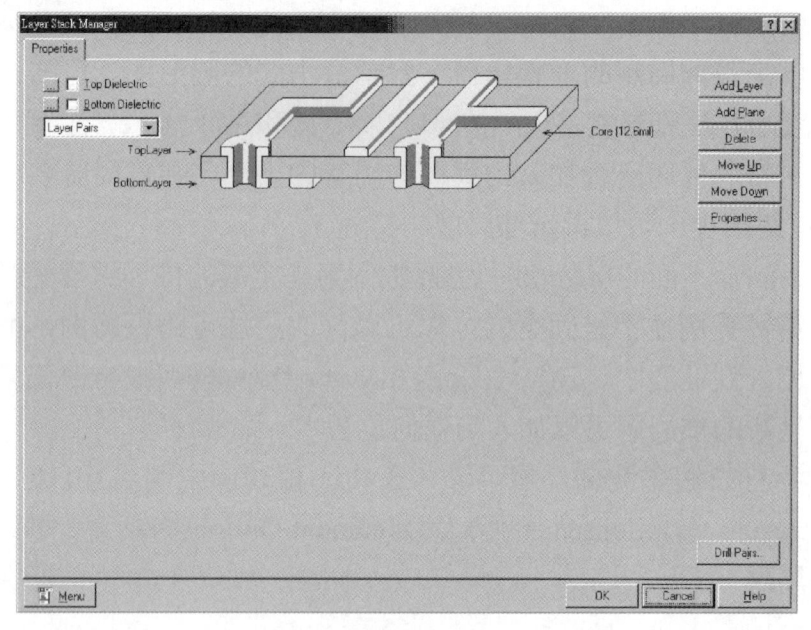

● 圖 11-2

在上面對話盒中，中間圖形表示目前印刷電路板的結構，這是一個雙層結構的電路板，銅箔連線可以放在上層訊號佈局層(TopLayer)和下層訊號佈局層(BottomLayer)，中間是核心(Core)的絕緣層，這是預設的佈局層結構，所以前面各章節所進行的練習，都是在這種結構中進行。

▶ 注意

預設的佈局層結構是一個雙層結構，如圖11-2所示。

在上面對話盒中，參數說明如下：

1. Top Dielectric：設定上層絕緣佈局層，在小方格子內，按Mouse左鍵一次，小方格內會有v存在，並且中間圖形的最上面佈局層變成綠色，可以加入新的絕緣佈局層，按小方格前面的...按鈕，產生Dielectric Properties對話盒，如下圖所示：

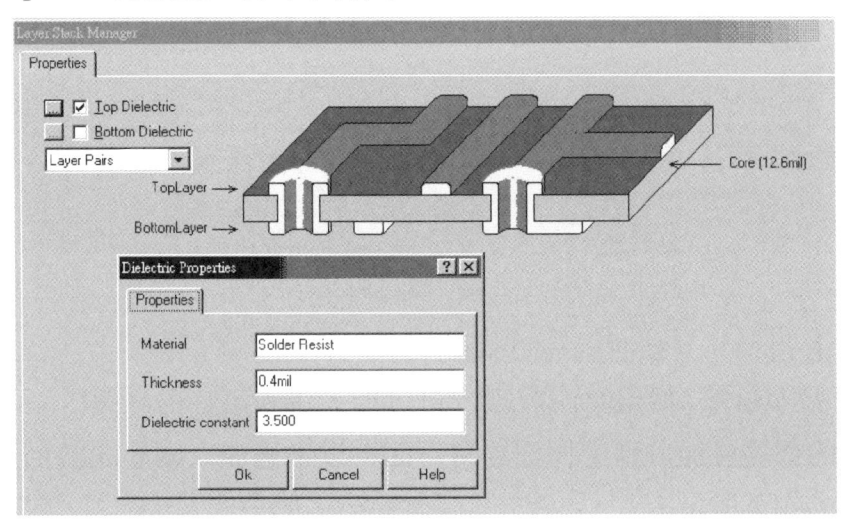

● 圖 11-3

在上面對話盒中，共設定三種參數，分別是：
(1) Material：設定絕緣佈局層的材料。
(2) Thickness：設定絕緣佈局層的厚度。
(3) Dielectric constant：設定佈局層材料的非導電係數。

2. Bottom Dielectric：設定下層絕緣佈局層，在小方格子內，按Mouse左鍵一次，小方格內會有v存在，並且中間圖形的最下面佈局層變成綠色，可以加入新的絕緣佈局層，按小方格前面的...按鈕，產生Dielectric Properties對話盒，如上圖所示：

3. 選項部份：共有三種預設的堆疊形式，修改佈局層堆疊形式，會改變核心(Core)和膠質(Prepreg)的絕緣層，如下所示：
   (1) Layer Pairs：表示佈局層對，中間是核心(Core)的絕緣層，通常所有PCB電路板都必須具有這個部份的核心絕緣層，如下圖所示：

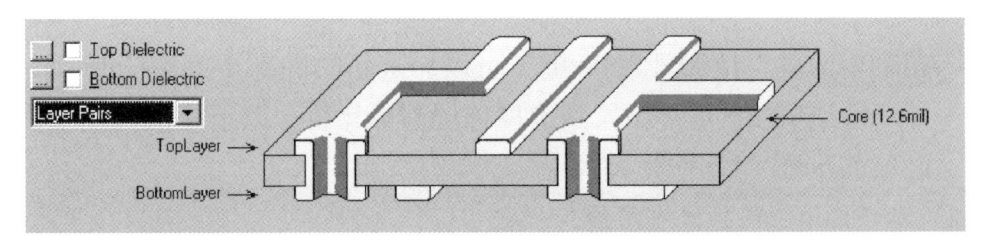

● 圖 11-4

(2) Internal Layer Pairs：表示內部佈局層對，中間是膠質(Prepreg)的絕緣層，通常是放在多層板的中間部分，擔任多層板的絕緣層，如下圖所示：

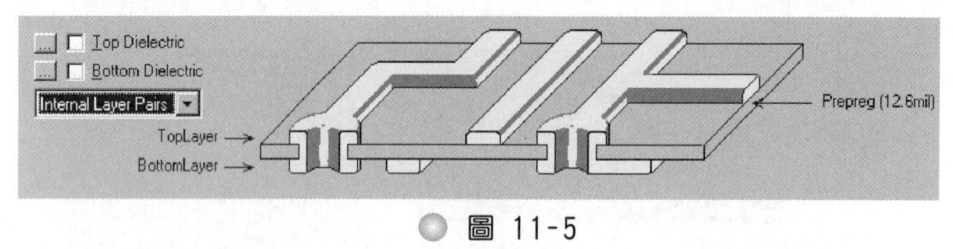

圖 11-5

(3) Build-Up：類似Layer Pairs的結構方式。
4. Add Layer鍵：按Add Layer鍵，可以加入新的訊號佈局層(Signal Layer)，新的佈局層加入到選擇佈局層下面，以下是加入兩層訊號佈局層的步驟，如下所示：

(1) 點選BottomLayer佈局層。
(2) 按Add Layer鍵，由於BottomLayer佈局層一定是在最下面的佈局層，所以新加入的佈局層放在BottomLayer佈局層的上面，這是MidLayer1訊號佈局層。
(3) 點選MidLayer1佈局層。
(4) 按Add Layer鍵，加入新的訊號佈局層，放在MidLayer1佈局層的下面，如下圖所示。

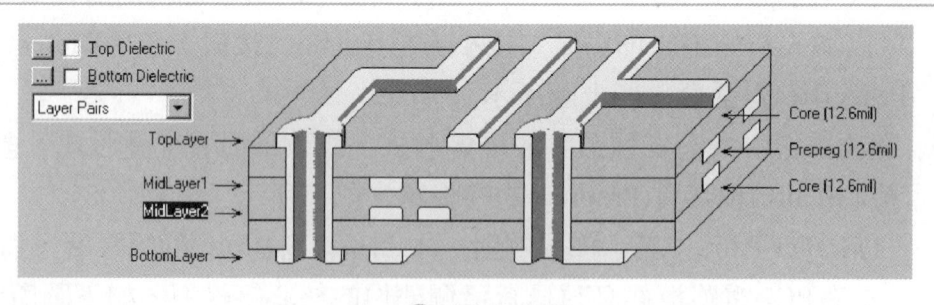

圖 11-6

5. Add Plane鍵：按Add Plane鍵，可以加入新的內部平面層(Internal plane layers)，新的佈局層加入到選擇佈局層的下面，以下是加入兩層內部平面層的步驟，如下所示：

(1) 點選BottomLayer佈局層。

(2) 按Add Plane鍵，由於BottomLayer佈局層一定是最下面的佈局層，所以新加入的佈局層，同樣地放在BottomLayer佈局層的上面，這是InternalPlane1內部平面層。
(3) 點選InternalPlane1佈局層。
(4) 按Add Plane鍵，加入新的內部平面層，放在InternalPlane1佈局層的下面，如下圖所示。

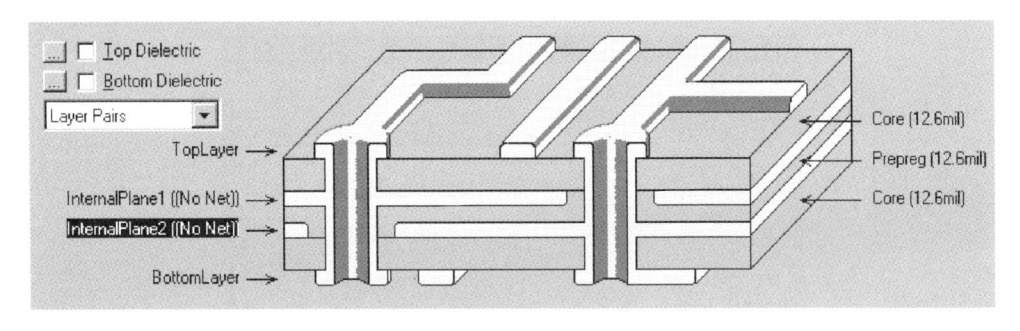

圖 11-7

6. Delete鍵：按Delete鍵，可以刪除選擇佈局層，其中有兩個佈局層是不可以刪除，就是TopLayer和BottomLayer佈局層，也無法刪除這兩個佈局層，以下是刪除InternalPlane2佈局層的步驟，如下所示：

(1) 接續前面的步驟(圖11-7)，點選InternalPlane2佈局層。
(2) 按Delete鍵，要刪除InternalPlane2內部平面層，產生Confirm對話盒，詢問你：是否真的要刪除InternalPlane2內部平面層。
(3) 按Yes鍵，刪除InternalPlane2內部平面層，如下圖所示。

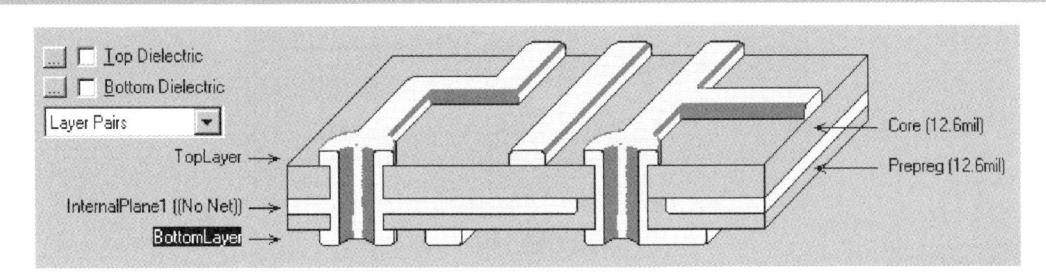

圖 11-8

7. Move Up鍵：按Move Up鍵，可以把選擇佈局層往上移，更改佈局層堆疊的順序，一定要先選擇要移動的佈局層，再按Move Up鍵。
8. Move Down鍵：按Move Down鍵，可以把選擇佈局層往下移，和Move Up鍵的移動方向不同，其餘都一樣。

> **注意**
> TopLayer佈局層和BottomLayer佈局層是固定的,所以不能更動其位置(在最上面和最下面)。

9. Properties鍵:按Properties鍵(必須先點選佈局層),可以產生各個佈局層的特性值對話盒,也可以在佈局層上,連按Mouse左鍵兩次。

   (1) 點選MidLayer1佈局層,按Properties鍵,產生Edit Layer對話盒,如下圖所示:

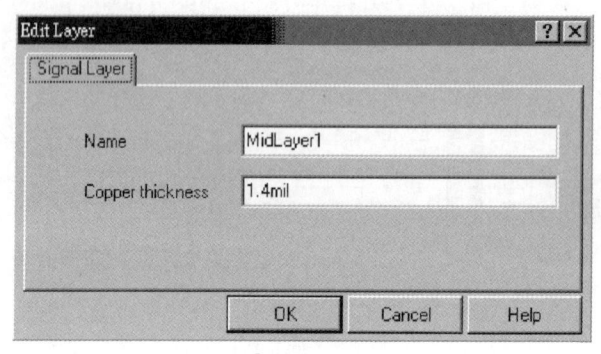

   ◯ 圖 11-9

   在上面對話盒中,Copper thickness表示銅箔的厚度,具有相同對話盒的佈局層有:TopLayer、BottomLayer、MidLayer2...等(都是訊號佈局層)。

   (2) 點選InternalPlane1佈局層,按Properties鍵,產生Edit Layer對話盒,如下圖所示:

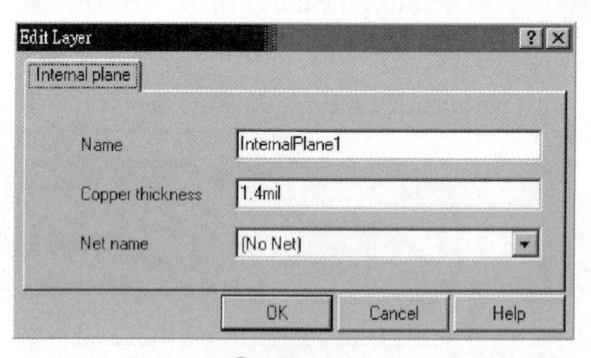

   ◯ 圖 11-10

   在上面對話盒中,Copper thickness表示銅箔的厚度,Net name表示和此內部平面層相連的接線名稱,一般是電源線或接地線,此時無法設定,必須進行設計後,才能設定。

   (3) 點選核心(Core)絕緣層,按Properties鍵,產生Dielectric Properties對話盒,如下圖所示:

◎ 圖 11-11

(4) 點選膠質(Prepreg)絕緣層,按 Properties 鍵,產生 Dielectric Properties 對話盒,如上圖所示。

在 Layer Stack Manager 對話盒中,有三種佈局層可以加入到佈局層堆疊結構:訊號佈局層、內部平面層和絕緣層,如果你要執行完整的訊號分析(按 Tools > Signal Integrity 命令),在這些佈局層的特性值對話盒中,資料一定要正確的鍵入。

10. Drill Pairs 鍵:按 Drill Pairs 鍵,產生 Drill-Pair Manager 對話盒,這是管理鑽孔佈局層對的對話盒,如下圖所示:

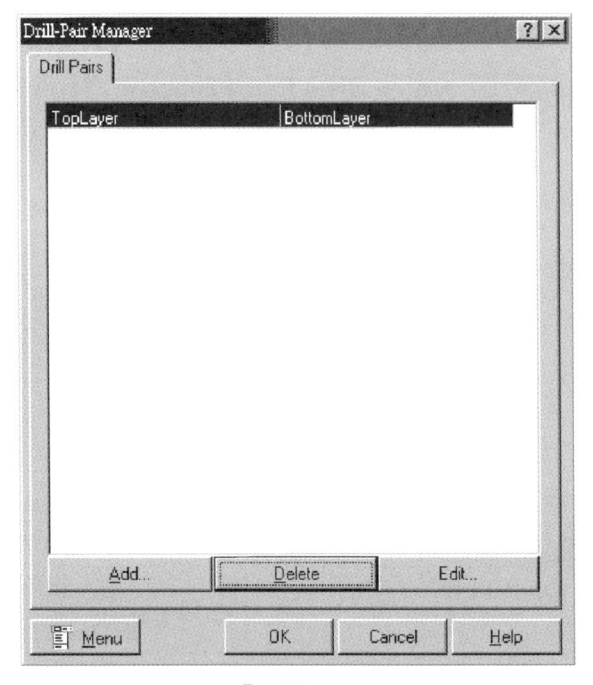

◎ 圖 11-12

從上面的對話盒中可知，目前只有一個鑽孔佈局層對(TopLayer和BottomLayer)，表示從TopLayer佈局層鑽孔到BottomLayer佈局層，這是一般的鑽孔方式，按鍵說明如下：

a. Add鍵：按Add鍵，產生Drill-Pair Properties對話盒，可以加入新的鑽孔佈局層對，如下圖所示：

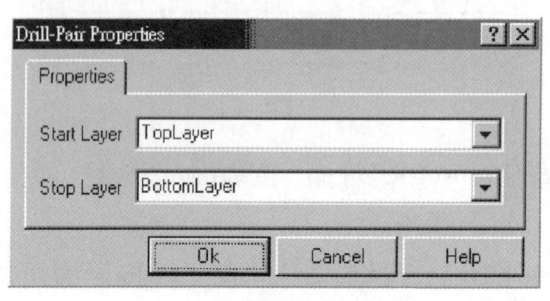

◯ 圖 11-13

　　Start Layer：表示開始鑽孔的佈局層。
　　Stop Layer：表示結束鑽孔的佈局層。
b. Delete鍵：點選要刪除的鑽孔佈局層對，再按Delete鍵，可以刪除這個鑽孔佈局層對。
c. Edit鍵：點選要編輯的鑽孔佈局層對，再按Edit鍵，可以編輯這個鑽孔佈局層對，產生Drill-Pair Properties對話盒，如上圖所示。
d. Menu鍵：按Menu鍵，產生功能表，如下圖所示：

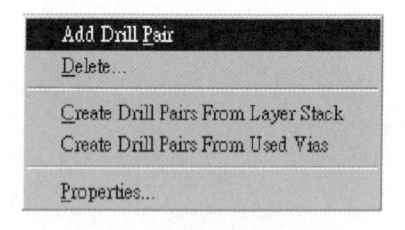

◯ 圖 11-14

功能表的命令說明，如下表所示：

功能表命令	內容說明
Add Drill Pair	和Add鍵功能相同
Delete	和Delete鍵功能相同
Create Drill Pairs From Layer Stack	根據佈局層堆疊結構，產生鑽孔對
Create Drill Pairs From Used Vias	根據使用過的導孔，產生鑽孔對
Properties	和Edit鍵功能相同

11. Menu鍵：按Menu鍵，產生功能表，如下圖所示：

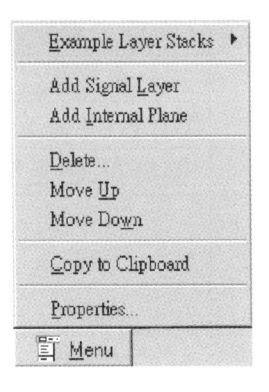

● 圖 11-15

功能表的命令說明，如下表所示：

功能表命令	內容說明
Example Layer Stacks	提供10種佈局層堆疊結構的範例
Add Signal Layer	和Add Layer鍵功能相同
Add Interanl Plane	和Add Plane鍵功能相同
Delete	和Delete鍵功能相同
Move Up	和Move Up鍵功能相同
Move Down	和Move Down鍵功能相同
Copy to Clipboard	把佈局層堆疊圖形(中間圖形)，貼在剪貼簿中。
Properties	和Properties鍵功能相同

(1) Example Layer Stacks功能：總共提供10種佈局層堆疊結構的範例，一般而言，採用這些範例，就足以提供大部份的需求，因為目前多層板的結構仍集中在八層板以下，所以已經足夠使用，按Example Layer Stacks鍵，產生範例選項表，如下圖所示：

● 圖 11-16

範例選項表的說明，如下表所示：

堆疊結構的範例	佈局層數	訊號佈局層	內部平面層
Single Layer	單層板	1	0
Two Layer(Non-Plated)	雙層板(非感光板)	2	0
Two Layer(Plated)	雙層板(感光板)	2	0
Four Layer(2xSignal,2xPlane)	四層板	2	2
Six Layer(4xSignal,2xPlane)	六層板	4	2
Eight Layer(5xSignal,3xPlane)	8層板	5	3
10 Layer(6xSignal,4xPlane)	10層板	6	4
12 Layer(8xSignal,4xPlane)	12層板	8	4
14 Layer(9xSignal,5xPlane)	14層板	9	5
16 Layer(11xSignal,5xPlane)	16層板	11	5

a. Two Layer(Non-Plated)：按Menu > Example Layer Stack > Two Layer(Non-Plated)命令，產生雙層板(非感光板)的堆疊圖形，如下圖所示(和上圖完全一樣)：

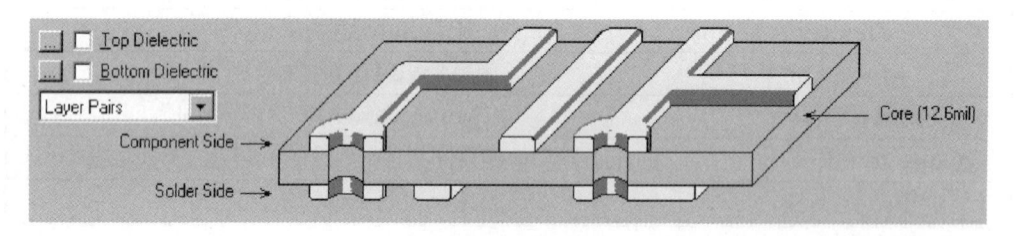

◎ 圖 11-17

▶注意

Single Layer和Two Layer(Non-Plated)的堆疊結構完全一樣。

b. Two Layer(Plated)：按Menu > Example Layer Stack > Two Layer(Plated)命令，產生雙層板(感光板)的堆疊圖形，如下圖所示(和上圖有些不同)：

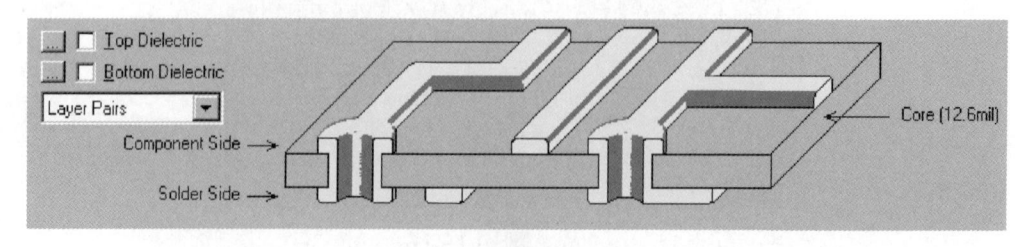

◎ 圖 11-18

> **注意**
> Two Layer(Non-Plated)和Two Layer(Plated)的堆疊結構是不同的，不同點是在導孔的部份。

  c. Six Layer(4xSignal,2xPlane)：可以產生六層板的結構圖形，共有四個訊號佈局層(Component Side、Inner Layer 1、Inner Layer 2和Solder Side)和兩個內部平面層(一個連接到接地、另一個連接到電源)，如下圖所示：

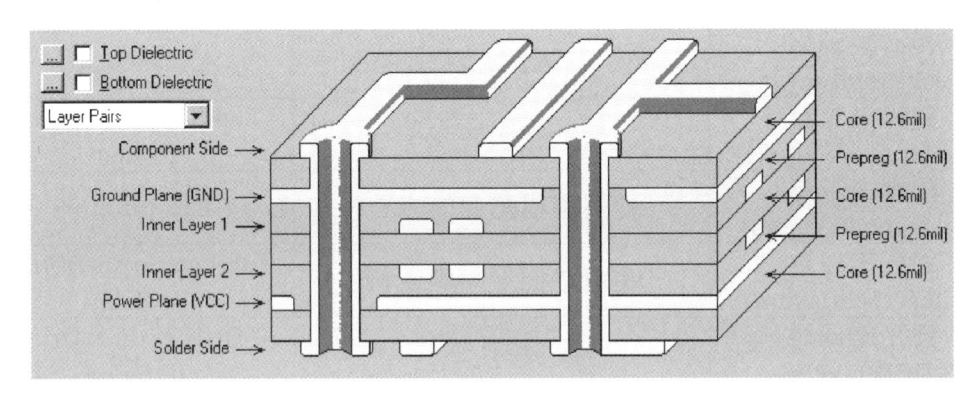

◎ 圖 11-19

 (2) Copy to Clipboard功能：可以把佈局層堆疊圖形(也就是對話盒的中間圖形)，貼在剪貼簿中，執行步驟如下：

> a. 在Layer Stack Manager對話盒中，按 Menu > Example Layer Stacks > Six Layer(4xSignal,2xPlane) 命令，產生六層板的結構圖形，如上圖所示。
> b. 按 Menu > Copy to Clipboard 命令，把結構圖形放入剪貼簿中。
> c. 按 開始 > 程式集 > 附屬應用程式 > 小畫家 命令，開啟小畫家視窗。
> d. 按 編輯 > 貼上 命令，把結構圖形貼在畫面中。

11-3 佈局層詳細介紹

PCB電路板具有大量的佈局層，必須詳細地了解各個佈局層，才算對電路板有真正了解，下表是所有佈局層的內容，如下表所示：

佈局層	內容說明	例子
訊號佈局層 (Signal layers)	以銅箔連線，定義電路板的訊號連接	TopLayer、Midlayer1、BottomLayer
內部平面層 (Internal planes)	表示電源平面	InternalPlane1
機械製圖層 (Mechanical layers)	表示電路板資料或圖形	Mechanical1
銲錫光罩層 (Solder mask layers)	提供銲錫的光罩	Top Solder、Bottom Solder
防銲光罩層 (Paste mask layers)	提供銲錫防銲的光罩	Top Paste、Bottom Paste
絹板佈局層 (Silkscreen layers)	在電路板上印刷資料	Top Overlay、Bottom Overlay
鑽孔佈局層 (Drill layers)	提供鑽孔資料	Drill guild、Drill drawing
禁止佈局層 (Keep Out layer)	定義元件和佈線放置的區域	KeepOutLayer
Multi佈局層 (Multilayer)	提供快速方式加入共同項目	Multi layer
連接顯示佈局層 (Connections)	顯示標示(連接)線	Connections
DRC錯誤顯示佈局層	顯示任何違反設計規則檢查	DRC Errors
Visible Grid 1 佈局層	顯示可見的格線	Visible Grid 1
Visible Grid 2 佈局層	顯示可見的格線	Visible Grid 2
銲點鑽孔顯示佈局層	顯示銲點的鑽孔圖形	Pad Holes
導孔鑽孔顯示佈局層	顯示導孔的鑽孔圖形	Via Holes

佈局層的內容，說明如下：

1. 訊號佈局層(Signal layers)：
    (1) 最大層數：32層(包括：Top layer、Bottom layer和30個中間層)
    (2) 可不可以輸出：可以
    (3) 佈局層描述：訊號佈局層一般是用來定義電路板的訊號連接，是一種銅箔電氣佈局層，訊號佈局層是以正版方式表示，也就是連線或其他項目放在這些佈局層中，這些項目就表示電路板的銅箔區域。

2. 內部平面層(Internal plane layers)：
   (1) 最大層數：16層
   (2) 可不可以輸出：可以
   (3) 平面層描述：內部平面層一般是用來表示電源平面，也是一種銅箔電氣佈局層，內部平面層是以負版方式表示，也就是連線或其他項目放在這些平面層中，這些項目表示銅箔的空白區域。連線名稱要連結到內部平面，當電路板編輯器進行設計時，將自動地連接到平面，Protel軟體允許任何電源平面分割成數個子平面。

3. 機械製圖層(Mechanical layers)：
   (1) 最大層數：16層
   (2) 可不可以輸出：可以
   (3) 佈局層描述：這些佈局層通常是用來產生一些圖形：顯示游標尺、裝飾圖案、基準點、鑽孔、組合命令和其他電路板詳細資料。機械製圖層是在Setup Mechanical Layers對話盒中啟動和設定(按 Design > Mechanical Layers命令)，如下圖所示：

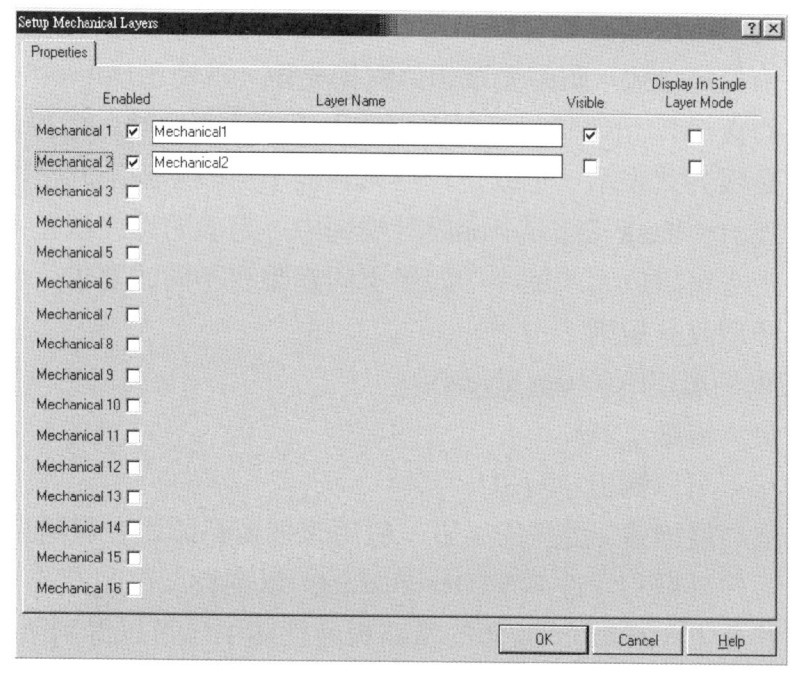

圖 11-20

機械製圖層有一個重要特點，當需要列印時，這些佈局層的內容可以加入其他佈局層中一起顯示，例如：基準點可以加在上面或下面的訊號佈局層中，當設計時，基準點可以放在機械製圖層中，當列印時，才加入上面或下面訊號佈局層。

當螢幕顯示設定為單層顯示模式時，機械製圖層也可以包括在裏面，單層顯示模式可以按快速鍵SHIFT+S鍵切換。

4. 銲錫光罩層(Solder mask layers)：
   (1) 最大層數：2層
   (2) 可不可以輸出：可以
   (3) 佈局層描述：這些佈局層和銲點及導孔項目有關，可以自動地產生，這些佈局層是以負版方式表示，也就是銲點或其他項目放在這些佈局層中，這些項目表示銅箔的空白區域。為了提高生產良率，通常要放大這些光罩，這些都定義在Solder Mask Expansion設計規則中(單位是mil或mm)，如果不同銲點有不同的需求，可以加入多個設計規則。

5. 防銲光罩層(Paste mask layers)：
   (1) 最大層數：2層
   (2) 可不可以輸出：可以
   (3) 佈局層描述：防銲光罩類似銲錫光罩，當使用Hot re-flow技術進行銲接SMD元件時，可以用來產生銲錫防銲區域，這些佈局層是以負版方式表示，也就是銲點或其他項目表示銅箔的空白區域。在Paste Mask Expansion設計規則中，定義防銲光罩在每一個銲點上，可以放大或縮小，如果不同銲點有不同的需求，也可以加入多個設計規則。

6. 絹板佈局層(Silkscreen layers)：
   (1) 最大層數：2層
   (2) 可不可以輸出：可以
   (3) 佈局層描述：這些佈局層一般用來把資料印刷在電路板上，例如：元件外框和元件名稱(Designator)，以絹板或複印方式，印刷在電路板上，從Protel軟體的電路板元件庫中，可以得到所有元件外形圖，外形圖有元件名稱和外框圖形，可以自動地把元件名稱和外框圖形，放在這些佈局層上。

7. 鑽孔佈局層(Drill layers)：
   (1) 最大層數：2層(Drill Guide和Drill Drawing)
   (2) 可不可以輸出：可以
   (3) 佈局層描述：這些佈局層會自動地計算所需要的資料，提供鑽孔資料給生產者。
      a. 鑽孔標示層(Drill Guide)：主要提供手動鑽孔或舊式生產技術的相容資料，並不是適用於現代的電路板生產方式，對於現代的電路板生產方式，通常採用鑽孔繪圖層，提供鑽孔參考的生產檔案。在鑽孔標示層中，所有鑽孔的圖形稱為Pad master，在輸出階段中會被產生，當使用半埋式或全埋式導孔時，不同佈局層對的圖形會被輸出，這些圖形包含：所有銲點和導孔(孔徑必須大於0)。
      b. 鑽孔繪圖層(Drill Drawing)：這些佈局層允許您產生鑽孔資料，在輸出階段中，產生鑽孔圖形，這個佈局層包括.LEGEND特殊字串，在輸出階段中，.LEGEND字串的位置可以決定鑽孔刻字的位置。當產生輸出時，鑽孔繪圖層會產生電路板鑽孔位置的編碼圖形，一般用來產生生產圖形，當輸出時，鑽孔符號自動地產生，但是不能在電路板畫面中看到，只有在鑽孔繪圖層才可以看見。

8. 禁止佈局層(Keep out layer)：
   (1) 最大層數：1層
   (2) 可不可以輸出：可以
   (3) 佈局層描述：這個佈局層用來定義元件和佈線所能放置的區域，不管這個佈局層是否可見，禁止佈局層的邊界都是有限制性的。

一般而言，禁止區域可以利用放置連線項目(Track)，決定區域的大小，例如：在禁止佈局層中，可以放置連線和弧形項目，形成一個方框，方框的大小可以在機械繪圖層的電路板邊界內。

在禁止佈局層中，定義禁止區域項目，適用於所有銅箔層，禁止區域可以利用放置佈局層禁止區域項目產生，按 **Place > Keepout** 命令可以得到，這種禁止區域項目和上面方框有所不同，這種項目的基本規則是元件不能放在禁止佈局層的項目上，佈線也不能越過禁止佈局層的項目上。

▶ **注意**
如果你全部使用自動放置元件和自動佈線，你必須定義一個禁止佈局層的方框，定義自動放置和自動佈線的工作區域。

9. Multi佈局層(Multi layer)：
   (1) 最大層數：1層
   (2) 可不可以輸出：不可以直接輸出，在這個佈局層的項目是自動地加入到所有訊號佈局層中。
   (3) 佈局層描述：Multi佈局層是提供快速方式加入項目，例如：把銲點加入到所有訊號層，所有放在這個佈局層的項目將自動地加到所有訊號佈局層(當列印圖形時)。

> **注意**
> 預設是所有針腳式導孔和銲點都放在Multi佈局層上。

10. 顯示佈局層(Display-only Layers)：
   下列這些顯示佈局層都是可以使用的，你不能放置任何項目到這些佈局層上，只能放置顯示資料，當這些佈局層啟動顯示時，也不會出現在電路板畫面的下面標籤。
   (1) 連接顯示佈局層：這個佈局層顯示標示(連接)線，表示項目之間的連接，如果這個佈局層不顯示，內部連接線仍然會被計算，但是不會顯示在電路板畫面中。
   (2) DRC錯誤顯示佈局層：這個佈局層顯示任何違反設計規則檢查，如果這個佈局層不顯示，線上即時DRC檢查仍然會執行，但是違反符號(變成綠色)就不會顯示在PCB畫面中。
   (3) Visible Grid 1&2佈局層：這些佈局層顯示可見的格線，有兩組可見的格線可以使用，可以同時顯示或個別顯示。
   (4) 銲點鑽孔顯示佈局層：這個佈局層顯示銲點的鑽孔圖形。
   (5) 導孔鑽孔顯示佈局層：這個佈局層顯示導孔的鑽孔圖形。

11-4 佈局層顯示或隱藏設定

Protel軟體的電路板編輯器是一個佈局層環境，利用放置項目在這些佈局層中，可以產生PCB電路板，這些佈局層可以是：
   (1) 實際佈局層：產生生產資料。
   (2) 系統佈局層：共有六種佈局層的存在，也就是前面所介紹的顯示佈局層，例如：Connections佈局層可以顯示還未佈線的標示線。

實際佈局層包括：訊號佈局層、內部平面層…等，在電路板畫面中，放置項目到實際佈局層之前，你必須啟動這些佈局層，一旦實際佈局層被啟動後，佈局層標籤會顯示在工作視窗的下面。

一、控制佈局層的顯示狀態：

按Design > Options命令，產生Document Options對話盒，按Layers鍵，可以設定隱藏或顯示佈局層，如下圖所示：

> **注意**
> 訊號佈局層和內部平面層在Layer Stack Manager對話盒中，已經被啟動，只有啟動的佈局層，才會顯示在Document Options對話盒中，機械製圖層也是一樣(在Setup Mechanical Layer對話盒中設定)。

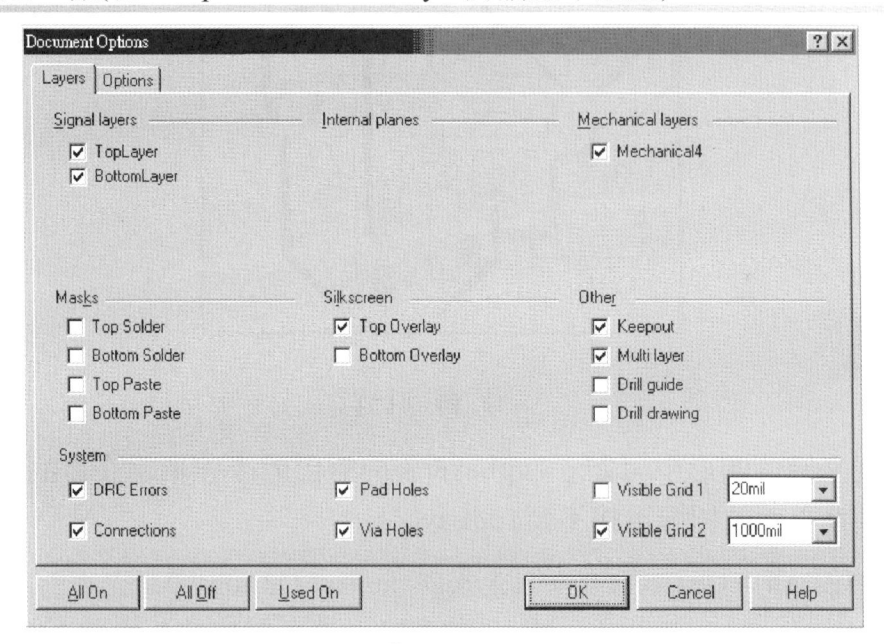

○ 圖 11-21

從上面對話盒中可知，在電路板中(佈局層堆疊結構為預設的雙層板)，具有許多種的佈局層，這些佈局層目前都是可以使用，因為這些佈局層都已經被啟動，佈局層名稱前面的小方格表示目前的顯示狀態，v表示是可見狀態，沒有v表示隱藏狀態。

上面對話盒的按鍵說明，如下所示：
1. All On鍵：把所有實際佈局層都設定為顯示狀態。
2. All Off鍵：把所有實際佈局層都設定為隱藏狀態。
3. Used On鍵：只有目前有使用的佈局層，才設定為顯示狀態。

以下是設定顯示或隱藏佈局層的步驟：

1. 開啟一個PCB電路板的編輯器。
2. 按Design > Options命令，產生Document Options對話盒。
3. 取消TopLayer的設定，只要在Toplayer前面的小方格內，按Mouse左鍵一次，取消v符號，就可以隱藏TopLayer佈局層。
4. 按Ok鍵，回到電路板，如下圖所示。

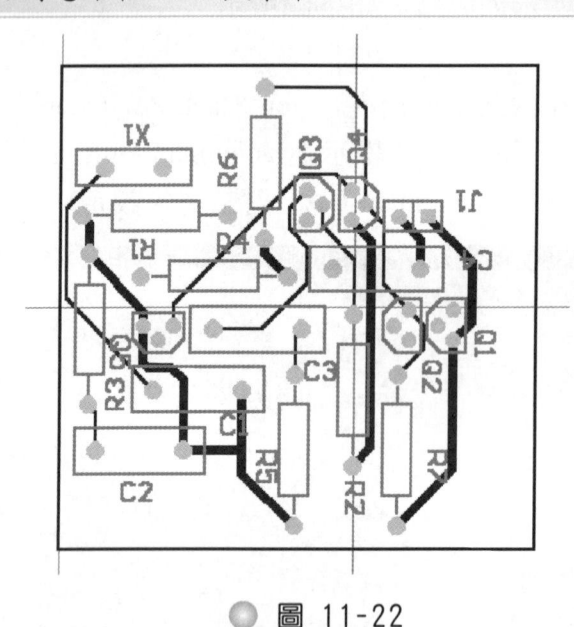

● 圖 11-22

　　從上圖的圖形中可知，TopLayer佈局層已經不再顯示在畫面中，並且工作視窗下面的標籤也找不到TopLayer。

5. 按Design > Options命令，產生Document Options對話盒。
6. 在Visible Grid 1欄位中，輸入100mil，並且啟動Visible Grid 1的設定，使得小方格內有v存在。
7. 按Ok鍵，回到電路板，如下圖所示。

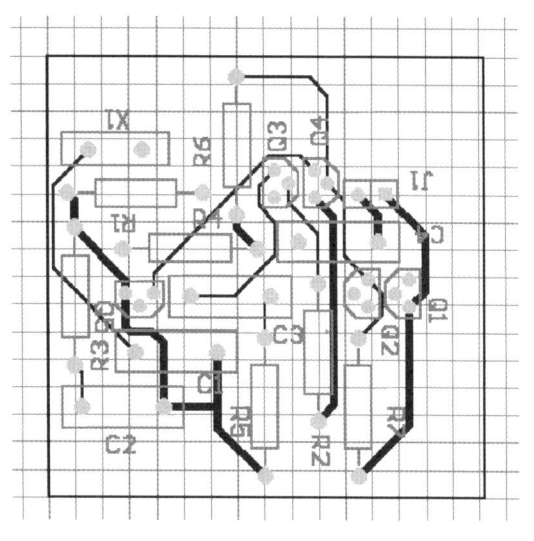

○ 圖 11-23

　　從上圖可知，原本看不見Grid 1佈局層，只能看見Grid 2佈局層，現在兩種格線的佈局層都可以看見，請注意：在視窗下面的標籤不包括系統佈局層，所以看不到新加入顯示的Grid 1佈局層。

　　一般而言，Grid 1的格線單位可以比Grid 2格線大50倍，以提供兩種不同等級的格線。

二、Grids選項設定：

　　在Document Options對話盒中，按 Options 鍵，產生下面對話盒，如下圖所示：

○ 圖 11-24

在上面對話盒中,設定參數說明如下:
1. Snap X和Snap Y:選擇游標移動的最小距離,一個設定X軸的最小距離,另一個設定Y軸的最小距離。
2. Component X和Component Y:選擇元件放置的最小位置,一個設定X軸的最小位置,另一個設定Y軸的最小距離。
3. Electrical Grid:啟動Electrical Grid設定,在吸引範圍內,電氣項目(例如:銲點和連線)會和其他項目互相吸引,在人工佈線時,可以使得Off-grid電氣項目比較容易連接,按SHIFT+E鍵,可以設定或取消Electrical Grid功能,按住CTRL鍵,可以暫時取消Electrical Grid功能。
4. Range:設定電氣項目的吸引範圍。
5. Visible Kind:設定格線的形狀,共有兩種形狀可供選擇:點狀(Dots)和直線(Lines)。
6. Measurement Unit:設定格線的測量單位,共有兩種單位可供選擇:Imperial(mil)和Metric(mm)。

11-5 設定佈局層顏色和單層顯示

一、設定佈局層顏色:

按Tools > Preference命令,產生Preferences對話盒,按Colors鍵,可以定義佈局層的顏色,如下圖所示:

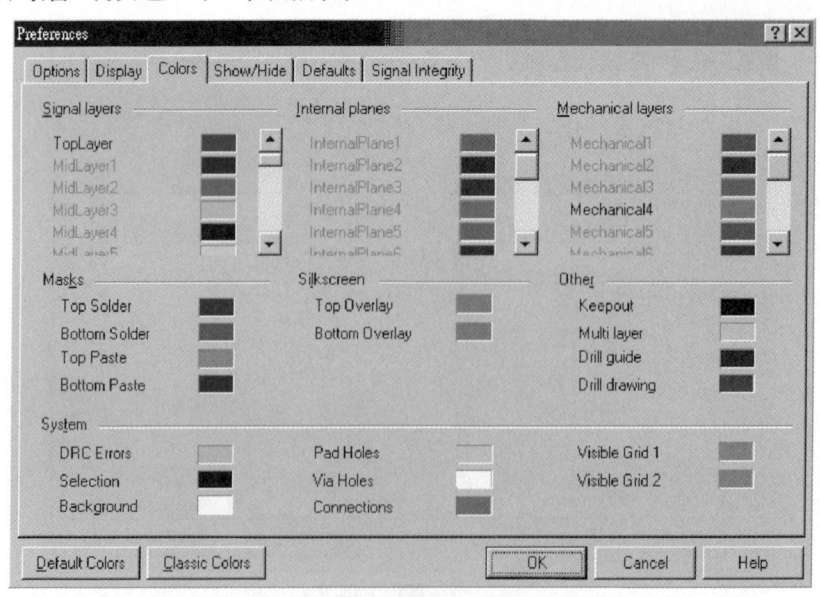

圖 11-25

在上面對話盒中，按鍵說明如下：
1. Default Colors鍵：按此鍵，可以使佈局層顏色回復成預設的顏色。
2. Classic Colors鍵：按此鍵，可以使佈局層顏色變成傳統使用的顏色。

每一個PCB佈局層都有自己的設定顏色，項目放在佈局層上，這個項目就會用此佈局層的顏色顯示，Protel軟體提供224種顏色。

在顏色方格內，按Mouse左鍵一次，產生Choose Color對話盒，點選所要的顏色，按Define Custom Colors鍵，產生色彩對話盒，可以自訂色彩。

二、設定單層顯示：

按Tools > Preference命令，產生Preferences對話盒，按Display鍵，產生對話盒，如下圖所示：

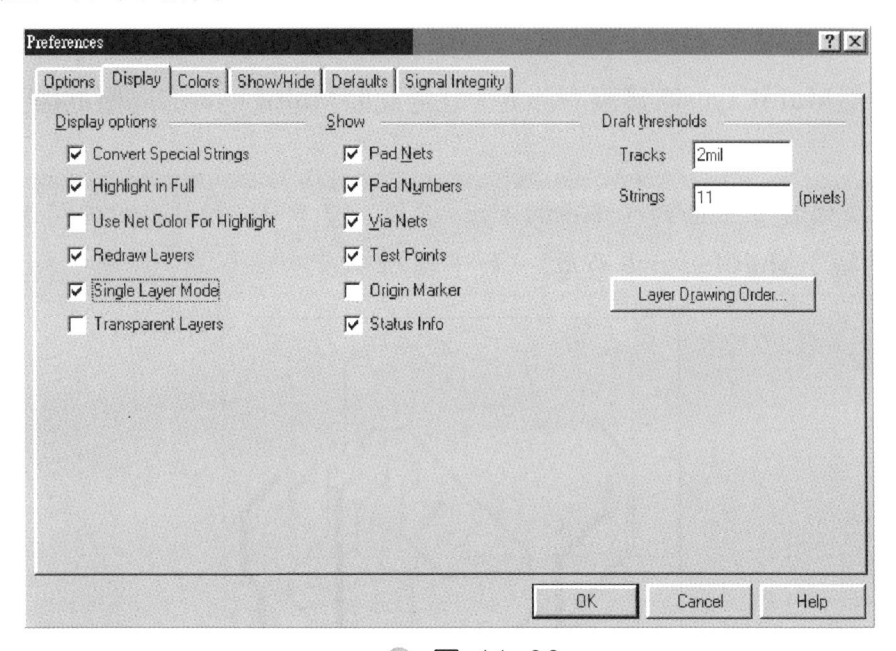

○ 圖 11-26

啟動Single Layer Mode設定，使得PCB電路板變成單層顯示模式，執行步驟如下：

1. 按Tools > Preference命令，產生Preferences對話盒。
2. 按Display鍵，如上圖所示。
3. 啟動Single Layer Mode設定。
4. 按Ok鍵，回到電路板中。
5. 按工作視窗下面的TopLayer標籤，產生TopLayer佈局層(包括：MultiLayer佈局層)，如下圖所示。

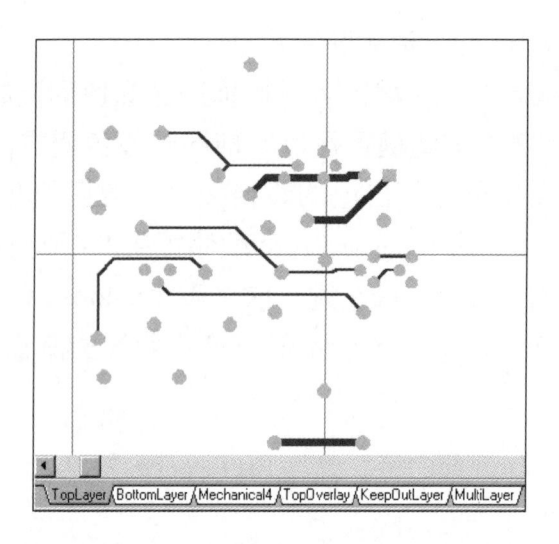

● 圖 11-27

雖然MultiLayer標籤沒有設定，但是此時MultiLayer佈局層的圖形是可見的。

6. 按工作視窗下面的BottomLayer標籤，產生BottomLayer佈局層的圖形（包括：MultiLayer佈局層），如下圖所示。

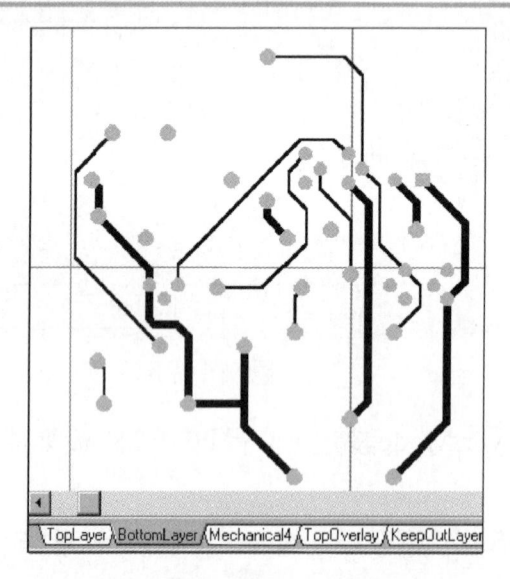

● 圖 11-28

7. 按工作視窗下面的TopOverlay標籤，產生TopOverlay佈局層，如下圖所示。

第十一章 PCB佈局層說明　261

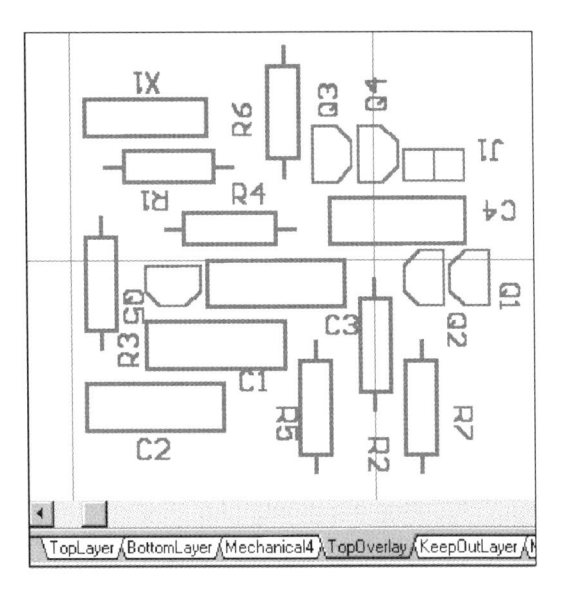

圖 11-29

章後實習

實習11-1

按開始 > 程式集 > Protel 99 SE Trial > Examples > 4 Port Serial Interface命令，可以看見Protel軟體所提供的電路範例。

問題1　請列出這個電路板所使用的佈局層堆疊結構。
問題2　在4 Port Serial Interface Board.pcb電路板檔案中(這個電路範例的電路板編輯器)，共顯示哪些佈局層？
問題3　請列出TopLayer、BottomLayer訊號佈局層和核心絕緣層的特性值。
問題4　列出鑽孔佈局層對？

實習11-2

按開始 > 程式集 > Protel 99 SE Trial > Examples > LCD Controller Design命令，可以看見Protel軟體所提供的電路範例。

問題1　請列出這個電路板所使用的佈局層堆疊結構。
問題2　在LCD Controller.pcb電路板檔案中(這個電路範例的電路板編輯器)，共顯示哪些佈局層？
問題3　列出下面佈局層的特性值。
　　　　(1)MidLayer1和MidLayer14訊號佈局層
　　　　(2)兩個內部平面層
　　　　(3)Core和Pregreg絕緣層
問題4　列出鑽孔佈局層對？

實習11-3

按開始 > 程式集 > Protel 99 SE Trial > Examples > Z80 Microprocessor 命令，可以看見Protel軟體所提供的電路範例。

問題1　請列出這個電路板所使用的佈局層堆疊結構。
問題2　在Z80 Processor Board.pcb電路板檔案中(這個電路範例的電路板編輯器)，共顯示哪些佈局層？

問題3　請列出TopLayer、BottomLayer訊號佈局層和核心絕緣層的特性值。

問題4　列出鑽孔佈局層對？

實習11-4

問題1　建立一個具有下列佈局層堆疊結構的電路板。
(1)四層訊號佈局層
(2)兩層內部平面層：Power Plane和Ground Plane
(3)三層機械製圖層

問題2　在電路板編輯器中，顯示所有佈局層，在工作視窗的下面可以看到所有標籤。

實習11-5

問題1　建立一個具有下列佈局層堆疊結構的電路板。
(1)三層訊號佈局層：Top、Mid、Bottom
(2)三層內部平面層：GND、VCC、VEE
(3)三層機械製圖層：Mech1、Mech2、Mech3

問題2　在電路板編輯器中，顯示下列佈局層，可以在工作視窗下面看到這些標籤，如下所示：
(1)Top
(2)Mid
(3)Bottom
(4)Mech1
(5)Mech2

心得筆記

12 放置和佈線功能說明

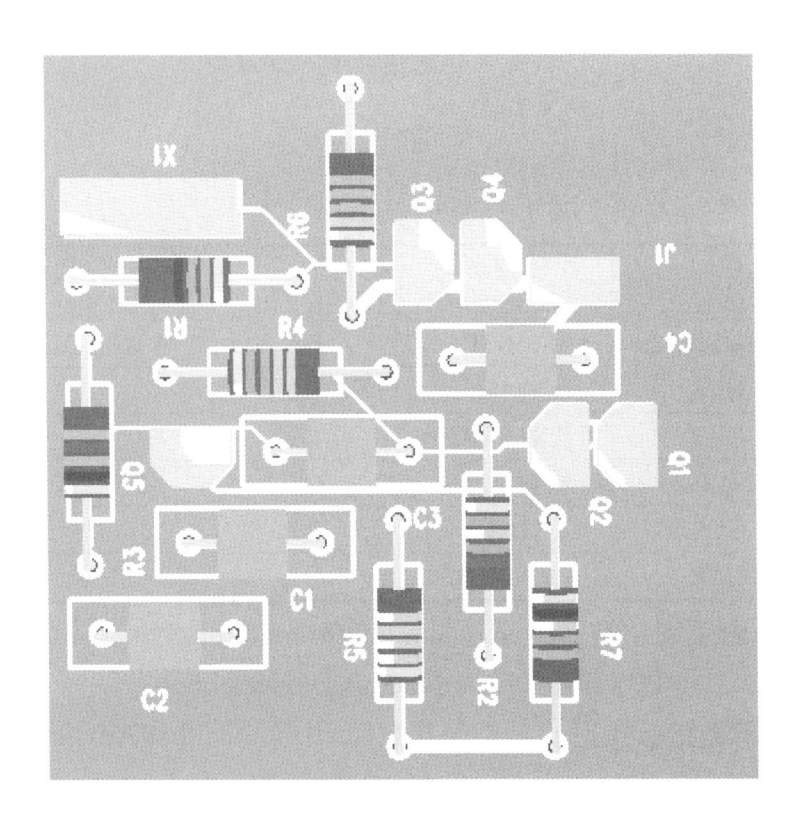

12-1 放置和佈線功能的準備工作

為了說明放置(Placement)和佈線(Routing)功能，請完成下面的電路圖，如下圖所示：

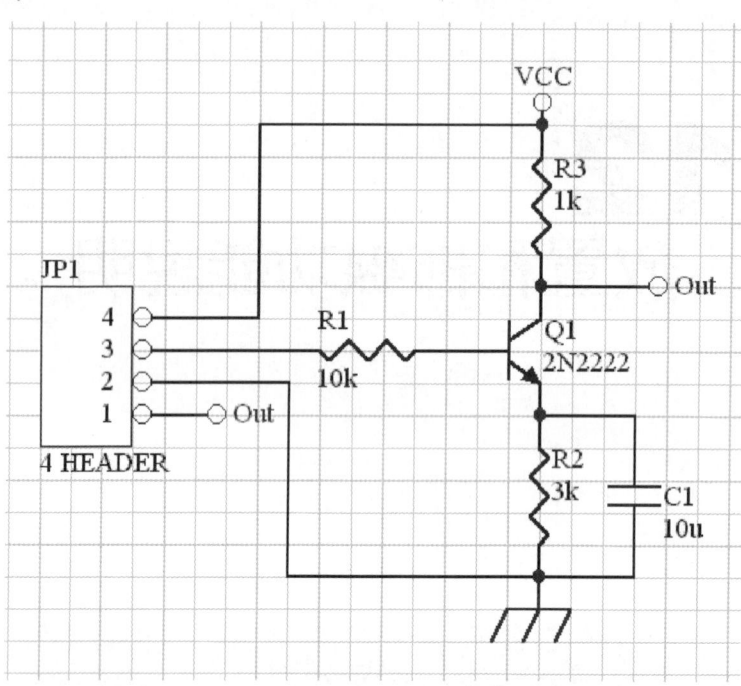

● 圖 12-1

所有元件特性值，如下表所示：

元件 (Lib Ref)	元件外形圖 (Footprint)	元件名稱 (Designator)	元件值 (Part Type)
4 HEADER	POWER4	JP1	4 HEADER
RES	AXIAL0.3	R1	10k
RES	AXIAL0.3	R3	1k
2N1893	TO-92A	Q1	2N2222
RES	AXIAL0.3	R2	3k
CAP	RAD0.3	C1	10u

(1) 電路圖使用的元件庫是Sim.ddb/Simulation Symbols.lib、Sim.ddb/BJT.lib和Miscellaneous Devices.lib。

(2) PCB電路板使用的元件庫是Miscellaneous.lib和Advpcb.ddb/PCB Footprints.lib。

以下是電路圖轉換成PCB電路板的步驟：

1. 在電路圖畫面中，按Design > Create Netlist命令，產生*.NET串接檔。
2. 按File > New命令，產生新的PCB檔案。
3. 在PCB電路板視窗中，按Design > Load Nets命令，產生Load/Forward Annotate Netlist對話盒，把*.NET串接檔的內容讀入到對話盒中。
4. 按Execute鍵，把*.NET串接檔的內容載入到PCB電路板中。
5. 按工作視窗的KeepOutLayer標籤，按Place > Interactive Routing命令，畫一個適當大小的方框。

▶ **注意**
此一方框必須是封閉的矩形。

6. 按Tools > Auto Placement > Auto Placer命令，執行自動放置功能，把所有元件都放好。
7. 可以調整元件的位置，只要移動游標到元件上，按住Mouse左鍵，移動元件外形圖，再放開Mouse左鍵。
8. 在元件上，連按Mouse左鍵兩次，產生元件特性表(Component對話盒)。
9. 隱藏Designator和Comment兩個特性值，只要啟動Hide設定(分別在Designator和Comment標籤畫面中設定)。
10. 此時PCB電路板的圖形，如下圖所示。

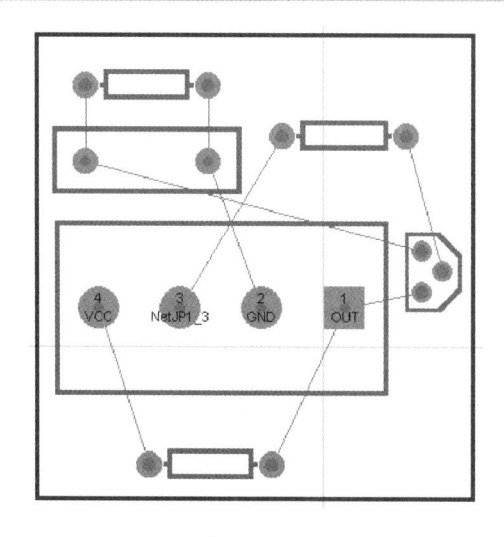

● 圖 12-2

11. 按Design > Rules命令，產生Design Rules對話盒，更改佈線寬度為35mil(在Rule Classes欄位中，點選Width Constraint)。

12. 按 Auto Route > All 命令，產生 Autorouter Setup 對話盒。
13. 按 Route All 鍵，開始進行佈線，產生 Design Explorer Information 對話盒，按 Ok 鍵，PCB 電路板的圖形，如下圖所示。

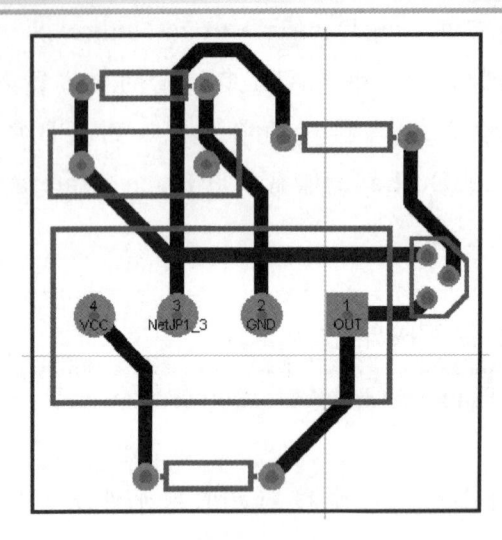

圖 12-3

接下來，分別介紹放置和佈線功能，由於兩種功能都有人工和自動兩種方式，所以分別加以說明。

12-2 自動放置功能

你的電路板設計是由電路圖轉換過來的，必須設定電路板的邊界和定義佈局層的堆疊結構，準備開始放置元件時，必須考慮下列幾點：

1. 機械製圖需要
2. 熱考量
3. 完整的訊號分析
4. 佈線能力

重要的自動放置功能，說明如下：

主功能表	內容說明
Tools > Auto Placement > Auto Placer	執行自動放置功能
Tools > Auto Placement > Stop Auto Placer	終止自動放置功能

按 Tools > Auto Placement > Auto Placer 命令，可以開始自動放置元件外形圖，產生 Auto Place 對話盒，如下圖所示：

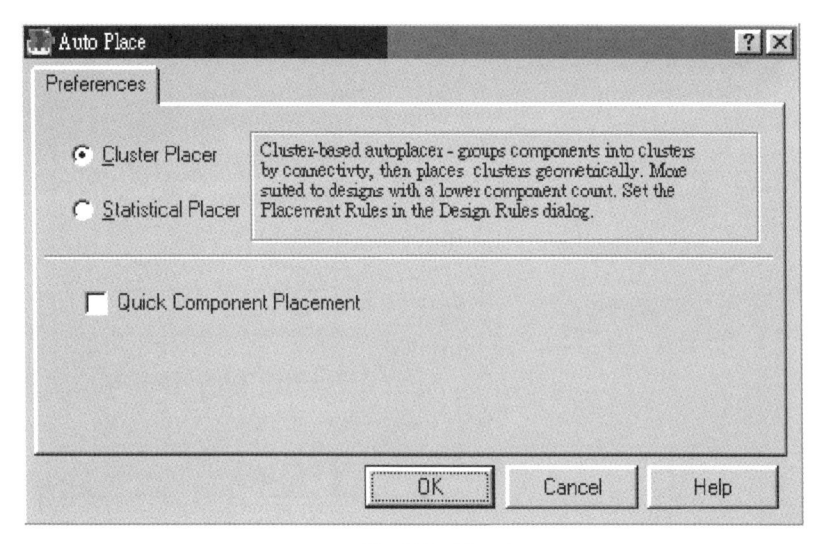

○ 圖 12-4

共有兩種自動放置的方法，說明如下：
1. Cluster Placer：適用於較少量的元件數，一般是指小於100個元件的情況下，由於執行速度比較慢，所以可以採用Quick Component Placement方法，加速Cluster Placer放置方法(但是會產生許多DRC錯誤，所以需要人工移動元件)。

▶ **注意**
採用Quick Component Placement方法，會造成元件外形圖太過接近，而發生DRC錯誤，但是放置時間可以因此縮短很多，再採用人工移動元件，可以解決DRC錯誤的問題。

由於沒有採用Quick Component Placement方法，Cluster Placer自動放置會花費較長的時間，而且無法查知是否完成，可以從兩個方向了解是否完成自動放置的工作，如下：
 (1) 所有元件都放好，沒有DRC錯誤。
 (2) 命令行顯示Idle State-ready for command。

如果自動放置時間過久，卻還未完成，可以終止自動放置的功能，只要按Tools > Auto Placement > Stop Auto Placer命令，可以終止自動放置的工作。

2. Statistical Placer：適用於100個元件以上的電路板設計，點選Statistical Placer，Auto Place對話盒變成下面圖形，如下圖所示：

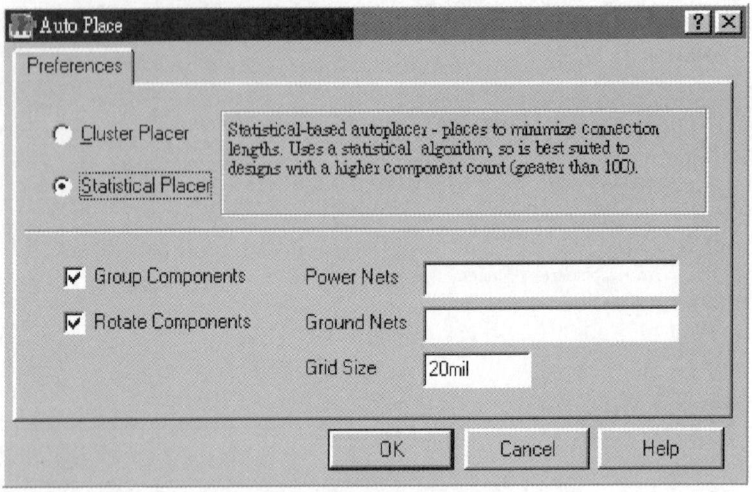

[圖 12-5 Auto Place 對話盒]

◎ 圖 12-5

在上面對話盒中,參數說明如下:

(1) Group Components:把同組元件放在一起。

(2) Rotate Components:可以旋轉元件。

(3) Power Nets:設定電源連線的名稱。

(4) Ground Nets:設定接地連線的名稱。

由於有大量元件存在,所以電源和接地連線的佈線情形,就會變的很重要,所以要特別加以處理。

(5) Grid Size:設定電路板的格線大小。

▶注意

這種自動放置功能執行完畢後,必須按Update PCB命令,才能放好元件。

自動放置功能,通常會造成所有元件的移動,如果要固定某些項目的位置,必須把這些項目鎖住,你可以事先放好這些元件外形圖,只要在元件外形圖上,連按Mouse左鍵兩次,進入特性對話盒,如下圖所示:

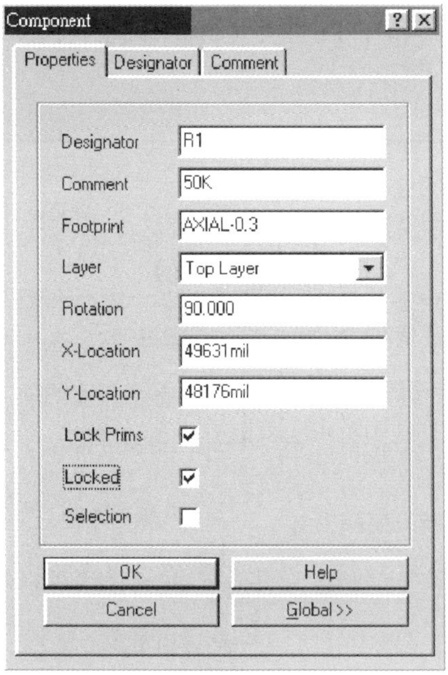

圖 12-6

在上面對話盒中，啟動locked設定，可以鎖住項目的位置，這個項目不可以再被移動，除非解除鎖住狀態，所以不受自動放置的影響。

另外啟動Selection設定，可以使元件項目進入圈選狀態。

12-3 人工放置功能

人工放置項目的動作，可以很簡單，也可以比較複雜，但是我會建議使用者，最好採用自動放置，因為自動放置功能會考慮：佈線的長度和元件外形圖的相關位置，所得到的結果比較好，如果不能符合我們的要求，可以使用人工放置功能，移動某一些項目，分別說明如下：

一、簡單的人工放置方法：

游標移動到項目上(元件外形圖、元件名稱…等)，按住Mouse左鍵，移動項目到適當的位置，再放開Mouse左鍵，就可以固定這個項目。

如果發生DRC錯誤，項目會變成綠色(預設的DRC錯誤顏色)，再移開項目，如果沒有DRC錯誤，就會回復正常顏色。

二、複雜的人工放置方法：

有兩種方式可以進行複雜的人工放置，但是這兩種放置功能，只對圈選項目有作用，所以進行這兩種放置功能，必須圈選要放置的項目，以下分別說明這兩種功能：

1. Component Placement工具列：有關這個工具列的內容說明，如下圖所示：

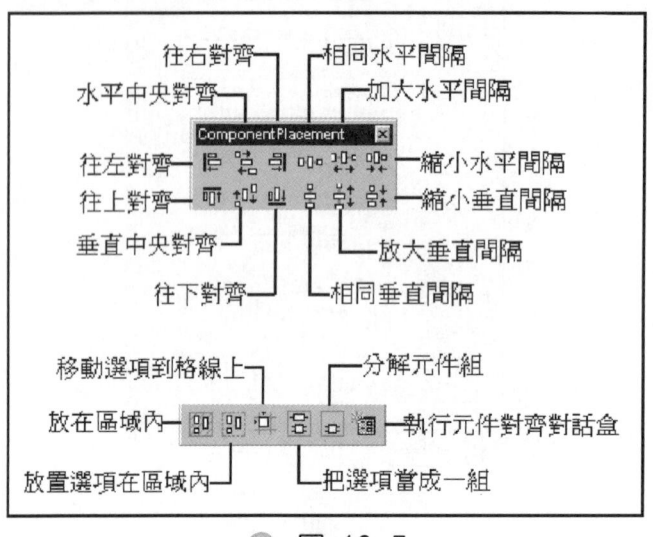

● 圖 12-7

2. 主功能表：按Tools > Interactive Placement命令，產生功能表，如下圖所示：

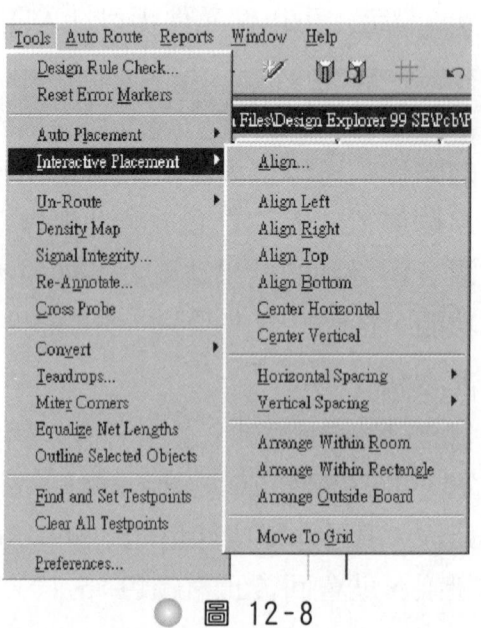

● 圖 12-8

這兩種放置功能都可以用在複雜的電路，而且需要有規律性的電路，如果比較簡單的電路，就不需要採用這些複雜的人工放置功能。

第十二章 放置和佈線功能說明

現在執行數個放置功能，說明上面的放置動作，假設原來電路板的圖形，如下圖所示：

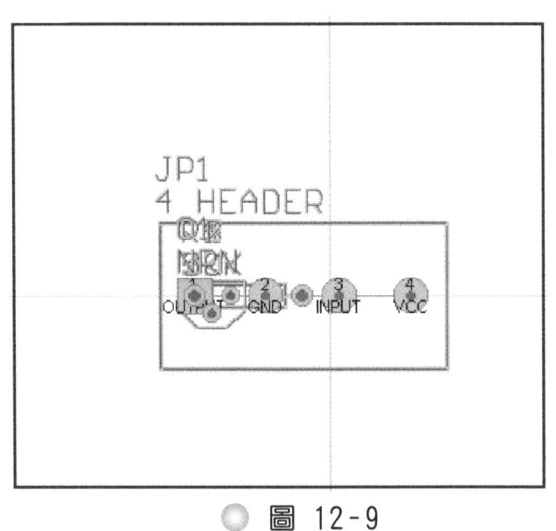

○ 圖 12-9

以下執行複雜人工放置的功能，步驟如下：

1. 按住Mouse左鍵，把所有元件都圈起來，放開Mouse左鍵，圈選所有項目。
2. 按Tools > Interactive Placement > Align Left命令，或按Component Placement工具列的往左對齊按鈕，電路板的圖形，變成下面圖形。

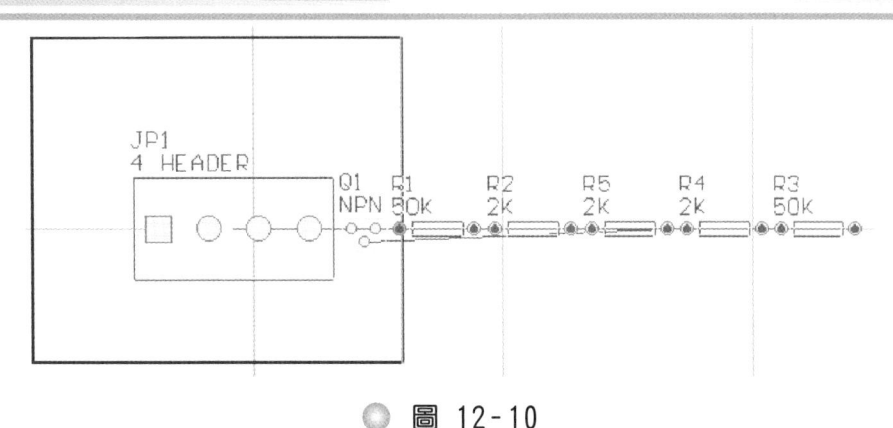

○ 圖 12-10

3. 按Tools > Interactive Placement > Align Bottom命令，或按Component Placement工具列的往下對齊按鈕，電路板的圖形，變成下面圖形。

○ 圖 12-11

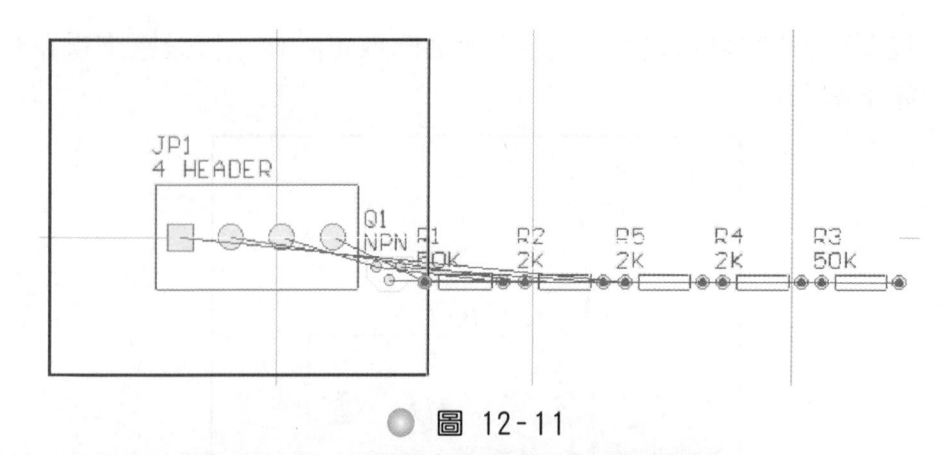

12-4 自動佈線功能說明

重要的自動佈線功能,說明如下:

主功能表	內容說明
Auto Route > All	進行整個電路板的自動佈線
Auto Route > Net	進行整個連線的自動佈線
Auto Route > Connection	進行一段連線的自動佈線
Auto Route > Component	進行點選元件所有連線的自動佈線
Auto Route > Area	進行某區域所有連線的自動佈線
Auto Route > Setup	自動佈線的設定工作
Auto Route > Stop	終止自動佈線工作
Auto Route > Reset	重新設定自動佈線
Auto Route > Pause	暫時停止自動佈線工作
Auto Route > Restart	重新開始自動佈線工作

在圖12-3中,按Tools > Un-Route > All命令,取消這個電路板的所有佈線,接下來,可以介紹一些重要的自動佈線功能,如下所示:

一、整個連線的佈線:

1. 按Auto Route > Net命令,可以進行整個連線的自動佈線,游標變成十字形狀。
2. 移動游標到某一個銲點上,按Mouse左鍵一次,由於同時有數個項目存在,所以要選擇一段連線(Connection),如下圖所示。

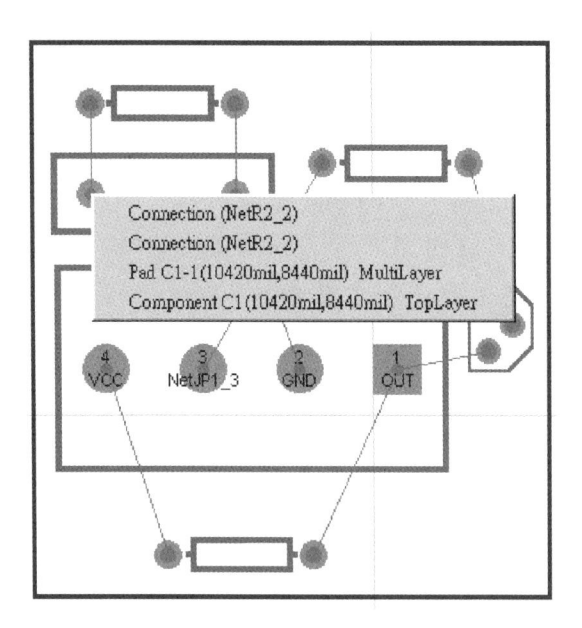

● 圖 12-12

3. 點選Connection(NetR2_2)，立刻完成整個連線的佈線工作，如下圖所示。

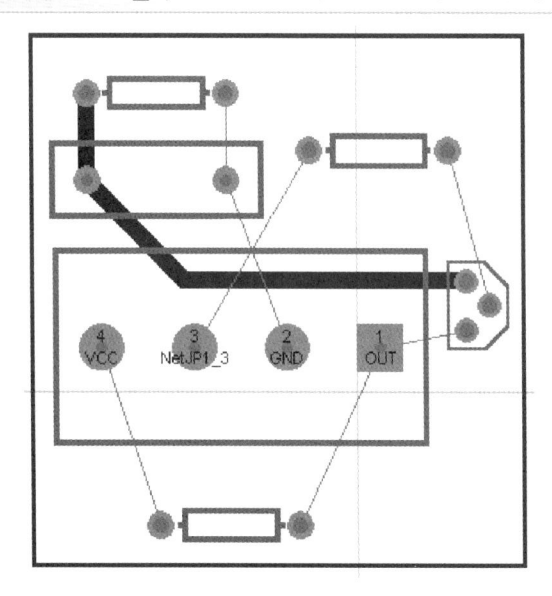

● 圖 12-13

4. 游標仍然是十字形狀，表示可以再執行這個佈線功能，按Mouse右鍵一次，取消佈線功能。
5. 按Tools > Un-Route > All命令，取消這個電路板的所有佈線。

二、點選元件的佈線：

1. 按Auto Route > Component命令，可以進行點選元件的佈線工作，游標變成十字形狀。
2. 移動游標到C1元件上，按Mouse左鍵一次，立刻完成C1元件之所有連線的佈線工作，如下圖所示。
3. 重複前面步驟4~5，取消所有佈線。

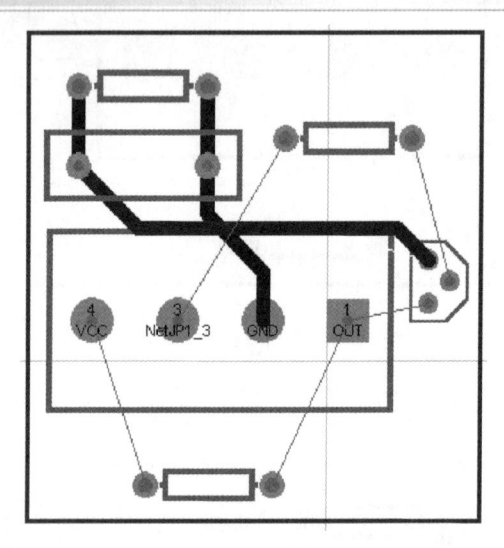

● 圖 12-14

三、進行整個電路板的自動佈線：

1. 按Auto Route > All命令，產生Autorouter Setup對話盒，如下圖所示。

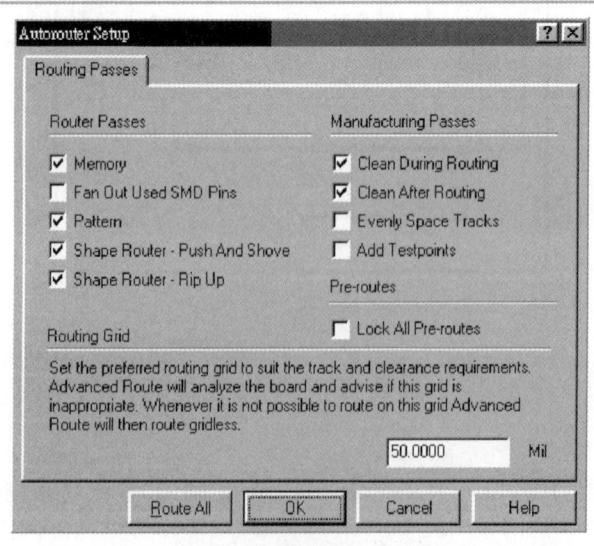

● 圖 12-15

上面對話盒的參數內容，說明如下：

(1) Memory:採用記憶體佈線模式，記憶體元件採用規則性排列，元件之間的佈線就會變得相當規則，如下圖所示。

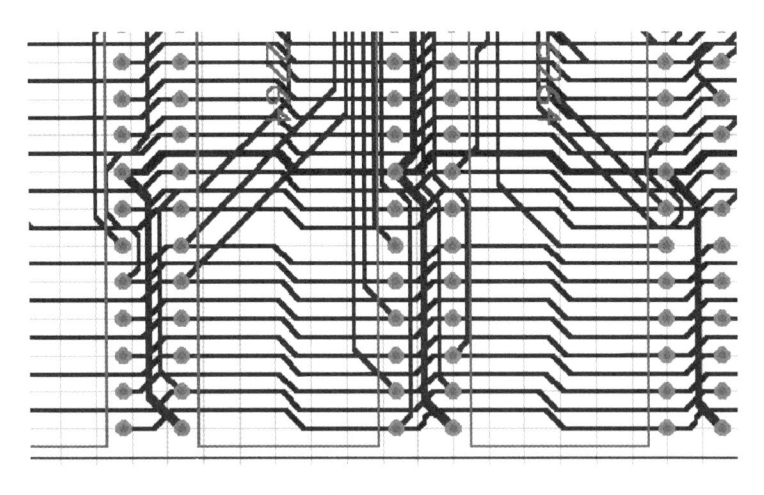

○ 圖 12-16

(2) Fan Out Used SMD Pins：採用SMD元件的佈線模式，由於SMD元件的結構和一般針腳式元件不同，所以佈線效果也就不同，如果沒有SMD元件，就不要啟動這個模式。

(3) Pattern：在每一個完成佈線的電路板中，可以找到一種連接模式(Pattern)，把這些連接模式儲存起來，可以提供其他電路板使用，可以加速佈線的速度。

(4) Shape Router-Push And Shove：採用推擠式佈線模式，如果佈線空間不夠，可以把其他完成的連線或導孔推到旁邊，讓正在佈線的連線可以通過。

(5) Shape Router-Rip Up：採用拆除式佈線模式，如果佈線空間不夠，把其他佈線拆除，使得正在佈線的連線通過，再處理拆除的佈線。

(6) Clean During Routing：當佈線時，同時執行Manufacturing Passes工作。

(7) Clean After Routing：佈線工作完成後，才執行Manufacturing Passes工作。

(8) Evenly Space Tracks：如果兩個銲點之間，可以通過兩條連線，則這個通道空間平均分配給兩條連線，如果只有一條連線通過，則直接走中間部分。

(9) Add Testpoints：加入測試點到PCB電路板中。

(10)Lock All Pre-routes：把所有事先完成佈線的連線鎖住，可以不受自動佈線的影響。

(11)Routing Grid：設定佈線使用的格線。

(12)Route All鍵：按這個鍵之後，整個電路板可以開始自動佈線。

(13)Ok鍵：按這個鍵之後，儲存這個對話盒的設定內容。

(14)Cancel鍵：按這個鍵之後，取消這個對話盒的設定內容。

2. 按Route All鍵，開始進行自動佈線，產生Design Explorer Information對話盒。

3. 按Ok鍵，PCB電路板的圖形，如圖12-3所示。

1. 自動佈線之前，保護已經完成的佈線。

你可以先人工佈線(某些連線)，再對電路板的其他部分執行自動佈線，而這些先完成的人工佈線，必須加以保護，否則會被清除掉。

如何加以保護呢？只要按 Auto Route > Setup命令，產生Autorouter Setup對話盒，啟動Lock All Pre-routes設定，就會保留這些佈線。

2. 當自動佈線時，加入測試點。

可以在執行自動佈線功能後，執行加入測試點工作，只要在Autorouter Setup對話盒中，啟動Add Testpoints設定，自動佈線後，就會加入測試點，如下圖所示：

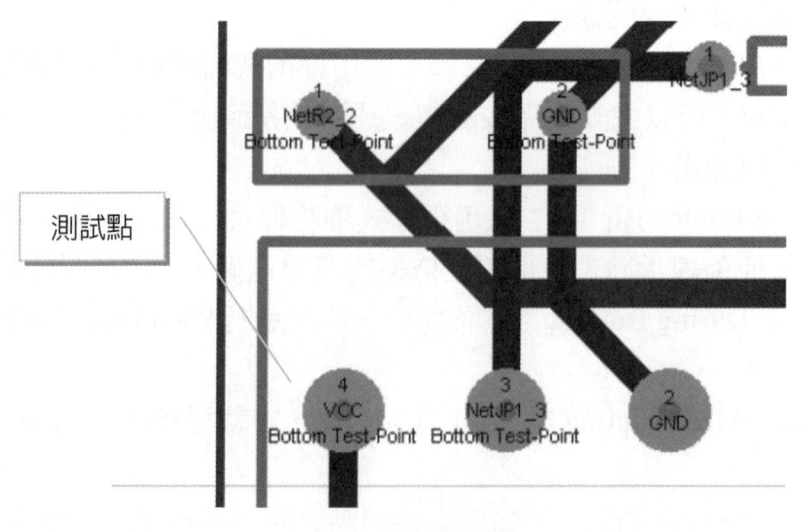

◉ 圖 12-17

按Design > Rules命令，產生Design Rules對話盒，按Manufacturing標籤，點選Testpoint Style選項，按Properties鍵，產生Testpoint Style Rule對話盒，如下圖所示：

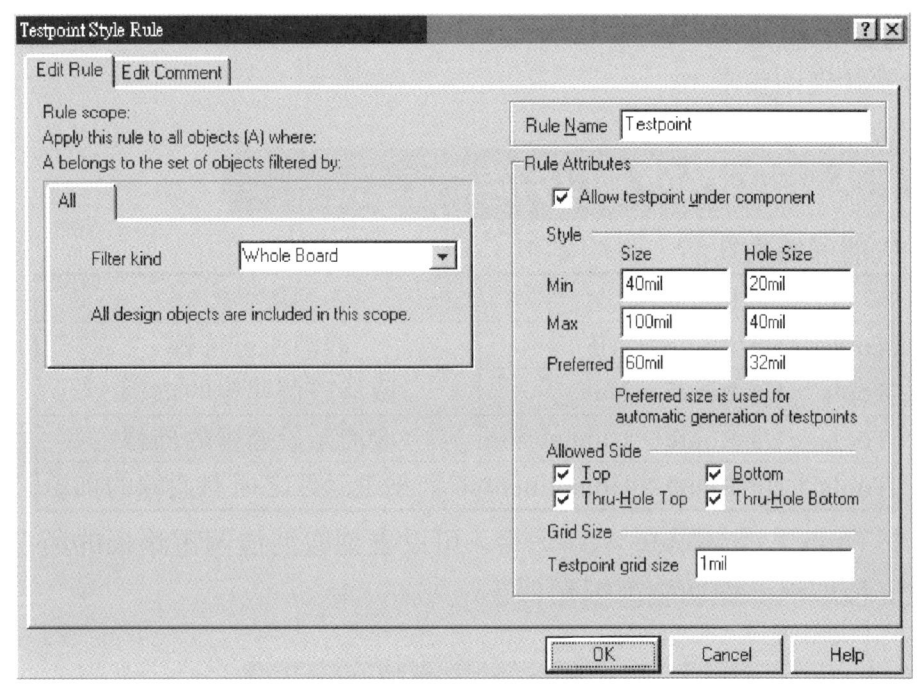

○ 圖 12-18

從Allowed Side欄位中可知，測試點可以放在Top、Bottom、Thru-Hole Top和Thru-Hole Bottom佈局層上。

3. 自動佈線時，要特別注意的事項。

設計和設定印刷電路板，提供自動佈線使用，需要注意下列幾點：

(1) 在禁止佈局層中，必須要有封閉的方框，提供放置和佈線的限制。
(2) 項目(方框)放在禁止佈局層中，會在所有佈局層中建立方塊，才能對所有佈局層有所限制。
(3) 沒有連線名稱的項目(在訊號佈局層中)，會在訊號佈局層中建立方塊，提供佈線使用。
(4) 在機械製圖層中的項目，並不在佈線的考量中。

▶ **注意**
在禁止佈局層中，不一定要畫方框，不規則的圖形也可以，例如：多邊形，但是圖形必須是封閉的。

4. 佈線的設計規則設定。

   自動佈線會遵守相關的設計規則設定，您在進行自動佈線工作之前，必須確定所有相關的設計規則內容是符合設計要求，在電路板編輯器中，按 Design > Rules 命令，產生 Design Rules 對話盒，從對話盒中，可以設定相關的設計規則要求。

12-5 取消佈線功能

取消佈線的功能，說明如下：

主功能表	說 明
Tools > Un-Route > All	取消所有佈線
Tools > Un-Route > Net	取消整個連線的佈線
Tools > Un-Route > Connection	取消某段連線的佈線
Tools > Un-Route > Component	取消點選元件之所有連線的佈線

按 Tools > Un-Route > All 命令，可以立刻取消這個電路板的所有佈線，其他三種取消佈線功能都很類似。

12-6 人工佈線功能說明

1. 人工佈線可以使用的項目：

   要進行人工佈線工作，可以使用兩個項目，進行人工佈線，如下所示：

   (1) 連線(Track)：按 Place > Interactive Routing 命令，游標變成十字形狀，就可以開始畫連線，這是最常使用的項目。

   (2) 弧形(Arc)：按 Place > Arc(*) 命令，由於弧形項目的種類有四種，所以用*表示，也可以進行人工佈線工作，但是比較少用。

2. 佈線的進行方向：

   當人工佈線時，連線的行進方向採用前行式(Look Ahead)表示，你可以看見佈線的方向及位置(空心的連線部分)，再按 Mouse 左鍵，就可以固定這段的連線，操作的步驟如下所示：

   (1) 按 Place > Interactive Routing 命令，游標變成十字形狀。
   (2) 移動游標到銲點上(A點)，按 Mouse 左鍵一次，決定連線的開始點。
   (3) 移動游標到另一個銲點上(B點)，如下圖所示。

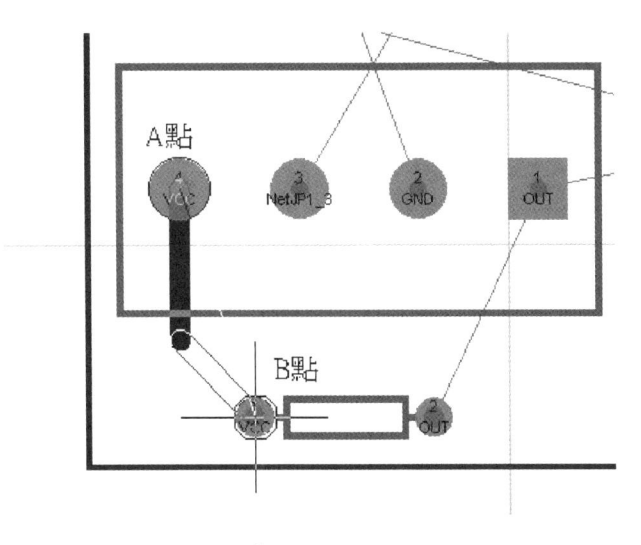

● 圖 12-19

其中空心的連線部分，就是前行式佈線的圖形。

(4) 按Mouse左鍵一次，可以決定第一段的佈線，此段佈線的顏色應該變成黃色(表示圈選的顏色)。
(5) 再按Mouse左鍵一次，完成這個連線，移動游標之後，發現仍然可以繼續佈線。
(6) 按Mouse右鍵一次，結束這條連線的佈線工作。
(7) 再按Mouse右鍵一次，可以終止放置連線的功能，最後的圖形，如下圖所示。

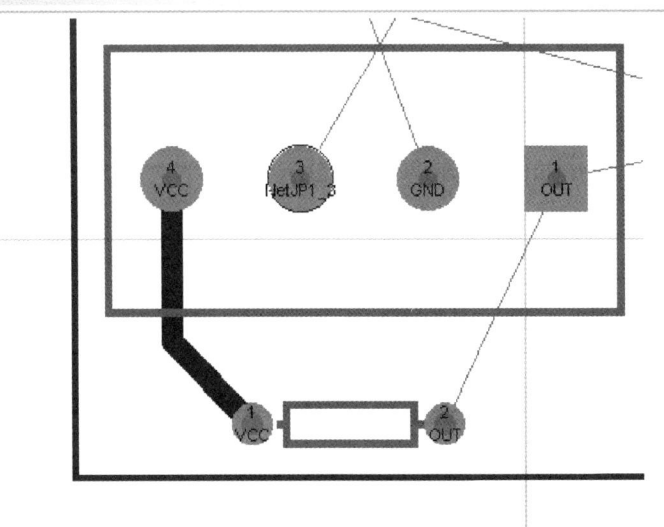

● 圖 12-20

> **注意**
> 當游標移動到可以連接的銲點或連線上時,可以發現有一個八角形的符號,出現在游標上,表示游標在連接的正確位置上,這條連線可以和銲點相連結。

3. 設定互相作用的佈線模式:

當放置連線時,互相作用的佈線模式可以決定如何處理障礙(其他連線、銲點、導孔...),按 Tools > Preferences 命令,開啟 Preferences 對話盒,按 Options 鍵,在 Interactive Routing/Mode 欄位中,可以設定預設的互相作用的佈線模式,如下圖所示:

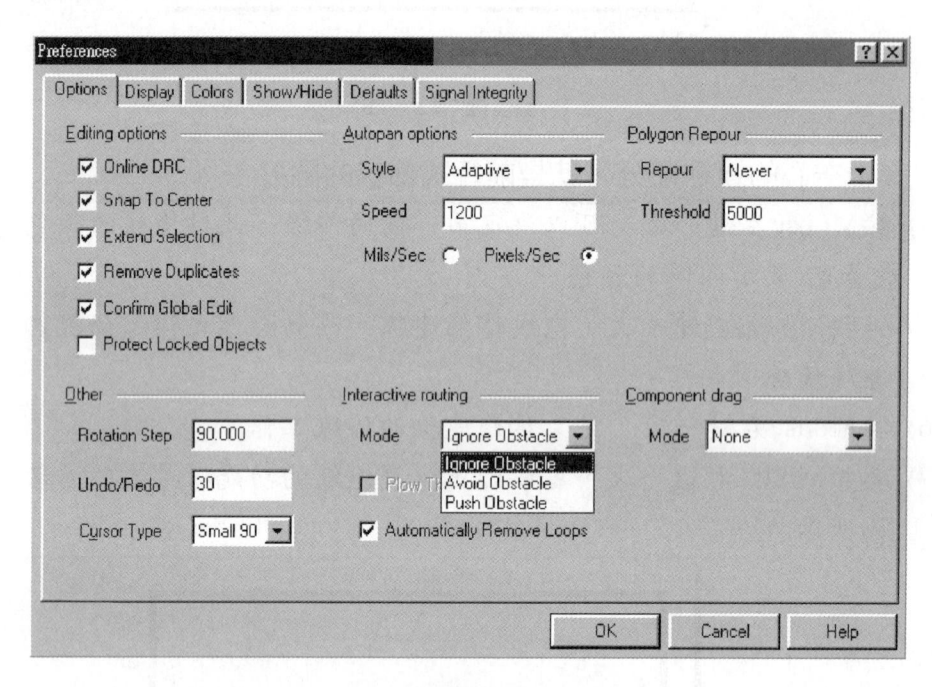

● 圖 12-21

相關選項的說明如下:

(1) Ignore Obstacle:當人工佈線時,忽略所有障礙,允許你在連線或元件上佈線,這可能會產生設計規則錯誤,如下圖所示:

◯ 圖 12-22

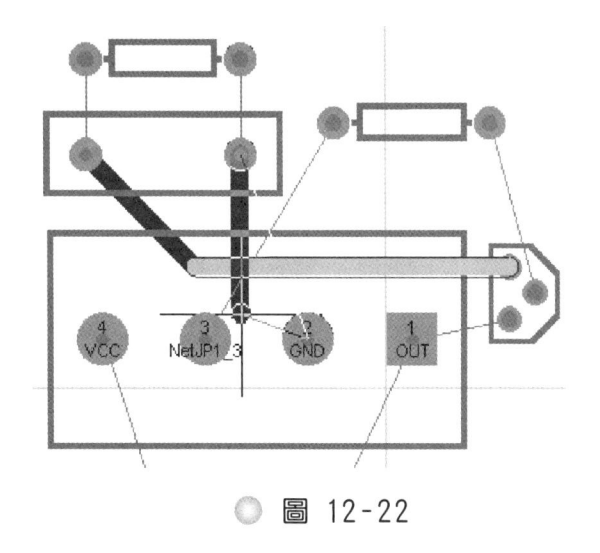

(2) Avoid Obstacle：防止在連線、元件銲點...上佈線，如此可以避免違反設計規則，連線會被修剪，以防止違反設計規則，這是預設的模式，如下圖所示：

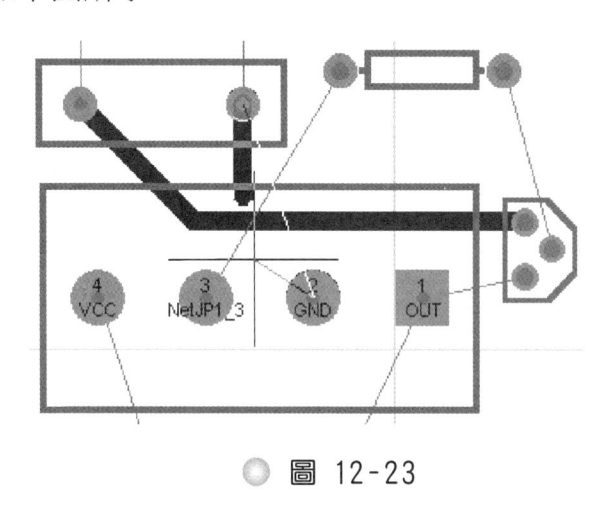

◯ 圖 12-23

(3) Push Obstacle：選擇這個模式，電路板編輯器會把障礙物推開，以提供佈線的路徑，防止違反設計規則，如下圖所示：

● 圖 12-24

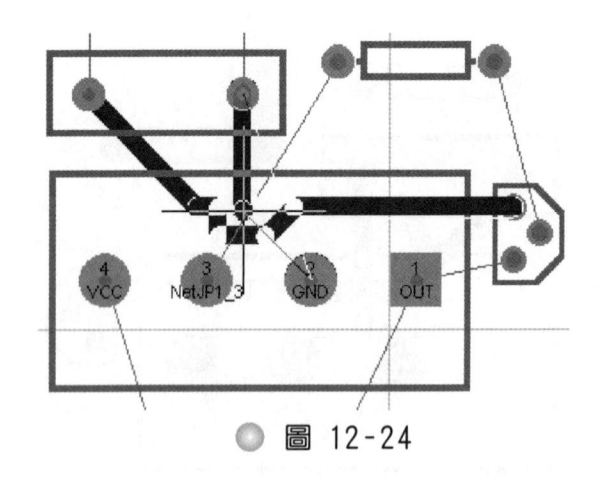

> **注意**
> 當人工佈線時，互相作用的佈線模式可以隨時更動，按SHIFT+R鍵，可以切換上面的選項。

在圖12-21中，有兩個設定相當重要，說明如下：
(1) 啟動Online DRC選項，當人工佈線時，如果有設計規則違反時，佈線會變成綠色(DRC錯誤的預設顏色)，如果這個選項取消設定後，當有設計規則違反時，違反項目不再會變成綠色，就無從得知目前是否違反設計規則。
(2) 啟動Automatically Remove Loops選項，如果佈線時，有多餘的連線迴路，將自動移除，如果這個選項取消設定，當連線重新佈線時，必須人工移除多餘的連線片段。

4. 對於一個已存在的佈線，進行重新佈線。

以下是重新佈線的步驟，如下：

(1) 按Place > Interactive Routing命令，游標變成十字形狀。
(2) 在銲點上，按Mouse左鍵一次，重新佈線，此時整個連線變成選擇狀態，如下圖所示。

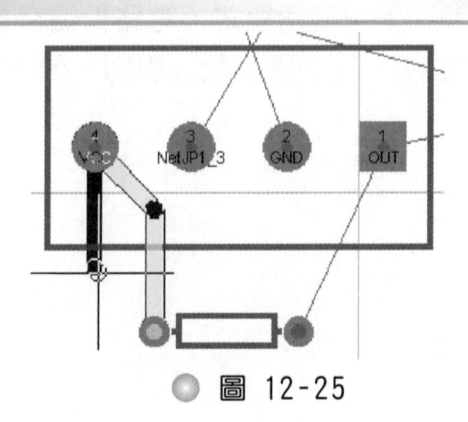

● 圖 12-25

(3) 重新佈線,如下圖所示。

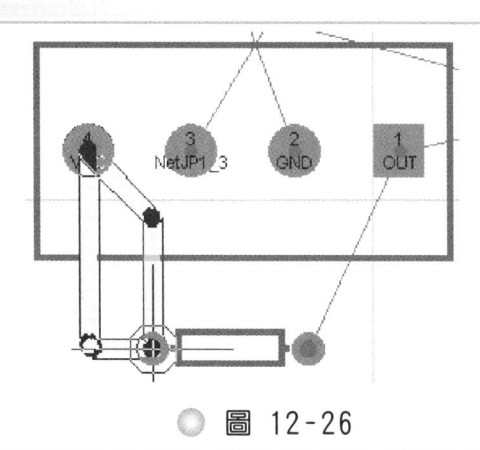

○ 圖 12-26

(4) 完成佈線後,按Mouse右鍵一次,終止佈線功能。
(5) 由於形成迴路,所以立刻自動移除舊的佈線,如下圖所示。

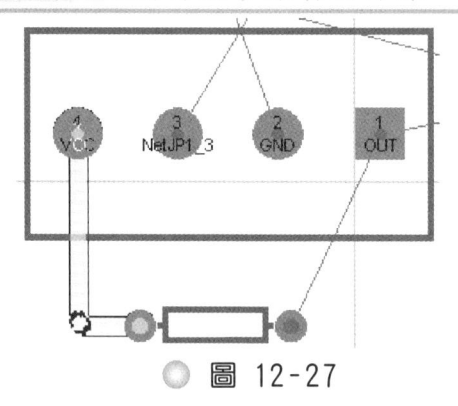

○ 圖 12-27

▶ **注意**
在Preferences對話盒中,要啟動Automatically Remove Loops選項,才能自動移除多餘的佈線。

5. PCB連線的放置模式:

當放置連線要轉彎時,有四種連線放置模式,如下所示:

(1) 任意角度(Any Angle)
(2) 90度(90 Degree)
(3) 45度(45 Degree)
(4) 弧形(Arc)

這些模式表示連線轉彎的方式,也就是轉彎的角度。

當放置連線時,按SHIFT+SPACE鍵,可以更改連線的放置模式,如下圖所示:

◯ 圖 12-28

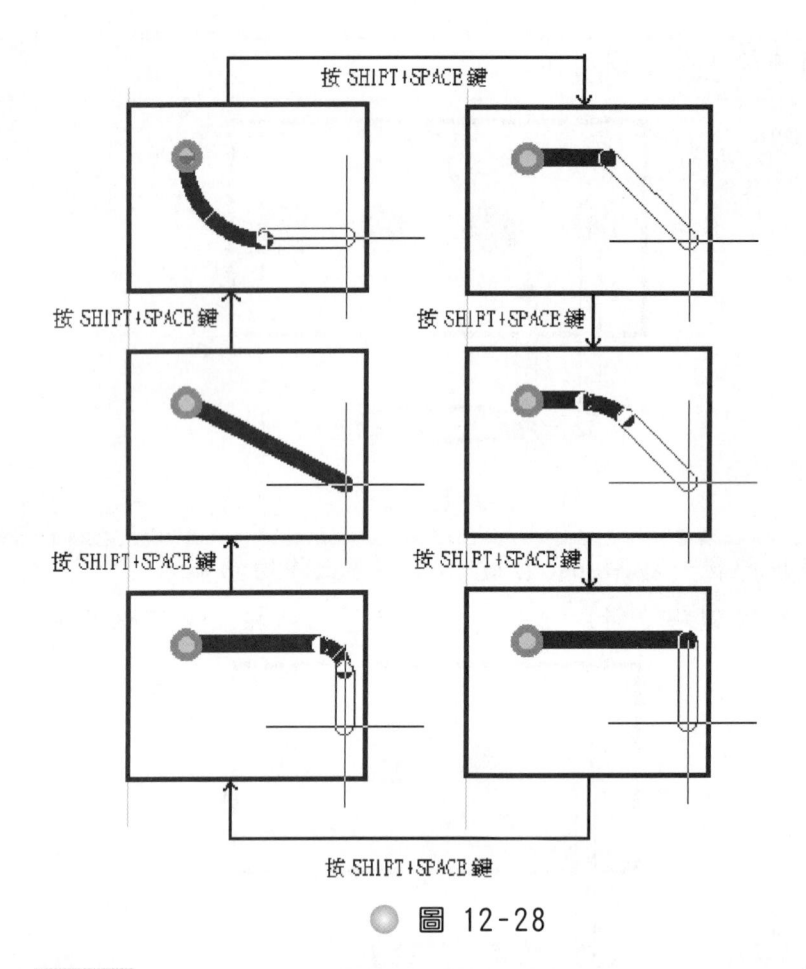

　　按**SPACE**鍵，可以切換轉彎的開始和結束模式，這兩種模式只是決定水平連線先開始，或是垂直連線先開始，如下圖所示：

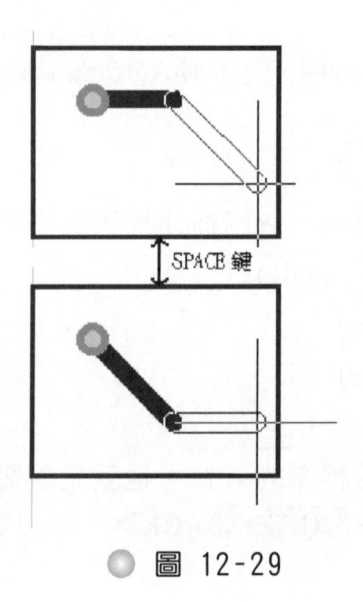

◯ 圖 12-29

6. 更改佈線的特性值：

　　當人工佈線時(按Place > Interactive Routing命令後，游標變成十字形狀，在開始點，按Mouse左鍵一次，才算開始人工佈線)，按Tab鍵，可以產生Track對話盒，如下圖所示：

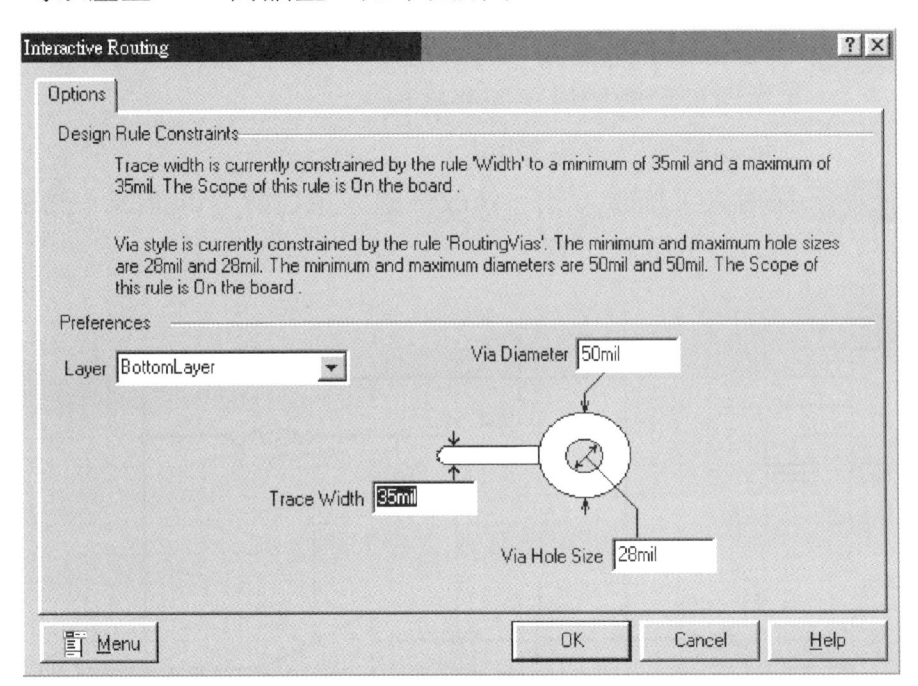

● 圖 12-30

從上面對話盒中，可以修改連線的特性值，如下所示：

(1) 更改連線寬度：在Trace Width欄位中，可以更改連線的寬度。
(2) 更改佈線導孔的大小：在Via Diameter欄位中，可以更改導孔直徑，在Via Hole Size欄位中，可以更改孔徑大小。
(3) 更改連線的佈局層：在Layer欄位中，點選所要的佈局層，可以更換連線所在的佈局層，軟體會自動加入導孔。

章後實習

實習12-1

問題1 請依據下面電路圖,完成電路板設計,電路板的規格如下:
1. 電路板堆疊結構採用雙層板。
2. 佈線寬度設定為35mil。

問題2 採用人工佈線方式,修改佈線效果比較差的連線,請標示出你所修改的佈線位置。

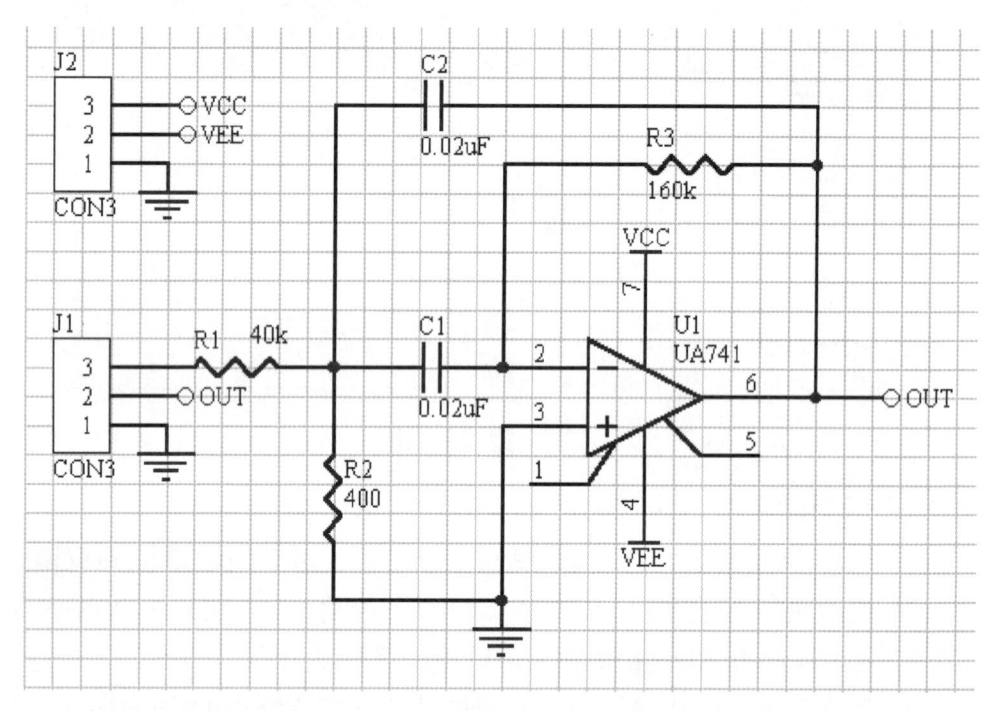

本電路圖是一個帶通濾波器(Bandpass Filter),所要使用的元件特性值,如下所示:

元件(Lif Ref)	元件外形圖(Footprint)	元件名稱(Designator)	元件值(Part Type)
CON3	SIP3	J1-J2	CON3
RES	AXIAL0.5	R1-R3	40K;400;160k
CAP	RAD0.3	C1-C2	0.02uF;0.02uF
UA741	DIP8	U1	UA741

第十二章 放置和佈線功能說明

1. 呼叫電路圖元件,請使用Sch設計面板的Find按鍵功能,搜尋整個Sch目錄,搜尋關鍵字請採用Part Type欄位的內容。
2. 連結兩個PCB元件庫:PCB Footprints.lib和Miscellaneous.lib。

實習12-2

問題1 請依據下面電路圖,完成電路板設計,電路板的規格如下:
1. 電路板堆疊結構採用雙層板。
2. 佈線寬度設定為25mil。

問題2 採用人工佈線方式,修改佈線效果比較差的連線,請標示出你所修改的佈線位置。

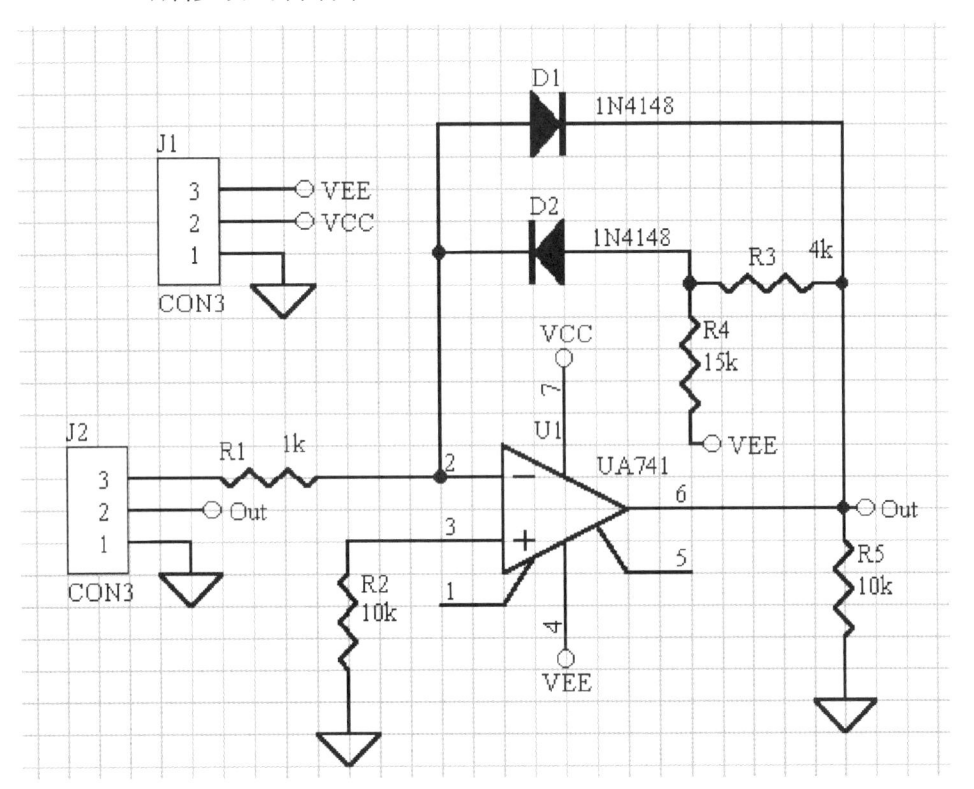

本電路圖所要使用的元件特性值,如下所示:

元件(Lif Ref)	元件外形圖(Footprint)	元件名稱(Designator)	元件值(Part Type)
CON3	SIP3	J1-J2	CON3
RES	AXIAL0.3	R1-R5	-
UA741	DIP8	U1	UA741
100HF100PV	DIODE0.4	D1-D2	1N4148

實習12-3

問題1 請依據下面電路圖，完成電路板設計，電路板的規格如下：
1. 電路板堆疊結構採用雙層板。
2. 佈線寬度設定為30mil。

問題2 採用人工佈線方式，修改佈線效果比較差的連線，請標示出你所修改的佈線位置。

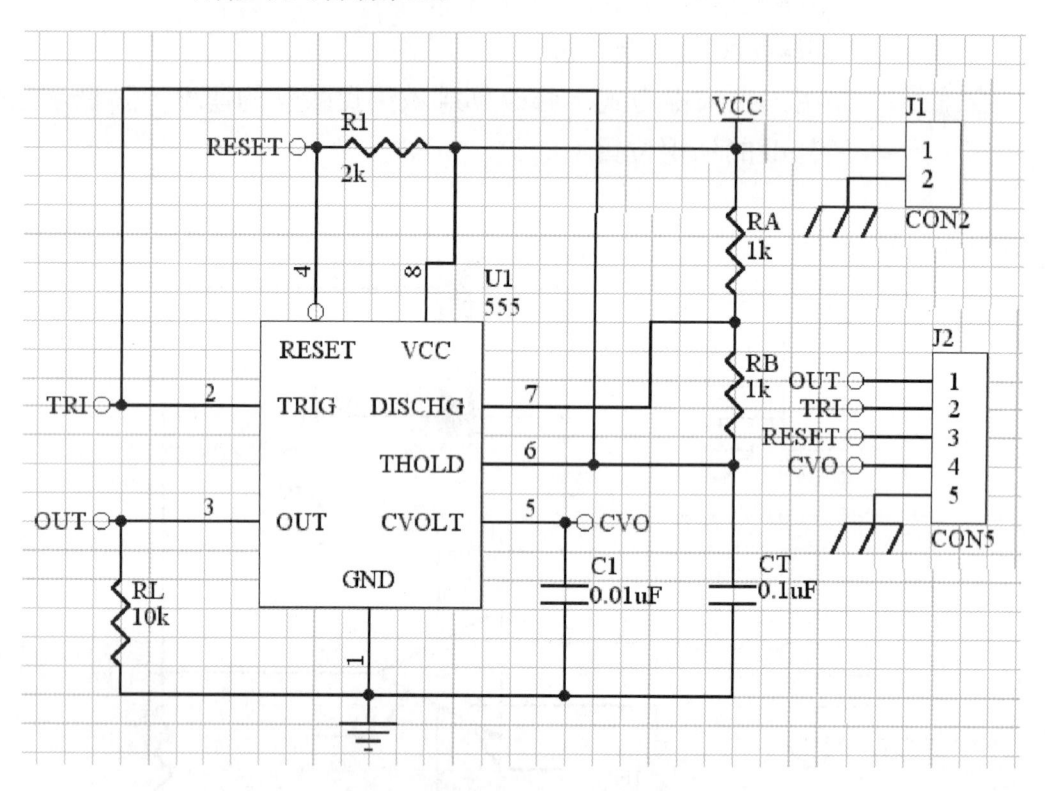

本電路圖所要使用的元件特性值，如下所示：

元件(Lif Ref)	元件外形圖(Footprint)	元件名稱(Designator)	元件值(Part Type)
CON2	SIP2	J1	CON2
CON5	SIP5	J2	CON5
RES	AXIAL0.5	R1;RL;RA;RB	-
555	DIP8	U1	555
CAP	RAD0.3	CT;C1	0.1uF;0.01uF

實習12-4

問題1 請依據下面電路圖,完成電路板設計,電路板的規格如下:
1. 電路板堆疊結構採用雙層板。
2. 佈線寬度設定為30mil。

問題2 採用人工佈線方式,修改佈線效果比較差的連線,請標示出你所修改的佈線位置。

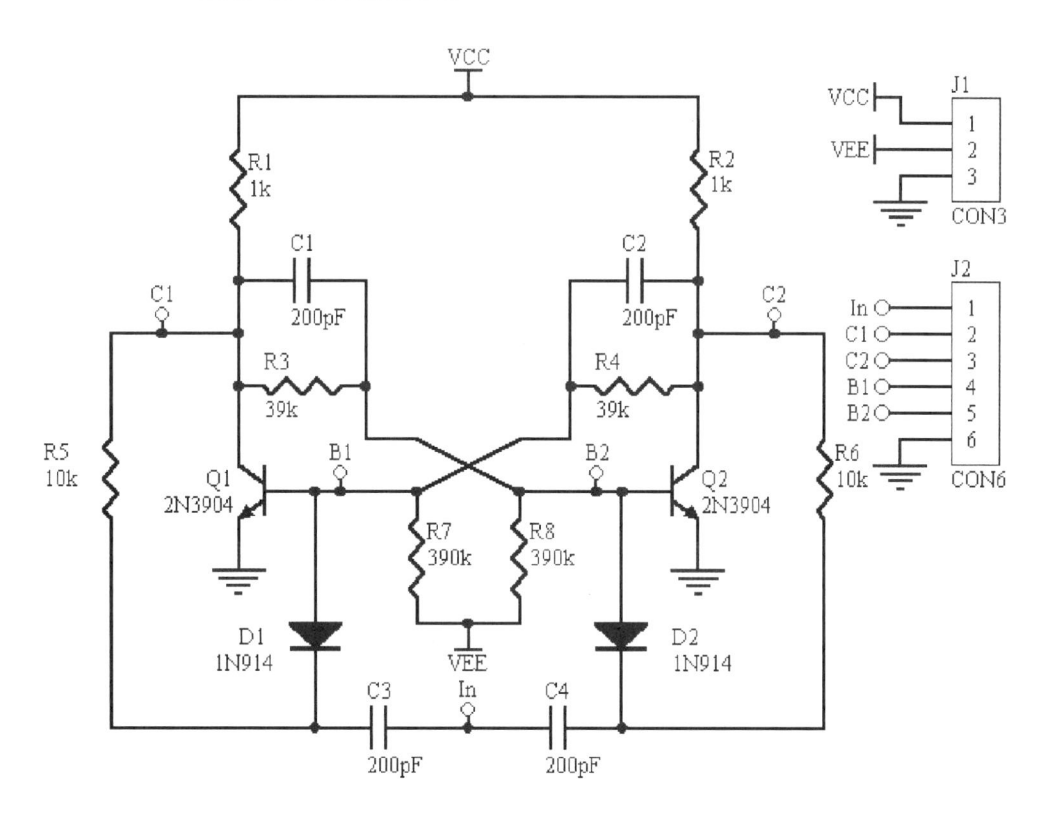

本電路圖所要使用的元件特性值,如下所示:

元件(Lif Ref)	元件外形圖(Footprint)	元件名稱(Designator)	元件值(Part Type)
RES	AXIAL0.3	R1-R8	
CAP	RAD0.1	C1-C4	
2N1893	TO-46	Q1-Q2	2N3904
100HF100PV	DIODE0.4	D1-D2	1N914
CON3	SIP3	J1	CON3
CON6	SIP6	J2	CON6

實習12-5

問題1 請依據下面電路圖,完成電路板設計,電路板的規格如下:
1. 電路板堆疊結構採用雙層板。
2. 佈線寬度設定為25mil。

問題2 採用人工佈線方式,修改佈線效果比較差的連線,請標示出你所修改的佈線位置。

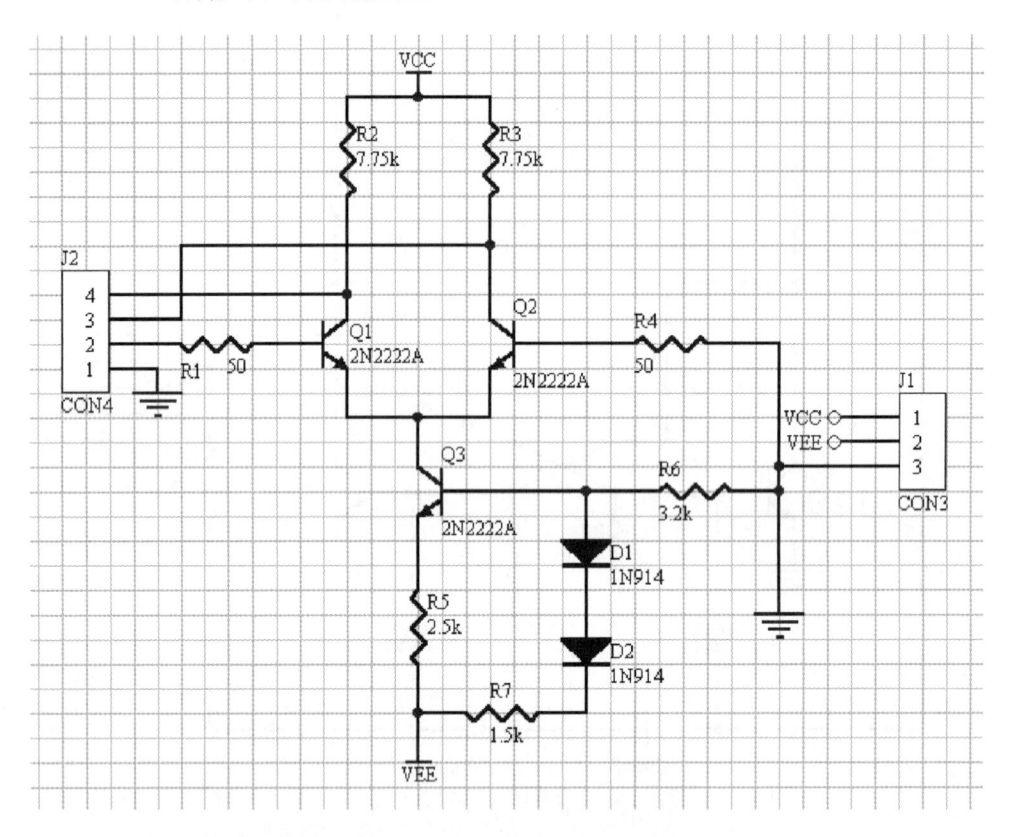

本電路圖所要使用的元件特性值,如下所示:

元件(Lif Ref)	元件外形圖(Footprint)	元件名稱(Designator)	元件值(Part Type)
CON3	SIP3	J1	CON3
CON4	SIP4	J2	CON4
RES	AXIAL0.5	R1-R7	-
2N1893	TO-46	Q1-Q3	2N2222A
100HF100PV	DIODE0.4	D1-D2	1N914

13 元件外形圖的詳細介紹

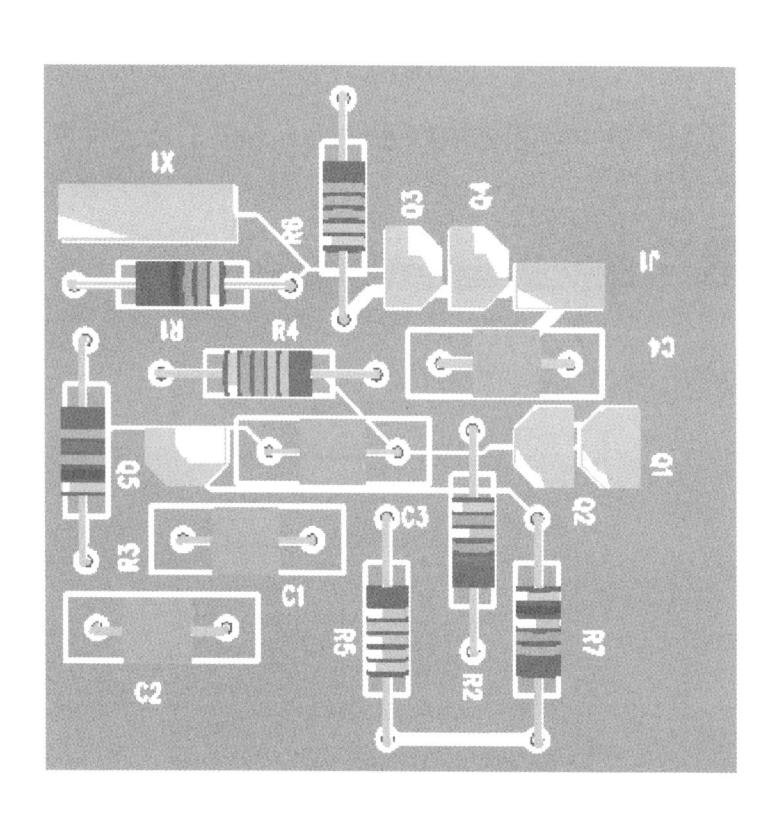

13-1 如何設定元件的外形圖(外形圖已知)

如果你已經知道所使用的元件外形圖,可以直接設定元件外形圖,有三種輸入方式,如下所示:

1. 在電路圖編輯器中,按Place > Part命令,產生Place Part對話盒,在Footprint格子中,輸入所知道的元件外形圖名稱,如下圖所示:

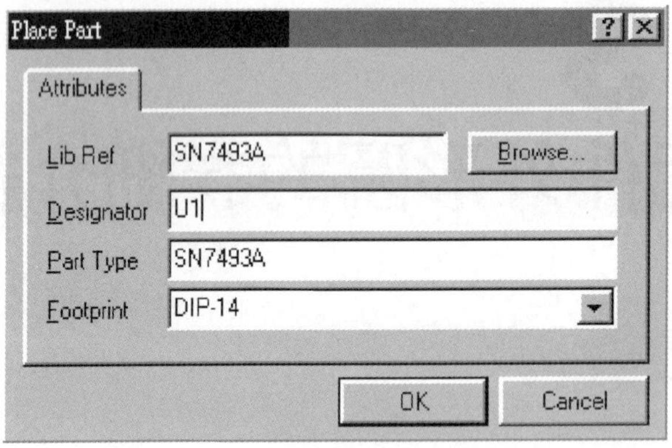

圖 13-1

2. 在電路圖編輯器中,還未放好元件時,游標上有元件圖形,按Tab鍵,產生Part對話盒,在Footprint格子中,輸入元件外形圖名稱,如下圖所示:

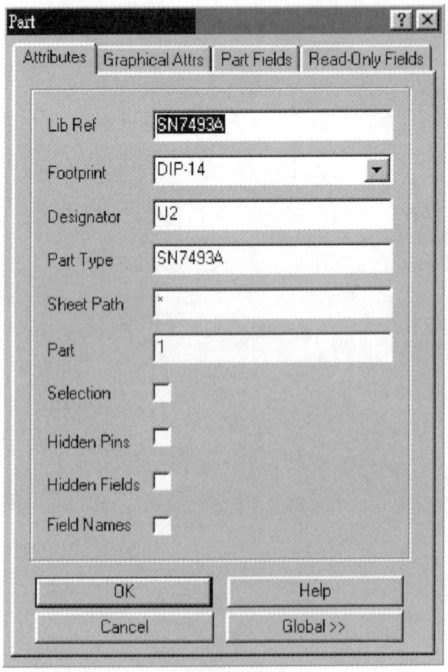

圖 13-2

3. 在電路圖編輯器中,放好元件後,在元件上,連按Mouse左鍵兩次,產生Part對話盒,在Footprint格子中,輸入元件外形圖名稱,如上圖所示。

但是元件外形圖必須在連結電路板元件庫中,否則會找不到這個元件外形圖,所以事前必須檢查:這個元件外形圖是否存在連結的電路板元件庫中。

以下是檢查元件外形圖是否存在連結元件庫中,或是找尋適用的元件外形圖,共有兩種方式,可以完成這個動作,如下所示:

一、在設計總管中,找到所要的元件外形圖:

以下是檢查 DIP-14 元件外形圖,是否存在連結的電路板元件庫中,步驟如下:

1. 開啟一個新的電路板編輯器。
2. 在PCB設計面板中,按下拉鍵,點選Libraries。
3. 按Add/Remove鍵,產生PCB Libraries對話盒,可以連結所需要的元件庫。

元件外形圖元件庫的路徑在 C:\Program Files\Design Explorer 99 SE\Library\Pcb\Generic Footprints。

4. 點選所要的元件庫(檔案類型(T)為Protel Design File(*.ddb))。
5. 按Add鍵,可以連結這個元件庫General IC.lib。
6. 重複步驟4-5,連接所需要的元件庫。
7. 按Ok鍵,完成連結元件庫的動作。
8. 在PCB設計面板中,逐一點選元件庫,並且瀏覽Components欄位,找到所要的元件外形圖,並且可以在迷你視窗中,看見元件外形圖的圖形,如下圖所示。

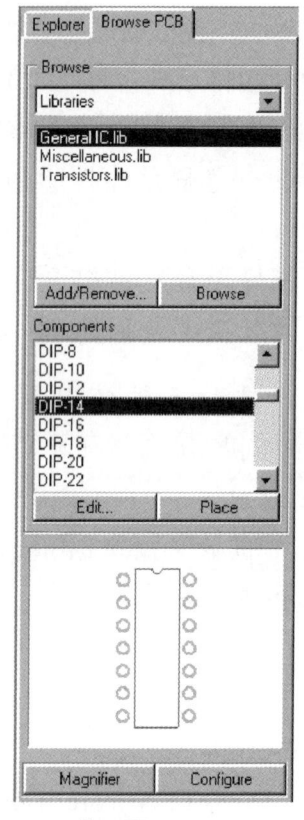

圖 13-3

　　元件外形圖DIP-14確定存在，是在General IC.lib元件庫中，由於這個元件庫有連結，所以可以使用外形圖DIP-14。

二、在電路板編輯器中，按Place > Component命令，或按Placement Tools工具列的 元件外形圖 按鈕，也可以檢查元件外形圖。

　　以下是檢查DIP-14元件外形圖是否存在連接元件庫中，步驟如下：

1. 開啟一個新的電路板編輯器。
2. 按Place > Component命令，產生Place Component對話盒。
3. 按Browse鍵，產生Browse Libraries對話盒。
4. 按Add/Remove鍵，產生PCB Libraries對話盒，可以連結所需要的元件庫，請自行連結元件庫。
5. 按Ok鍵，完成連結動作。
6. 在Mask欄位中，輸入DIP*。
7. 逐一點選元件庫，可以搜尋所點選的元件庫，檢查有沒有符合條件(DIP*)，可以找到符合條件的元件。

8. 從中間欄位中，點選DIP-14元件外形圖，可以在右邊欄位中，看見這個元件的外形圖，如下圖所示。

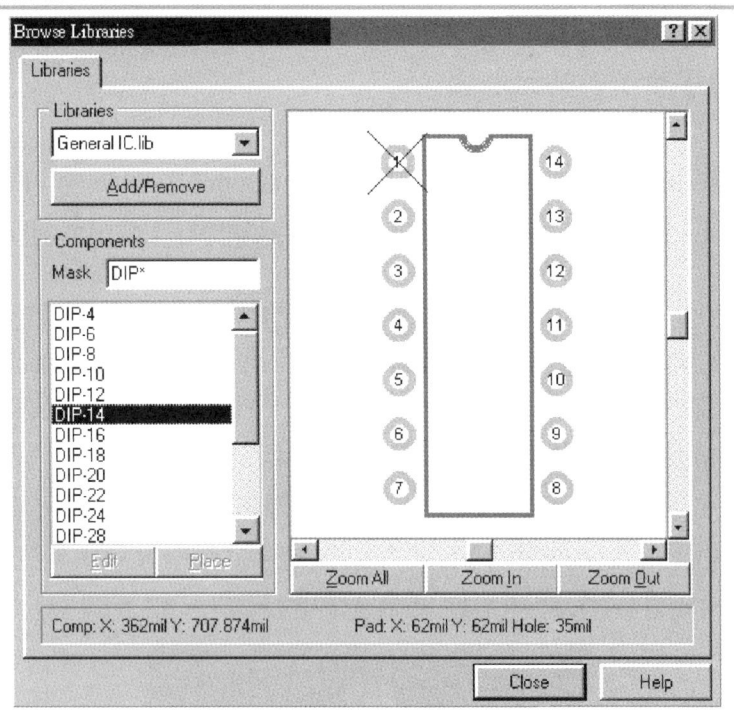

● 圖 13-4

9. 按Close鍵，回到Place Component對話盒。
10. 按Cancel鍵，完成檢查元件外形圖是否存在的動作。

▶ **注意**
　　如果是DIP元件，可以輸入DIP*，再進行搜尋動作，可以找到所有DIP開頭的元件外形圖，因為相同是14隻接腳的DIP元件，外形圖的名稱可能是DIP-14，也可能是DIP14，不同的元件庫，會有不同的元件外形圖名稱，但是都是相同的元件外形圖。

　　要使用元件外形圖，必須連結所需要的元件庫，除了利用PCB設計面板，連結元件庫和呼叫元件外形圖，也可以利用下列兩種主功能表的命令，如下所示：

命令	內容說明
Design > Browse Components	搜尋所要的元件外形圖
Design > Add/Remove Library	連結或移除元件庫

1. 按Design > Browse Components命令，產生Browse Libraries對話盒，可以搜尋所要的元件外形圖。
2. 按Design > Add/Remove Library命令，產生PCB Libraries對話盒，可以連結或移除所要的元件庫。

▶ **注意**
在電路板編輯器中，可以連結Advpcb.ddb\PCB Footprints.lib和Miscellaneous.lib元件庫，這兩個PCB元件庫通常已經足夠使用。

13-2 如何設定元件外形圖(不知道外形圖)

上一節說明設定元件外形圖的方法，但是常常在電路圖中，並不會告訴我們元件的外形圖是什麼?所以無法很容易設定元件外形圖，如果一定要設計PCB電路板，則一定要設定正確的元件外形圖，才能完成PCB電路板。

▶ 例如 電阻元件會使用AXIAL*元件(*表示萬用字元)，這是軸狀的針腳式元件，通常是用在電阻元件的包裝，如下圖所示：

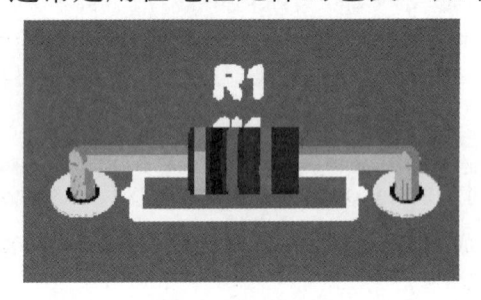

● 圖 13-5

▶ 例如 IC元件可以使用DIP*元件，這是雙排的針腳式元件，通常用在IC元件，如下圖所示：

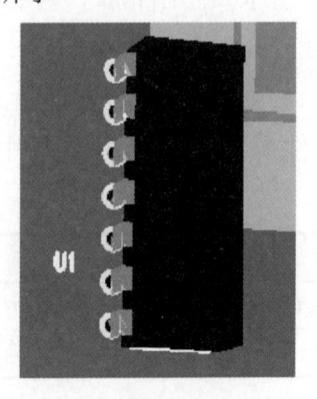

● 圖 13-6

AXIAL和DIP可以視為元件外形圖名稱的關鍵字。

常見元件外形圖的關鍵字，如下表所示：

外形圖關鍵字	用　途	內容說明
AXIAL	電阻	軸狀的針腳式元件
VR	可變電阻	可變電阻元件
RAD	無極性電容	
RB	極性電容	
DIODE	二極體	針腳式元件
TO	電晶體、UJT、FET	針腳式元件
RELAY	繼電器	
XTAL	石英震盪器	
FUSE	保險絲	
DIP	IC專用包裝	雙排針腳式元件
BGA	IC專用包裝	
LCC	IC專用包裝	
PGA	IC專用包裝	
PLCC	IC專用包裝	
QFP	IC專用包裝	
SIP	連接器、排阻	銲點排連接器
SOJ	IC專用包裝	表面黏貼元件
DB	連接器	
POWER	連接器	
TRF	變壓器	
TRAF	變壓器	

關鍵字後面的文字，通常是表示元件外形規格，例如：接腳數、銲點之間的距離、銲點孔徑大小...例如：DIP-14表示這個元件外形圖共有14支接腳，這種元件外形規格(接腳數)常見於IC元件和連接器，如下圖所示：

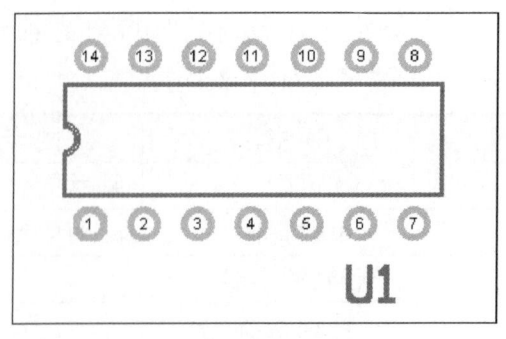

● 圖 13-7

> 例如 AXIAL0.3表示這個元件外形圖的銲點之間距離為300mil,這種元件外形規格(銲點距離)常見於電阻和電容元件,如下圖所示:

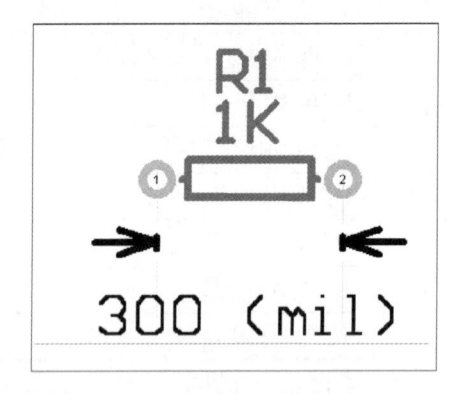

● 圖 13-8

以電晶體的包裝為範例,說明包裝的複雜性,在PCB Footprints.lib元件庫的元件外形圖中,電晶體的包裝共有下列幾種,如下所示:

1. TO-3、TO-66元件外形圖的圖形,如下圖所示:

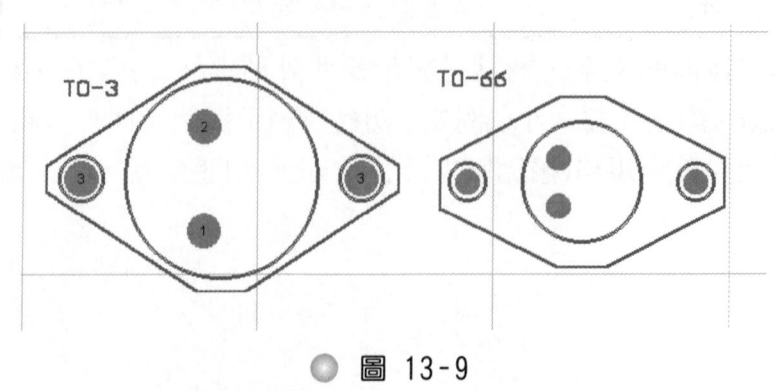

● 圖 13-9

下列元件可能會採用此類的元件外形圖:2N3055、MJ2955、2N3054。

2. TO-5、TO-18、TO-39、TO-46、TO-52元件外形圖的圖形，如下圖所示：

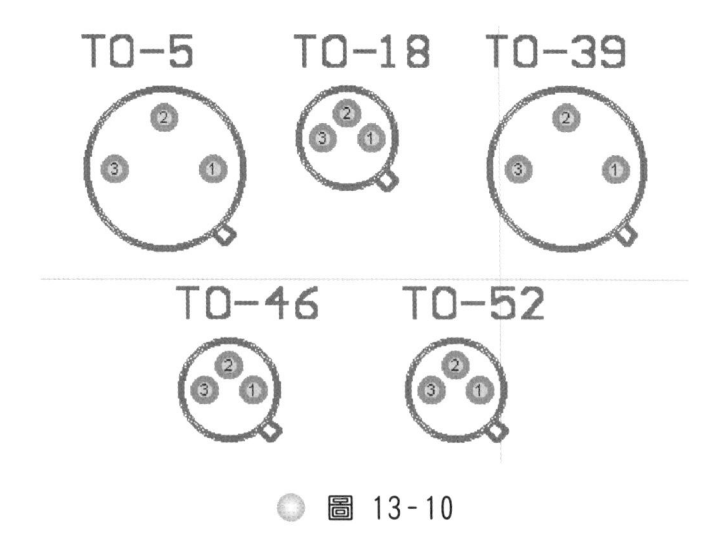

● 圖 13-10

下列元件可能會採用此類的元件外形圖：2N4355。

3. TO-92A、TO-92B元件外形圖的圖形，如下圖所示：

● 圖 13-11

下列元件可能會採用此類的元件外形圖：2N2222、2N3569、2N4401、2N5484、2904、2N2907、2N3906、2N6027、2SA495、9011、9012、SC6028、TL431、K30、K41...

4. TO-220元件外形圖的圖形，如下圖所示：

○ 圖 13-12

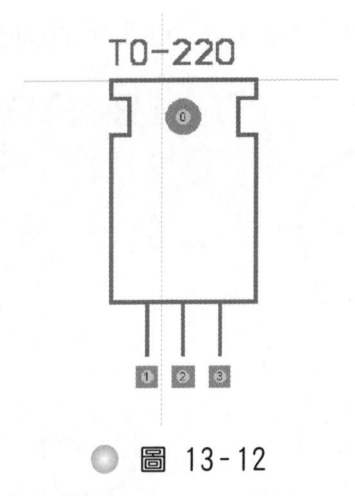

下列元件可能會採用此類的元件外形圖：LM317、7805、7808、7812、7905、7912、7915、2N6553、TIP31、TIP112。

5. TO-72元件外形圖的圖形，如下圖所示：

○ 圖 13-13

下列元件可能會採用此類的元件外形圖：K45。

6. TO-126元件外形圖的圖形，如下圖所示：

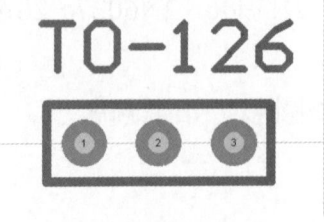

○ 圖 13-14

除了前面表格所提及的關鍵字之外，還有許多的關鍵字沒有提及，尤其連接器和IC元件的關鍵字最多，所以不要誤認為只有上面表格的內容。

當你畫電路圖時，要設定元件外形圖，通常有一些元件外形圖，時常會被使用到，所以可以很快就知道使用那一個元件外形圖，只要查下面表格,可以找到所要元件外形圖,節省許多時間,你也可以建立自己的常用元件外形圖表格,可以讓你快速設計電路板。

時常使用的元件及外形圖範例,如下表所示:

元件	外形圖範例	元件	外形圖範例
電容	RAD0.2	LM741	DIP8
電容	RB.2/.4	LM555	DIP8
電阻	AXIAL0.3	SN74LS154	DIP24
IC	DIP8	SN74LS00	DIP14
電晶體	TO-46	SN74LS30	DIP14
可變電阻	VR5	LM1458	DIP8
連接器(CON2)	SIP2	8255A	DIP40
連接器(4 HEADER)	POWER4	LM567	DIP8
連接器(CON8)	SIP8	連接器(CON26)	IDC26
二極體	DIODE0.4	連接器(CON AT62B)	ECN-IBMXT
電池(BATTERY)	SIP2	SN74LS08	DIP14
連接器(CON6)	SIP6	SN74LS138	DIP16
連接器(CON5)	SIP5	SN74LS04	DIP14
連接器(SW-PB)	SIP2	SN74LS373	DIP20
NPN電晶體	TO-5	8051AH	DIP40
NPN-PHOTO	TO-52	CD4011B	DIP14
電源開關	SIP2	SN7473	DIP14
石英震盪器	XTAL1	SN7486	DIP14
TTL 74系列	DIP*	排阻	SIP9

上表是作者常用到的元件外形圖,你也可以建立自己的常用外形圖表格。

如何找到所需要的元件外形圖？流程圖如下所示：

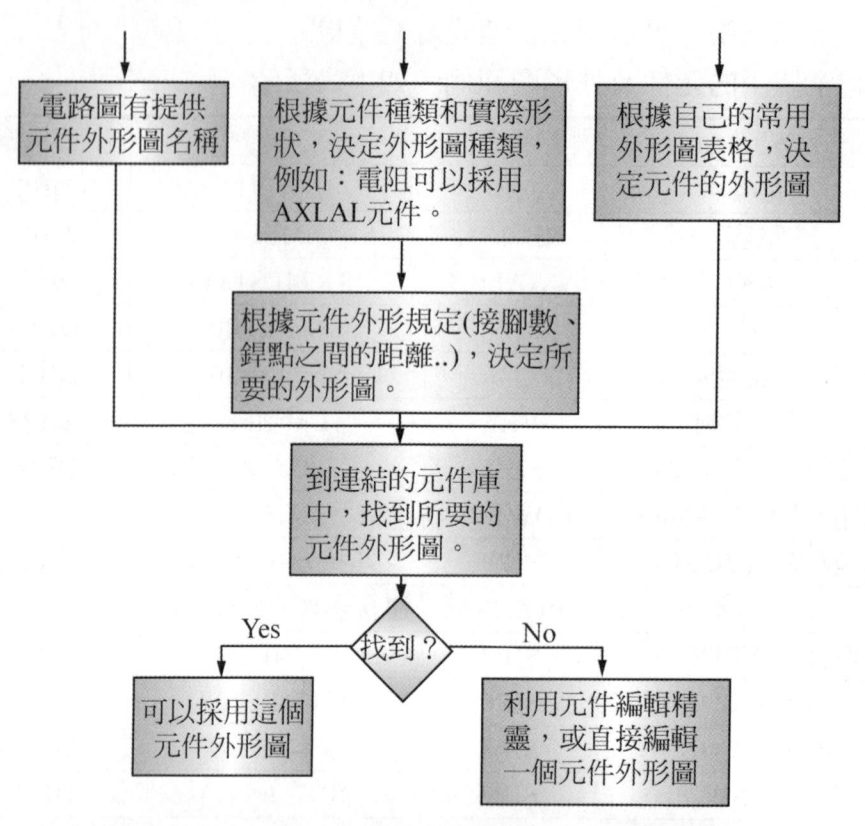

```
    ↓                    ↓                    ↓
┌─────────┐      ┌─────────────┐      ┌─────────────┐
│電路圖有提供│      │根據元件種類和實際形│      │根據自己的常用│
│元件外形圖名稱│    │狀，決定外形圖種類，│      │外形圖表格，決│
│         │      │例如：電阻可以採用│      │定元件的外形圖│
│         │      │AXLAL元件。    │      │             │
└────┬────┘      └──────┬──────┘      └──────┬──────┘
                        ↓
                ┌───────────────┐
                │根據元件外形規定(接腳數、│
                │銲點之間的距離..)，決定所│
                │要的外形圖。         │
                └───────┬───────┘
                        ↓
                ┌───────────────┐
                │到連結的元件庫     │
                │中，找到所要的    │
                │元件外形圖。      │
                └───────┬───────┘
           Yes       ╱找到?╲       No
         ┌─────────┘       └─────────┐
         ↓                           ↓
    ┌─────────┐                ┌─────────────┐
    │可以採用這個│                │利用元件編輯精│
    │元件外形圖 │                │靈，或直接編輯│
    │         │                │一個元件外形圖│
    └─────────┘                └─────────────┘
```

13-3 Protel軟體提供哪些元件庫

在一個電路板編輯器中，按 Place > Component 命令，產生 Place Component 對話盒，按 Browse 鍵，產生 Browse Libraries 對話盒，按 Add/Remove 鍵，產生 PCB Libraries 對話盒，如下圖所示：

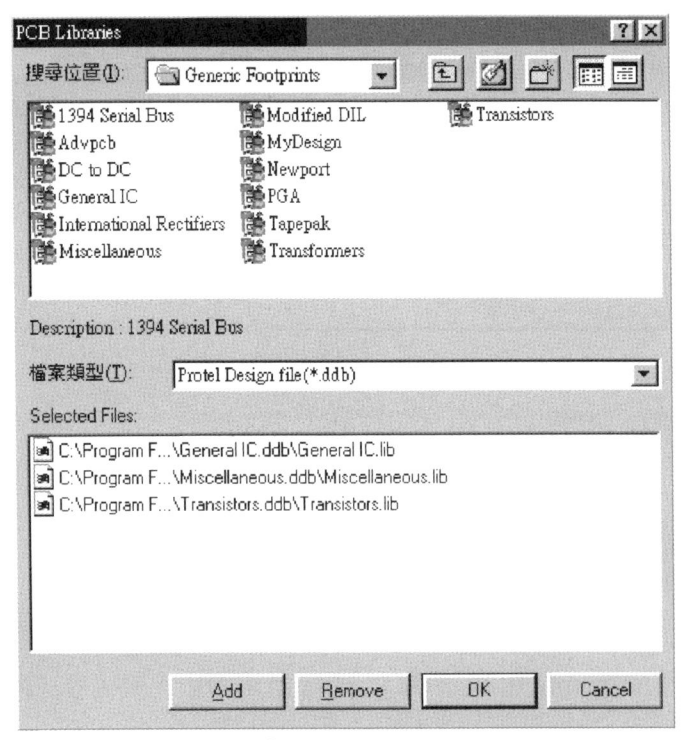

圖 13-15

　　在上面對話盒中，檔案類型(T)為Protel Design file(*.ddb)，元件外形圖元件庫的路徑在C:\Program Files\Design Explorer 99 SE\Library\Pcb\Generic Footprints,在上面欄位中，可以看見可使用的元件庫，有關所有元件庫的內容，如下表所示：

Protel 設計檔案	元件庫	內容說明
1394 Serial Bus.ddb	1394 Serial Bus.lib	QFP外形圖
Advpcb.ddb	PCB Footprints.lib	一般元件外形圖
DC to DC.ddb	Dc to DC.lib	DC to DC外形圖
General IC.ddb	General IC.lib	一般IC外形圖
International Rectifiers.ddb	International Rectifiers.lib	濾波器元件外形圖
Miscellaneous.ddb	Miscellaneous.lib	一般元件外形圖
Modified DIL.ddb	Modified DIL.lib	DIP外形圖
Newport.ddb	Newport.lib	Newport外形圖
PGA.ddb	PGA.lib	PGA外形圖(PGA*)
Tapepak.ddb	Tapepak.lib	TAPE外形圖(TAPE*)
Transformers.ddb	Transformers.lib	變壓器元件外形圖
Transistors.ddb	Transistors.lib	電晶體元件外形圖

　　在Pcb目錄下，另外還有兩個子目錄：Connectors(連接器)和IPC Footprints。

13-4 呼叫元件和設定外形圖範例

假設要呼叫一個元件，並且要設定元件外形圖，元件特性值如下表所示：

元件名稱 (Designator)	電路圖元件(Lib Ref)	元件外形圖 (Footprint)	PCB元件庫
U1	82C54	DIP24	PCB Footprints.lib

一、確定元件外形圖的名稱是正確的：

1. 開啟一個新的電路板編輯器。
2. 按Place > Component命令，產生Place Component對話盒。
3. 按Browse鍵，產生Browse Libraries對話盒。
4. 自行連接PCB Footprints.lib元件庫(在Advpcb.ddb設計檔案中)。
5. 在Mask欄位中，輸入DIP*。
6. 點選PCB Footprints.lib元件庫，找到所有DIP元件，點選DIP24，如下圖所示。

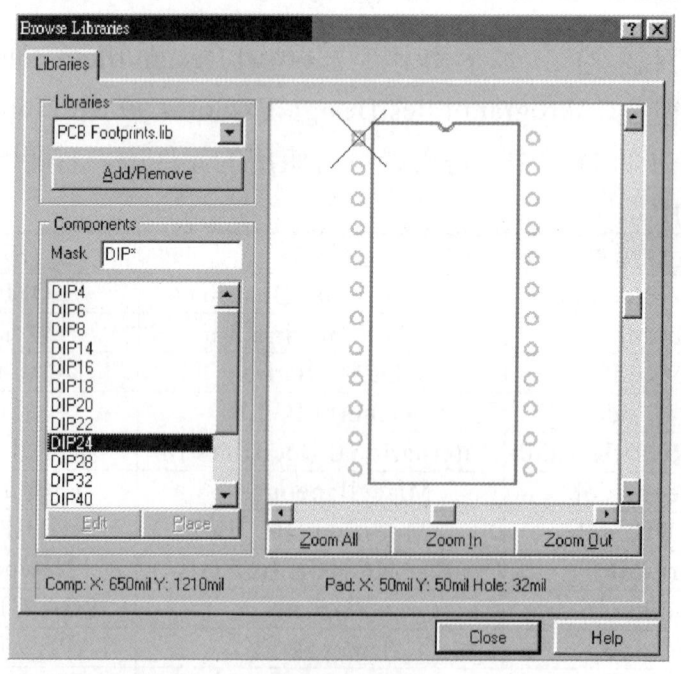

圖 13-16

從上面對話盒中，確定連結的元件庫PCB Footprints.lib中有DIP24元件存在。

> 7. 按Close鍵，關閉Browse Libraries對話盒。
> 8. 按Cancel鍵。

二、呼叫所要的元件：

> 1. 開啟一個新的電路圖編輯器。
> 2. 在Sch設計面板中，在Browse欄位中，點選Libraries。
> 3. 按Add/Remove鍵，產生Change Library File List對話盒。
> 4. 自行連接Intel Databooks.ddb元件庫。
> 5. 在Filter欄位中，輸入*82*54*。
> 6. 點選Intel Peripheral.lib元件庫，找到所有8254相關元件，點選82C54元件，如下圖所示。

◎ 圖 13-17

7. 按Place鍵,可以放置這個元件,這時游標上有個元件圖形,按Tab鍵,產生Part對話盒。
8. 在Footprint格子中,輸入DIP24。
9. 在Designator格子中,輸入U1。
10. 按Ok鍵,回到放置元件的動作。
11. 按Mouse左鍵一次,可以放好這個元件。
12. 按Mouse右鍵一次,終止放置元件的動作。

章後實習

實習13-1

電路圖如下所示：

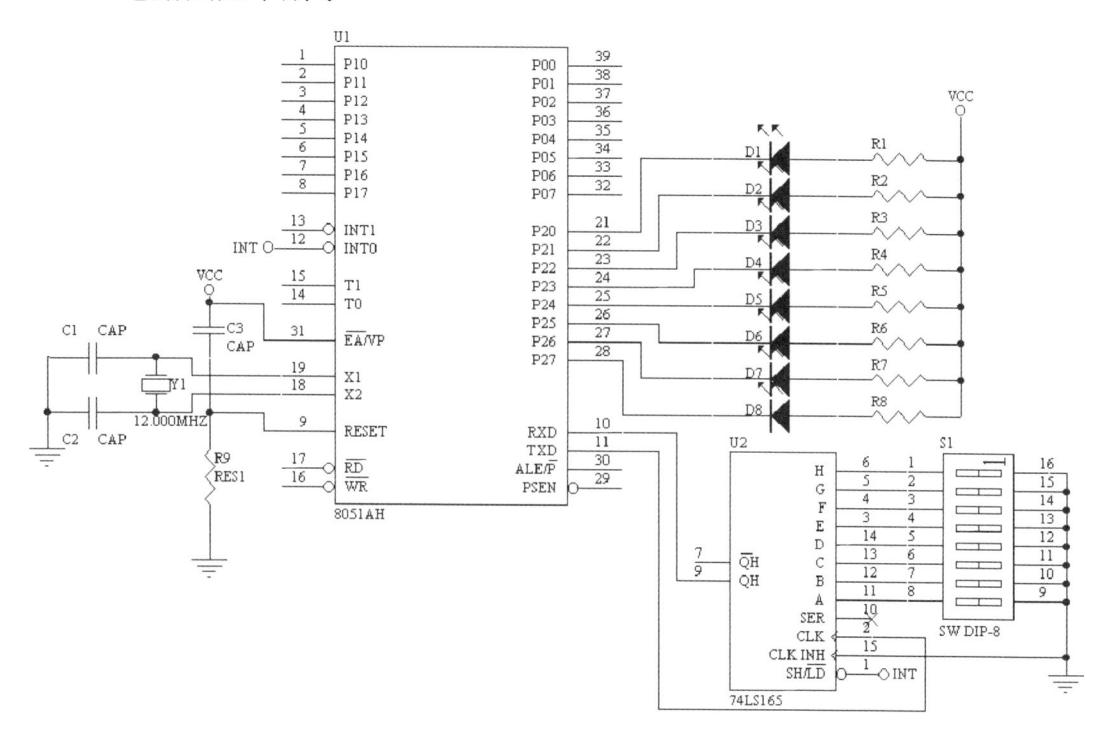

根據下列元件表，設定元件外形圖。

Lib Ref	Designator	Part Type	使用的PCB元件庫
CAP	C1-C3	CAP	Miscellaneous.lib
XTAL	Y1	12.000MHZ	Miscellaneous.lib
RES1	R1-R9	RES1	Miscellaneous.lib
LED	D1-D8	LED	Miscellaneous.lib
8031AH	U1	8051AH	PCB Footprints.lib
74LS165	U2	74LS165	PCB Footprints.lib
SW DIP-8	S1	SW DIP-8	PCB Footprints.lib

元件外形圖只能使用表格最後欄位的元件庫，請自行決定。

問題1 把上面電路圖轉換成串接檔。

問題2 把串接檔載入到電路板中。

> 由於Protel軟體提供許多電路圖元件庫,所以建議使用Sch設計面板的Find按鍵功能,可以搜尋整個Sch目錄,但是搜尋所使用的關鍵字必須使用Part Type欄位的內容,例如:8051AH元件可以使用關鍵字為*80*51*,可以找到所有8051電路圖元件,不要使用Lib Ref欄位的內容,因為元件名稱不一樣,雖然元件接腳是一樣的。

實習13-2

電路圖如下所示:

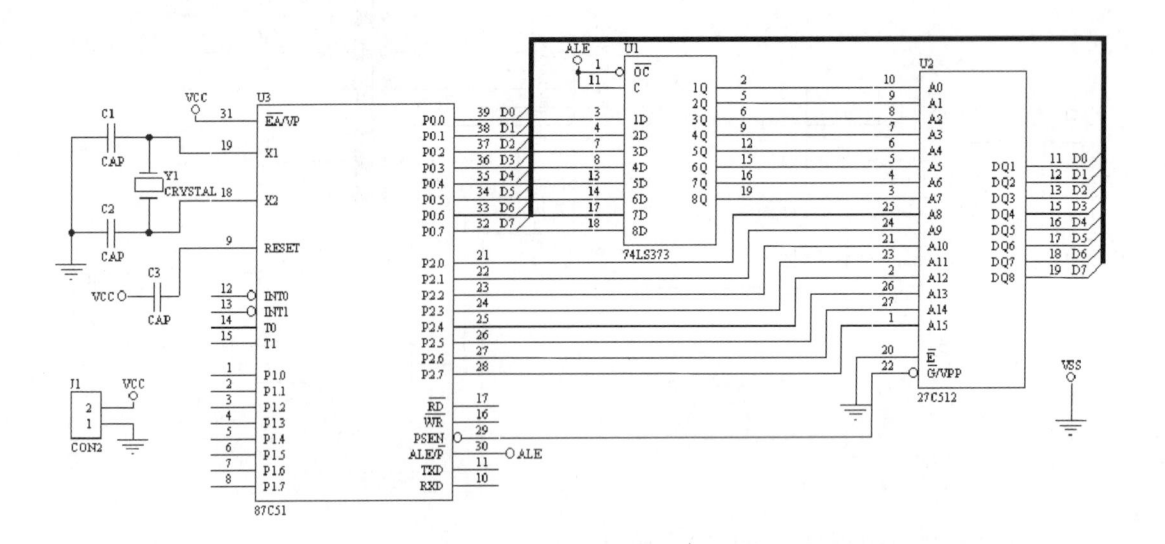

根據下列元件表,設定元件外形圖。

Lib Ref	Designator	Part Type	使用的PCB元件庫
CAP	C1-C3	CAP	Miscellaneous.lib
CRYSTAL	Y1	CRYSTAL	Miscellaneous.lib
CON2	J1	CON2	Miscellaneous.lib
87C51	U3	87C51	PCB Footprints.lib
74LS373	U1	74LS373	PCB Footprints.lib
27C512	U2	27C512	PCB Footprints.lib

元件外形圖只能使用表格最後欄位的元件庫。

問題1 把上面電路圖轉換成串接檔。

問題2 把串接檔載入到電路板中。

實習13-3

電路圖如下所示:

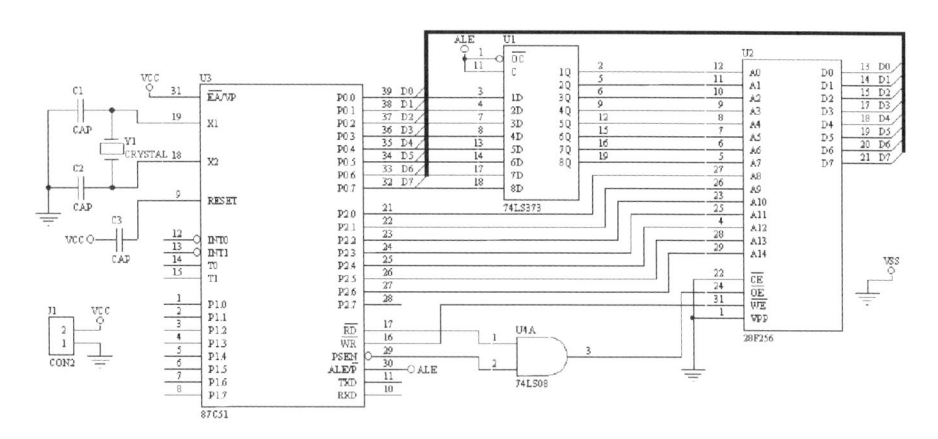

根據下列元件表,設定元件外形圖。

Lib Ref	Designator	Part Type	使用的PCB元件庫
CAP	C1-C3	CAP	Miscellaneous.lib
XTAL	Y1	12.000MHZ	Miscellaneous.lib
CON2	J1	CON2	Miscellaneous.lib
87C51	U3	87C51	PCB Footprints.lib
74LS373	U1	74LS373	PCB Footprints.lib
28F256	U2	28F256	PCB Footprints.lib
74F08	U4	74LS08	PCB Footprints.lib

元件外形圖只能使用表格最後欄位的元件庫。

問題1 把上面電路圖轉換成串接檔。

問題2 把串接檔載入到電路板中。

實習13-4

電路圖如下所示:

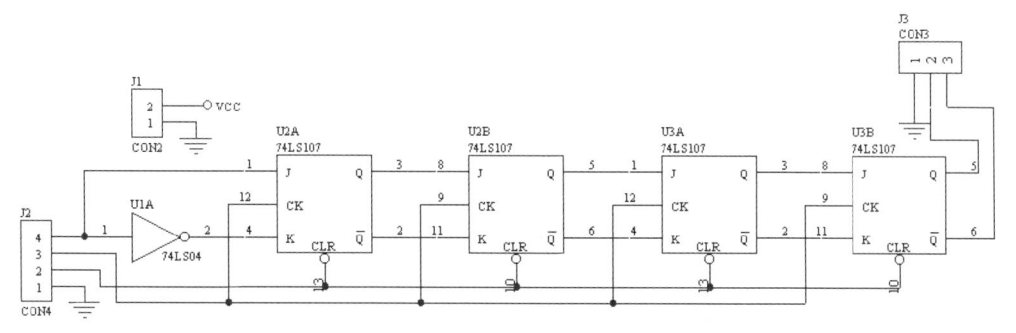

根據下列元件表,設定元件外形圖。

Lib Ref	Designator	Part Type	使用的PCB元件庫
CON2	J1	CON2	Miscellaneous.lib
CON4	J2	CON4	Miscellaneous.lib
CON3	J3	CON3	Miscellaneous.lib
74LS04	U1	74LS04	PCB Footprints.lib
74LS107	U2、U3	74LS107	PCB Footprints.lib

元件外形圖只能使用表格最後欄位的元件庫。

問題1 把上面電路圖轉換成串接檔。

問題2 把串接檔載入到電路板中。

實習13-5

電路圖如下所示:

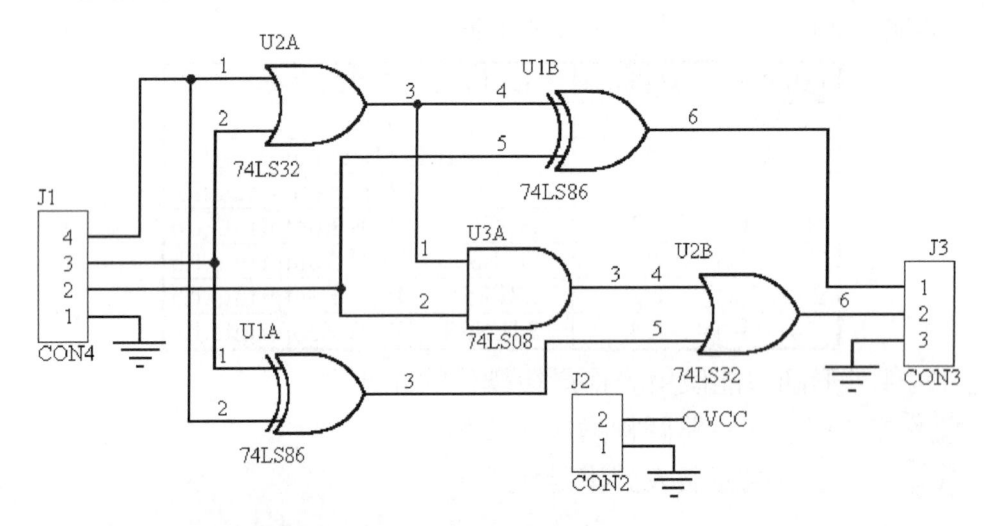

根據下列元件表,設定元件外形圖。

Lib Ref	Designator	Part Type	使用的PCB元件庫
CON4	J1	CON4	Miscellaneous.lib
CON2	J2	CON2	Miscellaneous.lib
CON3	J3	CON3	Miscellaneous.lib
74F32	U2	74LS32	PCB Footprints.lib
74LS86	U1	74LS86	PCB Footprints.lib
74F08	U3	74LS08	PCB Footprints.lib

元件外形圖只能使用表格最後欄位的元件庫。

問題1 把上面電路圖轉換成串接檔。

問題2 把串接檔載入到電路板中。

14 輸出列印和設計規則說明

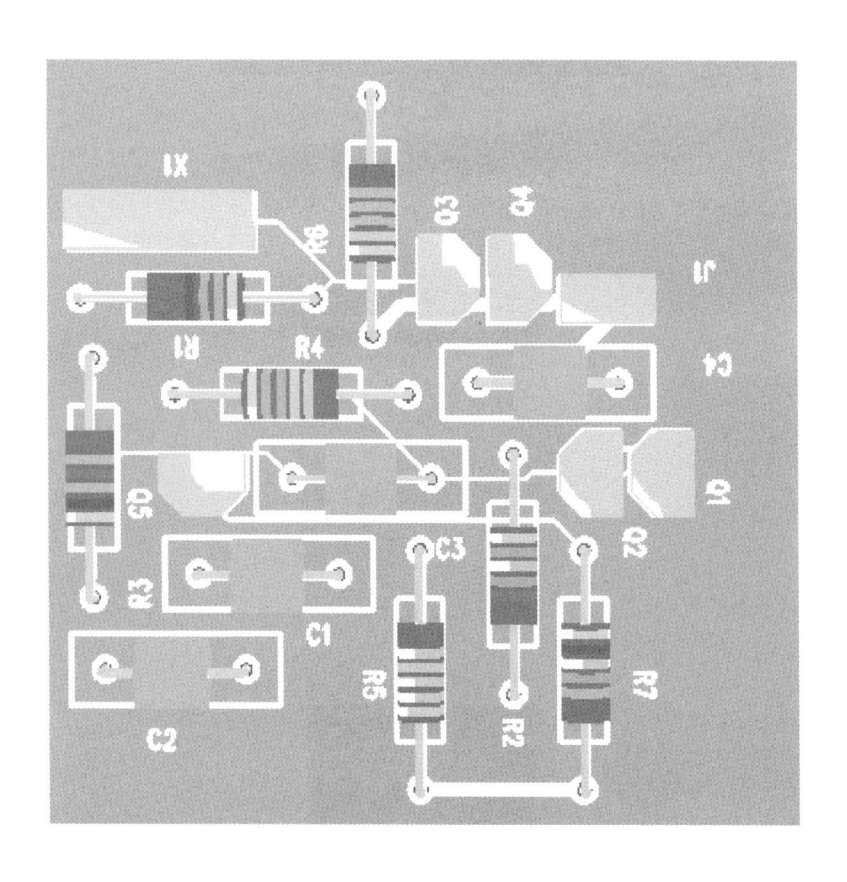

14-1 電路板的3D畫面

在Protel 99 SE軟體中,提供電路板的3D虛擬畫面,你可以看見完成電路板的實際外形,可以讓您更了解PCB電路板的結構,按View > Board in 3D命令,產生3D PCB1.PCB檔案,可以預覽和列印PCB電路板的3D圖形,如下圖所示:

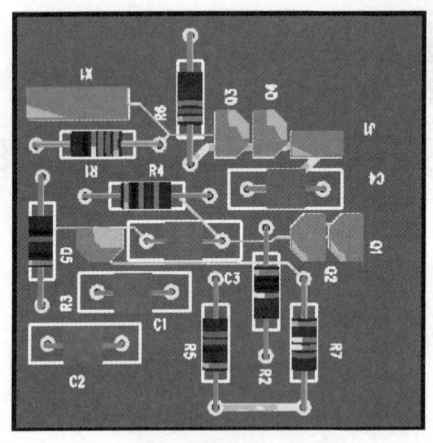

● 圖 14-1

在PCB設計面板中,按Browse PCB3D標籤,產生PCB3D面板,可以進行3D畫面的編輯工作,如下圖所示:

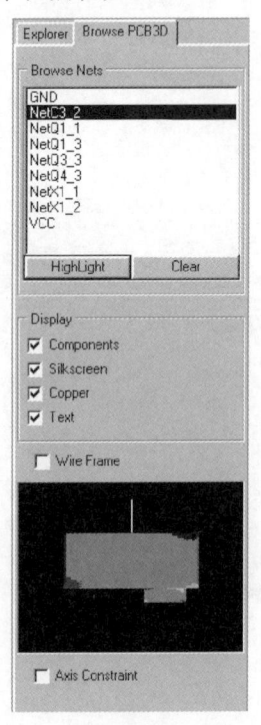

● 圖 14-2

移動游標到迷你視窗中，游標變成十字形狀，按住Mouse左鍵，可以旋轉3D畫面，如下圖所示：

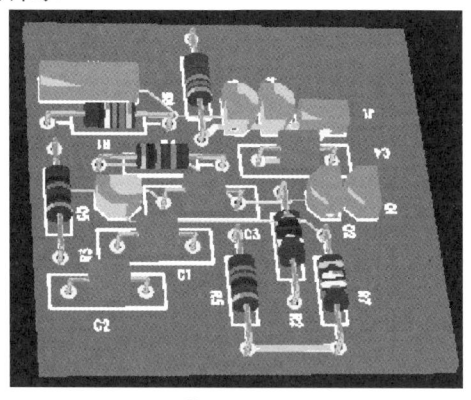

● 圖 14-3

14-2 輸出列印(Printout)

當完成你的PCB電路板，接下來，就要把電路板圖形列印出來，如果你是採用人工方式製作電路板，可以按File > Print/Preview命令，列印出電路板的圖形，如果送入PCB工廠，製作PCB電路板，可以按File > CAM Manager命令，產生PCB專用輸出檔案。

本節說明人工方式製作電路板，這種列印方法稱為列印輸出(Printout)，是一組要列印的PCB佈局層，混合成單一列印工作，可以把多層的佈局層列印在一張紙上(重疊)，執行輸出列印時，會產生PPC檔案，PPC是Power Print Configuration縮寫。

在PCB視窗中，按File > Print/Preview命令，產生Preview PCB1.PPC檔案畫面，如果看不見圖形，可以按View > Zoom In和Zoom Out命令，可以調整畫面的大小，如下圖所示：

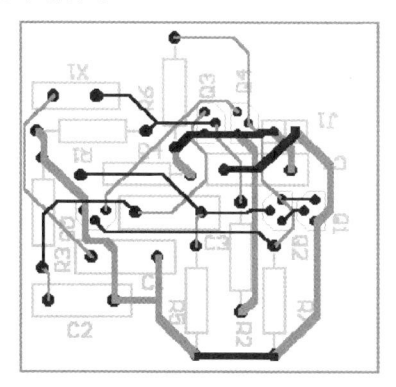

● 圖 14-4

在設計面板中，按Browse PCBPrint標籤，可以看到目前輸出列印(Printout)的內容，按+鍵，可以展開輸出列印的內容，看見輸出是由那些佈局層所組合而成的，如下圖所示：

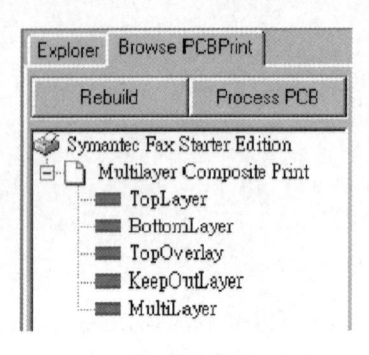

圖 14-5

在上面的圖形中，輸出列印(Printout)是由五個佈局層所組合，分別是：
(1) TopLayer：上層訊號佈局層。
(2) BottomLayer：下層訊號佈局層。
(3) TopOverlay：上層的絹版佈局層，由於元件放在上層，所以在電路板的上層印刷資料。
(4) KeepOutLayer：禁止佈局層。
(5) MultiLayer：顯示銲點和導孔圖形。

在設計面板中，有兩個按鍵存在，分別說明如下：
(1) Rebuild鍵：當你更動預覽圖形，按Rebuild鍵，可以更改預覽圖形。
(2) Process PCB鍵：如果修改PCB電路板，按Process PCB鍵，可以更改預覽圖形。

在設計面板中，按Mouse右鍵，產生快捷功能表，如下圖所示：

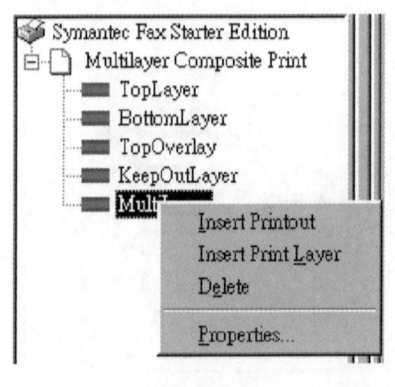

圖 14-6

快捷功能表的說明，如下所示：

功能	主功能表	內容說明
Insert Printout	Edit > Insert Printout	加入新的輸出列印
Insert Print Layer	Edit > Insert Layer	加入佈局層到這個輸出列印中
Delete	Edit > Delete	除去佈局層或輸出列印
Properties	Edit > Change	編輯輸出列印或佈局層的特性

一、Insert Printout命令：在快捷功能表中，點選 **Insert Printout** 命令，產生Printout Properties對話盒，可以產生一個新的輸出列印，預設名稱是New Printout，對話盒如下圖所示：

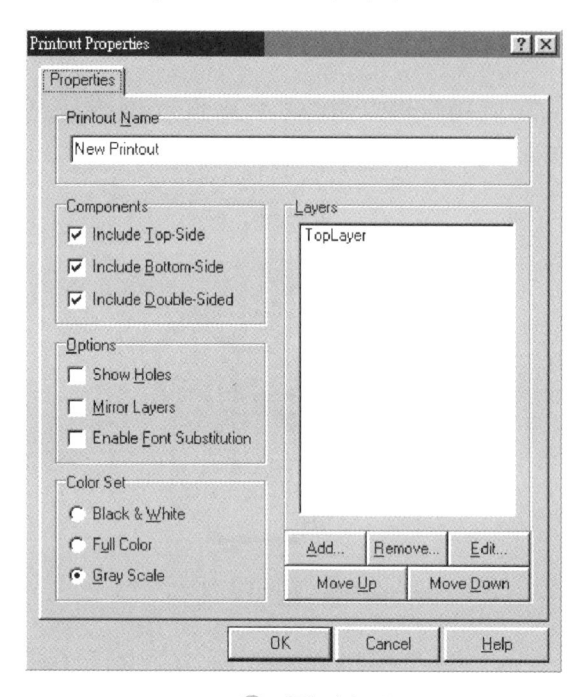

◎ 圖 14-7

在這個新的輸出列印中，已經包含一個TopLayer佈局層，這是預設的情況，以下分別說明對話盒的內容：

1. Printout Name：表示輸出列印的名稱。
2. Components：顯示元件相關的項目，共有三個選項，說明如下：
    (1) Include Top-Side：包括上層的元件項目。
    (2) Include Bottom-Side：包括下層的元件項目。
    (3) Include Double-Sided：包括雙層的元件項目。

取消上面三個選項之後,只能看見銅箔連線(Track),而看不到元件相關的項目,如下圖所示:

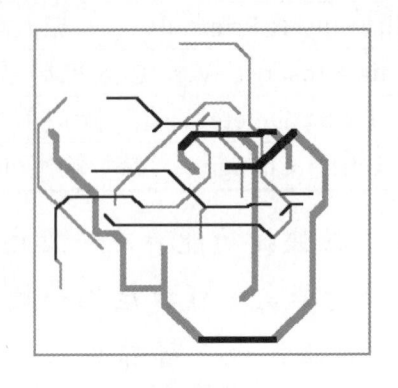

● 圖 14-8

3. Options:可以點選電路板的設定,共有三種設定,如下所示:
   (1) Show Holes:表示要顯示銲點和導孔的孔徑,如下圖所示:

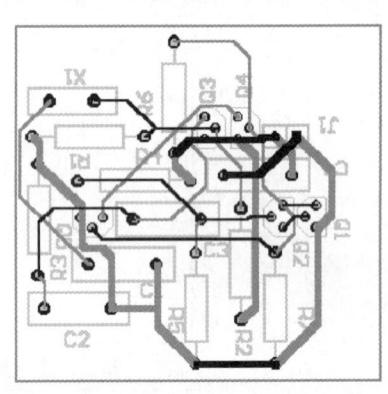

● 圖 14-9

   (2) Mirror Layers:電路板以左右對稱方式顯示(鏡射)。
   (3) Enable Font Substitution:更改字型。
4. Color Set:設定輸出列印圖形的顏色,共有三種選項,說明如下:
   (1) Black & White:以黑和白兩種顏色顯示。
   (2) Full Color:以全彩顯示。
   (3) Gray Scale:以灰階顯示。

▶ 注意
如果要人工處理PCB電路板,輸出圖形的顏色應該採用Black & White。

5. Layers:顯示目前輸出的佈局層。
6. 按鍵功能共有五個,分別說明如下:

(1) Add鍵：按此鍵，可以加入新的佈局層，產生Layer Properties對話盒，有關這個對話盒的說明，將在後面介紹。
(2) Remove鍵：在Layers欄位中，先點選要除去的佈局層，再按Remove鍵，就可以除去不要顯示的佈局層。
(3) Edit鍵：在Layers欄位中，先點選要編輯的佈局層，再按Edit鍵，產生Layer Properties對話盒。
(4) Move Up鍵：先點選要移動順序的佈局層，按Move Up鍵，可以把這個佈局層往上移一位。
(5) Move Down鍵：先點選要移動順序的佈局層，按Move Down鍵，可以把這個佈局層往下移一位。

▶ **注意**
在設計面板中，點選輸出列印名稱Multilayer Composite Print，再按Edit > Change命令，也可以開啟Printout Properties對話盒。

按Add鍵，新的佈局層加到佈局層列的下面，按Move Up鍵和Move Down鍵，可以更改其順序。

二、Insert Print Layer命令：在快捷功能表中，點選Insert Print Layer命令，產生Layer Properties對話盒，可以產生一個新的佈局層，加入到這個輸出列印中，對話盒如下圖所示：

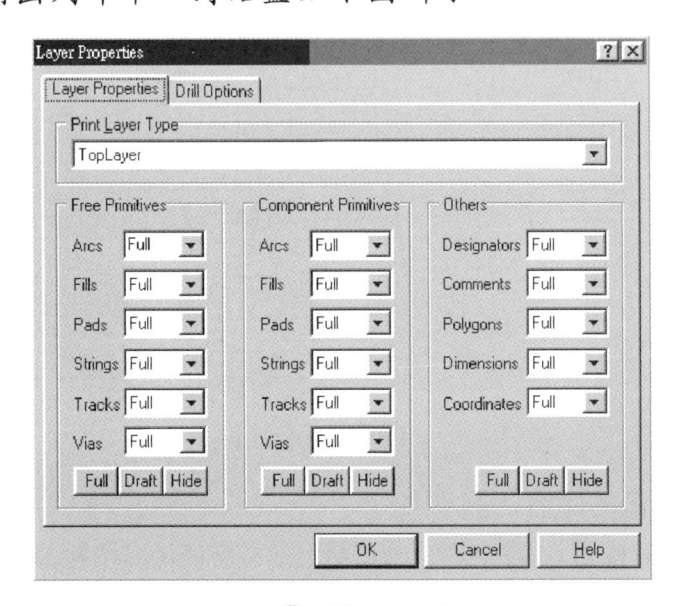

◎ 圖 14-10

上面對話盒的內容，說明如下：
1. Print Layer Type：設定要列印的佈局層名稱。
2. Free Primitives欄位：設定一般項目的顯示狀態，這些項目包括：弧形(Arcs)、填滿項目(Fills)、銲點(Pads)、字串(String)、接線(Tracks)和導孔(Vias)，共有三種顯示狀態，分別說明如下：
   (1) Full：以完整圖形顯示。
   (2) Draft：以草稿圖形顯示。
   (3) Hide：以隱藏方式處理。
3. Component Primitives欄位：設定元件相關的項目之顯示狀態，同樣地，共有三種顯示狀況：Full、Draft、Hide。
4. Others欄位：設定其他項目的顯示狀況，這些項目包括：元件名稱(Designators)、註解(Comments)、多角形(Polygons)、游標尺(Dimensions)和座標(Coordinates)，同樣地，共有三種顯示狀況：Full、Draft、Hide。

在上面對話盒中，按Drill Options標籤，產生新的對話盒，如下圖所示：

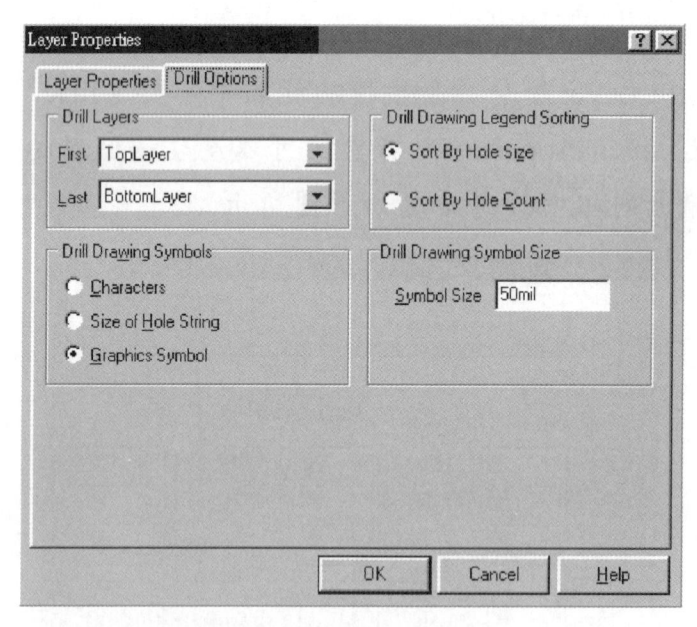

● 圖 14-11

上面對話盒的內容，說明如下：
1. Drill Layers欄位：設定鑽孔的開始佈局層(First)和結束佈局層(Last)。
2. Drill Drawing Symbols欄位：設定鑽孔的繪圖符號，共有三種符號存在，如下所示：

(1) Characters：以文字表示。

(2) Size of Hole String：以孔徑大小表示。

(3) Graphics Symbol：以圖形符號表示。

3. Drill Drawing Legend Sorting：設定鑽孔圖形的排序方式，共有兩種排序方式：

(1) Sort By Hole Size：以孔徑大小排序。

(2) Sort By Hole Count：以孔數排序。

4. Drill Drawing Symbol Size：設定鑽孔圖形的符號大小。

三、Delete命令：移動游標到要刪除的佈局層或輸出列印，按Mouse右鍵，產生快捷功能表，點選Delete命令，產生Confirm Delete Print Layer對話盒，如下圖所示：

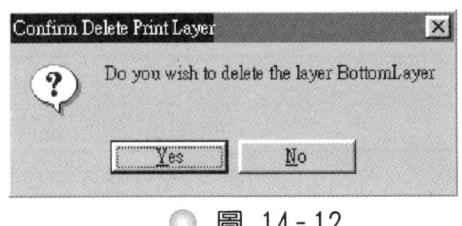

● 圖 14-12

在上面對話盒中，詢問你：是否要刪除BottomLayer佈局層，按Yes鍵，可以移除這個佈局層。

四、Properties命令：移動游標到有編輯的輸出列印或佈局層，按Mouse右鍵，產生快捷功能表，點選Properties命令，可以產生Printout Properties對話盒或Layer Properties對話盒。

▶ 注意

如果要使用主功能表Delete和Change命令，必須先點選輸出列印或佈局層。

Protel 99 SE軟體的Print/Preview命令有一個有用的特性，也就是同一個電路板能夠產生和儲存多個PPC檔案。

14-3 使用系統預設的輸出列印資料

在Protel軟體中,提供了數種預設的輸出列印資料,可以採用這些輸出列印資料,而不用自行設定輸出列印資料的內容。

按Tools命令,可以設定系統預設的輸出列印資料,如下圖所示:

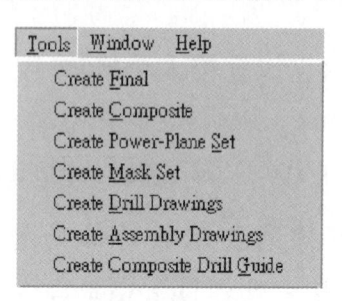

● 圖 14-13

預設輸出列印資料的命令,如下表所示:

預設輸出列印	內容說明
Create Final	產生完整的最後輸出列印組
Create Composite	產生Multilayer的輸出列印資料
Create Power-Plane Set	產生電源平面的輸出列印資料
Create Mask Set	產生防銲/銲錫光罩的輸出列印資料
Create Drill Drawings	產生Drill Drawing and Guides的輸出列印資料
Create Assembly Drawings	產生Assembly Drawing的輸出列印資料
Create Composite Drill Guide	產生Composite Drill Drawing的輸出列印資料

在Preview PCB1.PPC檔案視窗中,按Tools > Create Final命令,產生Confirm Create Print-Set對話盒,如下圖所示:

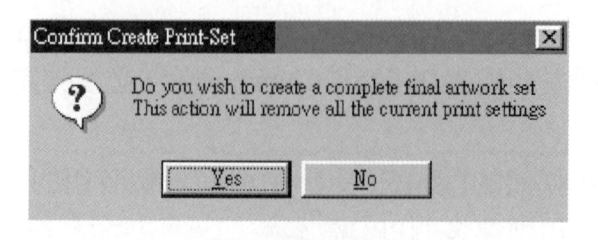

● 圖 14-14

在上面對話盒中,詢問你:是否要產生一組完整的輸入列印資料?而且這個動作,將會移除所有目前的列印資料。

第十四章 輸出列印和設計規則說明

按Yes鍵後，可以在設計面板中，看到九個輸出列印資料，如下圖所示：

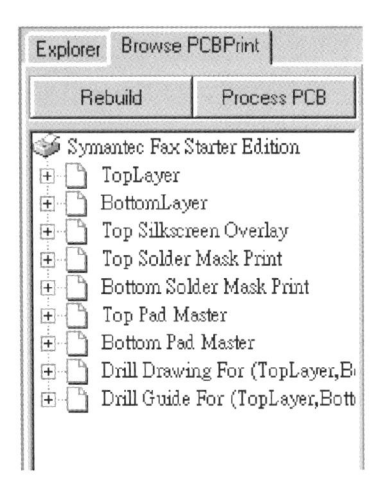

○ 圖 14-15

以下是產生一個新的輸出列印，這個輸出列印包括三個佈局層：BottomLayer、MultiLayer和KeepOutLayer，步驟如下：

1. 在*.PCB電路板視窗中，按File > Print/Preview命令，產生Preview *.PPC檔案視窗(*表示檔名)。
2. 在設計面板中，按Mouse右鍵一次，選擇Insert Printout命令，產生Printout Properties對話盒。
3. 在Printout Name格子中，輸入Printout1。
4. 按Add鍵，加入新的佈局層，產生Layer Properties對話盒。
5. 在Print Layer Type格子中，按下拉鍵，點選BottomLayer。
6. 按Ok鍵，關閉Layer Properties對話盒，可以在Layers欄位中，看到BottomLayer佈局層。
7. 重複步驟4-6，加入MultiLayer和KeepOutLayer佈局層。
8. 在Layers欄位中，點選TopLayer佈局層，按Remove鍵，產生Confirm Delete Print Layer對話盒，如下圖所示。

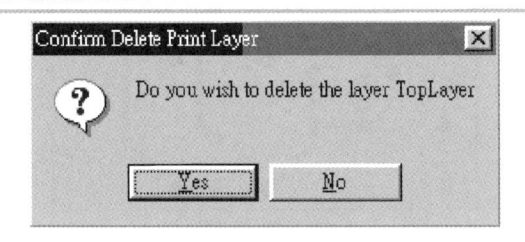

○ 圖 14-16

9. 按Yes鍵,刪除TopLayer佈局層,此時Printout Properties對話盒,如下圖所示。

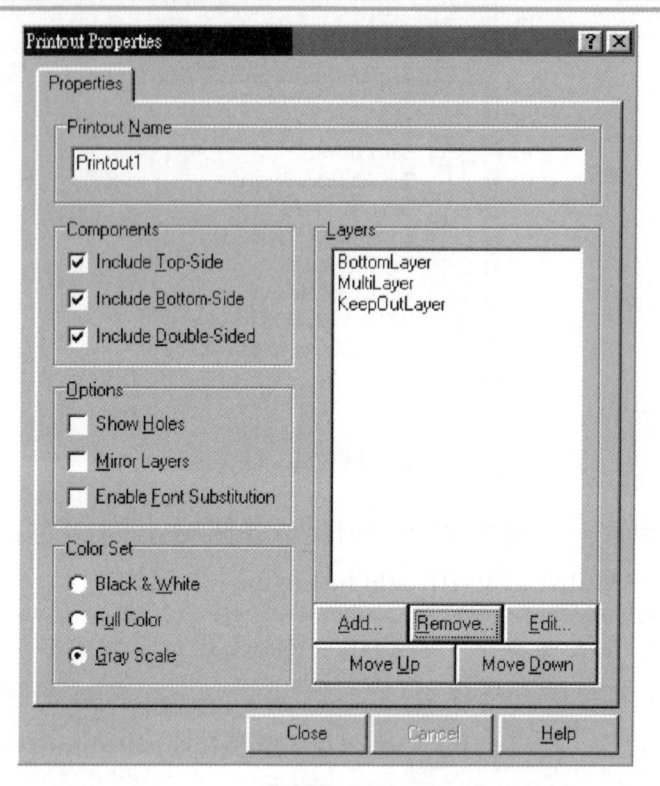

圖 14-17

10. 按Close鍵,關閉Printout Properties對話盒。
11. 按View > Zoom In命令,放大視窗畫面,Printout1輸出列印的圖形,如下圖所示。

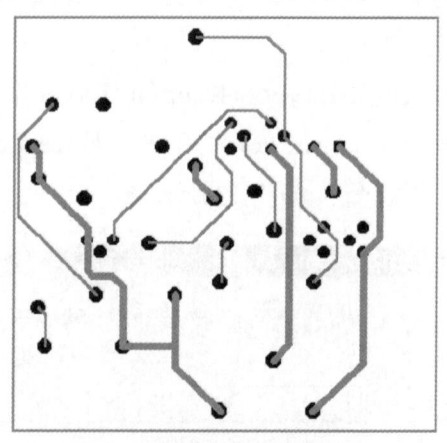

圖 14-18

上面三個佈局層的內容說明，如下所示：

佈局層	內容說明
BottomLayer	銅箔連線
MultiLayer	銲點和導孔
KeepOutLayer	輸出列印的外框

有關Printout資料的列印命令，共有四種命令存在，如下表所示：

主功能表	內容說明
File > Print All	列印所有Printout資料
File > Print Job	以單一列印工作，列印所有Printout資料
File > Print Page	列印目前的圖頁
File > Print Current	列印目前的預覽圖形

14-4 介紹設計規則檢查

放置元件外形圖、連線、導孔和其他項目到PCB電路板中，這些項目必須放入工作視窗中，放置這些項目有一些規矩要遵守，例如：元件外形圖不可以互相重疊、不同名稱的連線不可以短路、電源線和訊號線要保持一段距離...等等。

Protel 99 SE軟體可以自動檢查這些設計規則，允許你集中心力在設計電路板上，你可以教導電路板編輯器，進行電路板的設計工作，只要設定一連串的設計規則，電路板編輯器就會依據這些規則，進行電路板的設計工作。

只要項目放置違反設計規則，這些項目會變成綠色(因為違反設計規則的預設顏色為綠色，當然可以更改成其他顏色)，按Design > Rules命令，產生Design Rules對話盒，可以設定所需要的設計規則，如下圖所示：

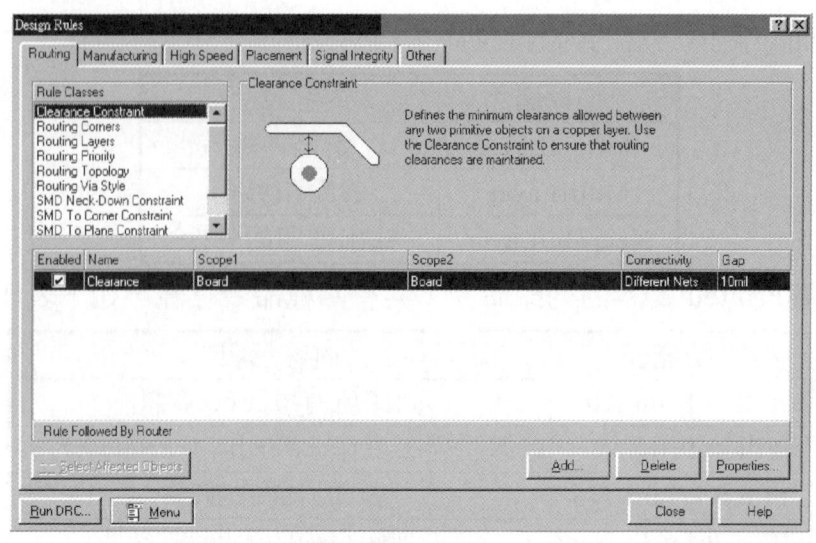

圖 14-19

上面對話盒的部分參數，說明如下：
1. 對話盒上面標籤：表示設計規則的主要種類。
2. Rule Classes：表示某個主要設計規則的所有規則。
3. 右上欄位：表示選擇規則的說明。
4. 中間欄位：顯示選擇規則的所有子規則。
5. Add鍵：按此鍵後，可以加入一個新的子規則。
6. Delete鍵：可以刪除選擇子規則。
7. Properties鍵：選擇一個子規則，按Properties鍵，或在子規則上，連按Mouse左鍵兩次，可以編輯這個子規則。
8. Run DRC鍵：可以執行DRC檢查。

PCB設計規則可以應用在下列三種情況：
1. 即時設計規則檢查：當項目放置時，只要違反設計規則，項目顏色就會變成目前的DRC錯誤顏色(預設為綠色)，表示違反設計規則，你可以更動項目的位置，一直到符合設計規則。
2. 批次設計規則檢查：按Tools > Design Rules Check命令，產生對話盒，可以啟動要進行測試的規則種類，再進行設計規則檢查，所有啟動的規則都將進行測試，違反規則的項目可以顯示在視窗中。
3. 當執行某項功能時，才執行相關的設計規則檢查。

按Tools > Preferences命令，產生Preferences對話盒，按Options鍵，啟動Online DRC設定，才可以進行即時DRC檢查，如此畫電路板時，才能立刻看到DRC錯誤，有錯誤的項目會變成綠色。按Tools > Design Rules Check命令，產生對話盒，按On-line標籤，可以看到所有即時設計規則。

為何要設定這些設計規則？例如：設定Acute Angle Constraint設計規則，可以防止佈線發生尖銳角度，因為在生產過程中，如果發生銅箔蝕刻過度時，尖銳角度會造成斷路，而使得電路板故障。

完成你的電路板設計之後，送到工廠進行生產之前，你一定要執行DRC檢查，按Tools > Design Rules Check命令，產生Design Rules Check對話盒，按Run DRC鍵，可以執行DRC檢查，DRC錯誤可以在*.DRC檔案中看到，也可以在PCB設計面板中看到，回到電路板編輯器中，違反DRC規則的項目都會變成綠色。

在PCB設計面板中，點選Violations，可以看到所有違反設計規則的內容，點選Rules，可以看到所有目前設定的設計規則。

14-5 設計規則內容說明

在Protel軟體中，要進行自動放置和自動佈線工作時，所有設計規則都是在Design Rules對話盒中設定，根據這些規則才可以進行自動放置和佈線。

在下一節的內容中，將介紹如何更改佈線寬度和變成單層電路板，首先，要知道設計規則的內容的有那些？按Design > Rules命令，產生Design Rules對話盒，如下圖所示：

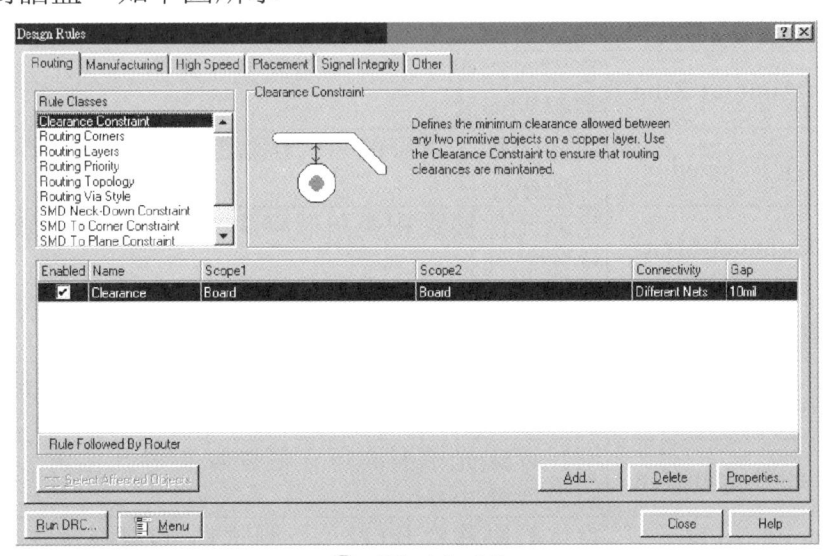

圖 14-20

從對話盒的上面標籤中，可以知道設計規則的種類，有關詳細的設計規則內容，說明如下：

1. Routing設計規則，專門用在佈線時使用，說明如下：

設計規則	內容說明
Clearance Constraint	在銅箔佈局層中，定義兩個基本項目之間的最小空白距離。
Routing Corners	在自動佈線中，定義佈線的角落圖形形式(Rounded、90/45 degrees、90 degrees)
Routing Layers	當自動佈線時，定義使用的佈局層和採用的佈線方向。
Routing Priority	提供佈線的優先順序(0-100)，100是最高優先，0是最低優先。
Routing Topology	設定採用何種佈線圖案，例如：高速設計可以採用daisy chain圖案，接地元件可以採用Star圖案。
Routing Via Style	定義佈線導孔直徑和孔徑大小。
SMD Neck-Down Constraint	定義連線寬度和SMD銲點寬度的最大比率，以百分比表示。
SMD To Corner Constraint	定義表面黏貼元件的銲點和第一個佈線角落之間的最小距離。
SMD To Plane Constraint	定義表面黏貼元件銲點的中心點到平面層之連接銲點/導孔之間的最大佈線長度。
Width Constraint	在銅箔佈局層中，定義連線和弧形的寬度，當人工佈線時，按Tab鍵，可以暫時更改佈線寬度。

2. Manufacturing設計規則，專門設定生產電路板的規格，說明如下：

設計規則	內容說明
Acute Angle Constraint	定義連線角落所允許的最小角度。
Hole Size Constraint	定義最大和最小孔徑大小，可以用精確數字或銲點大小的百分比表示。
Layer Pairs	檢查所使用佈局層對，是否符合目前所設定的鑽孔對。
Minimum Annular Ring	定義在銲點中的最小環狀圈，環狀圈大小是由孔徑邊到銲點邊緣。
Paste-Mask Expansion	用在防銲光罩層的每一個銲點位置，設定銲點形狀擴大或縮小。
Polygon Connect Style	定義元件接腳和多角形平面的連接形式(直接連接或移除熱連接)。
Power Plane Clearance	定義導孔和銲點四周的空白區域，但是不會連接到電源平面。
Power Plane Connect Style	定義從元件接腳到電源平面的連接方式(直接連接或移除熱連接)
Solder-Mask Expansion	用在銲錫光罩層的每一個銲點和導孔位置，設定形狀擴大或縮小。
Testpoint Style	設定銲點和導孔(表示為測試點)的實際特性值。
Testpoint Usage	列出需要測試點的連線。

3. High Speed設計規則，專門設定高速電路板的設計規格，說明如下：

設計規則	內容說明
Daisy Chain Stub Length	對於Daisy Chain佈線圖案，設定連線的最長允許之殘根長度(Stub Length)。
Length Constraint	設定連線的最短和最長長度。
Matched Net Lengths	設定連線長度的匹配程度。
Maximum Via Count Constraint	設定導孔的最大允許數目。
Parallel Segment Constraint	對於兩條平行排列的連線片段，設定允許的最長距離。
Vias Under SMD Constraint	當自動佈線時，設定導孔是否可以放在SMD銲點之下。

4. Placement設計規則，專門用在設定放置功能的規則，說明如下：

設計規則	內容說明
Component Clearance Constraint	設定元件必須和其他元件相連的最短距離(共有三種模式：Quick Check、Multi Layer Check和Full Check)。
Component Orientation Rule	設定元件放置的允許方向。
Nets to Ignore	當自動放置時，採用Cluster放置功能，定義那些連線可以忽略。
Permitted Layers Rule	當自動放置採用Cluster放置功能時，定義元件可以放置的佈局層。
Room Definition	設定長方形區域，決定元件是否可以放入此區域中。

5. Signal Integrity設計規則，專門設定訊號分析的條件，說明如下：

設計規則	內容說明
Impedance Constraint	設定連線的最小和最大阻抗值，連線阻抗和銅箔、非導電材料及電路板材質有關。
Overshoot-Falling Edge	在訊號的下降邊緣，設定最大允許的Overshoot值。
Overshoot-Rising Edge	在訊號的上升邊緣，設定最大允許的Overshoot值。
Signal Base Value	設定訊號低電壓值(Base Value)，當在低定位時，訊號設定為這個電壓值。
Flight Time-Falling Edge	在訊號的下降邊緣，設定最大允許的flight time值。
Flight Time-Rising Edge	在訊號的上升邊緣，設定最大允許的flight time值。
Signal Stimulus	設定訊號輸入值。
Signal Top Value	設定訊號高電壓值(Top Value)，當在高定位時，訊號設定為這個電壓值。
Slope-Falling Edge	設定最大允許的下降斜率時間。
Slope-Rising Edge	設定最大允許的上升斜率時間。
Supply Nets	設定一個電源連線，並且列出其電壓值。

Undershoot-Falling Edge	在訊號的下降邊緣,設定最大允許的Undershoot值。
Undershoot-Rising Edge	在訊號的上升邊緣,設定最大允許的Undershoot值。

6. Other設計規則,提供其他的設計要求,說明如下:

設計規則	內容說明
Short-Circuit Constraint	測試銅箔層的基本項目之間是否短路?當兩個項目(有不同連線名稱)接觸,就會產生短路。
Un-Connected Pin Constraint	測試沒有設定連線名稱和沒有連線連接的接腳。
Un-Routed Nets Constraint	測試佈線的完成比例,佈線完成比例=(完成連線/連線總數)*100

14-6 修改設計規則的內容

要進行畫PCB電路板之前,必須先準備好電路圖,可以利用Protel軟體的電路圖編輯器,把電路圖畫好,電路圖如下所示:

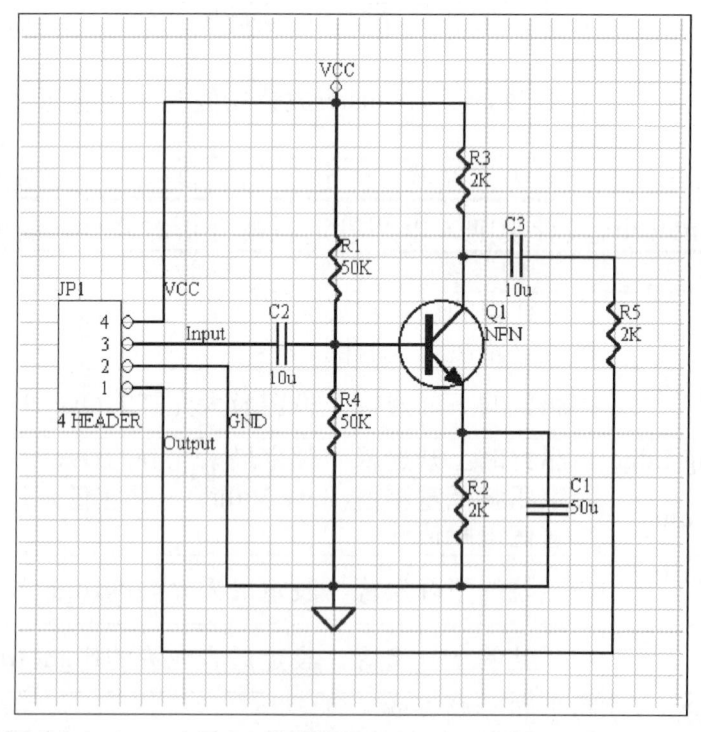

● 圖 14-21

電路圖的檔案名稱為CEA.Sch

以下是這個電路的所有元件特性值，如下表所示：

元件名稱 (Designator)	電路圖元件 (Lib Ref)	元件外形圖 (Footprint)	PCB元件庫	元件形式 (Part Type)
JP1	4 HEADER	POWER4	PCB Footprints.lib	4 HEADER
C2、C3	CAP	RAD0.3	PCB Footprints.lib	10u
C1	CAP	RAD0.3	PCB Footprints.lib	50u
R1、R4	RES1	AXIAL0.3	PCB Footprints.lib	50k
R2、R3、R5	RES1	AXIAL0.3	PCB Footprints.lib	2k
Q1	NPN	TO-92A	PCB Footprints.lib	NPN

電路圖元件(在電路圖編輯器中)所使用的Sch元件庫是Miscellaneous Devices.lib。

有關印刷電路板的電源端、接地端、輸入端和輸出端，如何和外界電路連接？必須利用連接器和外界進行溝通，在上面電路圖中，利用4 HEADER連接器元件和外界電路溝通，利用連線名稱(Net Label)表示連接器的輸入端，如下表所示：

連接器接腳	連線名稱	內容說明
1	Output	輸出端
2	GND	接地端
3	Input	輸入端
4	VCC	電源端

最後的印刷電路板，如下圖所示。

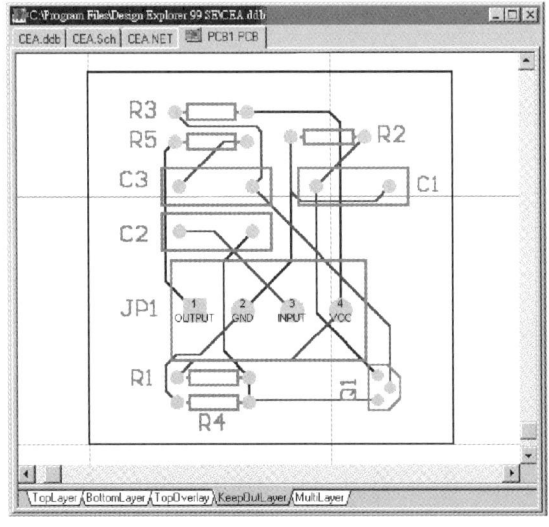

圖 14-22

一、更改佈線寬度：

有時佈線的寬度太小，當蝕刻銅箔時，容易造成銅箔斷線的情形發生，所以要知道如何更改佈線寬度！

以下是把佈線的寬度加大，步驟如下：

1. 按Tools > Un-Route > All命令，取消所有佈線。
2. 按Design > Rules命令，產生Design Rules對話盒。
3. 按Routing標籤，在Rule Classes欄位中，點選Width Constrainst。
4. 按Properties鍵，產生Max-Min Width Rule對話盒，如下圖所示。
5. 在Maximum Width格子中，輸入50mil，當連線寬度超過50mil時，執行DRC檢查，就會發生DRC錯誤。
6. 在Preferred Width格子中，輸入30mil，所有佈線都會以30mil的寬度進行佈線。
7. 按Ok鍵，回到Design Rules對話盒。

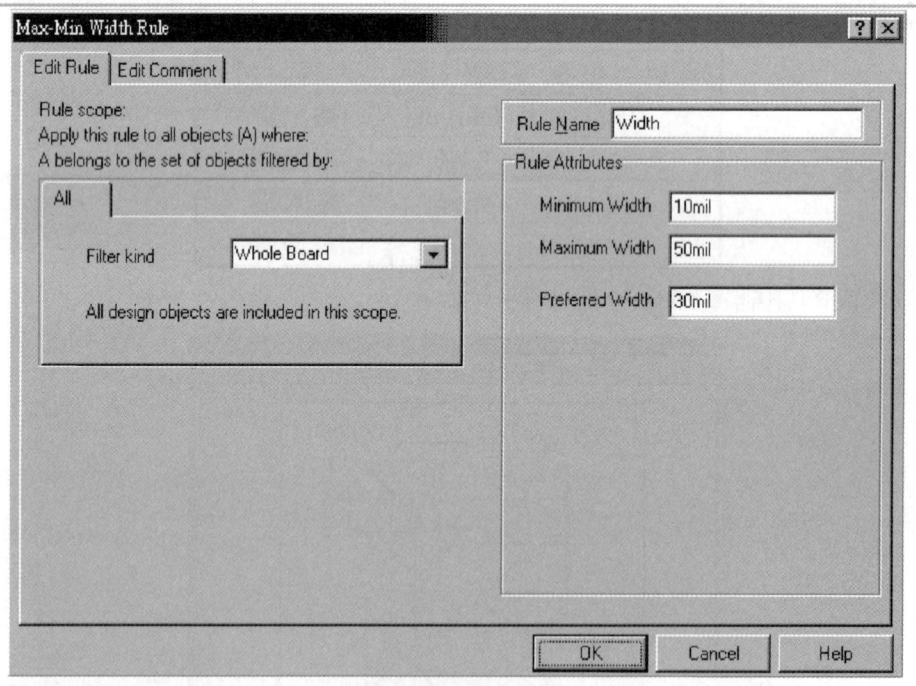

● 圖 14-23

8. 在Design Rules對話盒中，按Close鍵。
9. 按Auto Route > All命令，產生Autorouter Setup對話盒。
10. 按Route All鍵，開始進行自動佈線工作，產生Design Explorer Information對話盒。

11. 按Ok鍵，完成佈線工作。
12. 按View > Refresh命令，重新整理畫面，最後的印刷電路板圖形，如下圖所示。

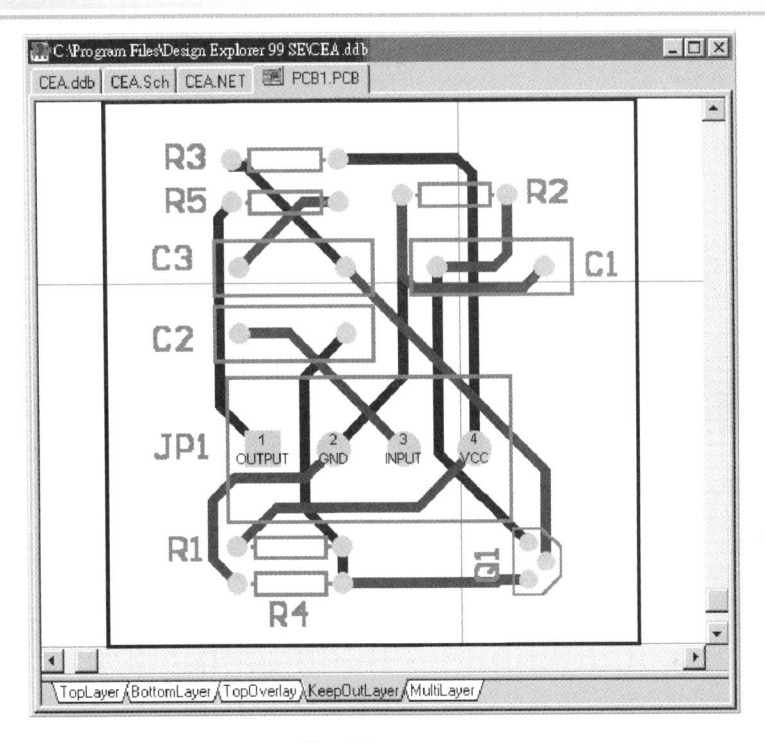

◯ 圖 14-24

二、使用單層佈局層進行自動佈線：

有時在學校內，只需要使用單層佈局層進行電路板的佈線工作，因為雙層電路板有校準方面的問題，所以製作會比較困難，通常比較簡單的電路，可以採用單層電路板。

以下是改用單層佈局層，進行自動佈線，步驟如下：

1. 接續前面的步驟，按Tools > Un-Route > All命令，取消所有佈線。
2. 按Design > Rules命令，產生Design Rules對話盒。
3. 按Routing標籤，在Rule Classes欄位中，點選Routing Layers。
4. 按Properties鍵，產生Routing Layers Rule對話盒，如下圖所示。
5. 在Rule Attributes欄位中，在TopLayer格子中，點選Not Used。在BottomLayer格子中(要移動捲軸)，點選Any，表示只有利用BottomLayer佈局層，進行佈線工作。
6. 按Ok鍵，回到Design Rules對話盒。

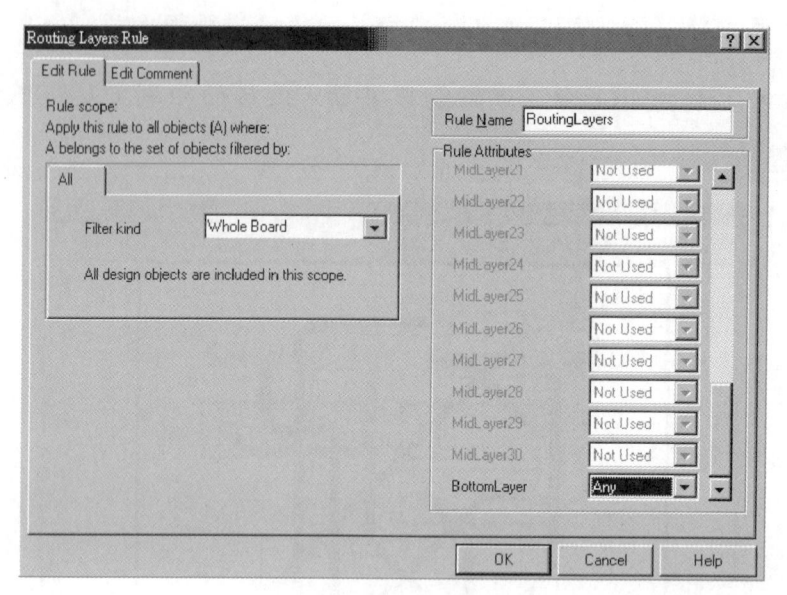

圖 14-25

7. 按Close鍵,關閉Design Rules對話盒。
8. 按Auto Route > All命令,產生Autorouter Setup對話盒。
9. 按Route All鍵,開始進行自動佈線工作,產生Design Explorer Information對話盒。
10. 按Ok鍵,完成佈線工作。
11. 按View > Refresh命令,重新整理畫面,最後的印刷電路板圖形,如下圖所示。

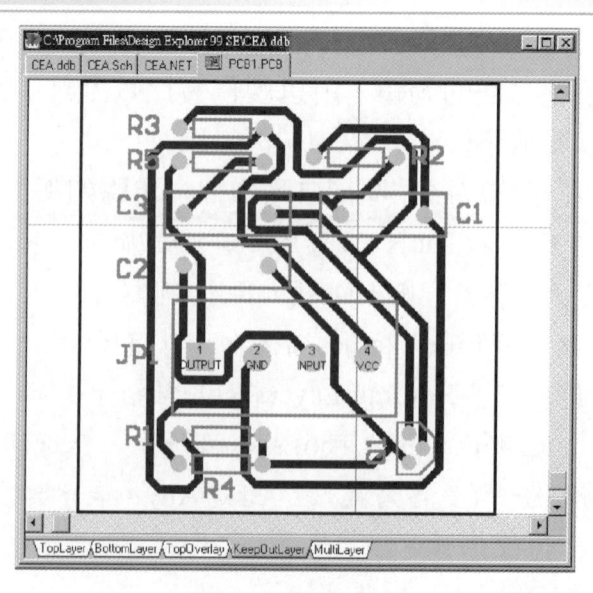

圖 14-26

三、放大電源和接地的佈線寬度：

1. 在Design Rules對話盒中，點選Width Constraint。
2. 按Add鍵，產生Max-Min Width Rule對話盒。
3. 在Filter Kind欄位中，按下拉鍵，點選Net。
4. 在Net格子中，按下拉鍵，點選VCC。
5. 在Rule Attributes欄位中，設定參數如下：
   Minimum Width=10mil(檢查條件：最小寬度)
   Maximum Width=35mil(檢查條件：最大寬度)
   Preferred Width=30mil(佈線寬度為30mil)
   此時對話盒圖形，如下圖所示。

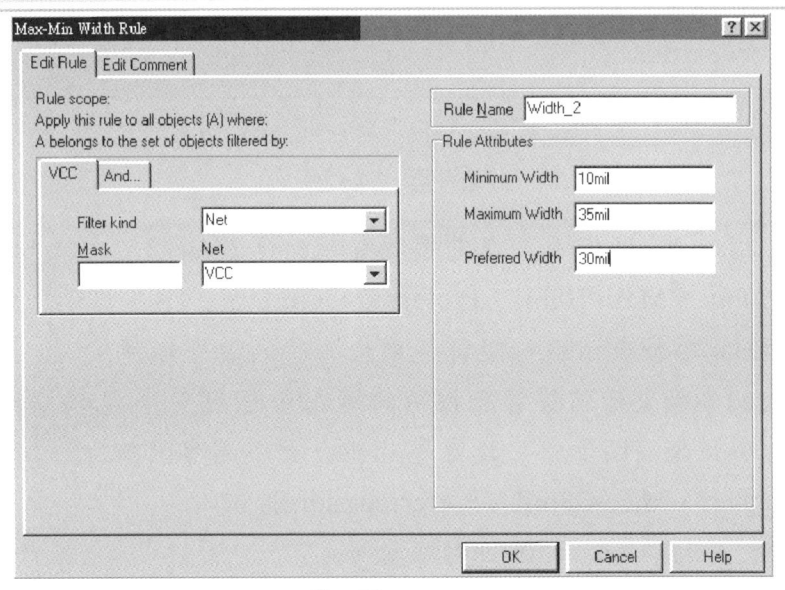

◎ 圖 14-27

6. 按Ok鍵，回到Design Rules對話盒，可以發現中間欄位增加一個子規則。
7. 重複步驟1-6，把GND連線的佈線寬度設定為30mil。
8. 按Close鍵，關閉Design Rules對話盒。

四、修改導孔的直徑和孔徑大小：

1. 在Design Rules對話盒中，點選Routing Via Style。
2. 點選中間欄位的子規則RoutingVias，按Properties鍵，產生Routing Via-Style Rule對話盒，如下圖所示。

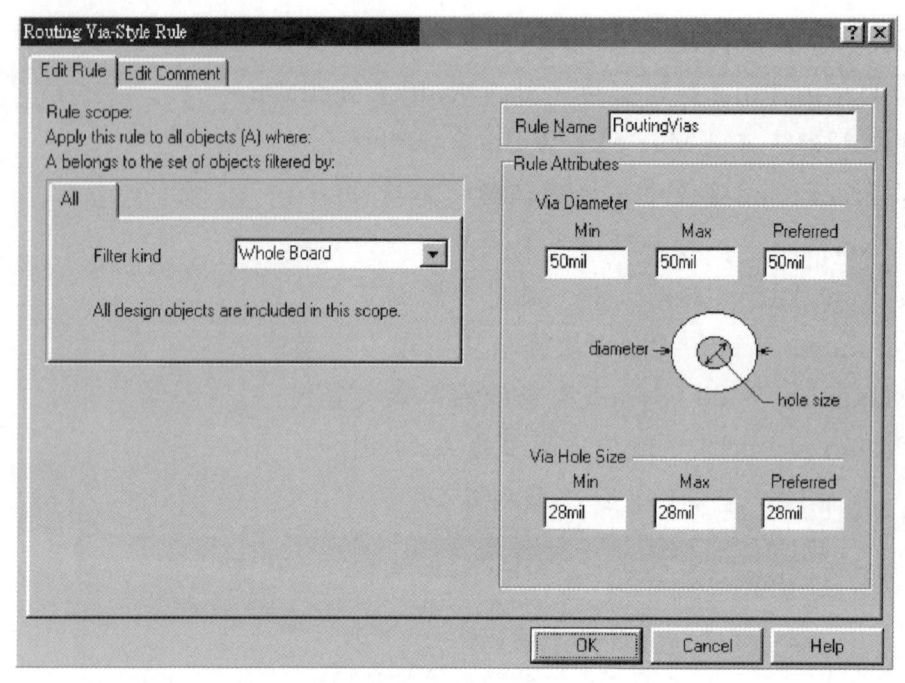

○ 圖 14-28

3. 在Via Diameter欄位中,設定導孔直徑的參數值:
   Min=50mil、Max=50mil、Preferred=50mil
   Min和Max參數表示進行設計規則檢查時的檢查條件。
   Preferred參數表示佈線實際採用的導孔直徑。
4. 在Via Hole Size欄位中,設定導孔孔徑大小的參數值:
   Min=20mil、Max=28mil、Preferred=25mil
5. 按Ok鍵,回到Design Rules對話盒。
6. 按Close鍵,關閉對話盒。

五、設定兩個電氣項目之間的最小空白距離:

在設計電路板時,常常只注意到佈線寬度要多少?而忽略掉連線之間的距離要保持多少?這也是很重要的設計規則,下面介紹如何設定兩個電氣項目之間的最小空白距離,步驟如下:

1. 在Design Rules對話盒中,點選Clearance Constraint。
2. 點選中間欄位的子規則,按Properties鍵,產生Clearance Rule對話盒,如下圖所示。

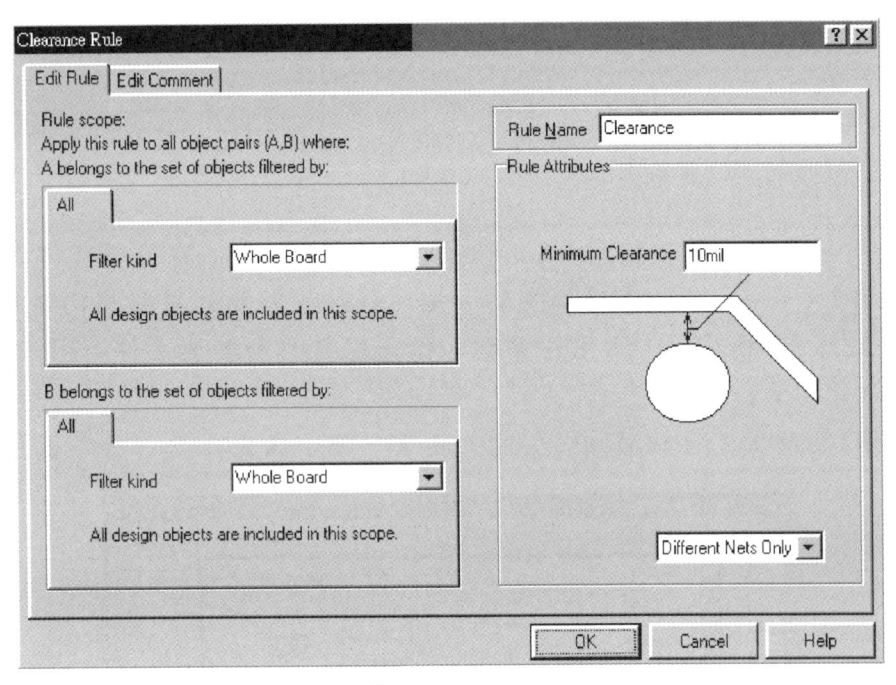

○ 圖 14-29

3. 在Rule Attributes欄位中，在Minimum Clearance格子中，輸入15mil，表示兩個電氣項目之間必須保持15mil的距離。
4. 按Ok鍵，回到Design Rules對話盒，接下來，進行佈線工作時，兩個電氣項目之間就會保持15mil的距離。
5. 按Close鍵，完成DRC設定。

最後請把這個設計規則，恢復成10mil距離，因為此處練習不需要那麼大的距離。

14-7 人工移動元件外形圖

有一些連接器一定要放在電路板的邊緣，例如：介面卡連接器CON AT62一定要放在電路板的邊緣，另外有一些連接器是儘量放在電路板的邊緣，如此可以使得和其他電路板的連接線變得比較短，所以我們試著把4 HEADER元件移動到電路板的邊緣，有兩種方式可以完成這個動作，如下所示：

1. 自動放置之前,移動連接器到電路板的邊緣,鎖住這個連接器的位置(啟動特性對話盒的Locked參數設定)，就不受自動放置的影響，可以固定在某個位置上。

2. 自動放置之後，必須人工移動連接器，才可以把某個元件移動到某個位置上。

接下來，介紹上面第二種方式的動作，移動4 HEADER元件到電路板的邊緣，步驟如下：

1. 接續前面的步驟，按Tools > Un-Route > All命令，取消所有佈線。
2. 在JP1元件上，按住Mouse左鍵，把元件往下移動到電路板的邊緣，元件變成綠色(因為和其他元件重疊，但是還要移動其他元件，所以沒有關係)。
3. 在R1元件上，按住Mouse左鍵，產生一個小的對話盒，如下圖所示。

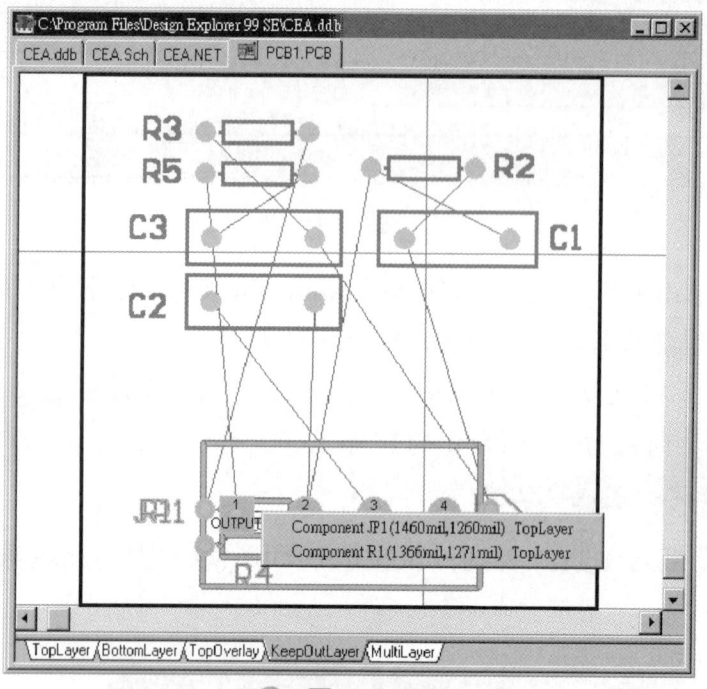

圖 14-30

由於兩個元件重疊，所以產生對話盒，讓你選擇要移動那一個元件。

4. 選擇Component R1(1366mil,1271mil) TopLayer，放開Mouse左鍵，可以移動R1元件。
5. 移動到適當的位置，再按Mouse左鍵一次，放好R1元件。
6. 重複步驟3-5，把R4和Q1元件移動到適當的位置，如下圖所示。

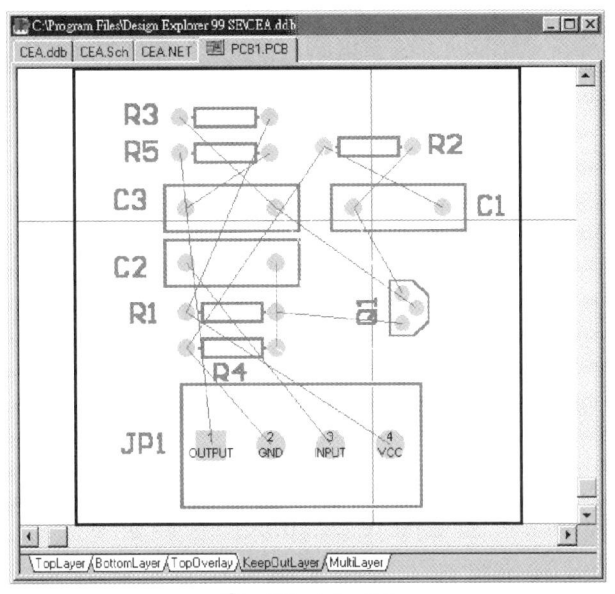

◎ 圖 14-31

7. 按Auto Route > All命令，產生Autorouter Setup對話盒。
8. 按Route All鍵，開始進行自動佈線工作，產生Design Explorer Infomation對話盒。
9. 按Ok鍵，完成佈線工作。
10. 按View > Refresh命令，重新整理畫面，最後的印刷電路板圖形，如下圖所示。

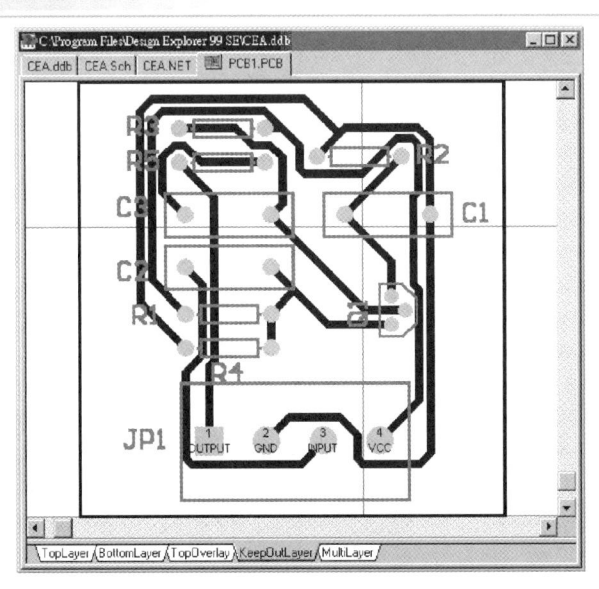

◎ 圖 14-32

14-8 比較一般放置和快速放置的差別

前面已經執行過快速放置功能，效果並不是很理想，必須配合人工放置，才不會違反設計規則，但是一般放置的效果如何呢？當然一般放置的效果會比較好，因為一般放置必須再多執行最佳化分析，所以不會違反設計規則，不需要再進行人工放置，但是有一個比較嚴重的問題，就是會花費相當多的時間，比快速放置的工作時間多太多了，所以可以視你的需求，適當地採用這兩種方式。

以下開啟一個新的印刷電路板，分別執行快速放置和一般放置，比較兩者的放置效果，步驟如下：

1. 按File > New命令，產生New Document對話盒。
2. 點選PCB Document圖示，準備產生電路板編輯器。
3. 按Ok鍵，產生電路板編輯器，檔案名稱為PCB2.PCB。
4. 按View > Area命令，放大(900mil，900mil)到(3000mil，3000mil)區域。
5. 按KeepOutLayer標籤(在視窗下面)。
6. 重複前面步驟，畫一個方框。
7. 把CEA.NET的Protel串接檔案載入到電路板編輯器中。
8. 按Tools > Auto Placement > Auto Placer命令，產生Auto Place對話盒。
9. 設定參數，如下：
   啟動Cluster Placer設定
   啟動Quick Component Placement設定
10. 按Ok鍵，開始放置元件，放置結果，如下圖所示(取消註解的顯示，並且移動元件名稱到適當的位置)。

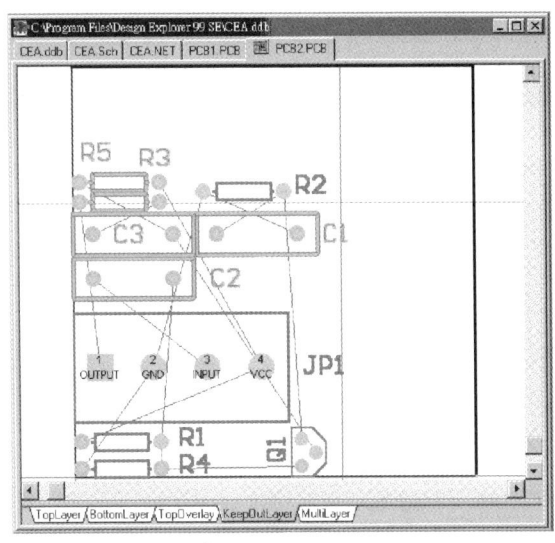

第十四章 輸出列印和設計規則說明 │341

● 圖 14-33

　　從上圖可知，許多元件都是綠色，表示違反設計規則檢查，所以必須再進行人工放置，這個部份前面已經執行過，所以不再加以說明，以下進行一般放置的工作。

11. 按Tools > Auto Placement > Auto Placer命令，產生Auto Place對話盒。
12. 設定參數，如下：
    取消Quick Component Placement設定
13. 按Ok鍵，開始放置元件，放置結果，如下圖所示(已經移動元件名稱到適當的位置)。

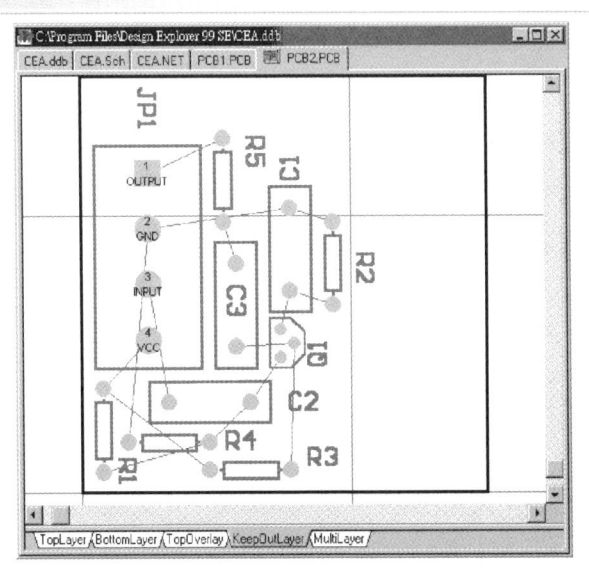

● 圖 14-34

從上圖中可知，沒有一個元件是綠色，表示都沒有違反設計規則檢查，而且電路板的面積可以變得比較小，只要更改方框大小，只是所花費的時間比較久。

14. 按Auto Route > All命令，產生Autorouter Setup對話盒。
15. 按Route All鍵，開始進行自動佈線工作，產生Design Explorer Information對話盒。
16. 按Ok鍵，完成佈線工作。
17. 按View > Refresh命令，重新整理畫面，最後的印刷電路板圖形，如下圖所示。

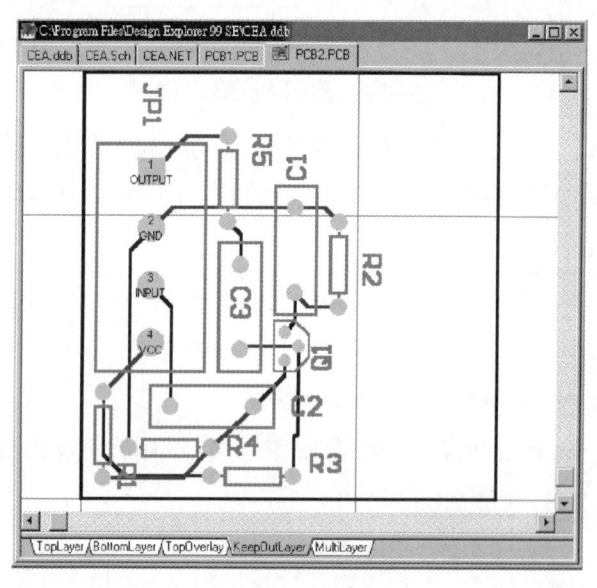

● 圖 14-35

由於電路板的右邊部份是空白的，可以更改方框的大小，刪除原本的外框，只要點選外框的一邊連線，再按Delete鍵，就可以刪除這條連線，方框上面的所有連線都要刪除，再加上適當大小的方框，如下圖所示：

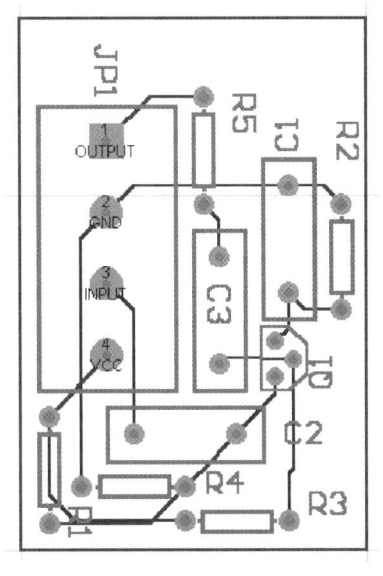

○ 圖 14-36

14-9 檢查PCB電路板的設計規則

1. 在電路板視窗中，按Tools > Design Rule Check命令，產生Design Rule Check對話盒，如下圖所示。

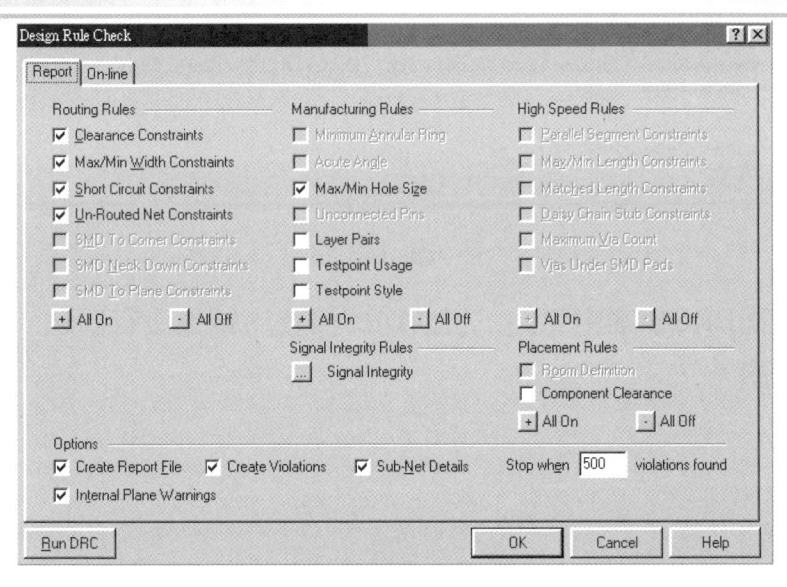

○ 圖 14-37

在上面對話盒中，可以決定要執行那一些設計規則檢查，可以單獨點選，也可以按All On鍵(同類型的設計規則全部檢查)或按All Off鍵(同類型的設計規則都不檢查)。

上面對話盒的Options欄位,說明如下:

(1) Create Report File:產生DRC報告檔案。

(2) Create Violations:產生違反規則的內容。

(3) Sub-Net Details:顯示詳細的子連線內容。

(4) Stop when 500 violations found:當500個違反規則被發現時,就終止DRC檢查。

(5) Internal Plane Warnings:產生內部平面層的警告訊息。

2.按Run DRC鍵,開始進行DRC檢查,產生*.DRC檔案,如下圖所示。

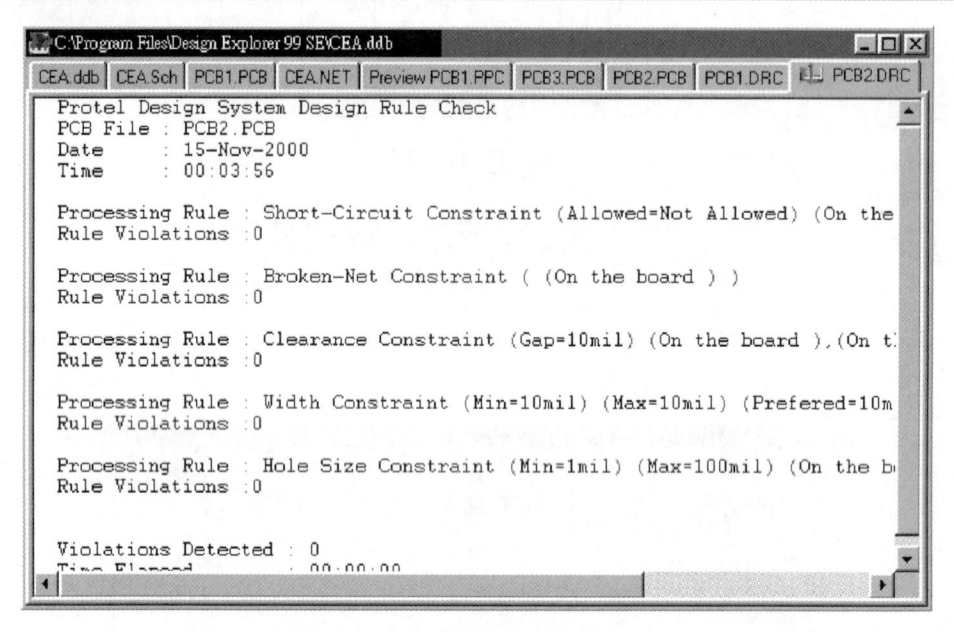

圖 14-38

從上面DRC檔案中可知,目前DRC檢查的結果沒有問題,沒有發現任何DRC錯誤。

章後實習

實習14-1

電路圖如下所示：

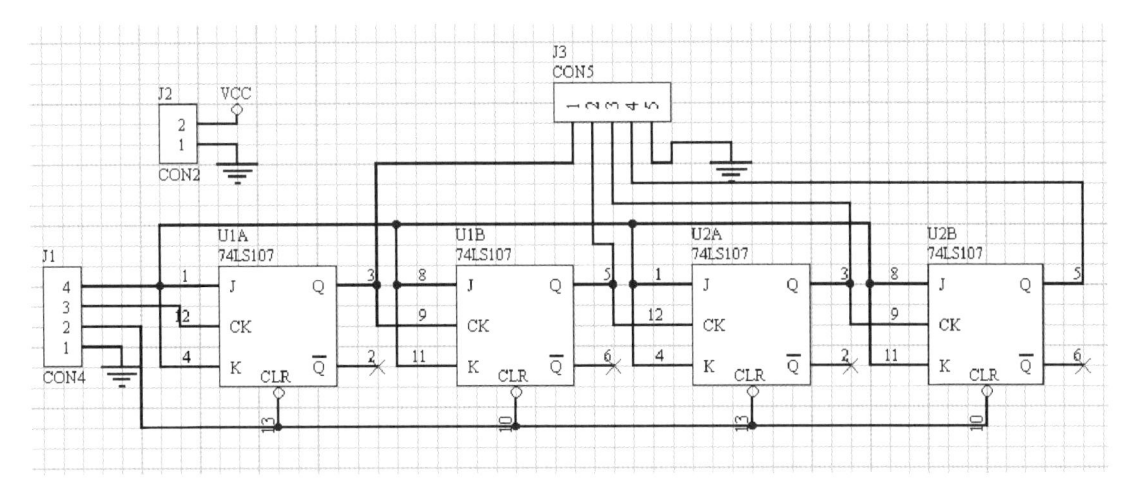

電路板使用的元件，如下表所示：

Lib Ref	Footprint	Designator	Part Type
CON4	SIP4	J1	CON4
CON2	SIP2	J2	CON2
CON5	SIP5	J3	CON5
74LS107	DIP14	U1	74LS107
74LS107	DIP14	U2	74LS107

採用下列設計規則：

佈線層數：2
最小銅箔寬度：15mil
GND和VCC連線銅箔寬度：30mil
NetJ1_2連線銅箔寬度：25mil
兩個電氣項目之間的最小距離：15mil
導孔直徑：48mil，孔徑大小：25mil

問題 畫出電路板圖形。

實習14-2

電路圖如下所示：

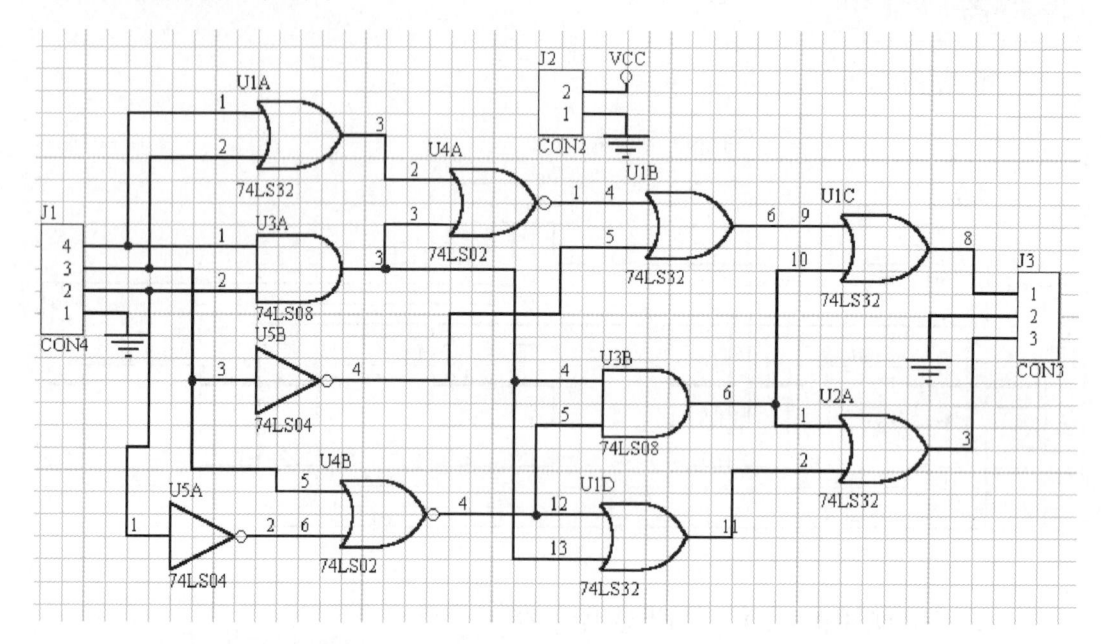

電路板使用的元件，如下表所示：

Lib Ref	Footprint	Designator	Part Type
CON4	SIP4	J1	CON4
CON2	SIP2	J2	CON2
CON3	SIP3	J3	CON3
74F32	DIP14	U1、U2	74LS32
74F08	DIP14	U3	74LS08
74F02	DIP14	U4	74LS02
74LS04	DIP14	U5	74LS04

採用下列設計規則：

佈線層數：1
最小銅箔寬度：15mil
GND和VCC連線銅箔寬度：30mil
兩個電氣項目之間的最小距離：15mil
導孔直徑：50mil，孔徑大小：25mil

問題 畫出電路板圖形。

實習14-3

使用實習12-4的電路圖,進行的本實驗的分析工作。

採用下列設計規則:

佈線層數:1
最小銅箔寬度:15mil
GND和VCC連線銅箔寬度:30mil
兩個電氣項目之間的最小距離:18mil
導孔直徑:50mil,孔徑大小:20mil

問題 畫出電路板圖形。

實習14-4

電路圖如下所示:

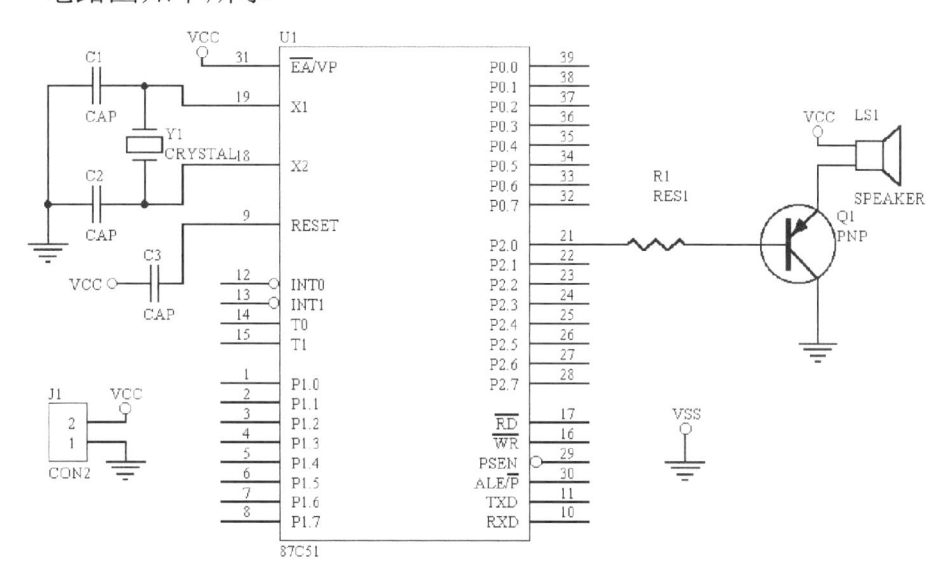

電路板使用的元件,如下表所示:

Lib Ref	Footprint	Designator	Part Type
CAP	RAD0.1	C1-C3	CAP
CRYSTAL	XTAL1	Y1	CRYSTAL
CON2	SIP2	J1	CON2
87C51	DIP40	U1	87C51
RES1	AXIAL0.3	R1	RES1
PNP	TO-46	Q1	PNP
SPEAKER	SIP2	LS1	SPEAKER

採用下列設計規則：

佈線層數：2
最小銅箔寬度：15mil
GND和VCC連線銅箔寬度：30mil
兩個電氣項目之間的最小距離：15mil
導孔直徑：48mil，孔徑大小：25mil

問題：畫出電路板圖形。

實習14-5

使用實習12-5的電路圖，進行的本實習的分析工作。
採用下列設計規則：

佈線層數：1
最小銅箔寬度：15mil
GND和VCC連線銅箔寬度：30mil
兩個電氣項目之間的最小距離：18mil
導孔直徑：50mil，孔徑大小：20mil

問題 畫出電路板圖形。

1. 呼叫電路圖元件，請使用Sch設計面板的Find按鍵功能，搜尋整個Sch目錄，搜尋關鍵字請採用Part Type欄位的內容。
2. 連結兩個PCB元件庫：PCB Footprints.lib和Miscellaneous.lib。

15
畫一個時脈產生器的印刷電路板

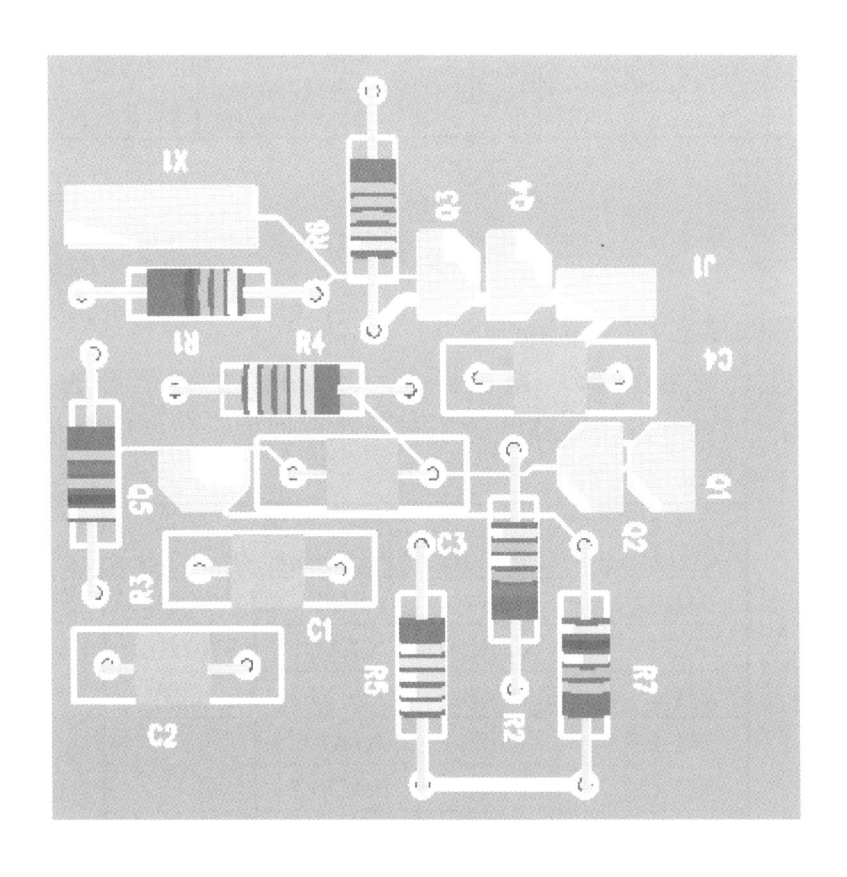

15-1 畫電路板的準備工作

本節將介紹畫一個時脈產生器的印刷電路板,可以產生較寬的電源佈線,要進行畫電路板之前,必須先準備好電路圖,要利用Protel軟體的電路圖編輯器,把電路圖畫好,電路圖如下所示:

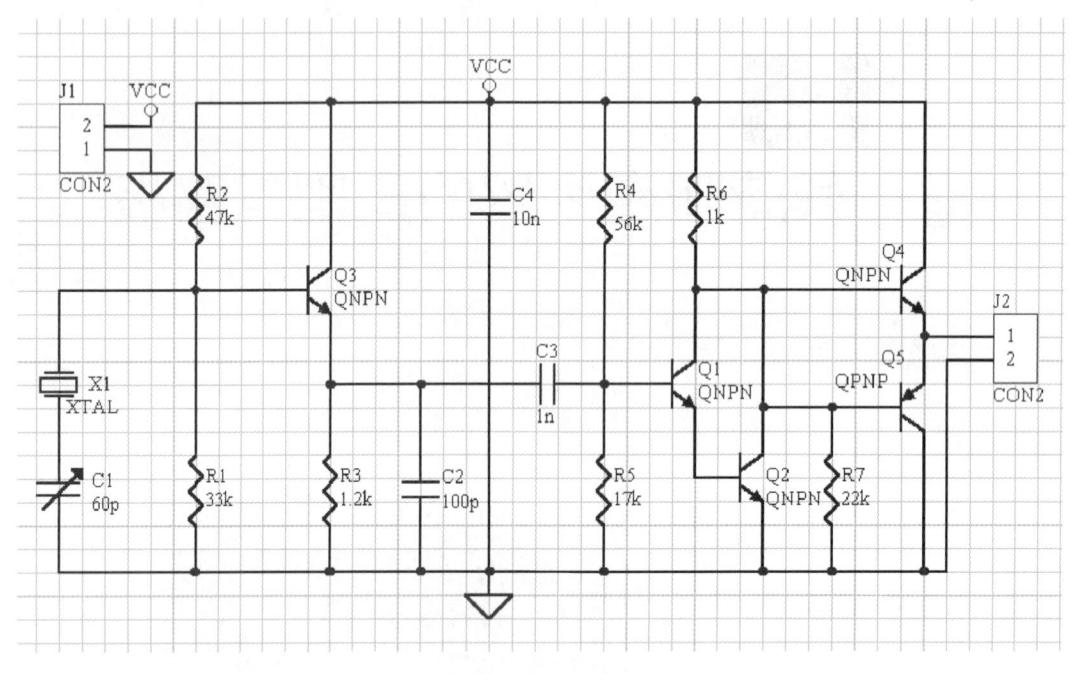

● 圖 15-1

電路圖的檔案名稱為Clock.Sch

要產生印刷電路板,電路圖的元件必須要有正確的元件外形圖(Footprint),以下是這個電路圖的所有元件特性值,包括所有元件的元件外形圖,如下表所示:

元件名稱 (Designator)	電路圖元件 (Lib Ref)	元件外形圖 (Footprint)	元件形式 (Part Type)
J1-J2	CON2	SIP2	CON2
X1	XTAL	XTAL1	XTAL
C1	CAPVAR	RAD0.3	60P
R1-R7	RES	AXIAL0.5	
C2-C4	CAP	RAD0.3	
Q1-Q4	QNPN	TO-92A	QNPN
Q5	PNP	TO-92A	2N2904

電路圖元件所使用的 Sch 元件庫是 Miscellaneous Devices.ddb 和 Sim.ddb，電路板元件所使用的Pcb元件庫是PCB Footprints.lib。如果一個印刷電路板是一個完整系統，至少電源部分要和外部連接，如果只是一個子系統，則要有訊號和其他子系統互相連接，可以透過各種連接器(SIP2、SIP3...)互相連接。

由於電源的電磁效應，可能會影響到輸入和輸出訊號，所以可以把電源的連接器和輸出入訊號的連接器分開，如圖15-1所示，但是不一定要如此處理，最主要的條件是：輸出入訊號的振幅很小，可能會受到電源的電磁效應影響時，就有需要把兩個連接器分開。

一般而言，感測器的電路需要如此處理，因為感測器電路輸出入訊號都很小，容易受到外界影響，所以最好把電源和輸出入訊號的連接器分開處理。如果有兩組以上的連接器，每一個連接器最好都能接地，如此訊號會比較穩定，比較不受到外界的干擾。

本電路的電路板規格，如下所示：

1. 電路板大小：X=2000mil
   Y=2000mil
2. 層數：2 層(訊號佈局層 2 層，電源內部平面層 0 層)
3. 佈線層= TopLayer，BottomLayer
4. 兩項目之間最小距離= 10 mil
5. 最小銅箔寬度= 10 mil
6. 導孔直徑= 50 mil，孔徑大小= 28 mil

電壓源和接地線利用連線符號表示連接，並不需要實際連線存在。

15-2 開始畫電路板

一、產生Protel格式的串接檔案：

1. 準備好電路圖(在電路圖編輯器中)。
2. 按Design > Create Netlist命令，產生Netlist Creation對話盒。
3. 採用預設值，按Ok鍵，產生Clock.NET串接檔案。

二、準備新的PCB電路板：

1. 按File > New命令，產生New Document對話盒。
2. 點選PCB Document圖示，準備產生PCB電路板。

3. 按Ok鍵，產生電路板編輯器，檔案名稱為PCB1.PCB。
4. 按KeepOutLayer標籤(在視窗下面)。
5. 按Place > Interactive Routing命令，游標變成十字形狀。
6. 畫一個方框，大小為(2000mil，2000mil)。
7. 按Mouse右鍵一次，終止畫線功能。

三、載入Protel格式的串接檔案：

1. 在PCB設計面板中，按Browse PCB標籤。
2. 在Browse欄位中，點選Libraries，檢查連結的元件庫是否具有PCB Footprints.lib元件庫，如果沒有這個元件庫存在，必須加以連結。
3. 按Design > Load Nets命令，產生Load/Forward Annotate Netlist對話盒。
4. 按Browse鍵，產生Select對話盒。
5. 點選Clock.NET的串接檔案，如果檔案階層未展開，可能找不到檔案，按+鍵，展開檔案階層。

6. 按Ok鍵，開始檢查元件外形圖、連線和節點內容，檢查Error欄位，有無任何錯誤訊息，也可以看對話盒最下面Status欄位內容，All macro validated表示已經得到所有資料，沒有任何問題。
7. 按Execute鍵，開始載入串接檔案內容，可以把元件外形圖和標示線，加入到電路板中。
8. 有時可能看不到任何新加入的元件圖和標示線，可以按View > Fit Document命令，改變畫面大小，如下圖所示(此圖的元件已經展開，不展開也沒有關係)。

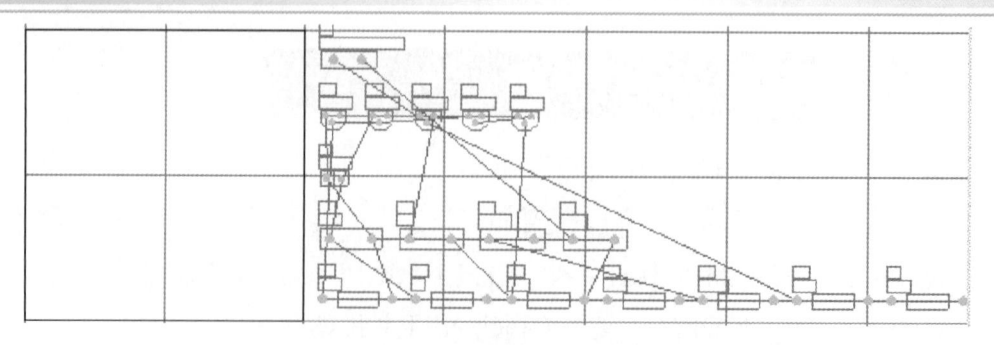

圖15-2

四、放置所有項目：

1. 按Tools > Auto Placement > Auto Placer命令，產生Auto Place對話盒。
2. 設定參數，如下：
   啟動Cluster Placer設定
   啟動Quick Component Placement設定
3. 按Ok鍵，開始放置元件，放置結果，如下圖所示。

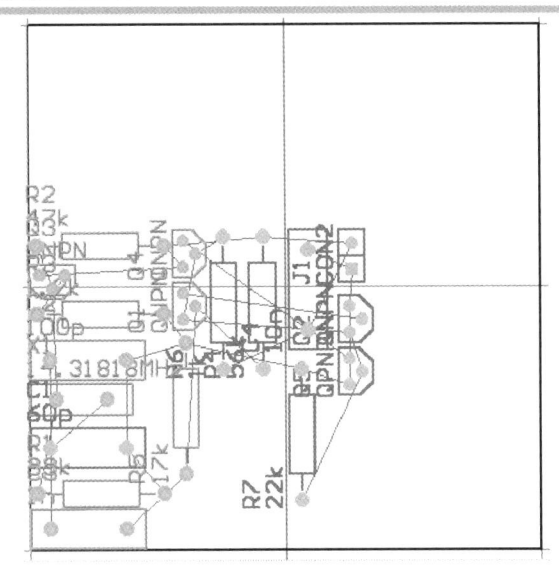

● 圖 15-3

4. 在電路板編輯器中，有一些元件和銲點變成綠色，這些項目距離太近。
5. 此時圈選所有元件(方框除外)，移動游標到元件組的中間，按住Mouse左鍵，移動所有元件到方框的中間，再放開Mouse左鍵。
6. 按Edit > Deselect > All命令，取消所有項目的選擇。
7. 從外圍元件開始，移動游標到綠色元件上，按住Mouse左鍵，移動元件到比較空曠的位置，再放開Mouse左鍵，必須使得所有元件都沒有違反設計規則檢查，如下圖所示。

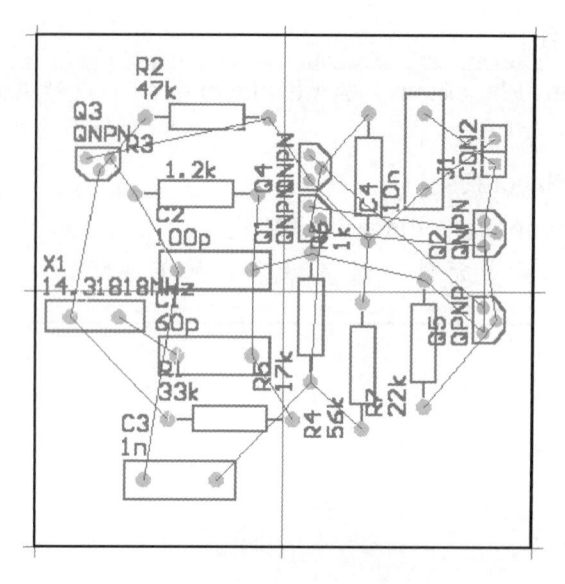

● 圖 15-4

8. 畫面看起來似乎有點複雜，所以取消註解的顯示，在左下角的C3元件上，連按Mouse左鍵兩次，產生Component對話盒，再按Comment標籤。
9. 在Hide欄位後面的小方格內，按Mouse左鍵一次，出現v符號，表示隱藏註解內容。
10. 按Ok鍵，隱藏註解內容1n。
11. 重複步驟8-10，把所有元件的註解內容都隱藏起來。
12. 移動所有元件名稱到適當位置，最後的電路板，如下圖所示。

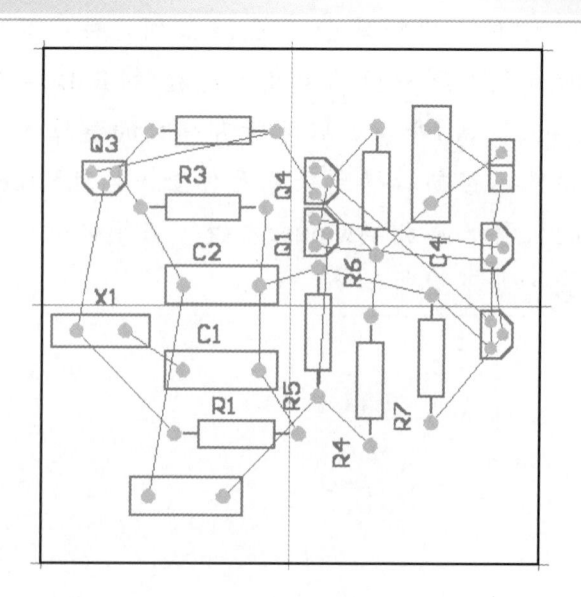

● 圖 15-5

也可以把元件名稱隱藏起來，動作和隱藏註解是相同的，例如：上面圖形把部份元件名稱隱藏起來。

13. 在元件名稱Q5上(在圖15-5中，Q5已經隱藏起來，請取消Q5的隱藏狀態)，按Mouse左鍵一次，可以點選這個項目，同時電晶體元件外形圖也會變色，告訴你這個元件名稱是那一個元件，如下圖所示。

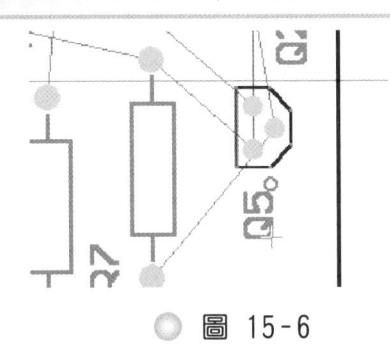

● 圖 15-6

元件名稱Q5的方向不是所需要的，這是因為元件外形圖已經旋轉90度，所以元件名稱Q5也旋轉90度，所以接下來，更改元件名稱的方向。

14. 在元件名稱Q5上，連按Mouse左鍵兩次，產生Designator對話盒。
15. 在Rotation欄位中，輸入0。
16. 按Ok鍵，旋轉成0度，點選元件名稱Q5，移動到適當的位置，如下圖所示，再把元件名稱Q5隱藏起來。

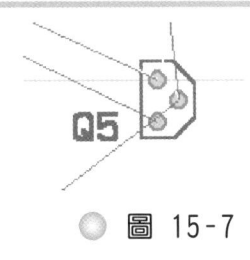

● 圖 15-7

15-3　更改電源佈線的寬度

1. 按Design > Rules命令，產生Design Rules對話盒，按Routing標籤。
2. 在Rule Classes欄位中，點選Width Constraint。
3. 按Add鍵，要加入新的設計規則，產生Max-Min Width Rule對話盒。
4. 在Filter Kind欄位中，按下拉鍵，點選Net Class，對話盒變成下列圖形。

◎ 圖 15-8

5. 按左下角的Edit Classes鍵，產生Object Classes對話盒，如下圖所示。

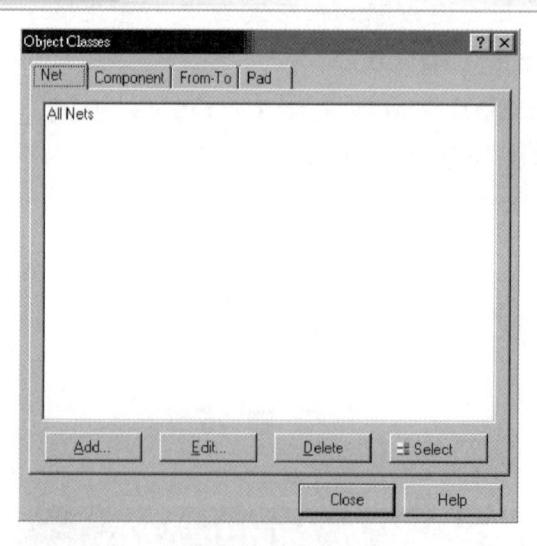

◎ 圖 15-9

6. 按Add鍵，可以產生Edit Net Class對話盒。
7. 在Name格子中，輸入POWER。
8. 在Non-Members欄位中，點選GND，按>鍵，把GND連線加入到POWER連線組中。
9. 重複步驟8，把VCC加入到POWER連線組中，此時對話盒，如下圖所示。

○ 圖 15-10

10. 按Ok鍵，回到Object Classes對話盒，如下圖所示。

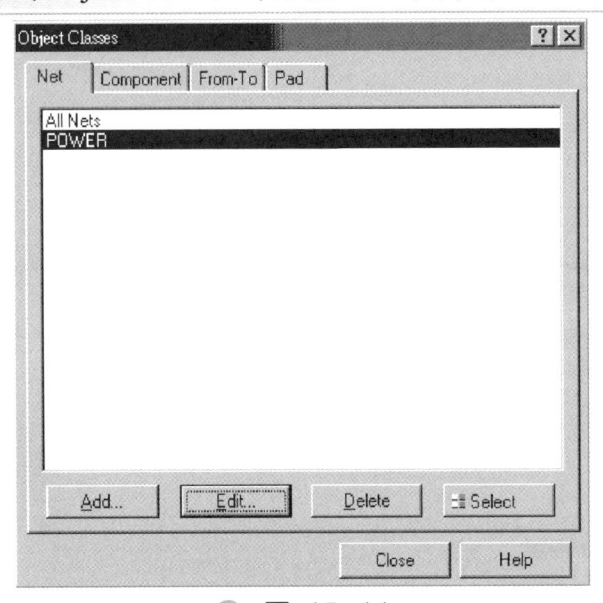

○ 圖 15-11

從上圖中可知，Net多了一組連線POWER，有了這個設定，才能同時把所有電源佈線的寬度變大。

11. 按Close鍵，回到Max-Min Width Rule對話盒。
12. 在Net Class欄位中，按下拉鍵，選擇POWER。
13. 在Rule Name格子中，輸入Power_Width。
14. 在Rule Attributes欄位中，設定參數如下：

> Minimum Width = 10mil
> Maximum Width = 50mil
> Preferred Width = 30mil
> 此時對話盒,如下圖所示。

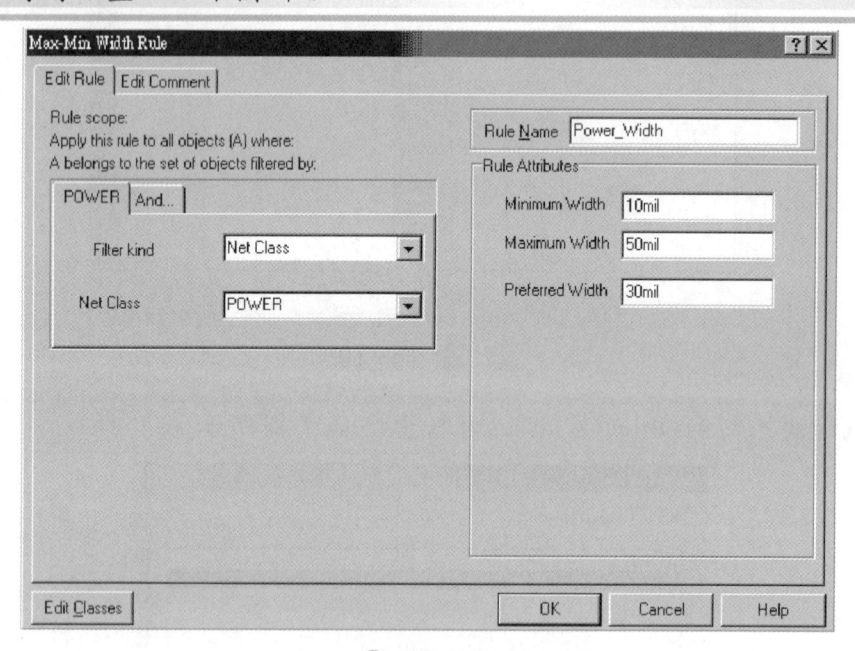

○ 圖 15-12

> 15.按Ok鍵,回到Design Rules對話盒,如下圖所示。

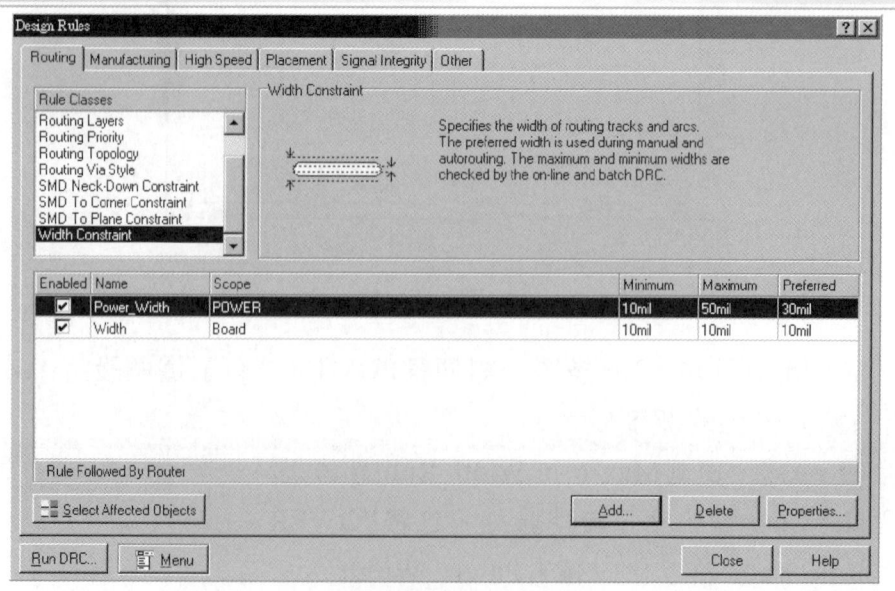

○ 圖 15-13

16. 按Close鍵，完成電源佈線寬度的設定。

上面這種修改電源連線佈線寬度的方式，是把電壓源和接地線當成同一組，也可以把電壓源和接地線分別設定。

15-4 自動佈線(Auto Routing)

1. 按Auto Route > All命令，可以產生Autorouter Setup對話盒。
2. 啟動Router Passes欄位的所有設定，其餘設定採用預設值。
3. 按Route All鍵，開始進行佈線工作，完成佈線工作後，產生Design Explorer Information對話盒。
4. 按Ok鍵，完成所有佈線工作。
5. 按View > Refresh命令，重新整理畫面，最後的電路板圖形，如下圖所示。

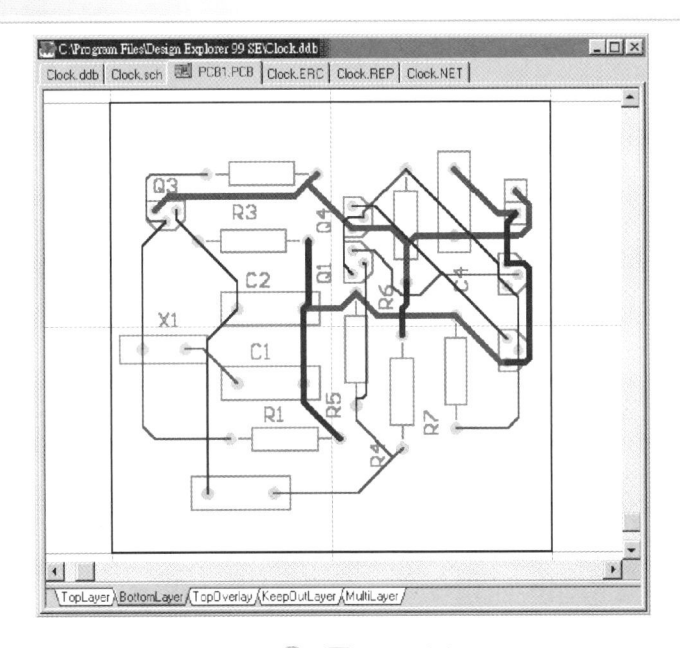

◯ 圖 15-14

從上面圖形中，可以看出電源佈線的寬度比一般佈線寬，電源佈線的寬度為30mil。

接下來，檢查電源佈線的形狀，如下所示：

1. 在PCB設計面板中，按Browse PCB標籤。
2. 在Browse欄位中，按下拉鍵，點選Net Classes，可以顯示目前PCB編輯器中所有Net Classes項目。

3. 選擇POWER連線組，這時Nets欄位顯示所有POWER連線組的內容。
4. 點選VCC，在設計面板下面的迷你視窗中，可以顯示電源佈線VCC的形狀，如下圖所示。

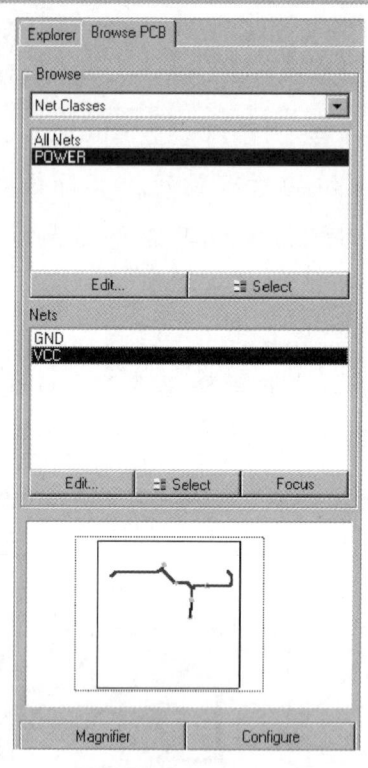

● 圖 15-15

5. 點選GND，在設計面板的迷你視窗中，顯示接地佈線GND的形狀。

15-5 執行一般放置

1. 按Tools > Un-Route > All命令，取消所有佈線。
2. 按Tools > Auto Placement > Auto Placer命令，產生Auto Place對話盒。
3. 設定參數，如下：

    啟動Cluster Placer設定

    取消Quick Component Placement設定
4. 按Ok鍵，開始放置元件，放置結果，如下圖所示。

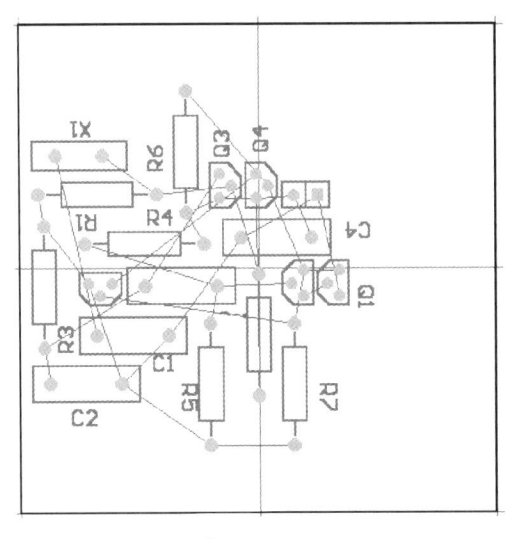

◯ 圖 15-16

5. 按Auto Route > All命令,產生Autorouter Setup對話盒。
6. 按Route All鍵,開始進行自動佈線工作,產生Design Explorer Information對話盒。
7. 按Ok鍵,完成佈線工作。
8. 按View > Refresh命令,重新整理畫面,最後的印刷電路板,如下圖所示。

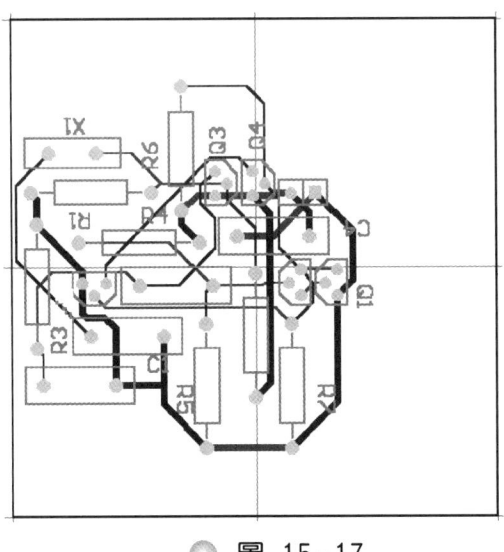

◯ 圖 15-17

9. 印刷電路板的空白區域非常多,所以可以修改方框的大小(此方框主要用在自動放置和自動佈線使用),按KeepOutLayer標籤(在視窗下面)。
10.點選方框的一邊,如下圖所示,被點選的直線有三個小方格存在。

● 圖 15-18

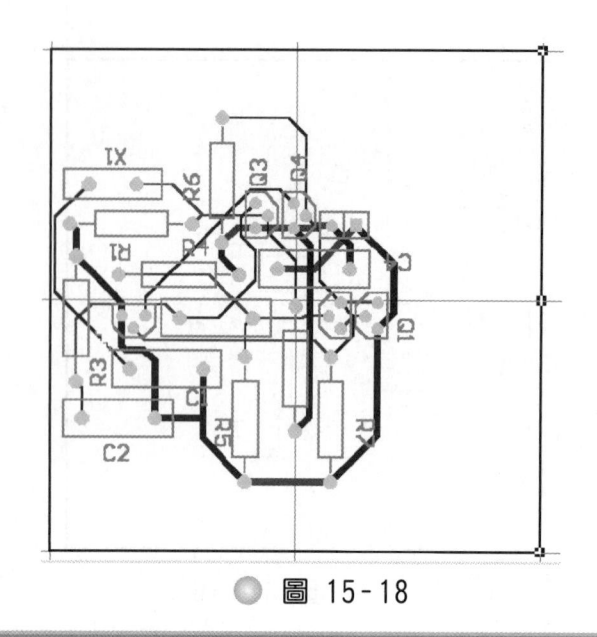

11. 按Delete鍵，刪除這條直線。
12. 重複步驟10-11，把方框的四個邊全部刪除。
13. 按Place > Interactive Routing命令，游標變成十字形狀。
14. 重新畫一個方框。
15. 按Mouse右鍵一次，終止畫線功能，如下圖所示。
16. 按File > Save命令，儲存檔案。

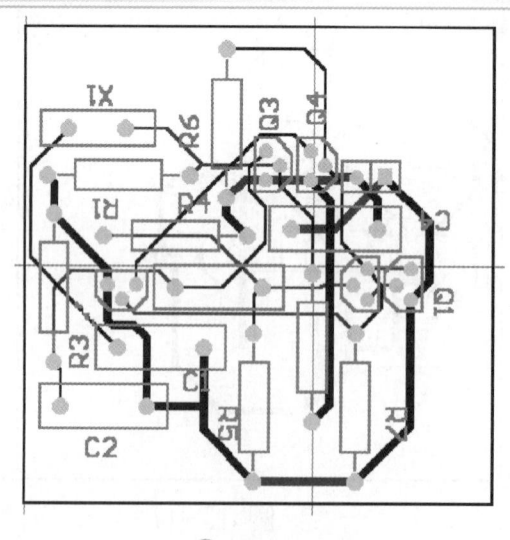

● 圖 15-19

15-6 其他編輯功能

一、電路板重新命名：

在電路板編輯器中，按Tools > Re-Annotate命令，可以對電路板進行重新命名，產生Positional Re-Annotate對話盒，如下圖所示：

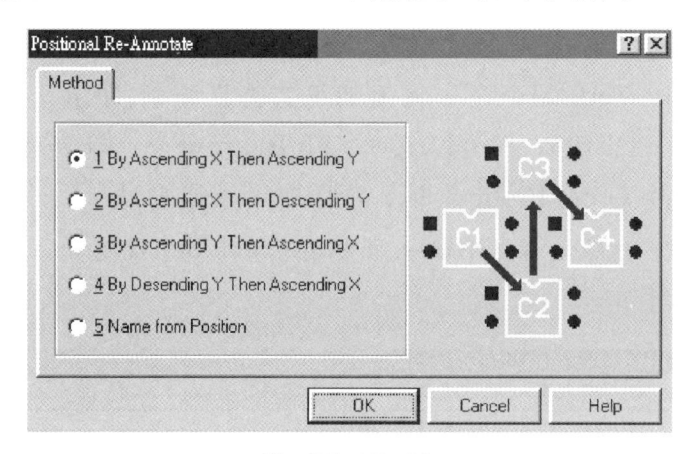

○ 圖 15-20

按Ok鍵，開始重新命名，產生PCB1.WAS檔案畫面，如下圖所示：

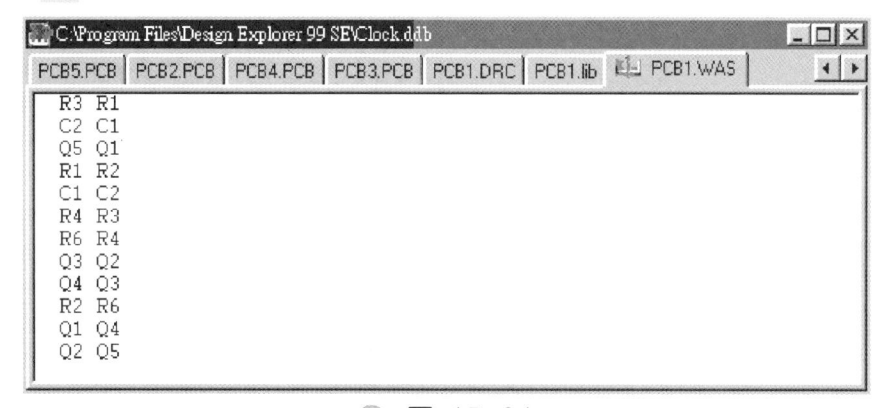

○ 圖 15-21

顯示重新命名的內容，左行是原來元件名稱，右行是重新命名的元件名稱。

在電路板中，元件名稱按照元件的位置重新命名。

二、電路圖和電路板互相對照：

如果要知道電路圖的連線在電路板的位置，可以把電路圖和電路板畫面水平放置，再執行Tools > Cross Probe命令，點選要檢查的項目，可以在另一個視窗畫面中，看到相對的項目。

先把兩個視窗畫面(電路圖和電路板)水平放置,再進行互相對照功能,步驟如下:

(1) 在設計總管的Explorer畫面中,點選Clock.Sch和PCB1.PCB檔案,開啟這兩個檔案。

(2) 移動游標到工作視窗的PCB1.PCB標籤,按Mouse右鍵一次,產生快捷功能表。

(3) 點選Split Vertical命令,把兩個視窗垂直分割(即水平放置)。

(4) 在PCB1.PCB視窗中,按View > Fit Board命令,顯示整個電路板圖形。

(5) 按Tools > Cross Probe命令,游標變成十字形狀。

(6) 點選其中一條連線(GND),可以在Clock.Sch視窗中,看見GND連線,如下圖所示。

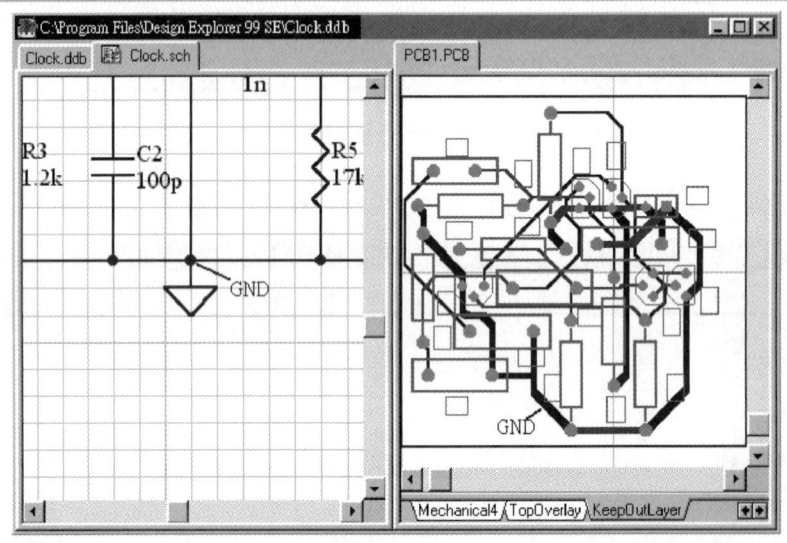

● 圖 15-22

(7) 移動游標到Clock.Sch視窗中,按Mouse左鍵一次。

(8) 按Tools > Cross Probe命令,游標變成十字形狀。

(9) 在C2元件上,按Mouse左鍵一次,可以在PCB1.PCB視窗中,看見C2元件的外形圖,如下圖所示。

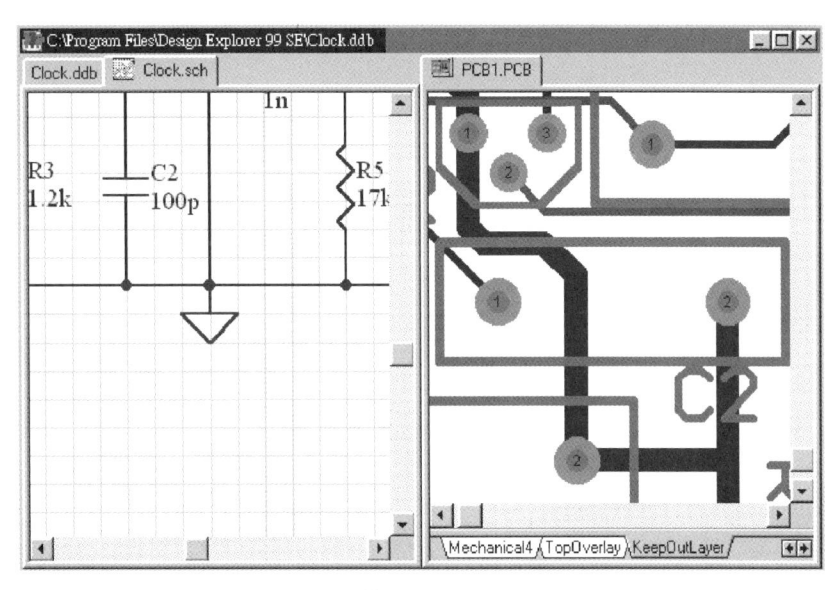

● 圖 15-23

> **注意**
> 在電路圖和電路板編輯器中，都有Cross Probe命名。

(10)在PCB1.PCB標籤上，按Mouse右鍵一次，產生快捷功能表，點選Merge All命令，回復原來狀況。

三、加入或移除測試點：

佈線完成後的電路板，可以加入測試點，使用命令如下：

命令	內容說明
Tools > Find and Set Testpoints	搜尋並且設定測試點
Tools > Clear All Testpoints	清除所有測試點

四、Statistical Placer自動放置方法：

當電路比較複雜或連接線比較多時，自動放置的方法，如果還採用Cluster Placer方法，就不是很適當，因為效果不是很好，此時可以採用Statistical Placer自動放置方法，放置的時間和效果都不錯，建議採用這種自動放置方法。

這種比較複雜的電路，通常是介面卡電路、8051電路...等，都可以採用Statistical Placer自動放置方法。

8051的電路圖，如下所示：

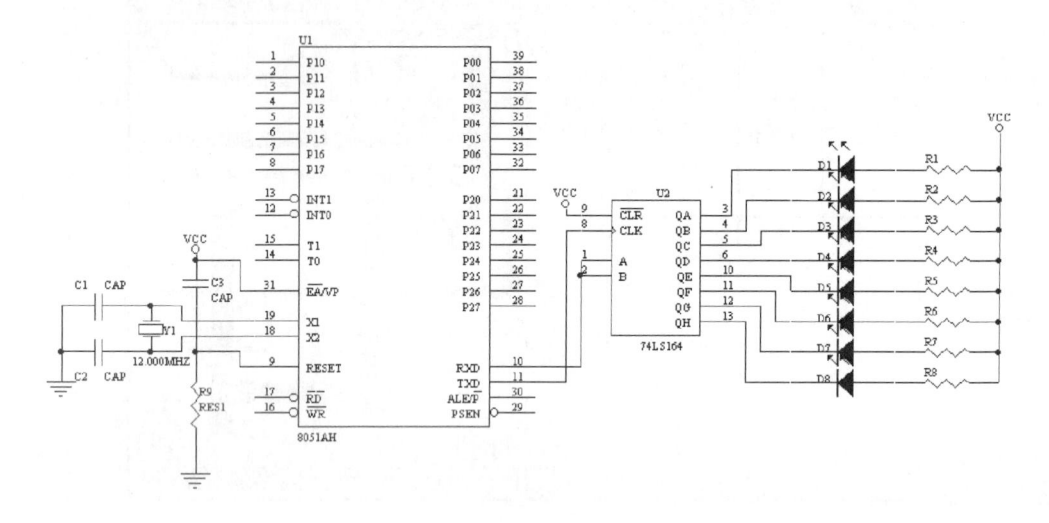

● 圖 15-24

電路圖所使用的元件，如下表所示：

Lib Ref	Footprint	Designator	Part Type
8031AH	DIP40	U1	8051AH
CAP	RAD0.1	C1-C3	CAP
XTAL	XTAL1	Y1	12.000MHZ
RES1	AXIAL0.3	R1-R9	RES1
74F164	DIP14	U2	74LS164
LED	DIODE0.4	D1-D8	LED

1. 呼叫電路圖元件，請使用Sch設計面板的Find按鍵功能，搜尋整個Sch目錄，搜尋關鍵字請採用Part Type欄位的內容。
2. 連結兩個PCB元件庫：PCB Footprints.lib和Miscellaneous.lib。

大略的步驟，如下所示：

1. 按Design > Create Netlist命令，產生串接檔案。
2. 按File > New命令，建立一個新的電路板編輯器。
3. 在電路板編輯器中，畫一個方框(KeepOutLayer佈局層)。
4. 按Design > Load Nets命令，載入串接檔案。
5. 按Tools > Auto Placement > Auto Placer命令，產生Auto Place對話盒。
6. 啟動Statistical Placer設定，對話盒的圖形，如下圖所示。

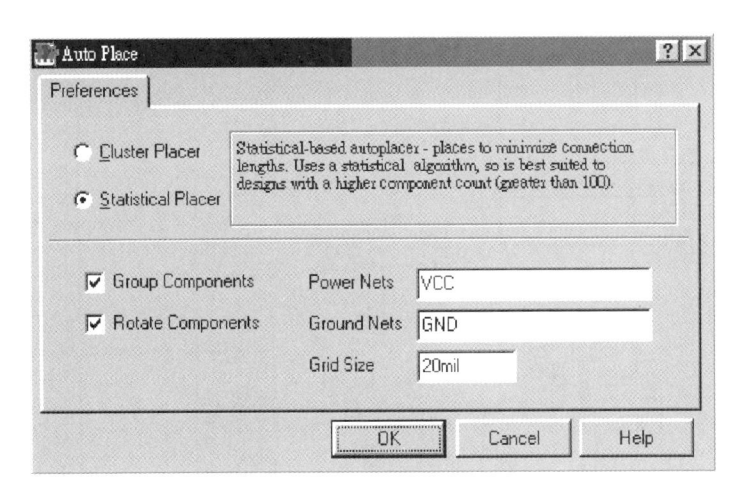

○ 圖 15-25

7. 設定參數,如上圖所示。
   (Power Nets=VCC、Ground Nets=GND)
8. 按Ok鍵,開始自動放置,產生Design Explorer Information對話盒。
9. 按Ok鍵,產生Design Explorer對話盒,如下圖所示。

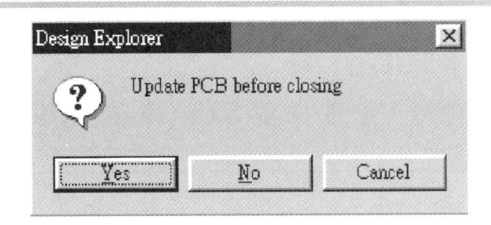

○ 圖 15-26

上面的對話盒所執行的動作,等於執行Update PCB命令。

10. 按Yes鍵,完成自動放置工作,如下圖所示。

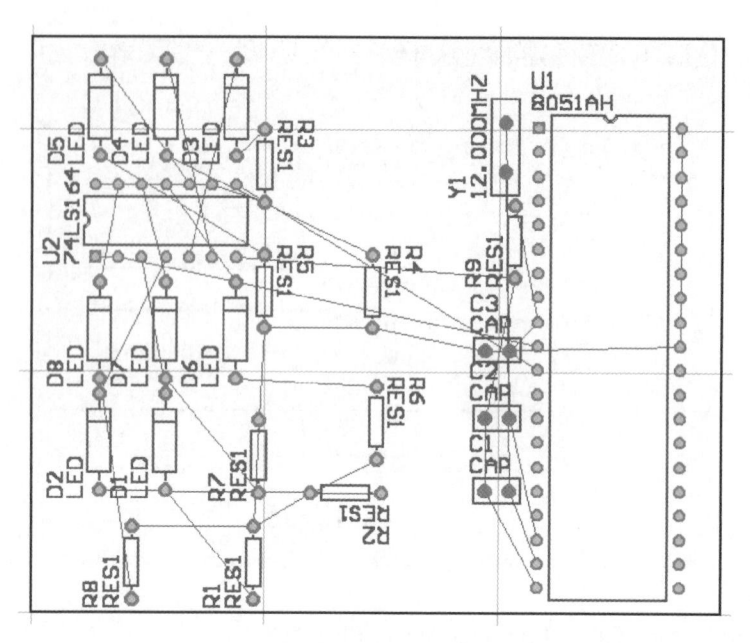

● 圖 15-27

11. 按Auto Route > All命令，產生Autorouter Setup對話盒。
12. 按Route All鍵，開始自動佈線工作，產生對話盒。
13. 按Ok鍵，完成佈線工作。
14. 按View > Refresh命令，重畫視窗畫面，最後的電路板圖形，如下圖所示。

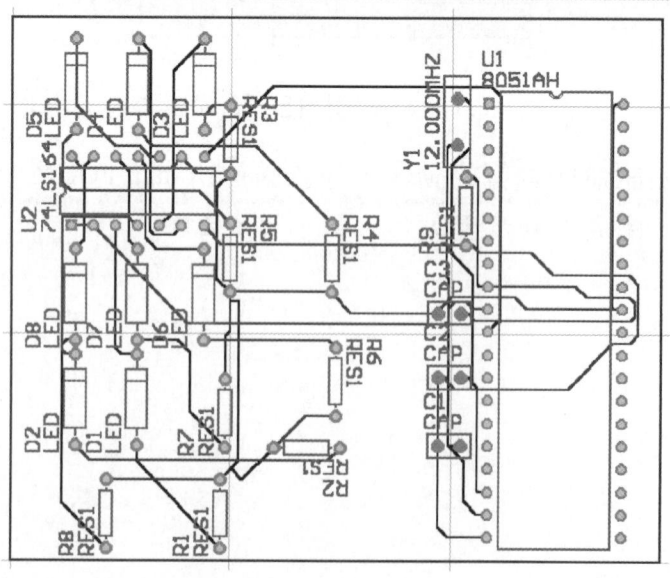

● 圖 15-28

五、固定電路板中部份元件的位置：

由於上面8051電路的LED元件位置不應該隨意放置，而是必須依照你的設計來安排位置，所以可以先人工移動LED元件(D1-D8)，假設要放在電路板的左邊，並且依照元件名稱的順序排列，你可以使用Component Placement工具列功能，或按Tools > Interactive Placement命令(必須先圈選項目)，調整元件的位置。

在D1元件上，連按Mouse左鍵兩次，產生Component對話盒，啟動Locked設定，可以固定D1元件的位置，重複上面的動作，把D2-D8元件都固定住。按Tools > Auto Placement > Auto Placer命令，產生Auto Placer對話盒，執行Statistical Placer自動放置方法，完成的電路板圖形，如下圖所示：

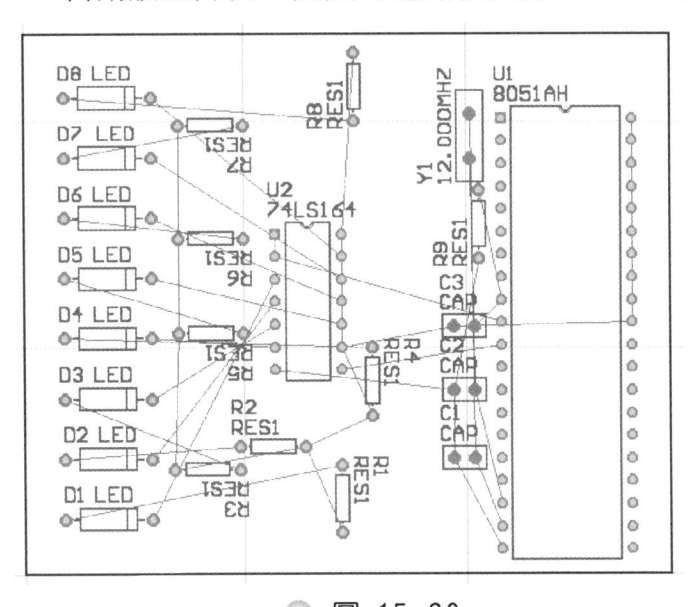

● 圖 15-29

按Auto Route > All命令，產生Autorouter Setup對話盒，按Route All鍵，完成自動佈線工作，電路板的圖形，如下圖所示：

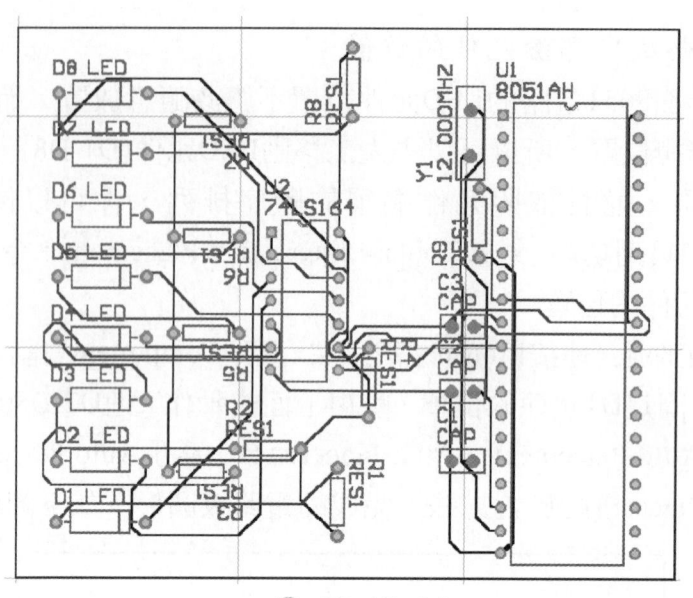

圖 15-30

章後實習

實習15-1

電路圖如下所示：

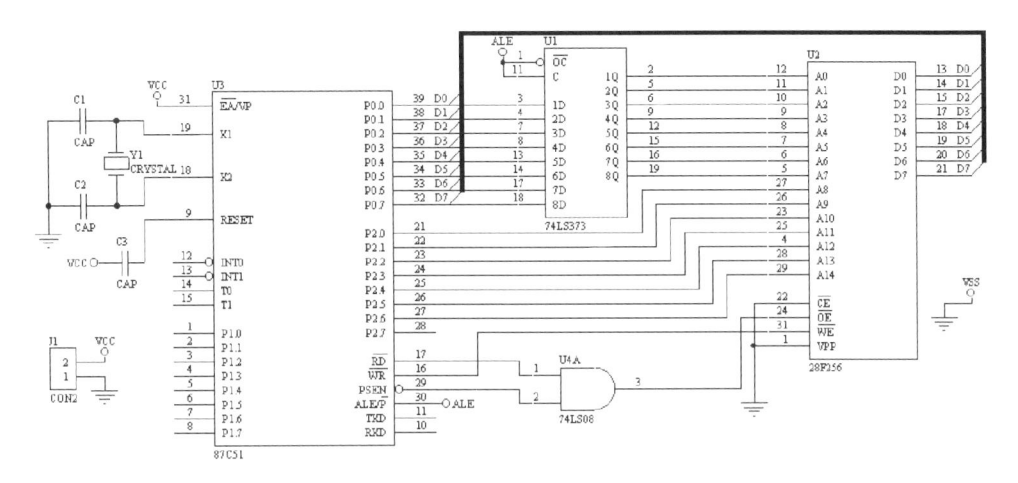

根據下列元件表，設定元件外形圖。

Lib Ref	Footprint	Designator	Part Type
CAP	RAD0.1	C1-C3	CAP
CRYSTAL	XTAL1	Y1	CRYSTAL
CON2	SIP2	J1	CON2
87C51	DIP40	U3	87C51
74LS373	DIP20	U1	74LS373
28F256	DIP32	U2	28F256
74F08	DIP14	U4	74LS08

採用下列設計規則：

佈線層數：2

最小銅箔寬度：10mil

GND和VCC連線銅箔寬度：30mil

兩個電氣項目之間的最小距離：15mil

導孔直徑：50mil，孔徑大小：28mil

問題 畫出電路板圖形。

1. 呼叫電路圖元件，請使用Sch設計面板的Find按鍵功能，搜尋整個Sch目錄，搜尋關鍵字請採用Part Type欄位的內容。
2. 連結兩個PCB元件庫：PCB Footprints.lib和Miscellaneous.lib。

實習15-2

電路圖如下所示：

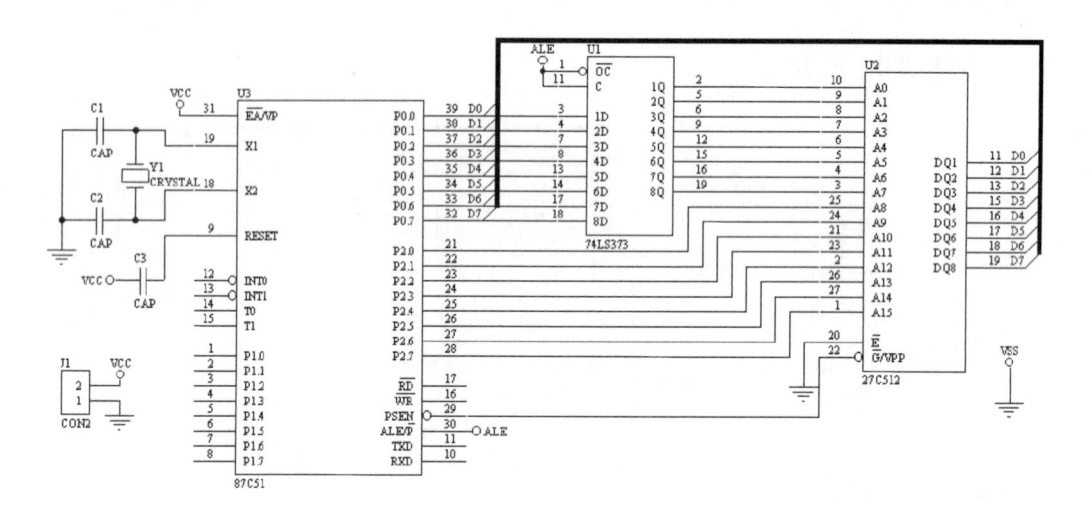

根據下列元件表，設定元件外形圖。

Lib Ref	Footprint	Designator	Part Type
CAP	RAD0.1	C1-C3	CAP
CRYSTAL	XTAL1	Y1	CRYSTAL
CON2	SIP2	J1	CON2
87C51	DIP40	U3	87C51
74LS373	DIP20	U1	74LS373
27C512	DIP28	U2	27C512

採用下列設計規則：

佈線層數：2

最小銅箔寬度：10mil

GND和VCC連線銅箔寬度：30mil

兩個電氣項目之間的最小距離：15mil

導孔直徑：50mil，孔徑大小：25mil

問題 畫出電路板圖形。

實習15-3

電路圖如下所示：

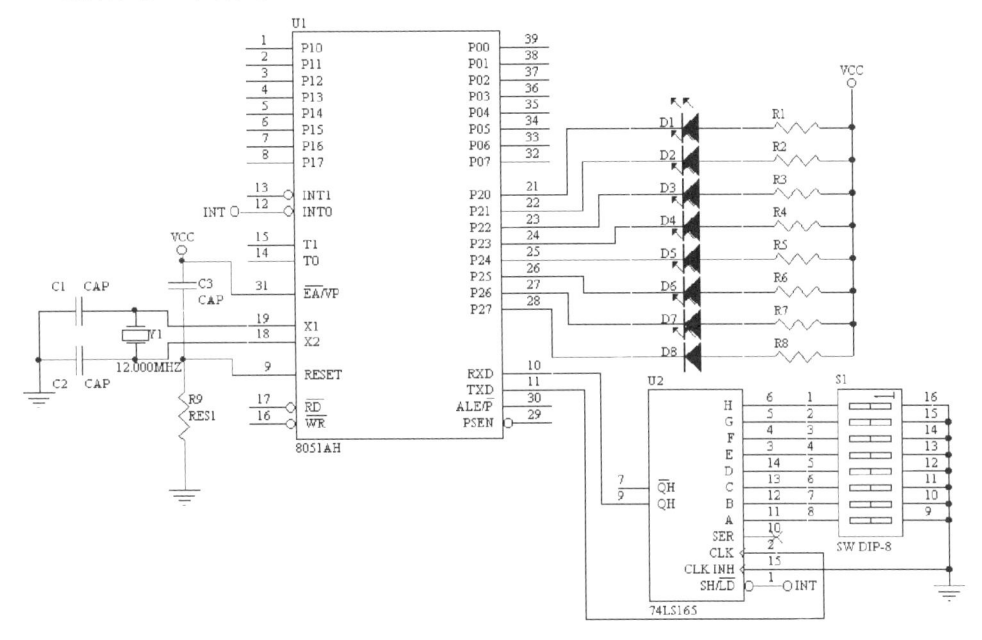

根據下列元件表，設定元件外形圖。

Lib Ref	Footprint	Designator	Part Type
CAP	RAD0.1	C1-C3	CAP
XTAL	XTAL1	Y1	12.000MHZ
RES1	AXIAL0.3	R1-R9	RES1
LED	DIODE0.4	D1-D8	LED
8031AH	DIP40	U1	8051AH
74LS165	DIP16	U2	74LS165
SW DIP-8	DIP16	S1	SW DIP-8

採用下列設計規則：

佈線層數：2

最小銅箔寬度：10mil

GND和VCC連線銅箔寬度：30mil

兩個電氣項目之間的最小距離：15mil

導孔直徑：50mil，孔徑大小：25mil

問題 畫出電路板圖形。

心得筆記

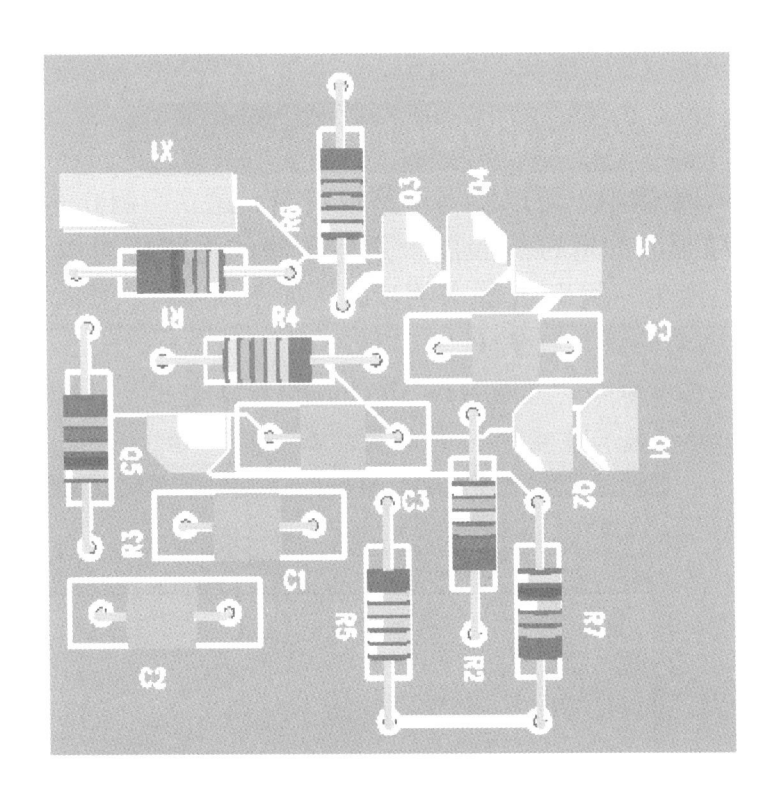

16 畫一個介面卡電路板

16-1 PCB電路板的說明

開始一個電路板設計計畫，可以在你的設計檔案中，產生一個新的PCB電路板檔案。從電路圖中，取得設計資料之前，你必須產生機械製圖層和電氣特性電路板的外框，並且建立佈局層堆疊結構，機械製圖層的外框定義電路板的實際形狀和大小和，另外包含：詳細尺寸值、圖形工具和生產資料，這些資料通常放在四個機械製圖層。

電氣特性電路板的外框定義電路板元件放置的限制區域，利用禁止佈局層(KeepOutLayer)，設定電路板的外框，禁止佈局層設定放置和佈線的工作區域，通常這個外框大小會和實際電路板的外框大小相同，所有訊號佈局層的項目和佈線都必須放入這個區域中，在禁止佈局層中，也可以定義放置和佈線禁止區域，這是在電路板的外框內定義。佈局層堆疊結構可以定義訊號佈局層和內部平面層，佈局層堆疊結構可以定義出鑽孔層對。

Protel 99 SE軟體提供非常有用的電路板精靈(Board Wizard)，可以指導你產生新的電路板，精靈也提供一些事先定義的電路板，當然也可以建立自己的電路板。

16-2 產生電路板精靈

在Protel軟體中，可以使用電路板精靈，建立一個介面卡，電路板精靈具有許多種預設的電路板設計，這些預設的電路板可以產生標準的介面卡。以下是產生一個XT介面卡的步驟，如下所示：

1. 開啟一個新的設計檔案(Pcb2.Ddb)。
2. 按File > New命令，產生New Document對話盒。
3. 按Wizards標籤，產生新的對話盒，如下圖所示。

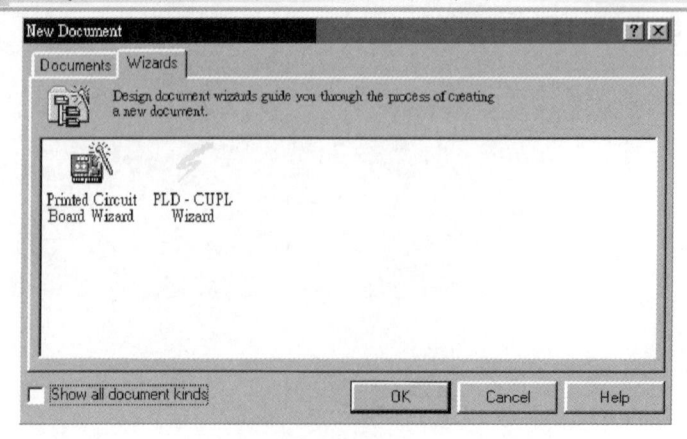

圖 16-1

4. 點選Printed Circuit Board Wizard圖示。

5. 按Ok鍵，產生Board Wizard對話盒，如下圖所示。

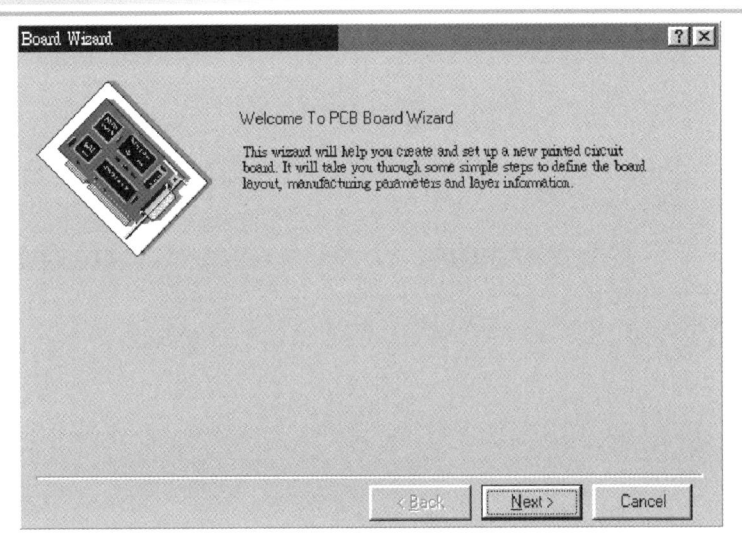

○ 圖 16-2

6. 按Next>鍵，產生對話盒，如下圖所示。

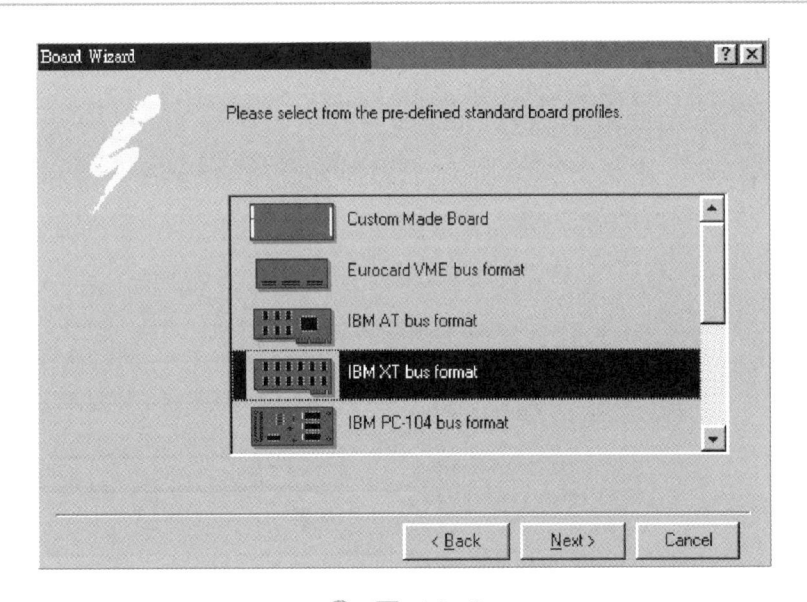

○ 圖 16-3

在上面對話盒中，可以選擇事先定義的標準電路板，使用者就不用費心定義這些電路板，Custom Made Board標準電路板是使用者自行設定的電路板。

7. 點選IBM XT bus format的標準電路板。
8. 按Next>鍵,產生對話盒,如下圖所示。

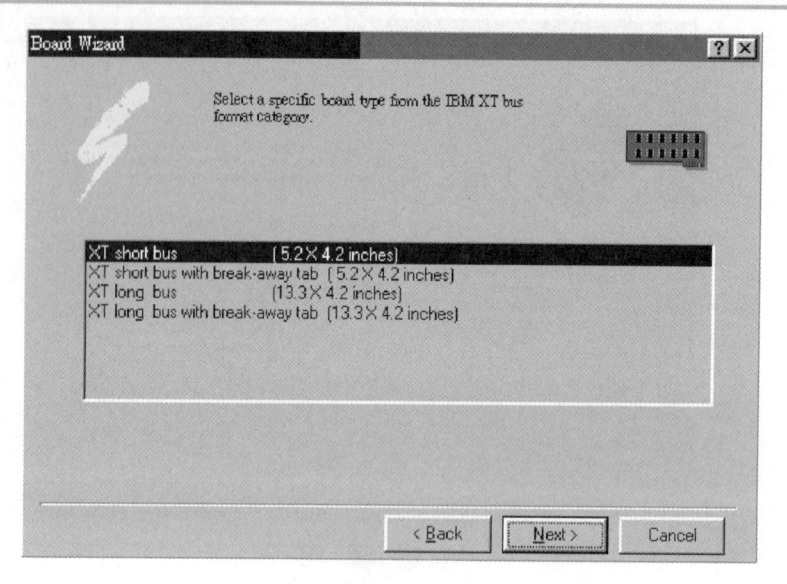

● 圖 16-4

在這個對話盒中,可以選擇不同形式的XT介面卡,可以決定電路板的大小和形狀。

9. 點選XT short bus [5.2x4.2 inches]。
10. 按Next>鍵,產生對話盒,如下圖所示。

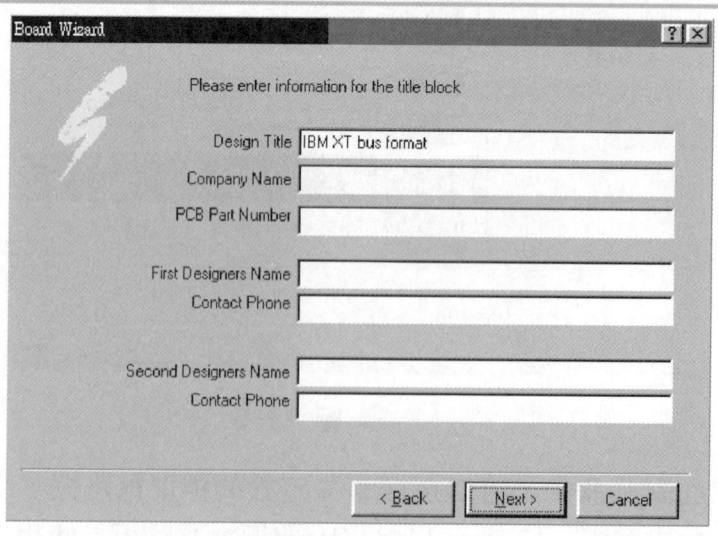

● 圖 16-5

在這個對話盒中,可以輸入設計公司的名稱(Company Name)、PCB電路板名稱(PCB Part Number)、第一個設計者名稱(First Designers Name)、聯絡電話(Contact Phone)、第二個設計者名稱(Second Designers Name)和聯絡電話(Contact Phone)。

11.你可以輸入相關的資料。
12.按Next>鍵,產生對話盒,如下圖所示。

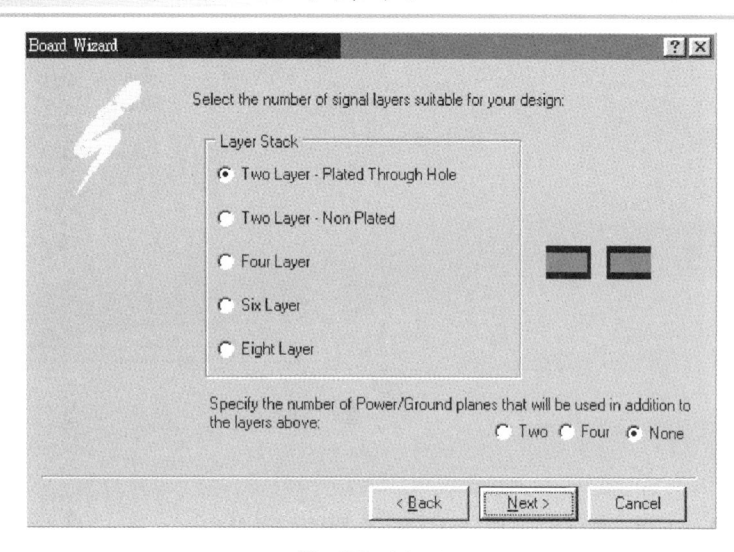

○ 圖 16-6

在這個對話盒中,選擇設定訊號佈局層的數目和內部平面層的數目,如下所示:

(1) 設定訊號佈局層的數目(上面欄位),選項說明,如下表所示:

訊號佈局層	內容說明
Two Layer-Plated Through Hole	雙層訊號佈局層(導孔要電鍍)
Two Layer-Non Plated	雙層訊號佈局層(導孔不要電鍍)
Four Layer	四層訊號佈局層
Six Layer	六層訊號佈局層
Eight Layer	八層訊號佈局層

(2) 設定內部平面層的數目(下面欄位),選項說明,如下表所示:

內部平面層	內容說明
Two	雙層內部平面層
Four	四層內部平面層
None	沒有內部平面層

13. 點選Two Layer-Plated Through Hole和None。
14. 按Next>鍵，產生對話盒，如下圖所示。

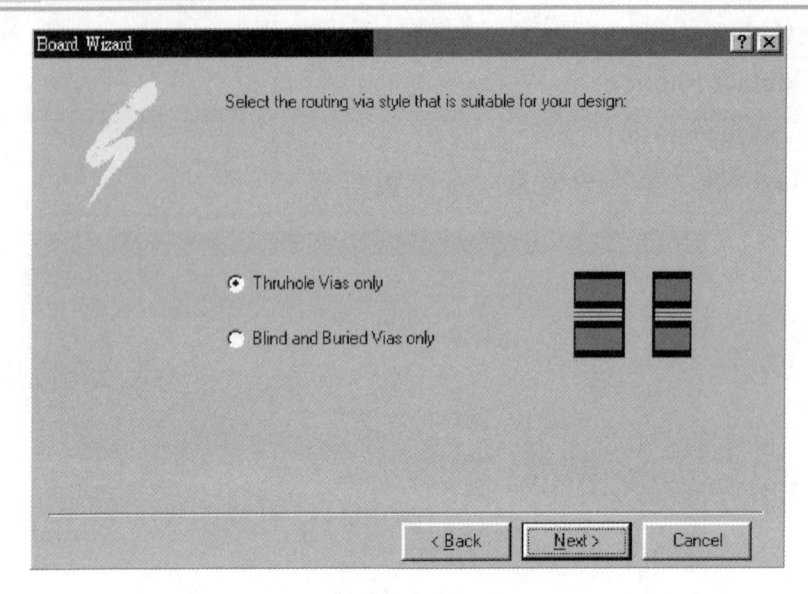

◯ 圖 16-7

在上面對話盒中，選項說明如下：
(1) Thruhole Vias only：只有針腳式導孔。
(2) Blind and Buried Vias only：只有半埋式和全埋式導孔。

15. 點選Thruhole Vias only。
16. 按Next>鍵，產生對話盒，如下圖所示。

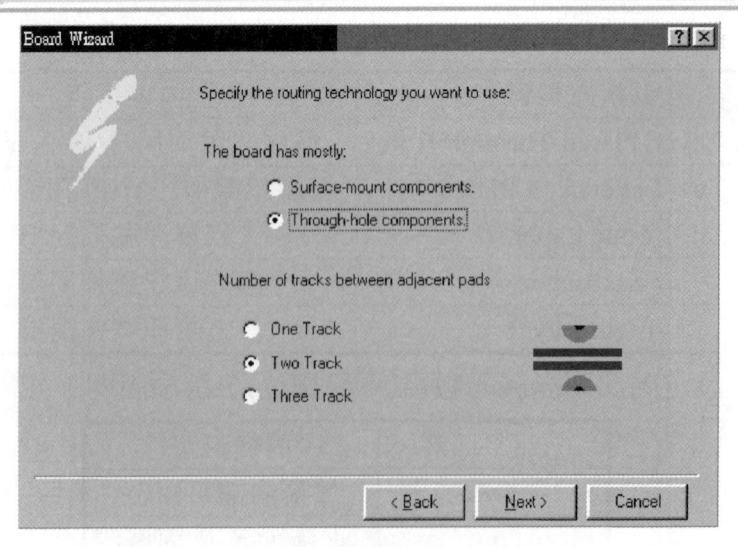

◯ 圖 16-8

在上面對話盒中，選項說明如下：
(1) 在電路板中，選擇具有較多元件種類，放置方式略有不同，如下：
　　a. Surface-mount components：表面黏貼元件
　　b. Through-hole components：針腳式元件
(2) 相鄰的銲點之間，能通過的接線數目，如下：
　　a. One Track：只能通過一條接線。
　　b. Two Track：只能通過二條接線。
　　c. Three Track：只能通過三條接線。

17. 點選Through-hole components和Two Track。
18. 按Next>鍵，產生對話盒，如下圖所示。

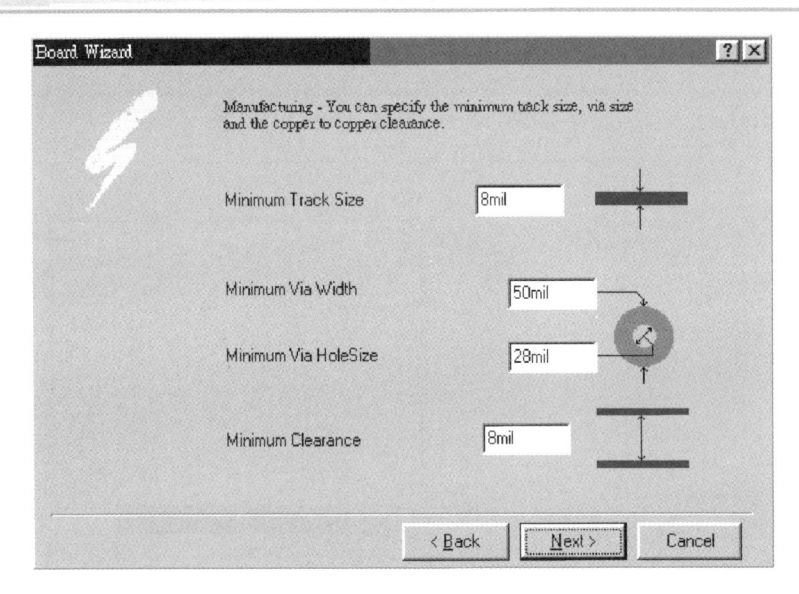

◎ 圖 16-9

在上面對話盒中，必須要設定四種設計規則，如下所示：
(1) Minimum Track Size：設定最小連線寬度。
(2) Minimum Via Width：設定最小導孔直徑。
(3) Minimum Via HoleSize：設定最小導孔孔徑大小。
(4) Minimum Clearance：設定連線之間最小距離。

19. 設計規則採用預設值。
20. 按Next>鍵，產生對話盒，如下圖所示。

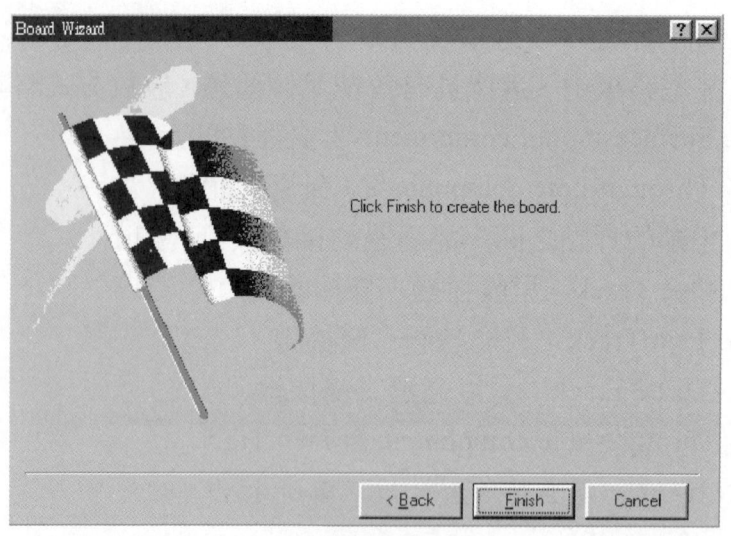

◎ 圖 16-10

21. 按Finish鍵，完成一個標準電路板，如下圖所示。

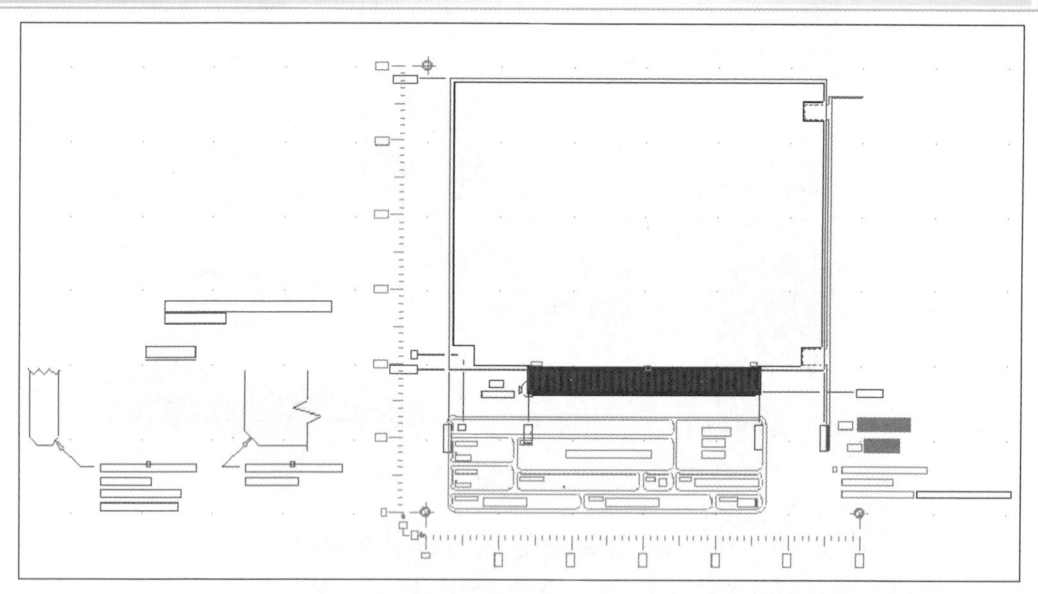

◎ 圖 16-11

16-3 檢查標準電路板的設定內容

從圖16-11的電路板圖形中看出，標準電路板的圖形相當複雜，使用者可能無法搞清楚這個電路板的內容，本節要詳細介紹這個電路板的結構。

一、佈局層堆疊結構：

按Design > Options命令，產生Document Options對話盒，如下圖所示：

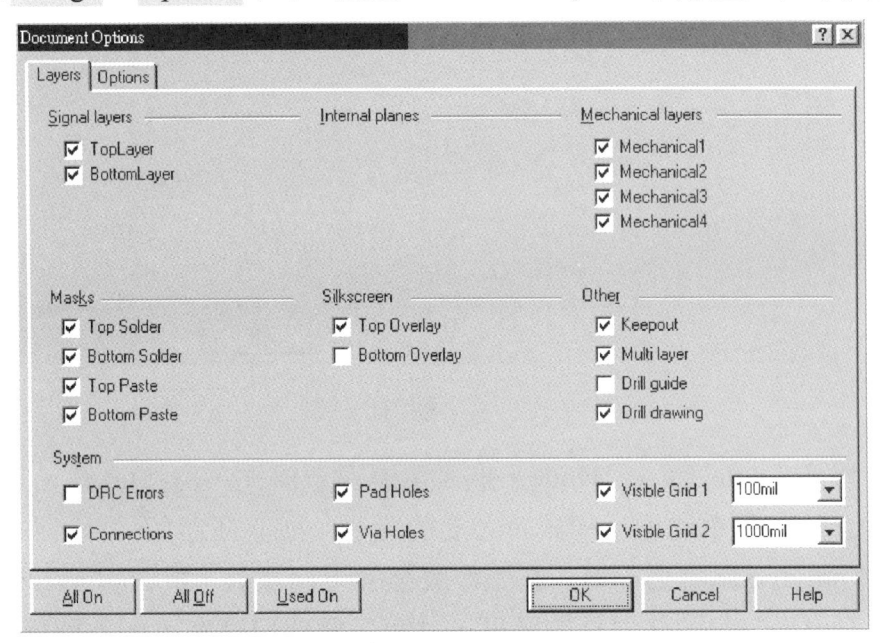

◯ 圖 16-12

佈局層堆疊結構說明，如下：

1. 在圖16-6對話盒中，訊號佈局層的數目設定為雙層訊號佈局層(Two Layer)，所以在圖16-12對話盒的訊號佈局層(Signal layers)有TopLayer和BottomLayer兩個佈局層。
2. 內部平面層的數目設定為None，所以在圖16-12對話盒的內部平面層(Internal planes)，沒有任何佈局層存在。
3. 這個標準電路板共設定四個機械繪圖層，所以有Mechanical1、Mechanical2、Mechanical3和Mechanical4四個佈局層。

二、每一個佈局層的圖形：

為了看每一個佈局層的圖形，必須轉換成單層顯示，按 Tools > Preferences命令，產生Preferences對話盒，按Display標籤，產生對話盒，如下圖所示：

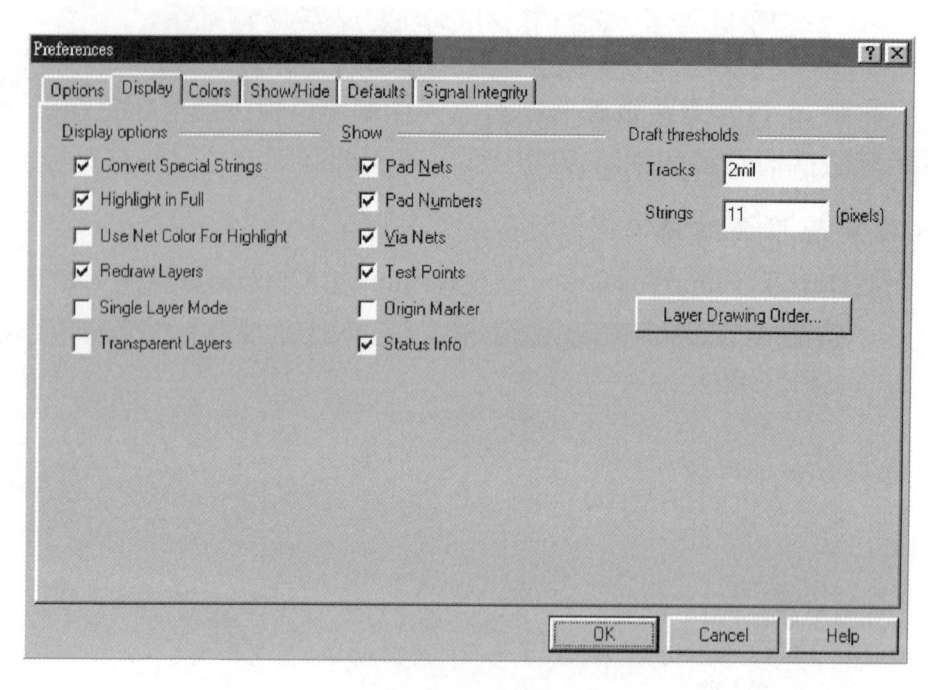

384　Protel 電路設計全輯

○ 圖 16-13

　　點選Single Layer Mode，進入單層顯示模式，再按Ok鍵，回到工作視窗中，此時是單層顯示模式，各層的圖形，如下所示：

1. TopLayer訊號佈局層：在工作視窗的下面標籤，按TopLayer標籤，顯示TopLayer訊號佈局層的圖形，共有三個項目存在，如下圖所示：

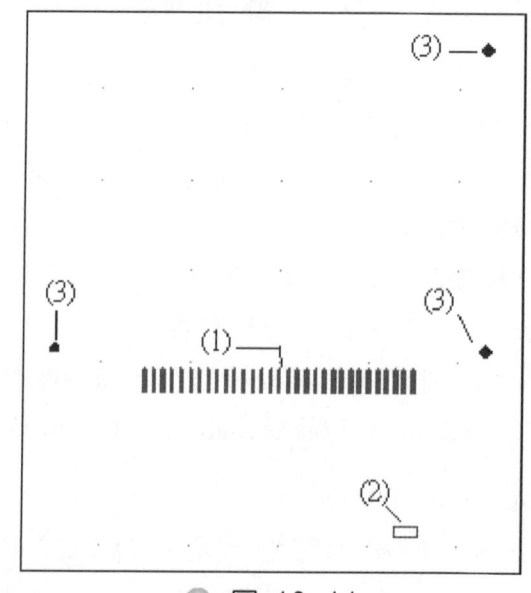

○ 圖 16-14

在TopLayer佈局層中，三個項目的說明如下：

(1) P1連接器元件：這個P1項目的元件外形圖是ECN-IBMXT，這是一個連接器元件，放在TopLayer佈局層上，在元件外形圖上，連按Mouse左鍵兩次，產生Component對話盒，如下圖所示：

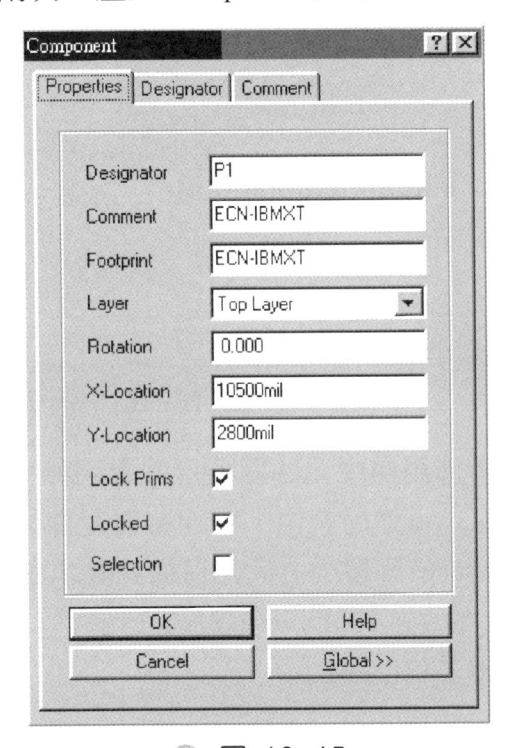

◯ 圖 16-15

在TopLayer佈局層中，P1連接器元件的各銲點名稱為A1-A31。

(2) Gerber檔案名稱(.GTL)：這是TopLayer佈局層的Gerber檔案名稱，在.GTL項目上，連按Mouse左鍵兩次，產生String對話盒。

(3) 三個銲點：這三個銲點是放在Multi佈局層中，可以在TopLayer佈局層中顯示，只是提供鑽孔動作。

2. BottomLayer訊號佈局層：在工作視窗的下面標籤，按BottomLayer標籤，顯示BottomLayer訊號佈局層的圖形，共有四個項目存在，如下圖所示：

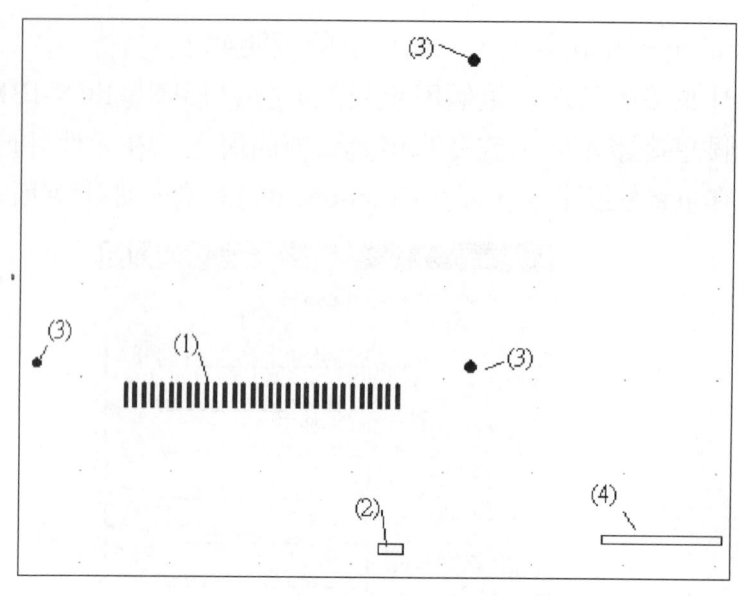

● 圖 16-16

在BottomLayer佈局層中，四個項目的說明如下：

(1) 在BottomLayer佈局層中，P1連接器元件的另一半銲點放在BottomLayer佈局層中，此部份的銲點名稱為B1-B31，請注意：P1連接器元件放在TopLayer佈局層上。

(2) Gerber檔案名稱(.GBL)

(3) 三個銲點。

(4) N XXXXXX-XXX REV A字串：這是一個字串，是以鏡射(Mirror)表示。

3. Mechanical1機械繪圖層：顯示標準電路板的外形圖，如下圖所示：

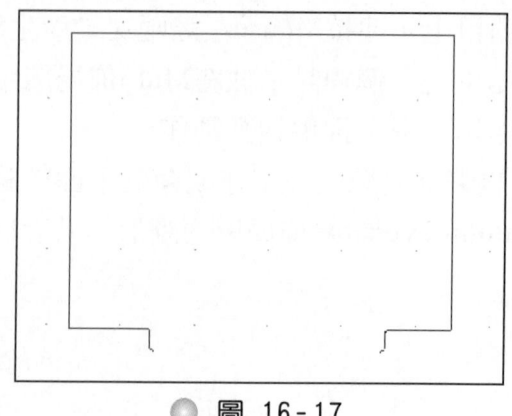

● 圖 16-17

4. Mechanical3機械繪圖層：顯示標準電路板的右邊外形圖，如下圖所示：

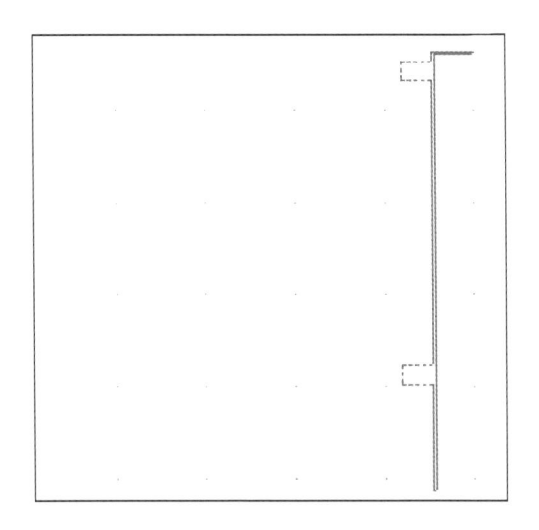

◎ 圖 16-18

5. Mechanical4機械繪圖層：顯示標準電路板的外形測量單位和管理編號，如下圖所示：

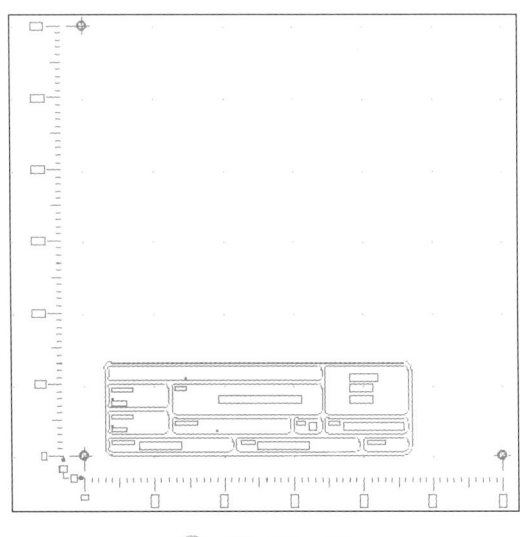

◎ 圖 16-19

6. KeepOutLayer禁止佈局層：元件自動放置和自動佈線，必須放在這個區域內，如下圖所示：

○ 圖 16-20

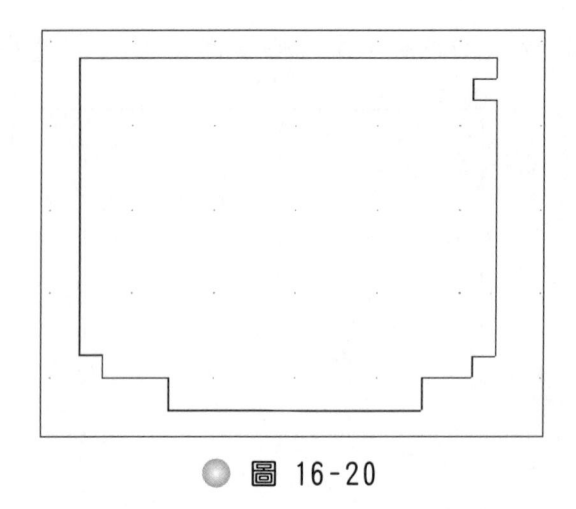

　　其餘的佈局層，請自行點選(工作視窗下面的標籤)，可以看到各個佈局層的圖形。

三、找出標準電路板的所有元件外形圖：

　　在PCB設計面板中，按下拉鍵，點選Components，PCB設計面板的圖形，如下圖所示：

○ 圖 16-21

　　在上面圖形中，由於PCB設計面板目前指到Component部份，在Browse欄位中，會顯示這個電路板中所有元件外形圖，所以在此標準電路板中已經存在P1元件，元件外形圖是ECN-IBMXT，另外在中間欄位中，顯示P1元件的所有銲點名稱，銲點名稱有A1-A31和B1-B31。

四、設計規則的設定內容：

　　在此標準電路板中，共設定四種設計規則，可以在PCB設計面板中看到這些設計規則，按下拉鍵，點選Rules，可以看到所有設計規則，如下圖所示：

◎ 圖 16-22

　　在Browse欄位中，點選Routing Via Style，再按Edit鍵，產生Routing Via-Style Rule對話盒，如下圖所示：

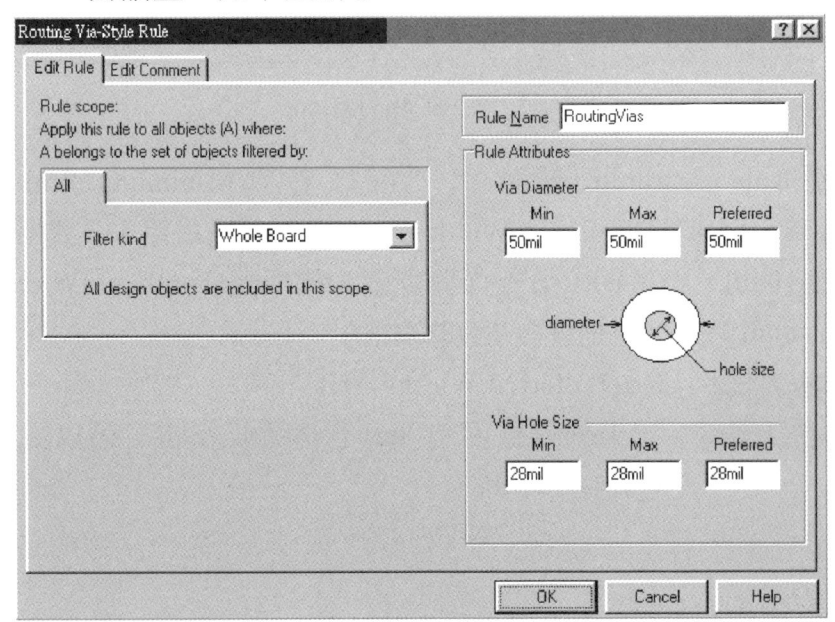

◎ 圖 16-23

在圖16-9對話盒中，設定最小導孔直徑(Minimum Via Width)為50mil，和設定最小導孔孔徑大小(Minimum Via HoleSize)為28mil，所以在Routing Via-Style Rule對話盒中，顯示Via Diameter=50mil和Via Hole Size=28mil，因此設計規則已經被設定(在電路板精靈中設定)，其餘兩個設計規則，請自行檢查。

事實上，這邊有一個嚴重的軟體問題，在PCB設計面板中，點選Width Constraint，再按Edit鍵，產生Max-Min Width Rule對話盒，如下圖所示：

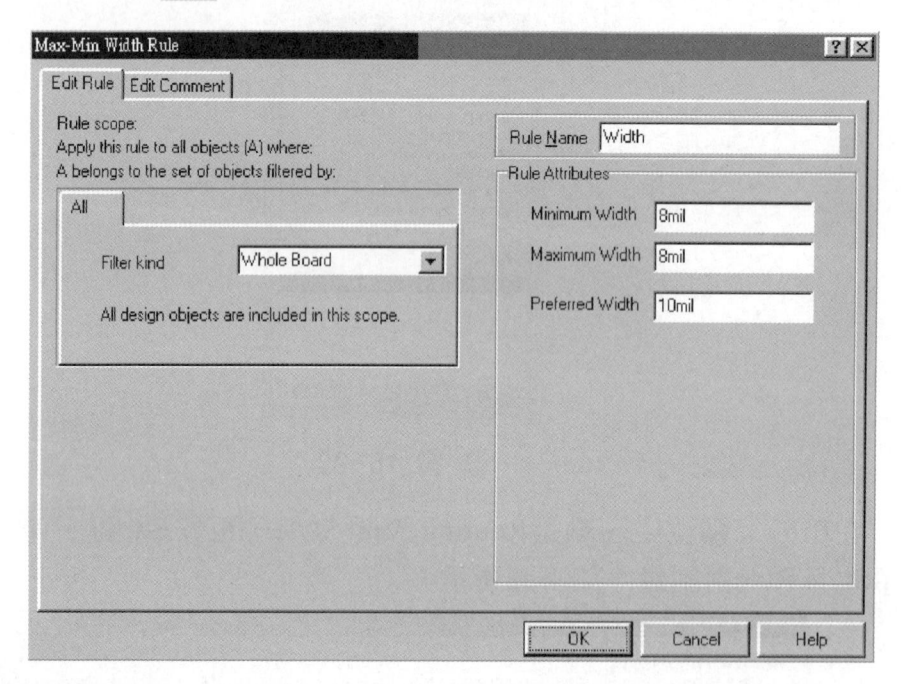

● 圖 16-24

從Rule Attributes欄位中，可以看到Minimum Width=Maximum Width=8mil，但是Preferred Width=10mil，表示在電路中，進行自動佈線的寬度為10mil，但是DRC檢查佈線寬度的標準是Minimum Width=Maximum Width=8mil，所以一定會發生DRC錯誤。

解決方法1：更改Preferred Width=8mil

解決方法2：如果佈線寬度=10mil不會造成問題，可以更改Maximum Width=10mil。

16-4 使用標準電路板(IBM XT bus format)

要使用前面所設計的標準電路板(IBM XT bus format)，必須先準備好電路圖，可以利用Protel軟體的電路圖編輯器，把電路圖畫好，電路圖如下所示：

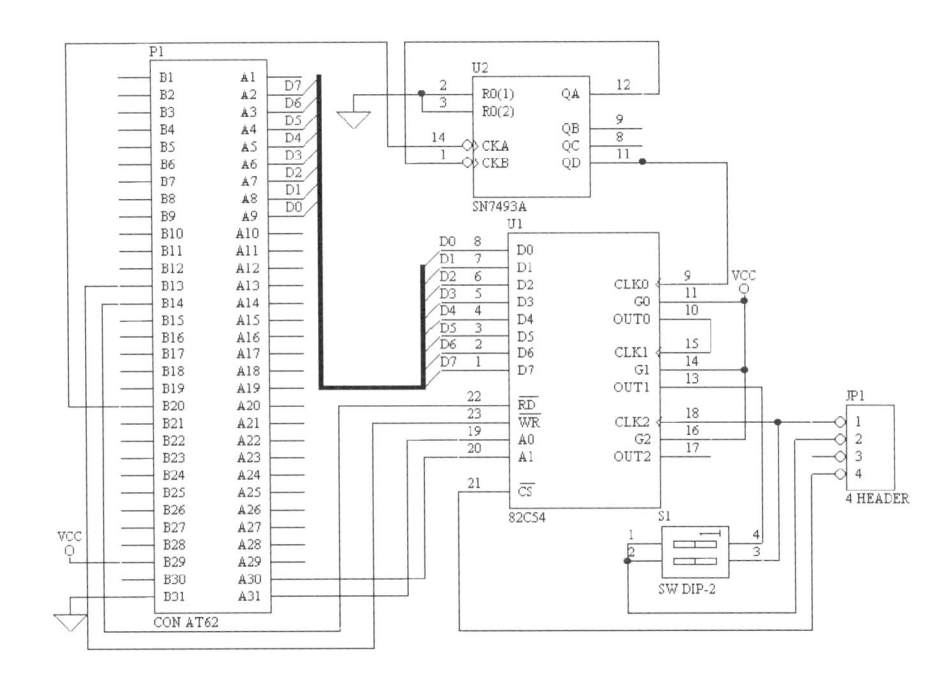

◎ 圖 16-25

電路圖的檔名為Sheet1.Sch，要使用標準電路板，畫電路圖時，有兩個基本要求，如下所示：

1. 必須要有62支接腳的連接器元件，元件名稱必須是P1。
2. P1元件的接腳名稱為A1-A31和B1-B31。

能夠符合上面兩個要求的連接器元件是CON AT62，為了要能夠轉換成PCB電路板，必須把元件外形圖加入到特性對話盒的Footprint參數中。

以下是這個電路圖的所有元件特性值，如下表所示：

元件名稱 (Designator)	電路圖元件 (Lib Ref)	元件外形圖 (Footprint)	PCB元件庫
P1	CON AT62		
U1	82C54	DIP24	PCB Footprints.lib
U2	SN7493A	DIP14	PCB Footprints.lib
JP1	4 HEADER	POWER4	PCB Footprints.lib
S1	SW DIP-2	DIP4	PCB Footprints.lib

1. 呼叫電路圖元件，請使用Sch設計面板的Find按鍵功能，搜尋整個Sch目錄，搜尋關鍵字請採用Part Type欄位的內容。
2. 連結兩個PCB元件庫：PCB Footprints.lib和Miscellaneous.lib。

一、執行ERC檢查：

1. 在電路圖編輯器中，按 Tools > ERC 命令，執行ERC檢查，產生Setup Electrical Rule Check對話盒。
2. 按Ok鍵，開始執行ERC檢查，產生Sheet1.ERC檔案。
   找不到任何ERC錯誤。
3. 按Sheet1.Sch標籤(在工作視窗上面)，回到電路圖編輯器。

二、產生Protel格式的串接檔案：

1. 在電路圖編輯器中，檢查所有元件名稱(Designator)是否有設定，不可以有？存在。
2. 按 Design > Create Netlist 命令，產生Netlist Creation對話盒。
3. 在對話盒中，設定參數採用預設值。
4. 按Ok鍵，產生Sheet1.NET串接檔案，如下圖所示。

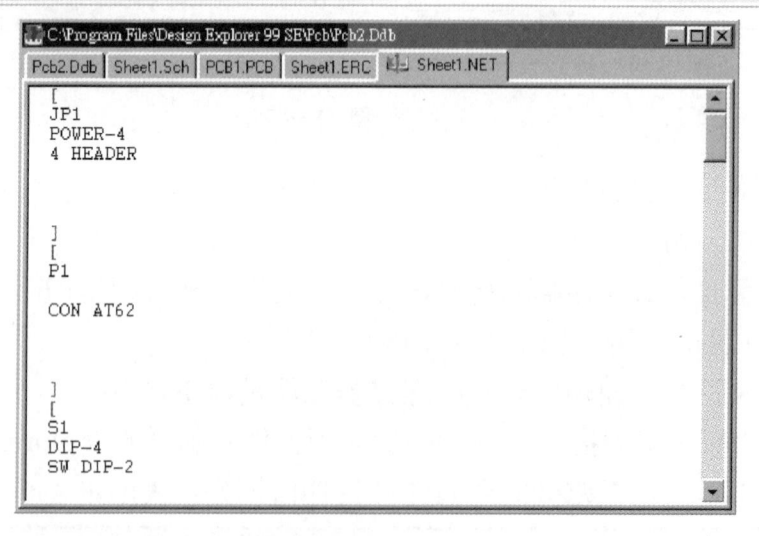

```
[
JP1
POWER-4
4 HEADER


]
[
P1

CON AT62


]
[
S1
DIP-4
SW DIP-2
```

● 圖 16-26

三、載入Protel格式的串接檔案：

1. 按PCB1.PCB標籤(在工作視窗上面)，進入電路板編輯器。
2. 必須連結PCB Footprints.lib元件庫，才能呼叫到所需要的外形圖(在PCB設計面板中，點選Libraries)。

3. 按Design > Load Nets命令，產生Load/Forward Annotate Netlist對話盒。
4. 按Browse鍵，產生Select對話盒。
5. 點選Sheet1.NET串接檔案。
6. 按Ok鍵，開始檢查元件外形圖、連線和接腳內容，在Status欄位中，顯示All macros validated表示已經得到所有資料沒有任何問題，如下圖所示。

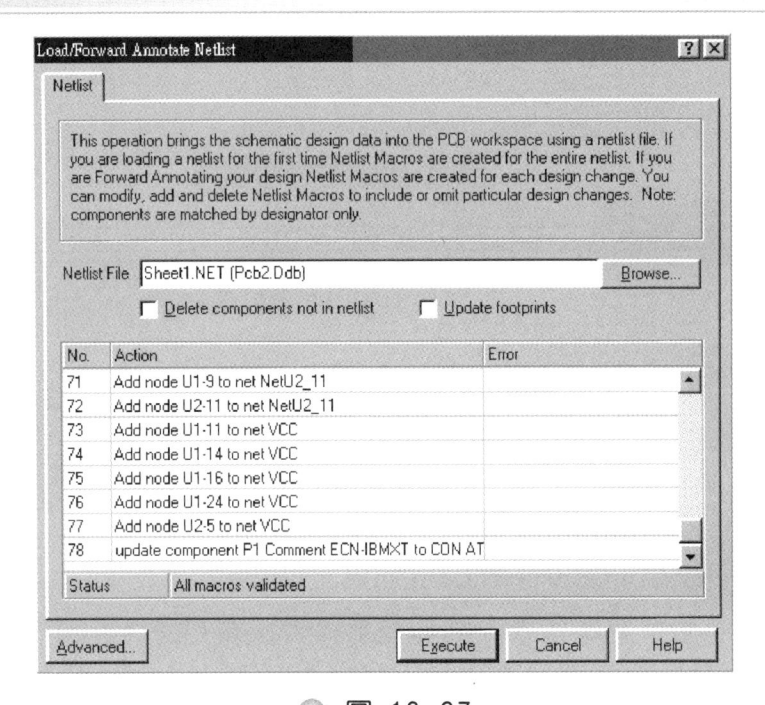

○ 圖 16-27

▶ 注意

在上圖中，第78行的內容是update component P1 Comment ECN-IBMXT to CON AT，表示把電路圖的P1元件轉換成電路板的P1元件，元件外形圖是ECN-IBMXT，可以參考圖16-15的特性對話盒。

檢查中間欄位的Action子欄位，看不到Add new component P1這行的內容，但是你可以看見其他元件的元件外形圖載入動作(Add new component 元件名稱)，這是因為電路板中已經有P1元件，所以不再執行P1元件的載入動作。

7. 按Execute鍵，開始載入串接檔案的內容。
8. 按View > Fit Board命令，改變畫面大小，如下圖所示。
9. 修改佈線寬度為8mil(按Design > Rules命令)。

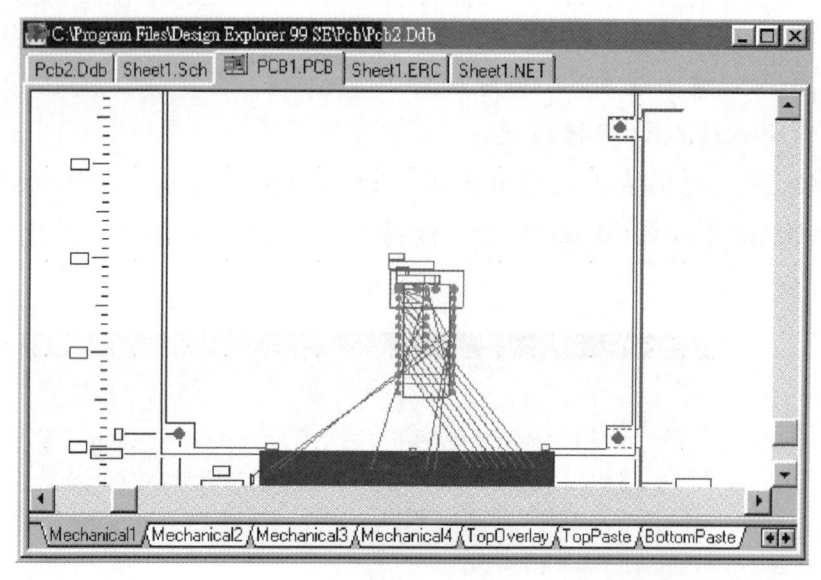

○ 圖 16-28

四、放置所有項目：

1. 按Tools > Auto Placement > Auto Placer命令，產生Auto Placer對話盒。
2. 設定參數，如下：
   啟動Cluster Placer設定(由於元件數目不多)
   啟動Quick Component Placement設定(加速元件放置)
3. 按Ok鍵，開始放置元件，放置結果，如下圖所示。

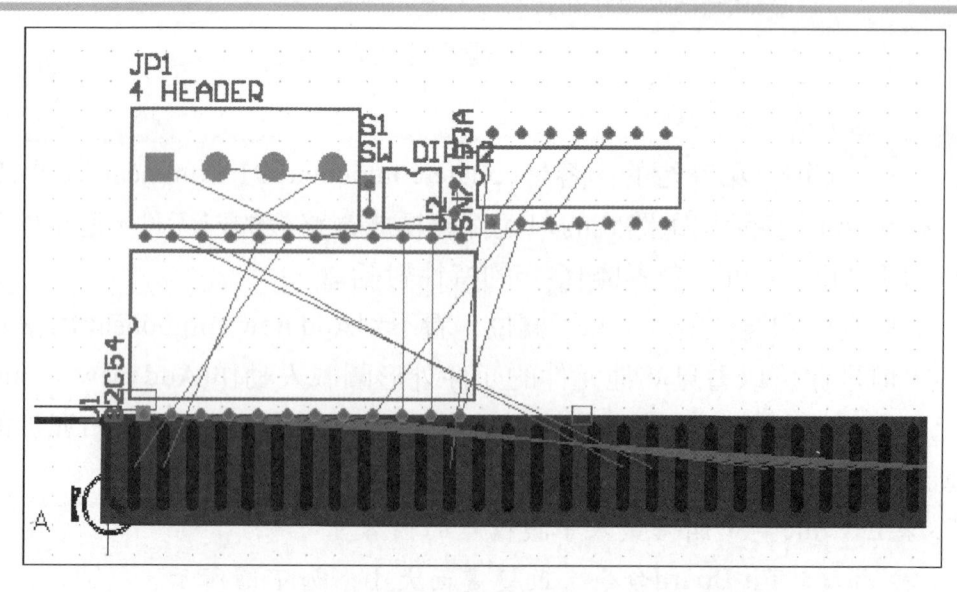

○ 圖 16-29

在上面圖形中，大部分元件外形圖都變成綠色，這是因為發生兩種設計規則錯誤，如果要知道違反哪些設計規則？可以在PCB設計面板中，按下拉鍵，點選Violations，可以看到所有違反設計規則的內容。

在Browse欄位中，點選Component Clearance Constraint，在中間欄位中，點選0106:Component/Component，再按Jump鍵，可以在工作視窗中，看見詳細的圖形，如下圖所示：

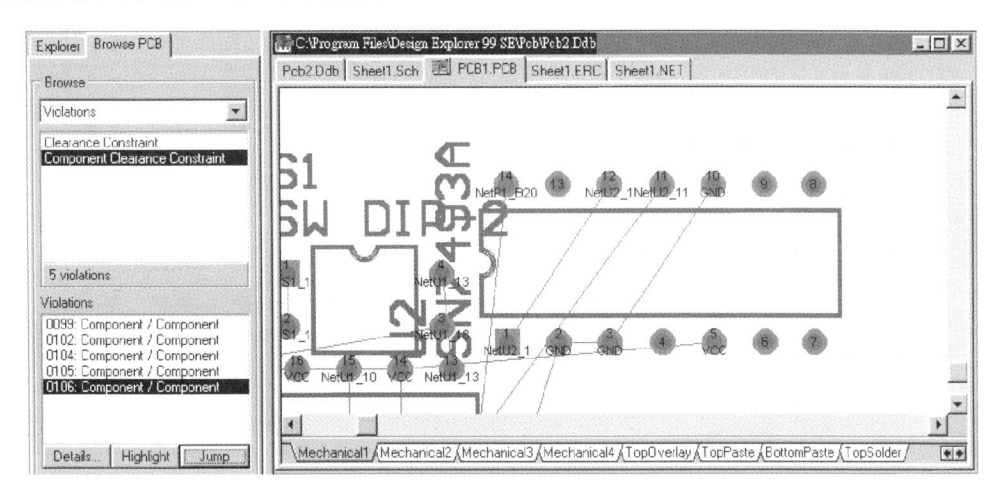

● 圖 16-30

讀者可能有個疑問？為何發生那麼多的錯誤，還要使用快速放置方法，理由如下：

(1) 可以節省許多時間。
(2) 電路板面積相當大，雖然人工放置會造成面積變大，但是標準電路板的面積固定，所以可以採用快速放置，只要所有元件都能放入電路板中。
(3) 人工移動時，盡量保持元件之間的相對位置。

當然最好放置方法是採用一般放置方式，可以得到較佳的放置結果，電路板的面積也可以減少，但是會花費相當多的時間，由於是練習，所以可以採用快速放置方法，如果是正式產品，應該盡量採用一般放置方法。

▶ 注意

由於一般放置方式會使用相當多的時間，在工作視窗中，也看不出放置的執行進度，如何知道放置工作執行完畢？必須看命令行(工作視窗下面)，內容是Idle state-ready for command，表示已經完成放置工作，可以執行下一個命令。

4. 從外圍元件開始，移動游標到綠色元件上，按住Mouse左鍵，移動元件到適當的位置上，如果沒有違反設計規則，元件的顏色會變回原來顏色，必須使得所有元件都沒有違反DRC檢查，可以看PCB設計面板的Violations部份，沒有任何違反項目存在，元件放置圖形，如下圖所示。

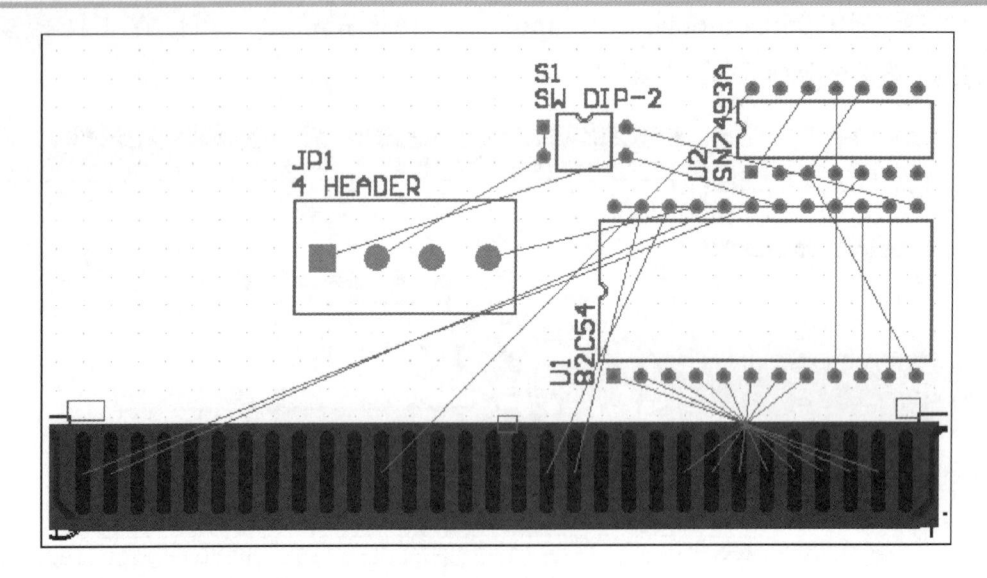

圖 16-31

五、自動佈線(Auto Routing)：

1. 按Auto Route > All命令，產生Autorouter Setup對話盒，如下圖所示。

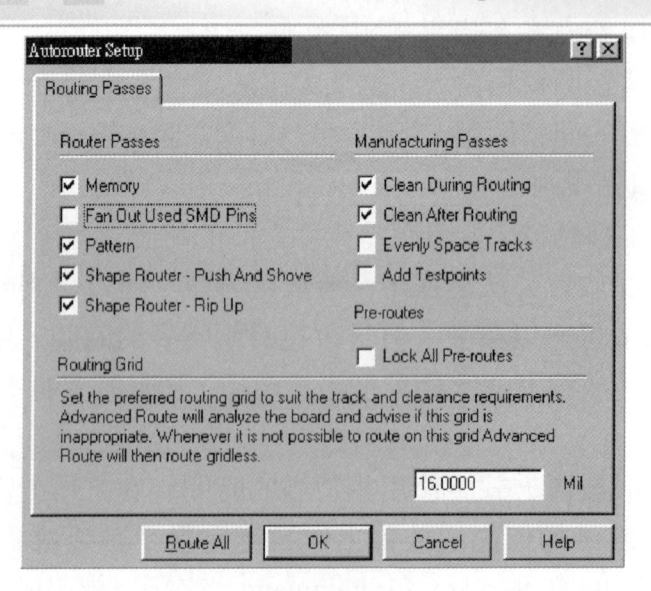

圖 16-32

2. 設定參數,如上圖所示。
3. 按Route All鍵,開始進行自動佈線工作,完成佈線工作後,產生對話盒。
4. 按Ok鍵,完成所有佈線工作。
5. 按View > Refresh命令,重新整理畫面,最後的印刷電路板,如下圖所示。

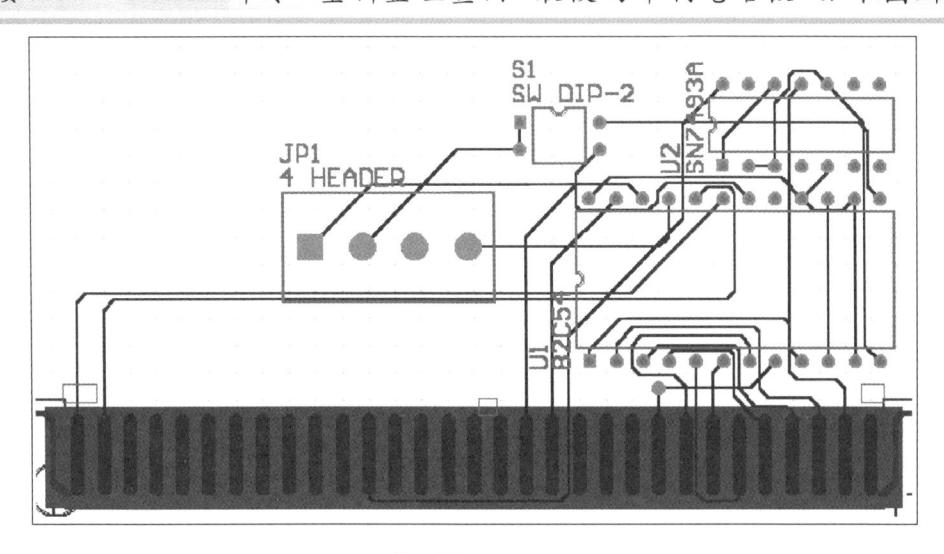

◎ 圖 16-33

6. 按Tools > Design Rules Check命令,產生Design Rule Check對話盒,執行DRC檢查。
7. 按Run DRC鍵,開始檢查設計規則。

六、限制佈線區域:

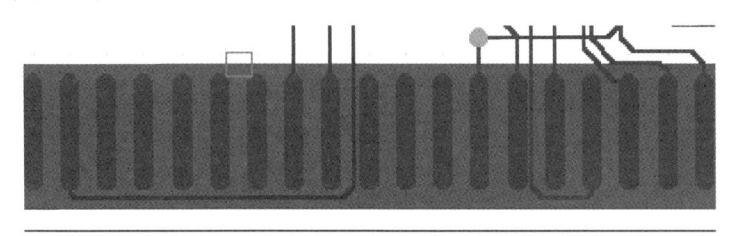

◎ 圖 16-34

　　從上面圖形中可知,介面卡連接器的另一邊應該不要佈線,因為這邊是要插在個人電腦的擴充槽上,所以不要佈線,因此要限制佈線的區域。以下是設定限制佈線區域的步驟,如下:

1. 按Tools > Un-Route > All命令,刪除所有佈線。
2. 移動部分元件的位置,儘量集中中間位置,並且旋轉U1元件。

3. 在工作視窗的下面，按KeepOutLayer標籤。
4. 按Place > Interactive Routing命令，游標變成十字形狀。
5. 游標放在禁止佈局層方框的左邊上，位置在(7450mil，2740mil)，按Mouse左鍵一次。
6. 移動游標到禁止佈局層方框的右邊上，位置在(10550mil，2740mil)，按Mouse左鍵一次。
7. 按Mouse右鍵一次，完成這段連線。
8. 按Mouse右鍵一次，終止放置連線功能，如下圖所示。

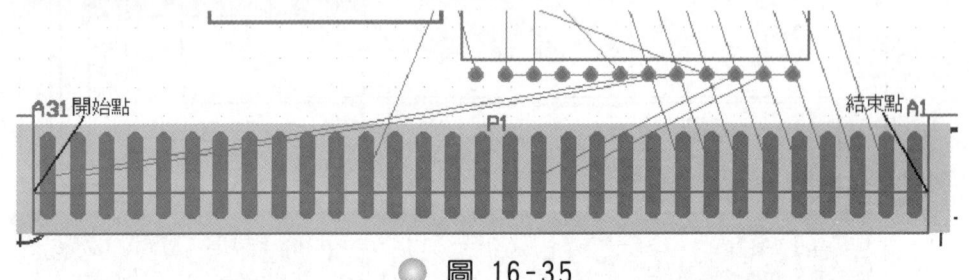

● 圖 16-35

由於和原本方框(禁止佈局層)形成另一個方框，這已經可以達到我們的要求，所以不用畫一個方框，限制佈線不能在這個區域。

9. 按Auto Route > All命令，產生Autorouter Setup對話盒。
10. 按Route All鍵，開始佈線工作，產生Design Explorer Information對話盒。
11. 按Ok鍵，完成所有佈線工作。
12. 按View > Refresh命令，重新整理畫面，電路板的圖形，如下圖所示。

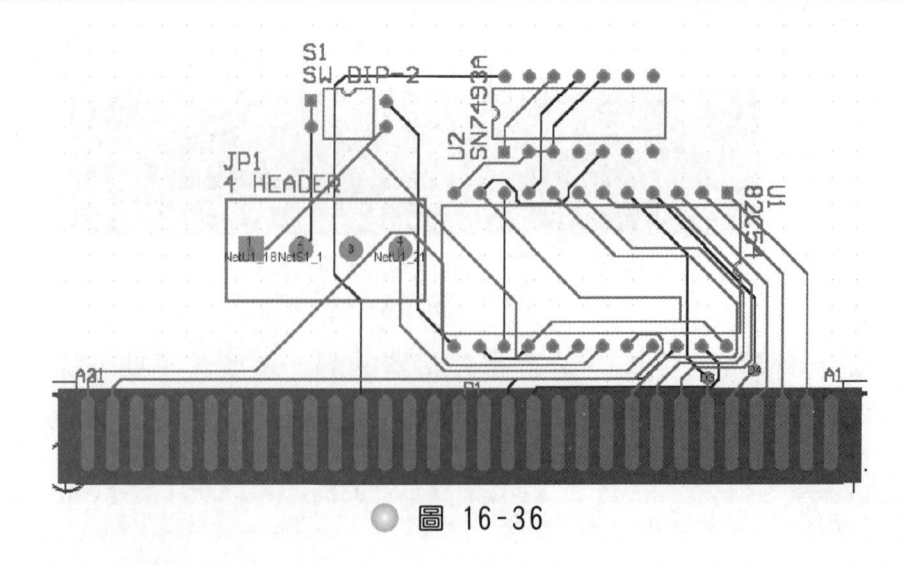

● 圖 16-36

最後請刪除新加入的連線(在禁止佈局層上)。

16-5 電路板的報告說明

當完成一個PCB電路板之後,可以產生一些相關的報告,提供使用者了解PCB電路板的現況,所有Protel軟體的報告命令都在Reports命令下,按Reports命令,產生功能表,如下圖所示:

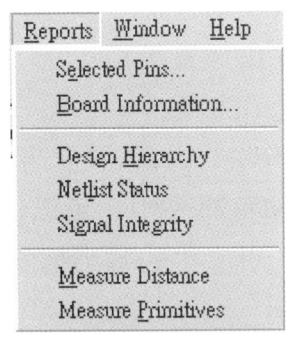

◯ 圖 16-37

Reports命令的內容說明,如下表所示:

報告命令	內容說明
Selected Pins	列出所有圈選的接腳(目前視窗中)
Board Information	顯示電路板、元件和連線資料
Design Hierarchy	產生一個文字檔(表示檔案階層結構)
Netlist Status	產生一個串接/佈線狀態的報告
Signal Integrity	產生目前電路板的完整訊號分析檔案
Measure Distance	測量和顯示兩點之間的距離
Measure Primitives	測量和顯示兩個項目之間的距離

16-6 產生PCB專用的輸出檔案

當完成你的PCB電路板,如果要把PCB電路板送入工廠中生產,則要產生一連串的輸出檔案,可以按File > CAM Manager命令,產生PCB專用的輸出檔案。

PCB電路板生產方式是把一連串的佈局層互相重疊,組合在電路板上,這些佈局層利用不同的化學和機械處理流程,可以把原本是佈局層圖形轉換成實際的佈局層。

按File > CAM Manager命令,產生CAM Outputs for PCB1.cam檔案視窗和輸出精靈(Output Wizard),利用CAM Manager功能,可以產生PCB生產專

用的輸出檔，CAM Manager功能是一個獨立的編輯器，提供PCB生產輸出檔案的設定和產生，可以產生的輸出檔案有：

1. Gerber files(底片檔)
2. NC Drill files(NC鑽孔檔)
3. Testpoint reports(測試點報告)
4. Pick and Place files(挑選放置檔)
5. Bill of Materials(使用元件表)
6. Design Rule Check(DRC) reports(設計規則檢查表)

設定內容儲存在CAM資料夾中，可以隨時修改其內容，所有輸出檔案可以利用單一命令產生，所產生的輸出檔案，可以分別寫入CAM輸出資料夾中。

在CAM視窗中，有三種方式可以進行輸出檔案的設定工作，如下所示：

一、使用輸出精靈(Output Wizard)：按Tools > CAM Wizard命令，或是在CAM視窗中，按Mouse右鍵，產生快捷功能表，點選CAM Wizard命令，可以產生輸出精靈的起始畫面，如下圖所示：

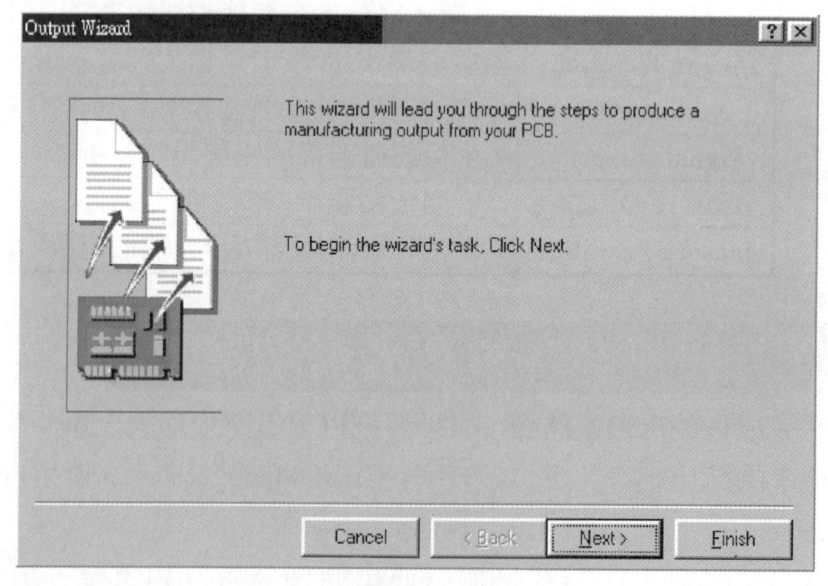

● 圖 16-38

二、在主功能表中，按Edit命令，可以直接輸入檔案的設定，如下圖所示：

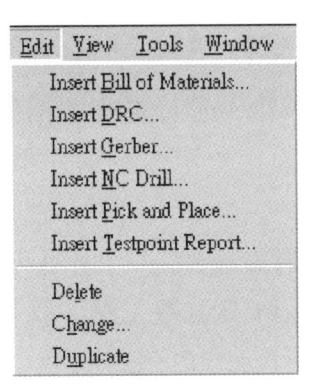

第十六章 畫一個介面卡電路板 401

◯ 圖 16-39

要產生新的輸出檔案命令,說明如下:

主功能表	內容說明
Edit > Insert Bill of Materials	產生使用元件表
Edit > Insert DRC	產生設計規則檢查檔
Edit > Insert Gerber	產生底片檔
Edit > Insert NC Drill	產生NC鑽孔檔
Edit > Insert Pick and Place	產生挑選放置檔
Edit > Insert Testpoint Report	產生測試點報告

三、在CAM視窗中,按Mouse右鍵,產生快捷功能表,如下圖所示:

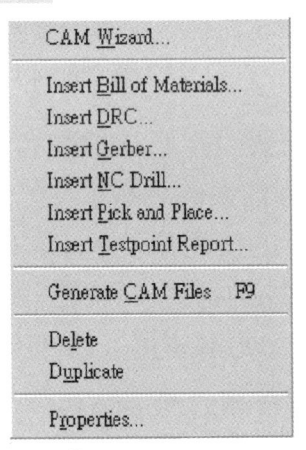

◯ 圖 16-40

有關產生新的輸出檔案命令,快捷功能表的命令和主功能表是完全一樣,如上表所示。

▶注意
每一個CAM視窗可以儲存多個輸出設定。

16-7 產生底片檔(Gerber Files)

一旦PCB電路板完成後,並且通過設計規則檢查,就可以產生底片檔,如果要送入工廠進行生產,一定需要產生底片檔,每一個生產用的佈局層都必須產生一個底片檔。

底片檔是一個標準語言格式,可以用來轉換PCB佈局資料,成為底片的內容,這些底片檔送入PCB生產工廠,就可以產生所需要的PCB電路板。在CAM視窗中,按Edit > Insert Gerber命令,產生Gerber Setup對話盒,如下圖所示:

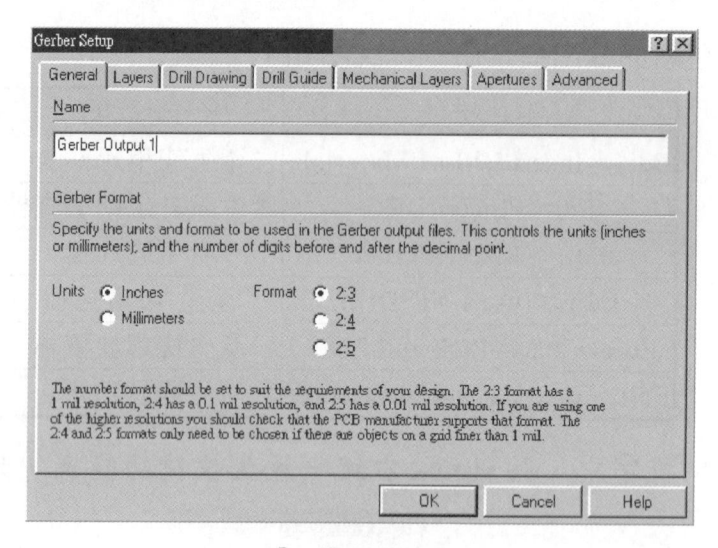

圖 16-41

在上面對話盒中,需要設定底片檔案名稱和底片格式,分別說明如下:
(1) Name:表示底片檔案的名稱。
(2) Units:表示底片的使用單位。
(3) Format:表示底片的格式,共有三種格式存在,2:3格式有1mil的解析度,2:4有0.1mil的解析度,2:5有0.01mil的解析度,視實際需求,必須和生產工廠討論,才能決定採用那一種格式。

在Gerber Setup對話盒中,按Layers標籤,產生新的對話盒,如下圖所示:

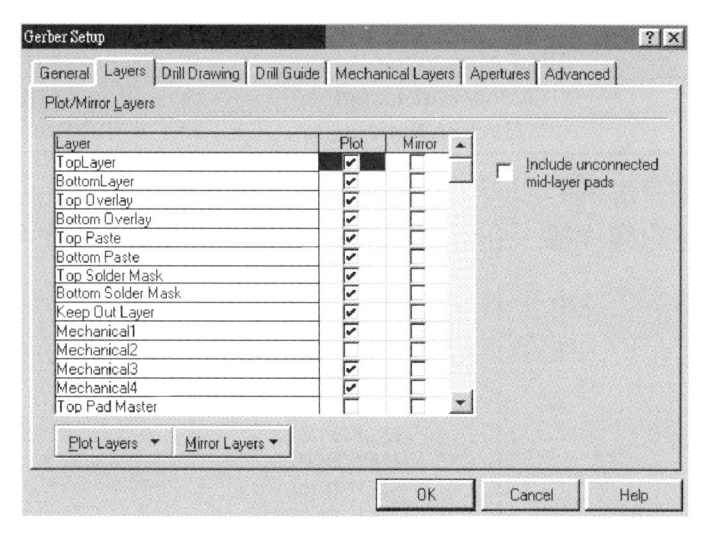

● 圖 16-42

在上面對話盒中，可以點選需要產生底片檔的佈局層，共有兩種底片圖形存在，分別是一般圖形(Plot)和鏡射圖形(Mirror)。

按**Plot Layers**鍵和**Mirror Layers**鍵，產生三個功能，說明如下：

(1) All On：產生所有佈局層的底片檔。

(2) All Off：取消所有佈局層的底片檔。

(3) Used On：只有使用的佈局層，才產生底片檔。

設定好參數值，按Ok鍵，可以在CAM視窗中，看到Gerber Output1底片檔的名稱。每一個佈局層有自己個別的副檔名，副檔名可以協助我們辨識這些檔案，有關每一個佈局層的副檔名，如下表所示：

佈局層	副檔名
Top Overlay	.GTO
Bottom Overlay	.GBO
Top Layer	.GTL
Bottom Layer	.GBL
Mid Layer 1、Mid Layer 2...	.G1、.G2...
Power Plane 1、Power Plane 2...	.GP1、.GP2...
Mechanical Layer 1、Mechanical Layer 2...	.GM1、.GM2...
Top Solder Mask	.GTS
Bottom Solder Mask	.GBS
Top Paste Mask	.GTP
Bottom Paste Mask	.GBP
Drill Drawing	.GDD
Drill Drawing;Top to Mid1、Mid2 to Mid3...	.GD1、.GD2...
Drill Guide	.GDG
Drill Guide;Top to Mid1、Mid2 to Mid3...	.GG1、.GG2...

Pad Master;Top	.GPT
Pad Master;Bottom	.GPB
Keep Out Layer	.GKO
Gerber Panels	.PO1、.PO2...

如果要看檔案的內容,要按Tools > Generate CAM Files命令,可以產生各個佈局層的底片檔,在設計面板的檔案結構,如下圖所示:

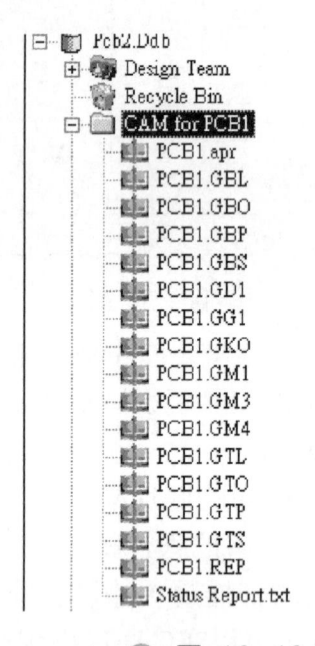

● 圖 16-43

在PCB1.GTL上,連按Mouse左鍵兩次,可以看上層訊號佈局層(Top Layer)的底片檔,如下圖所示:

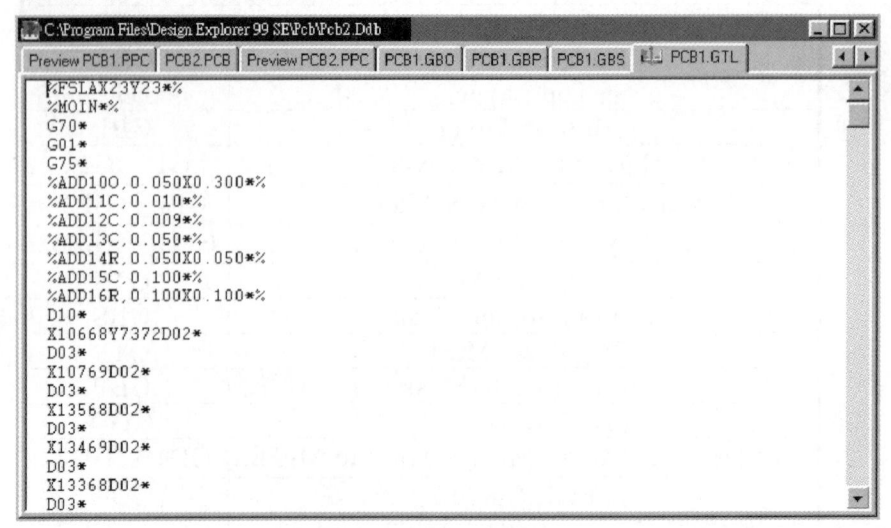

● 圖 16-44

16-8 產生NC鑽孔檔(NC Drill files)

利用底片檔，可以產生PCB電路板，接下來，要把銲點和導孔進行鑽孔，NC drill檔案用來提供鑽孔機的鑽孔資料，才能對PCB電路板進行自動鑽孔。在CAM視窗中，按Edit > Insert NC Drill命令，可以加入新的NC Drill設定，產生NC Drill Setup對話盒，如下圖所示：

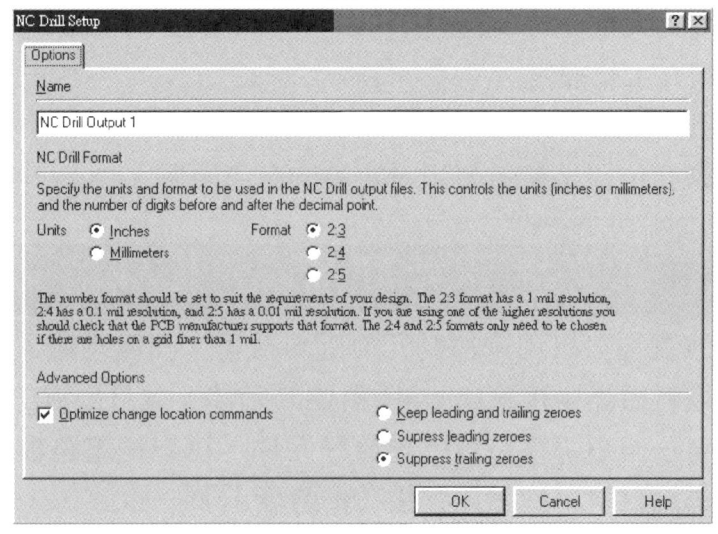

● 圖 16-45

NC鑽孔檔和底片檔必須使用相同格式(2:3、2:4或2:5)等級，例如：底片檔設定採用2:4格式，則NC鑽孔檔也應該採用相同格式。

按Ok鍵，在CAM視窗中，產生NC Drill Output 1檔案，再按Tools > Generate CAM Files命令，產生PCB1.DRR檔案，開啟PCB1.DRR檔案(按Mouse左鍵兩次)，如下圖所示：

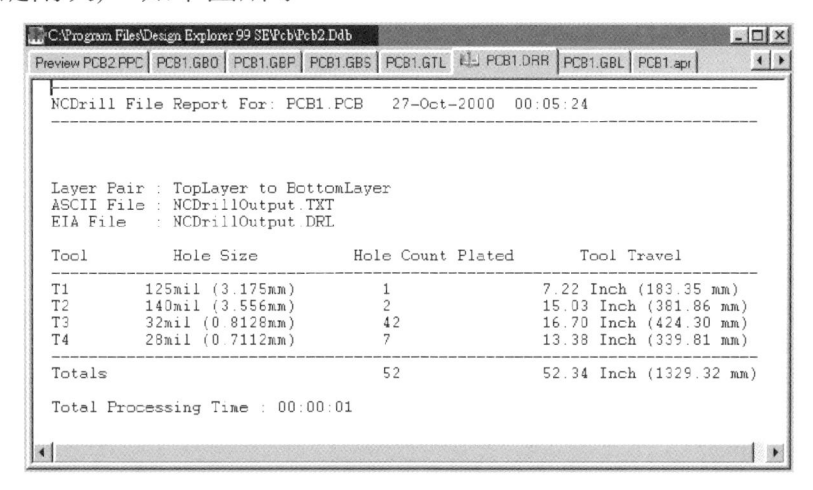

● 圖 16-46

除了PCB1.DRR檔案外，還有PCB1.DRL二元資料檔案和PCB1.TXT文字檔產生，這兩個檔案是專門送入鑽孔機的資料。

> **注意**
> PCB1.DRR檔案是NC鑽孔檔的報告，並不是真正的鑽孔檔。

NC鑽孔檔列出下列內容：
(1) 鑽孔大小
(2) 鑽孔工具設定
(3) 鑽孔位置

其中鑽孔位置是參考使用者定義的參考原點。

16-9 產生挑選放置檔 (Pick and Place Files)

挑選放置檔可以用來控制元件進料機器，自動地載入元件到PCB電路板上，從進料機器中挑選(Pick)所需要的元件，並且放置(Place)在電路板的正確位置，一旦PCB電路板已經放好元件，可以把電路板放入另一個機器中，利用銲錫材料，把元件銲接在電路板上。

在CAM視窗中，按Edit > Insert Pick and Place命令，產生Pick and Place Setup對話盒，如下圖所示：

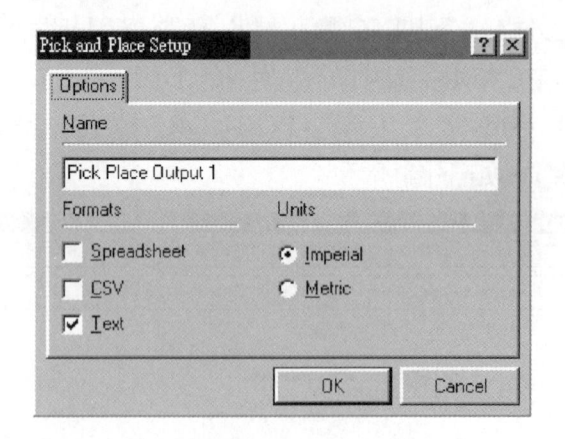

● 圖 16-47

按Ok鍵，在CAM視窗中，產生Pick Place Output 1檔案，再按Tools > Generate CAM Files命令，產生Pick Place for PCB1.txt檔案，開啟這個檔案，如下圖所示：

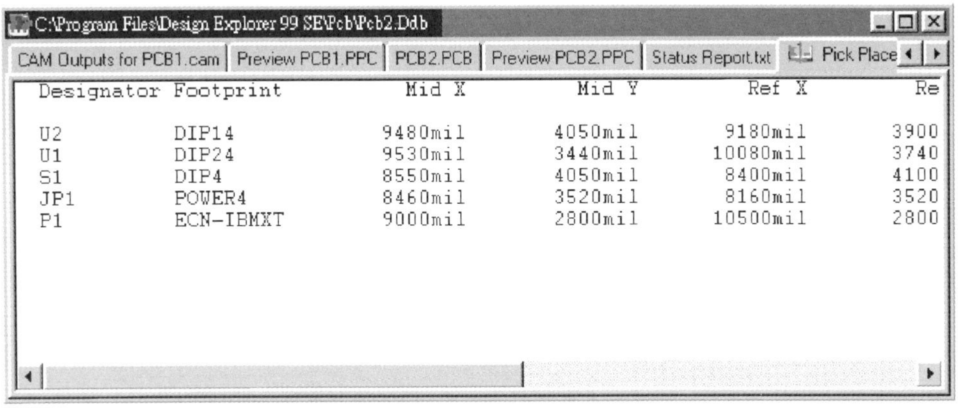

```
C:\Program Files\Design Explorer 99 SE\Pcb\Pcb2.Ddb
CAM Outputs for PCB1.cam | Preview PCB1.PPC | PCB2.PCB | Preview PCB2.PPC | Status Report.txt | Pick Place
Designator  Footprint      Mid X      Mid Y       Ref X      Re
U2          DIP14          9480mil    4050mil     9180mil    3900
U1          DIP24          9530mil    3440mil     10080mil   3740
S1          DIP4           8550mil    4050mil     8400mil    4100
JP1         POWER4         8460mil    3520mil     8160mil    3520
P1          ECN-IBMXT      9000mil    2800mil     10500mil   2800
```

圖 16-48

從上面檔案中可知，挑選放置檔包括下列資料(對於每一個元件)，如下所示：

(1) Designator：元件名稱，例如：U2。

(2) Footprint：元件外形圖，例如：DIP14。

(3) Mid X和Mid Y：元件的幾何中心(座標值)。

(4) Ref X和Ref Y：元件的參考點位置(座標值)。

(5) Pad X和Pad Y：元件的第一個銲點位置(座標值)。

(6) TB：元件所在的版面，T表示上層電路板，B表示下層電路板。

(7) Rotation：元件的旋轉角度，例如：90.00。

(8) Comment：表示元件的註解。

其中座標值是以使用者定義的參考原點表示。

章後實習

實習16-1

電路圖電路，如下所示：

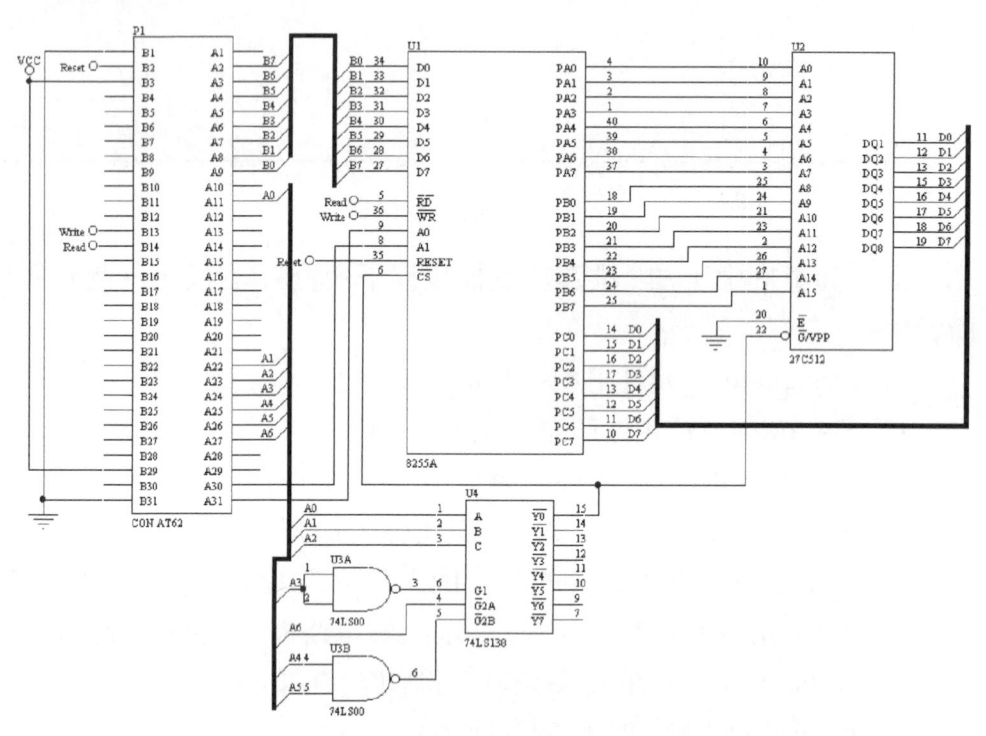

電路板使用的元件，如下表所示：

Lib Ref	Footprint	Designator	Part Type
CON AT62		P1	CON AT62
8255A	DIP40	U1	8255A
27C512	DIP28	U2	27C512
74LS00	DIP14	U3	74LS00
74LS138	DIP16	U4	74LS138

採用下列設計規則：

佈線層數：2

最小銅箔寬度：10mil

GND和VCC連線銅箔寬度：30mil

兩個電氣項目之間的最小距離：15mil

導孔直徑：50mil，孔徑大小：25mil

問題 畫出電路板圖形。

1. 呼叫電路圖元件，請使用Sch設計面板的Find按鍵功能，搜尋整個Sch目錄，搜尋關鍵字請採用Part Type欄位的內容。
2. 連結兩個PCB元件庫：PCB Footprints.lib和Miscellaneous.lib。

實習16-2

電路圖電路，如下所示：

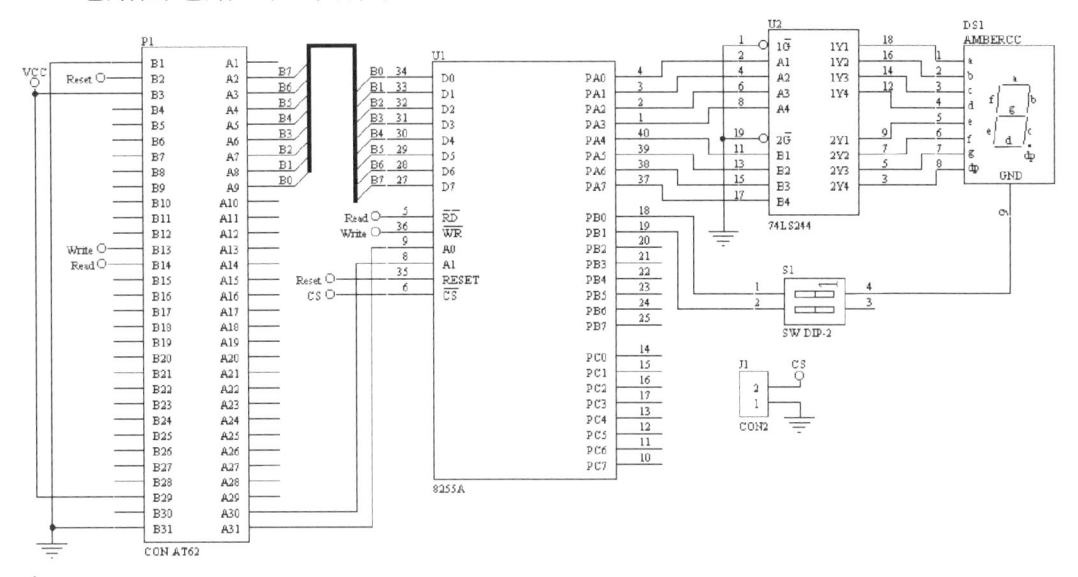

電路板使用的元件，如下表所示：

Lib Ref	Footprint	Designator	Part Type
CON AT62		P1	CON AT62
8255A	DIP40	U1	8255A
74F244	DIP20	U2	74LS244
SW DIP-2	DIP4	S1	SW DIP-2
CON2	SIP2	J1	CON2
AMBERCC	7SEG	DS1	AMBERCC

元件外形圖7SEG請參考第17章的內容，自行產生這個元件外形圖。採用下列設計規則：

佈線層數：2

最小銅箔寬度：10mil

GND和VCC連線銅箔寬度：30mil

兩個電氣項目之間的最小距離：15mil

導孔直徑：50mil，孔徑大小：25mil

問題 畫出電路板圖形。

實習16-3

電路圖電路，如下所示：

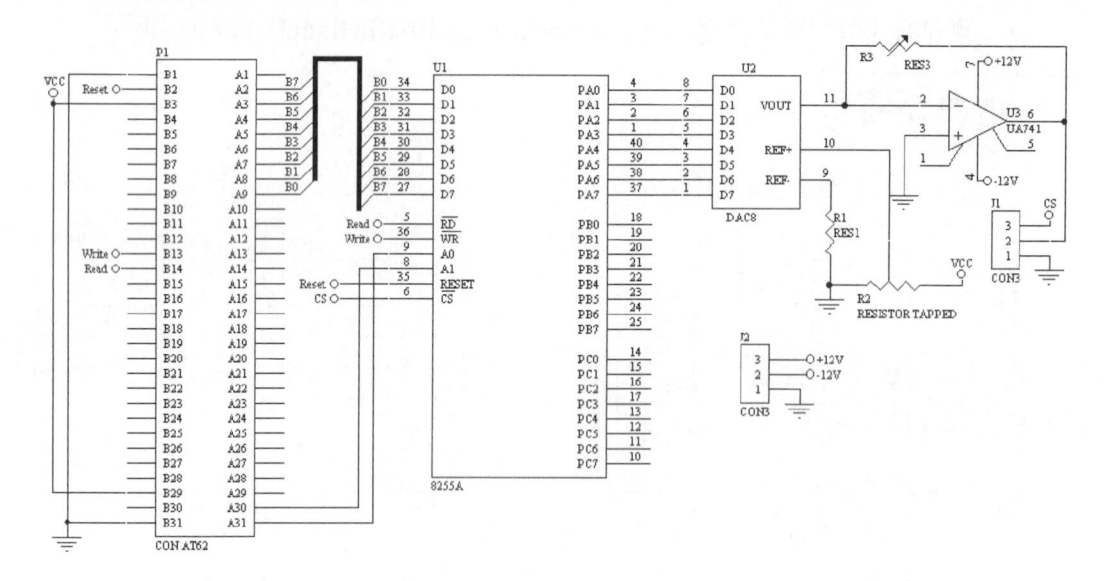

電路板使用的元件，如下表所示：

Lib Ref	Footprint	Designator	Part Type
CON AT62		P1	CON AT62
8255A	DIP40	U1	8255A
DAC8	DIP14	U2	DAC8
CON3	SIP3	J1-J2	CON3
UA741	DIP8	U3	UA741
RES1	AXIAL0.3	R1	RES1
RESISTOR TAPPED	VR5	R2	RESISTOR TAPPED
RES3	AXIAL0.3	R3	RES3

採用下列設計規則：

佈線層數：2

最小銅箔寬度：10mil

GND和VCC連線銅箔寬度：30mil

兩個電氣項目之間的最小距離：15mil

導孔直徑：50mil，孔徑大小：25mil

問題 畫出電路板圖形。

實習16-4

電路圖電路，如下所示：

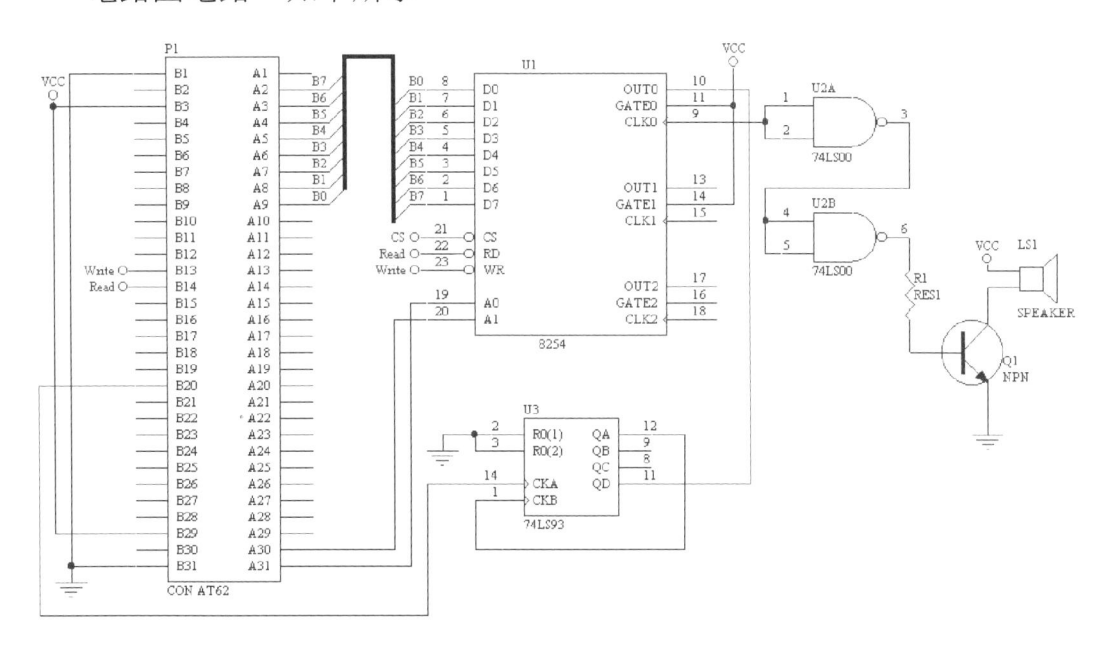

電路板使用的元件，如下表所示：

Lib Ref	Footprint	Designator	Part Type
CON AT62		P1	CON AT62
8253	DIP24	U1	8254
74LS93	DIP14	U3	74LS93
74LS00	DIP14	U2	74LS00
NPN	TO-92A	Q1	NPN
SPEAKER	SIP2	LS1	SPEAKER
RES1	AXIAL0.3	R1	RES1

採用下列設計規則：

佈線層數：2

最小銅箔寬度：10mil

GND和VCC連線銅箔寬度：30mil

兩個電氣項目之間的最小距離：15mil

導孔直徑：50mil，孔徑大小：25mil

問題 畫出電路板圖形。

實習16-5

電路圖電路，如下所示：

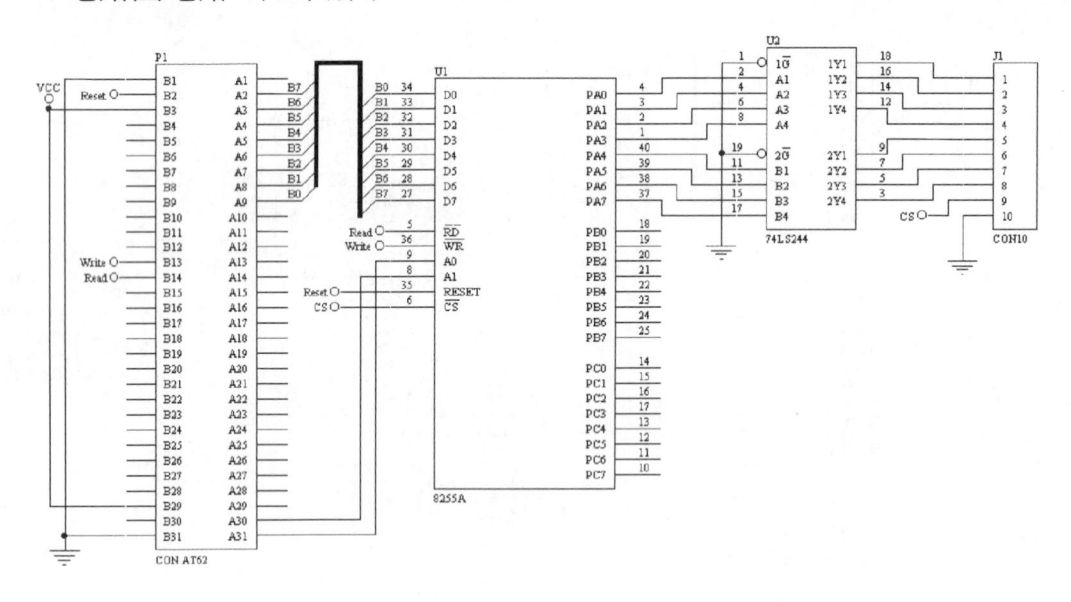

電路板使用的元件，如下表所示：

Lib Ref	Footprint	Designator	Part Type
CON AT62		P1	CON AT62
8255A	DIP40	U1	8255A
74F244	DIP20	U2	74LS244
CON10	SIP10	J1	CON10

採用下列設計規則：

佈線層數：2

最小銅箔寬度：10mil

GND和VCC連線銅箔寬度：30mil

兩個電氣項目之間的最小距離：15mil

導孔直徑：50mil，孔徑大小：25mil

問題 畫出電路板圖形。

17
建立元件外形圖的元件庫

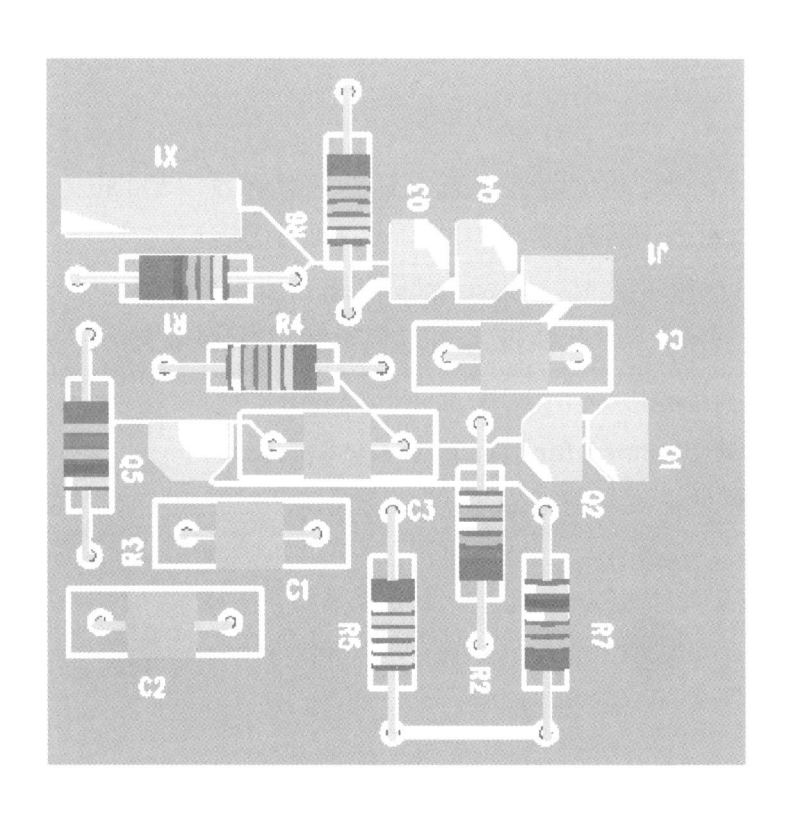

17-1 自行畫一個新的元件外形圖

一般而言，元件外形圖都可以在PCB元件庫中找到，如果找不到元件外形圖時，就必須自行建立元件外形圖，建立元件外形圖有兩種方式，說明如下：

(1) 直接自行畫元件外形圖。

(2) 利用元件編輯精靈，建立新的元件外形圖。

以下是自行畫電阻元件的外形圖，步驟如下：

1. 開啟設計檔案MyDesign.ddb。
2. 按File > New命令，產生New Document對話盒。
3. 點選PCB Library Document圖示，按Ok鍵，產生PCBLIB1.LIB視窗。
4. 在PCBLib設計面板中，按Add鍵，或按Tools > New Component命令，產生Component Wizard對話盒，這是元件編輯精靈，但是目前不介紹這種方法。
5. 按Cancel鍵，關閉對話盒。
6. 按Place > Pad命令，游標上面有銲點符號存在，按Tab鍵，產生Pad對話盒，可以更改銲點的直徑和孔徑大小，按Ok鍵。

在Designator格子中，輸入接腳編號，預設值是1，呼叫第二個銲點，接腳編號會變成2，以此類推，可以自行更改接腳編號。

7. 移動游標到(0mil，0mil)位置上，按Mouse左鍵一次。
8. 移動游標到(500mil，0mil)位置上，按Mouse左鍵一次，如下圖所示。
9. 按Mouse右鍵一次，終止放置銲點功能。

圖 17-1

10. 按視窗下面的TopOverLay標籤，準備放置元件的外形符號。
11. 按Place > Track命令，游標變成十字形狀。
12. 在兩個銲點之間，建立一個方框，如下圖所示，最後按Mouse右鍵一次。

○ 圖 17-2

13. 在PCBLib設計面板中，按Rename鍵，更改元件名稱，產生Remame Component對話盒，如下圖所示。

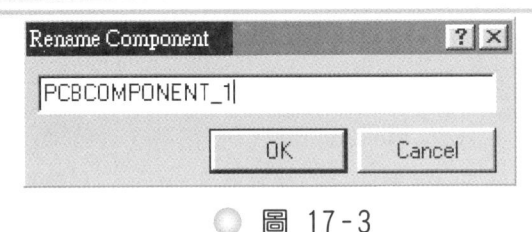

○ 圖 17-3

14. 輸入R-500，按Ok鍵，完成這個元件的設計工作。

這個元件的特性值，如下：
(1) 元件所在的元件庫：MyDesign.ddb
(2) 元件名稱：R-500
(3) 元件的接腳：1和2
(4) 組成的項目：銲點(MultiLayer佈局層)表示兩個接腳，連線(TopOverlay佈局層)表示元件的形狀，其中只有銲點才具有電氣特性。
(5) 銲點之間的距離：500mil

在Protel 99 SE軟體中，提供相當多的電路板元件庫，每個元件庫都有很多元件，所以元件外形圖已經足夠使用，這是你不知道要採用哪一個元件外形圖，通常元件外形圖的名稱不一定要相同，只要符合下列的條件，都可以視為相同元件外形圖，如下：

(1) 元件是針腳式元件或SMD元件？
(2) 元件外形圖的銲點數目是否和實際元件的接腳數目相同？
(3) 元件外形圖銲點之間的距離和方位，必須和實際元件相同。
(4) 接腳的編號必須相同。

根據上面的條件，AXIAL0.3(在PCB Footprints.lib元件庫中)和AXIAL-0.3(Miscellaneous.lib)是完全相同的電阻元件之外形圖，採用那一個外形圖都是正確的。

從上面的觀念可知，如果有一個元件，你實在找不到能用的元件外形圖，例如：7段顯示器、LED…要如何建立這些元件外形圖呢？根據上面四個條件，可以決定這個元件外形圖的相關條件。

以下說明建立一個7段顯示器的元件外形圖，首先，你要有實際元件(7段顯示器)在手邊，檢查上面四個條件，可以決定出你要畫的元件外形圖，步驟如下：

1. 測量實際元件：這個元件有10支接腳，測量兩排接腳之間的距離為1.5cm左右，測量第一支接腳到第五支接腳的距離為1cm左右，由於使用一般直尺測量，所以只能大概測量。
2. 準備一張方格紙，假設每一格大小是20mil，並且決定原點位置，如下圖所示。

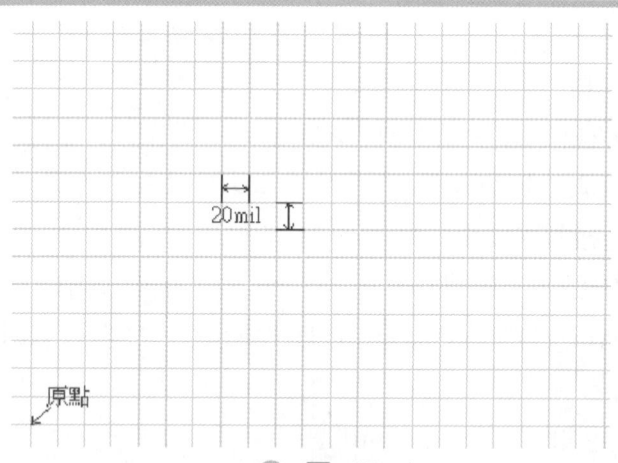

● 圖 17-4

3. 條件(1)：元件是針腳式元件或SMD元件？一般學校實驗室使用的是針腳式元件，所以銲點必須有鑽孔。
4. 條件(2)：元件外形圖應該有10個銲點。
5. 條件(3)：決定元件銲點的距離和方位，首先，必須先決定好參考銲點，通常是第一支接腳，例如：DIP元件的參考銲點是第1支接腳，把參考銲點畫在方格紙的原點上，如下圖所示。

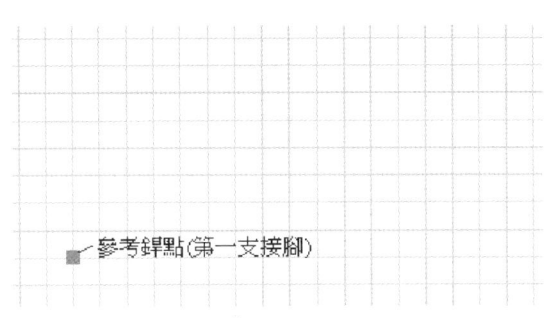

◉ 圖 17-5

6. 測量銲點的距離和方位，你可以查技術手冊，或大略測量實際元件的接腳距離，測量單位為：1 in = 2.54cm = 1000mil

 (1) 兩排接腳之間的距離=(1.5cm/2.54cm)*1000mil=600mil(近似值)

 (2) 第一支接腳到第五支接腳共有四個間距，所以兩個銲點之間的距離=((1cm/2.54cm)*1000mil)/4=100mil(近似值)

7. 條件(4)：接腳名稱和接腳編號如下表所示：

接腳名稱	接腳編號
a	1
b	2
c	3
d	4
e	5
f	6
g	7
dp	8
GND	9
GND	10

7段顯示器的電路圖元件，圖形如下所示：

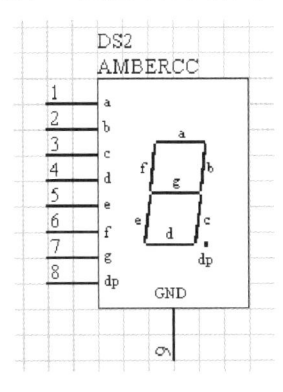

◉ 圖 17-6

8. 根據銲點的距離和方位,把所有銲點畫在方格紙上,如下圖所示。

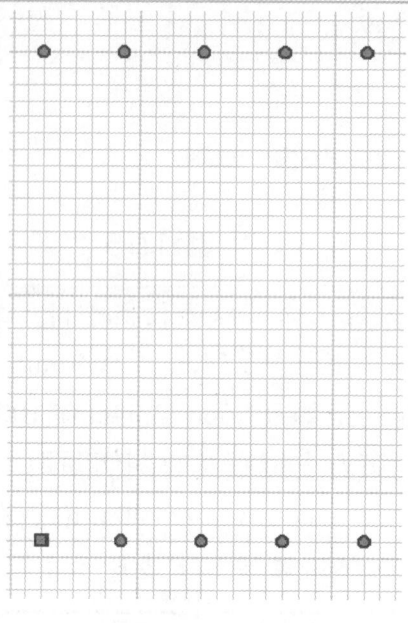

圖 17-7

這些銲點是具有電氣特性。

9. 畫元件的大略形狀(這是元件的上視圖),不需要完全相同,只要大略相似即可,當然也可以完全不同,但是為了使用方便,應該盡量相似,如下圖所示。

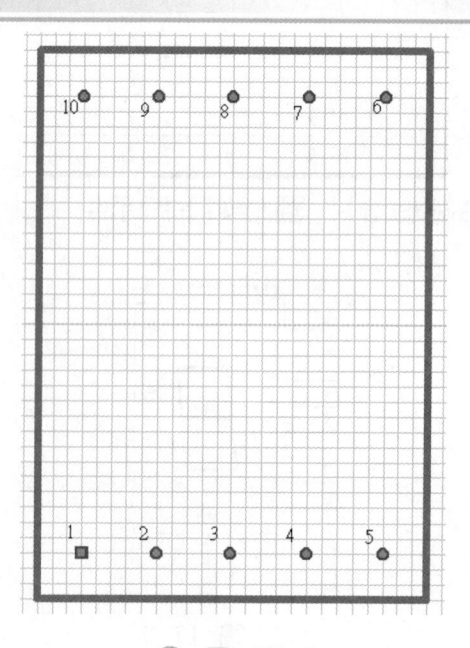

圖 17-8

第十七章 建立元件外形圖的元件庫

外框是不具有電氣特性，所以不一定要把所有銲點圍住，只是表示元件的大略形狀。

10. 根據本節最前面的步驟(畫R-500元件外形圖)，參考方格紙的內容，把7段顯示器的元件外形圖畫好，元件名稱為Testsw，如下圖所示：

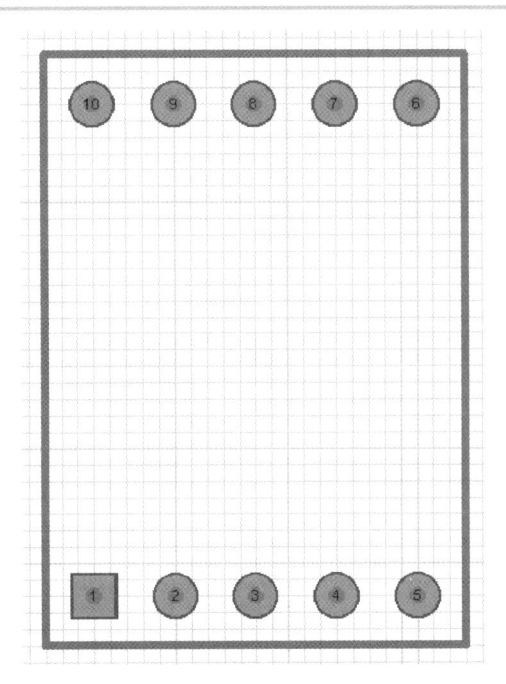

● 圖 17-9

(銲點的直徑為50mil，孔徑大小為20mil)

17-2 利用元件編輯精靈

進入元件編輯精靈，要建立一個新的元件外形圖(AXIAL0.6)，步驟如下：

1. 按File > New命令，產生New Document對話盒。
2. 點選PCB Library Document圖示，按Ok鍵，產生PCBLIB1.LIB視窗。
3. 在PCBLib設計面板中，按Add鍵，產生Component Wizard對話盒，這是元件編輯精靈，用來編輯元件外形圖(Footprint)，如下圖所示。

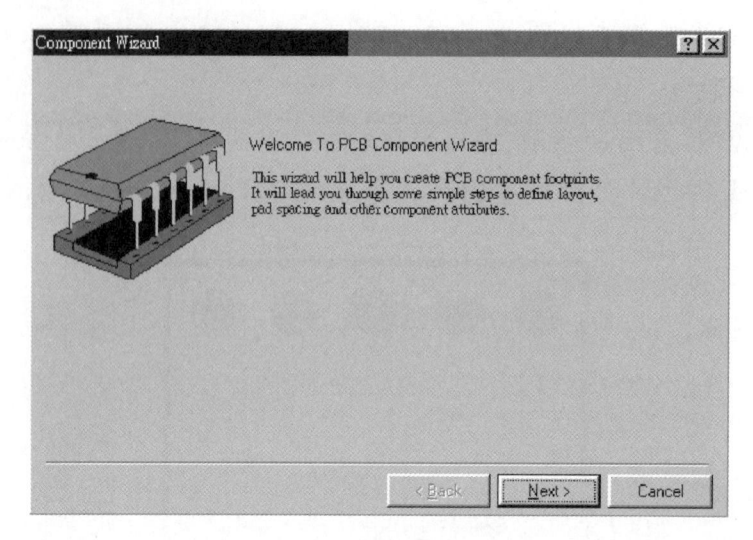

● 圖 17-10

4. 按Next>鍵，產生新的對話盒，選擇要編輯的元件種類，如下圖所示：

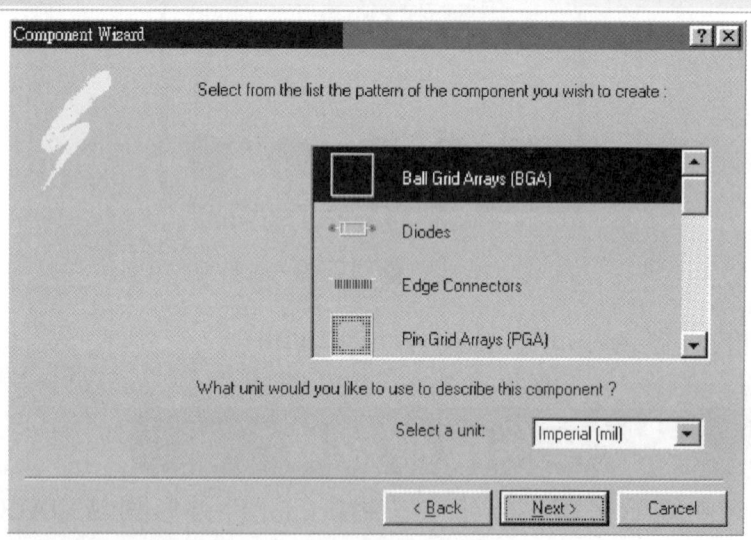

● 圖 17-11

5. 點選Resistors，按Next>鍵，開始輸入元件規格，例如：銲點大小、兩個銲點之間的距離…如下圖所示。

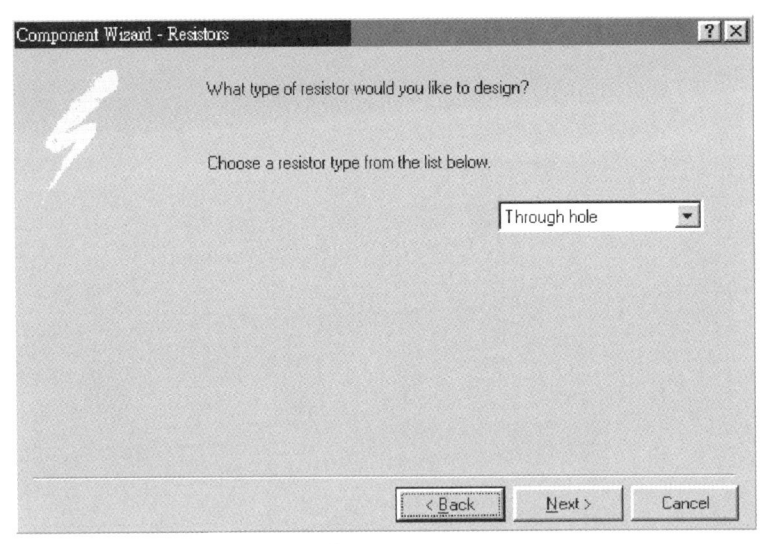

第十七章 建立元件外形圖的元件庫　421

● 圖 17-12

6. 點選Through hole，按Next>鍵，產生新的對話盒，輸入銲點的直徑和孔徑大小，可以直接在數字上，按Mouse左鍵一次，再輸入元件資料，如下圖所示：

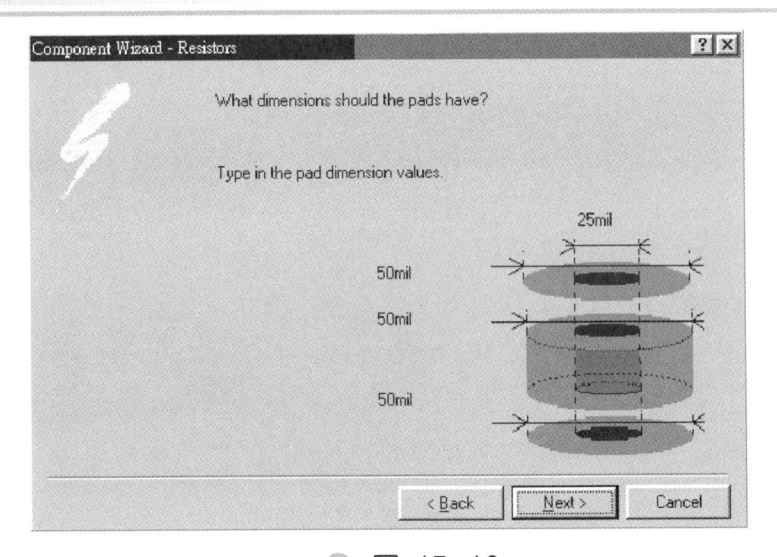

● 圖 17-13

7. 輸入銲點的直徑和孔徑大小，按Next>鍵，產生新的對話盒，輸入兩個銲點之間的距離，可以直接在數字上，輸入資料，如下圖所示：

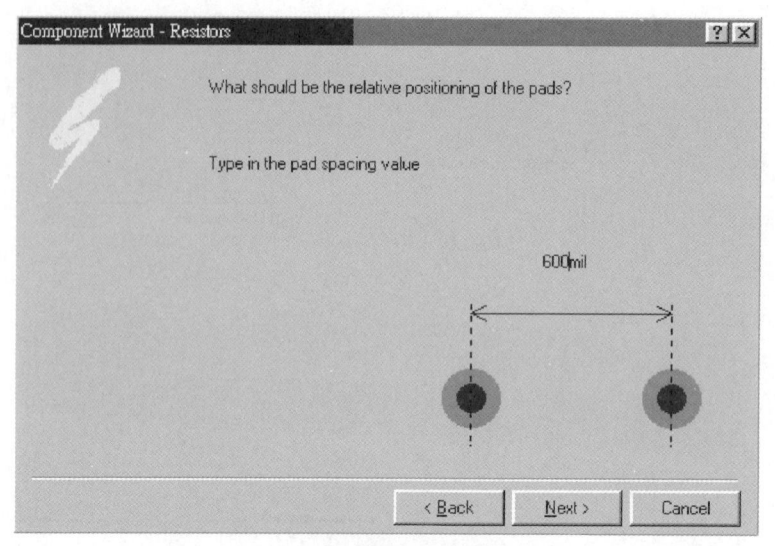

○ 圖 17-14

8. 輸入資料，按Next>鍵，產生新的對話盒，輸入元件外形的高度和寬度，如下圖所示。

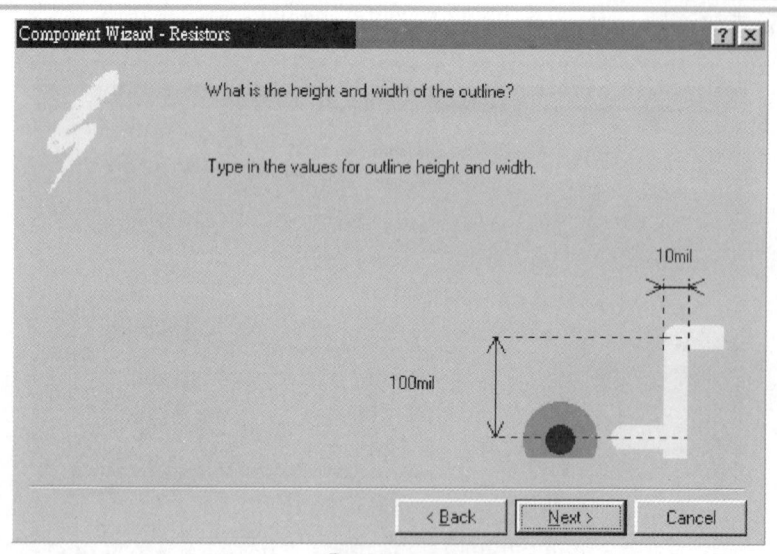

○ 圖 17-15

9. 輸入資料，按Next>鍵，產生新的對話盒，輸入元件名稱AXIAL0.6，如下圖所示。

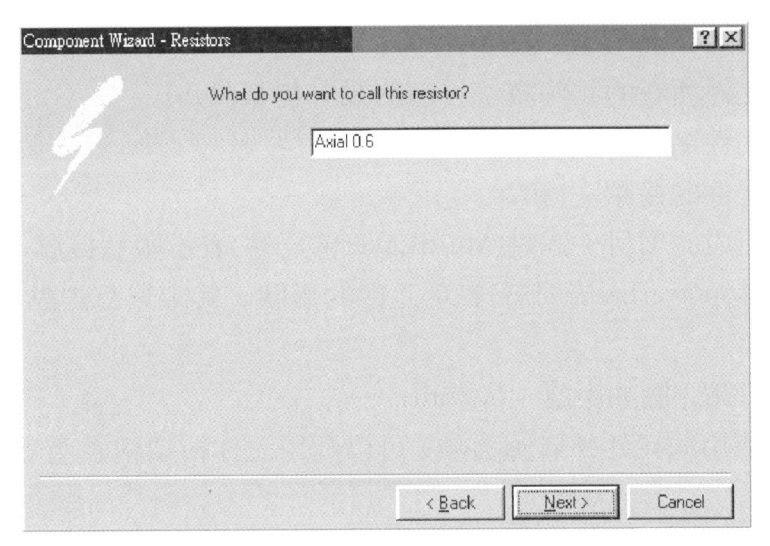

第十七章 建立元件外形圖的元件庫　423

● 圖 17-16

10.輸入資料，按Next>鍵，產生新的對話盒，完成元件外形圖的設計工作，如下圖所示。

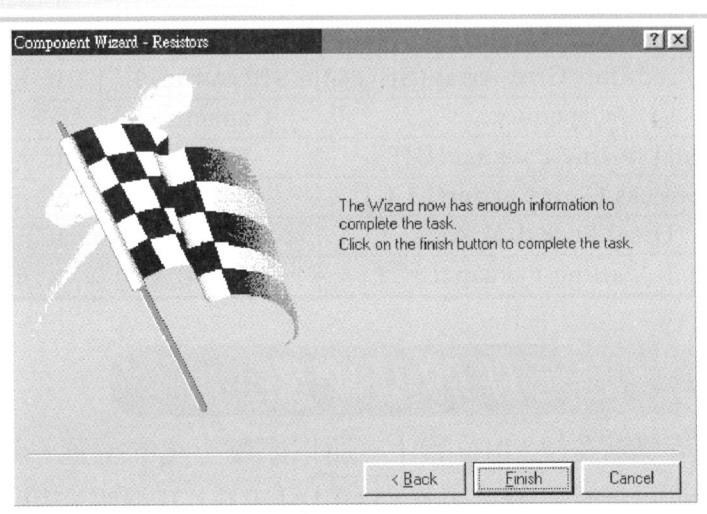

● 圖 17-17

11.按Finish鍵，產生所要的元件外形圖，如下圖所示。

● 圖 17-18

這個元件的特性值,如下:
(1) 元件所在的元件庫:目前的設計檔案(ddb)
(2) 元件名稱:AXIAL 0.6
(3) 元件的接腳:1和2
(4) 組成的項目:銲點(MultiLayer佈局層)表示兩個接腳,連線(TopOverlay佈局層)表示元件的形狀,其中只有銲點才具有電氣特性。
(5) 銲點之間的距離:600mil

時常使用的元件外形圖種類,可以利用元件編輯精靈產生,如下所示:

元件種類	元件名稱(範例)	內容說明
Ball Grid Array(BGA)	BGA56x10	IC元件
Diodes	Diode	二極體元件
Edge Connectors	Edge Connector	連接器元件
Pin Grid Arrays(PGA)	PGA56x10	IC元件
Resistors	Axial 0.6	電阻元件
Staggered Pin Grid Array(SPGA)	SPGA48x11	IC元件
Staggered Ball Grid Array(SBGA)	SBGA48x11	IC元件
Capacitors	Capacitor	電容元件
Dual in-line Package(DIP)	DIP10	IC元件
Leadless Chip Carrier(LCC)	LCC26	IC元件
Quad Packs(QUAD)	Quad40	IC元件
Small Outline Package(SOP)	SOP10	IC元件

17-3 設定元件的基準點

元件的基準點在(0,0)位置上,所以原點出現的位置,就是元件的基準點,例如:前面新產生的電阻元件AXIAL 0.6之基準點在第一個接腳上。

按Edit > Set Reference命令,可以設定元件的基準點,基準點的位置有:
(1) Pin 1 = 第一個接腳
(2) Center = 元件中間
(3) Location = 元件的任意位置

一般而言,電阻的基準點在第一個接腳,SOP元件的基準點也在第一個接腳,QFP元件在中間位置...

在設計面板中,按Place鍵,回到PCB視窗,可以直接把元件外形圖,放入工作視窗中,如下圖所示:

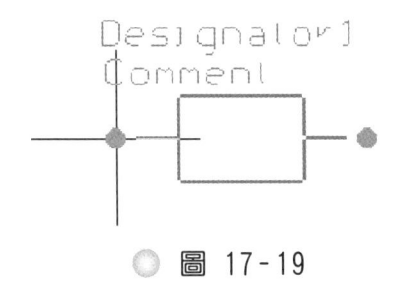

圖 17-19

還未放好元件之前,游標在元件的基準點上,按Mouse左鍵一次,可以放好這個元件的外形圖。

17-4 如何使用自己元件庫的元件外形圖

所建立的元件外形圖可以放在一個獨立的元件庫中,也可以放在目前正在編輯的設計檔案中,因為兩者都是ddb檔案,不管放在哪裏,只要連結元件外形圖所在的設計檔案,就可以呼叫到這個元件外形圖。

在前面的章節中,建立兩個元件外形圖(AXIAL0.6和R-500),放在MyDesign.ddb設計檔案中,這是我們電路所在的設計檔案。

在這個設計檔案中,產生一個電路圖檔案,畫好下面的電路圖,如下圖所示:

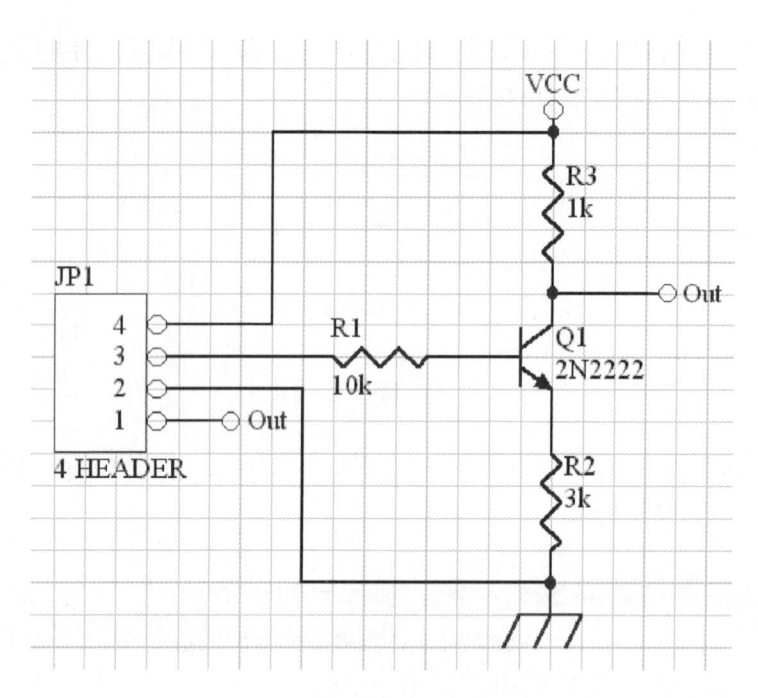

◎ 圖 17-20

每一個元件的元件外形圖，如下表所示：

元件名稱	元件外形圖(Footprint)
JP1	POWER4
Q1	TO-92A
R1	AXIAL 0.6
R2	AXIAL 0.6
R3	R-500

1. 呼叫電路圖元件，請使用Sch設計面板的Find按鍵功能，搜尋整個Sch目錄，搜尋關鍵字請採用Part Type欄位的內容。
2. 連結兩個PCB元件庫：PCB Footprints.lib和Miscellaneous.lib。

以下是產生PCB電路板的步驟，如下所示：

1. 畫好電路圖，並且進行ERC檢查。
2. 按Design > Create Netlist命令，產生串接檔。
3. 產生新的PCB檔案。
4. 按Design > Add/Remove Library命令，連結元件庫Advpcb和MyDesign。

▶ 注意

MyDesign.ddb檔案的路徑可能和一般元件庫不同。

5. 在KeepOutLayer佈局層中，畫一個方框。
6. 按Design > Load Nets命令，載入串接檔內容。
7. 按Tools > Auto Placement > Auto Placer命令，開始自動放置元件。
8. 如果元件的位置不好，請自行移動元件到適當的位置。
9. 按Auto Route > All命令，開始自動佈線，最後的PCB圖形，如下圖所示。
10. 按Tools > Design Rules Check命令，進行DRC檢查。

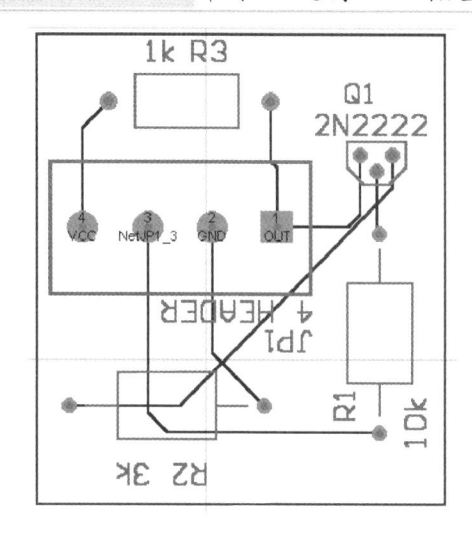

○ 圖 17-21

回到PCBLIB1.LIB檔案中，修改AXIAL 0.6元件外形圖，步驟如下：
1. 在工作視窗的下面，按TopOverlay標籤。
2. 按Place > String命令，游標出現字串。
3. 按Tab鍵，產生String對話盒。
4. 在Text格子中，輸入R，按Ok鍵。
5. 移動游標到方框中間，按Mouse左鍵一次，放好R字，如下圖所示，按Mouse右鍵一次。

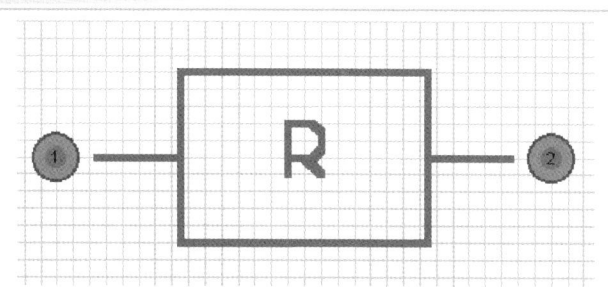

○ 圖 17-22

6. 在設計面板中，按UpdatePCB鍵，可以修改呼叫這個元件外形圖的PCB檔案。

在設計面板中，按Place鍵，可以直接把元件外形圖放在工作視窗中。

17-5 建立電路板自己的元件庫

開啟第15章的PCB1.PCB電路板檔案，電路板圖形，如下圖所示：

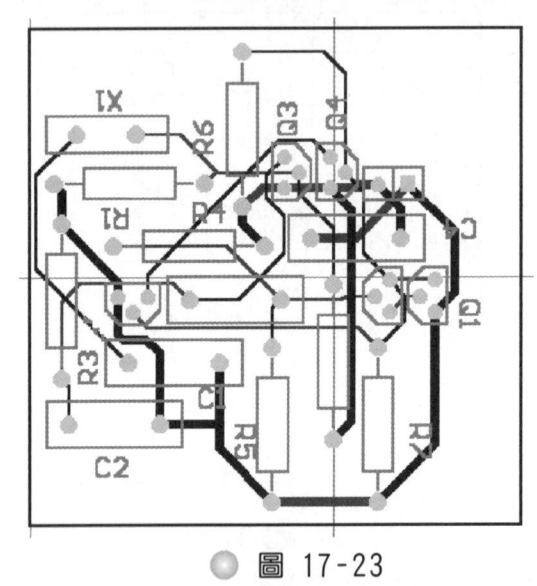

○ 圖 17-23

你可能連結數個元件庫，管理起來可能不是很方便，可以把電路板所使用的所有元件外形圖，放在自己的元件庫中。

按Design > Make Library命令，產生PCB1.lib元件庫，如下圖所示：

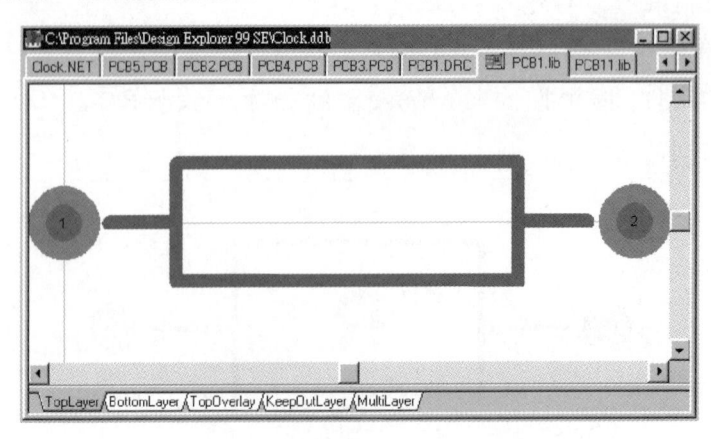

○ 圖 17-24

在上面PCB1.lib檔案畫面中，顯示元件庫的其中一個元件外形圖，在上面圖形中是AXIAL0.5元件外形圖。要看見PCB1.lib元件庫中的所有元件，在設計面板中，按Browse PCBLib標籤，可以看見所有元件，如下圖所示：

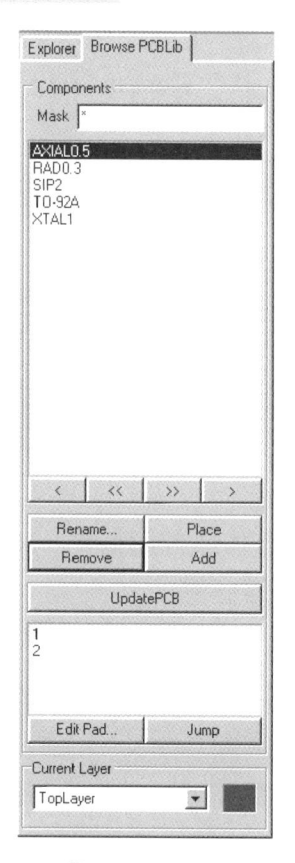

◎ 圖 17-25

可以看見PCB1.PCB電路板所使用的所有元件外形圖，包含AXIAL0.5、RAD0.3、SIP2、TO-92A和XTAL1，這些元件外形圖全部都放在Clock.ddb/PCB1.lib元件庫中，共有三個欄位，上面欄位是所有元件的外形圖，中間欄位是元件外形圖的所有接腳，最下面欄位是目前佈局層的顏色。

在上面圖形中，參數及按鍵說明如下：
1. Mask：表示要顯示元件的過濾器，*表示顯示所有元件外形圖，D*表示顯示D字開頭的所有元件外形圖。
2. <、<<、>>、>鍵：按其中一個鍵，可以選擇一個元件，並且在工作視窗中，顯示這個元件的外形圖，說明如下：
   (1) 按<鍵，顯示前一個元件外形圖。

(2) 按<<鍵，顯示最前面的元件外形圖。
(3) 按>>鍵，顯示最後一個元件外形圖。
(4) 按>鍵，顯示下一個元件外形圖。
(可以在設計面板中，直接點選要顯示的元件外形圖。)
3. Rename鍵：按此鍵後，產生Rename Component對話盒，可以修改元件外形圖的名稱，如下圖所示：

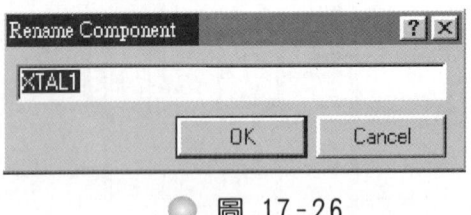

◎ 圖 17-26

4. Place鍵：可以在電路板編輯器中，放置選擇的元件(目前在工作視窗中顯示)。
5. Remove鍵：移除選擇的元件外形圖。
6. Add鍵：加入新的元件外形圖。
7. UpdatePCB鍵：當更改某個元件外形圖後，按UpdatePCB鍵，可以修改電路板編輯器的所有這個元件外形圖。例如：在AXIAL0.5元件外形圖上，加入一個R字，如下圖所示：

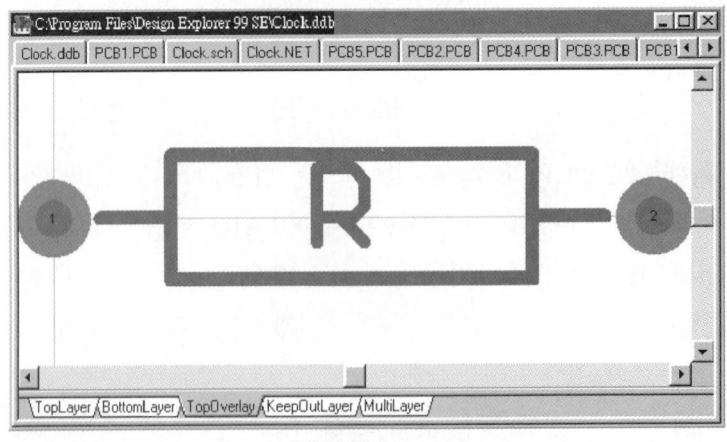

◎ 圖 17-27

按UpdatePCB鍵，可以看見呼叫這個元件外形圖的電路板圖形，變成下面圖形，如下圖所示：

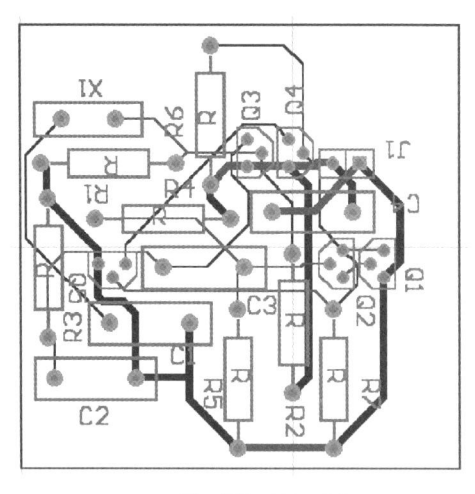

第十七章 建立元件外形圖的元件庫

◯ 圖 17-28

8. Edit Pad鍵：點選中間欄位的接腳，再按Edit Pad鍵，產生Pad對話盒，可以修改銲點特性值。

9. Jump鍵：點選中間欄位的接腳，再按Jump鍵，可以顯示選擇接腳。

回到電路板編輯器中，可以連結這個元件庫，步驟如下：

1. 在PCB設計面板中，按Add/Remove鍵，產生PCB Libraries對話盒。
2. 選擇這個電路板的路徑，點選Clock.ddb。
3. 按Add鍵，連結Clock.ddb/PCB1.lib元件庫。
4. 按Ok鍵，關閉對話盒。
5. 在PCB設計面板中，點選PCB1.lib元件庫，如下圖所示，可以使用這個元件庫中的元件外形圖。

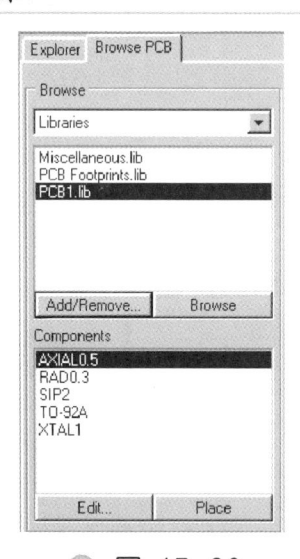

◯ 圖 17-29

17-6 電路圖元件和電路板元件比較

在Protel軟體中，會使用到兩種元件：電路圖元件(左邊)和電路板元件(右邊)，如下圖所示：

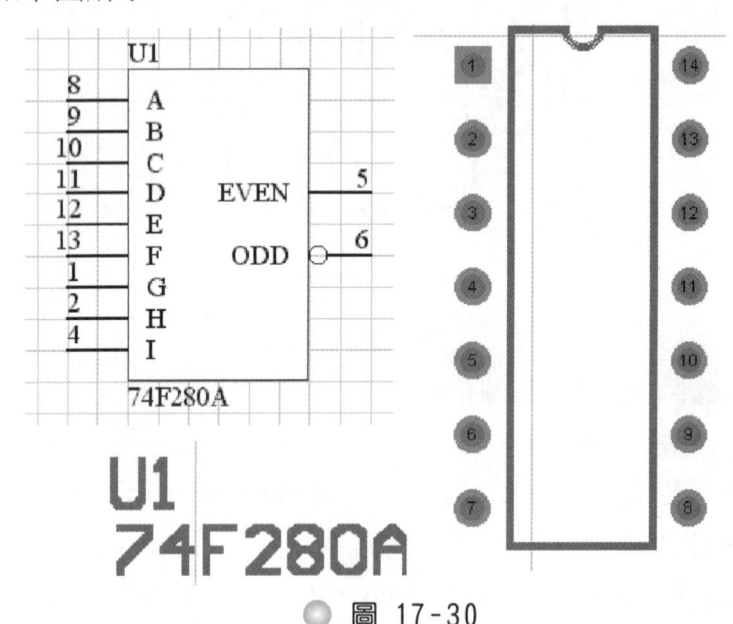

● 圖 17-30

在電路板編輯器中，要載入Protel格式的串接檔，除了輸入元件外形圖和連接情況(標示線)外，還要輸入元件的接腳，所以電路圖元件和電路板元件的接腳編號必須要一致，否則載入串接檔時，會發生下列錯誤：

1. 接腳編號完全不同：電路圖元件和電路板元件的接腳編號完全不同，會發生找不到節點名稱的錯誤，例如：在第8章中，所介紹的二極體接腳問題，電路圖元件的接腳編號是1和2，而電路板元件的接腳編號是A和k，當載入串接檔時，就會發生Node Not Found的錯誤，如下圖所示：

● 圖 17-31

2. 接腳編號不一致：雖然不會發生載入錯誤，但是會發生元件接腳連接錯誤的問題，當然PCB電路就會有問題出現。

章後實習

實習17-1

問題1 請自行畫一個元件外形圖SIP*3。

元件規格如下：
1. 元件名稱：SIP*3
2. 元件接腳：1、2、3
3. 銲點之間的距離：120mil

使用實習12-4的電路圖，把元件外形圖SIP*3取代SIP3。

問題2 畫出電路板圖形。

實習17-2

問題1 請自行畫一個元件外形圖DIODE0.3。

元件規格如下：
1. 元件名稱：DIODE0.3
2. 元件接腳：1、2
3. 銲點之間的距離：300mil

使用實習12-5的電路圖，把元件外形圖DIODE0.3取代DIODE0.4。

問題2 畫出電路板圖形。

實習17-3

問題1 請自行畫一個元件外形圖DIP*8。

元件規格如下：
1. 元件名稱：DIP*8
2. 元件接腳：1-8
3. 兩排銲點之間的距離：320mil
4. 銲點之間的距離：120mil

使用實習12-3的電路圖，把元件外形圖DIP*8取代DIP8。

問題2 畫出電路板圖形。

心得筆記

附錄A　安裝Protel 99 SE試用版軟體

隨著電腦軟體功能越來越強大，對電腦硬體設備有一定的要求，才能使軟體正常工作，同樣地，印刷電路板設計軟體對於硬體設備有一定的要求：

電腦設備	最低限制要求	建議採用規格
CPU	Pentium處理器以上	Pentium II處理器以上
記憶體	32MRAM	64MRAM
硬碟空間	200MB	300MB
顯示卡	1024×768解析度 16色，SVGA	1024×768解析度以上 Ture color
CD-ROM	需要	需要
作業系統	Win 95 Win 98 Win NT 4.0 Win 2000	Win NT 4.0

上表是安裝Protel軟體的最低限制要求和建議採用規格，一般而言，目前大部份電腦系統都能符合上面的要求。

安裝Protel 99 SE試用版軟體的步驟，如下所示：
1. 進入作業系統，假設你正在使用的作業系統是Win 98作業系統。
2. 按開始 > 執行命令，產生執行對話盒，如下圖所示。

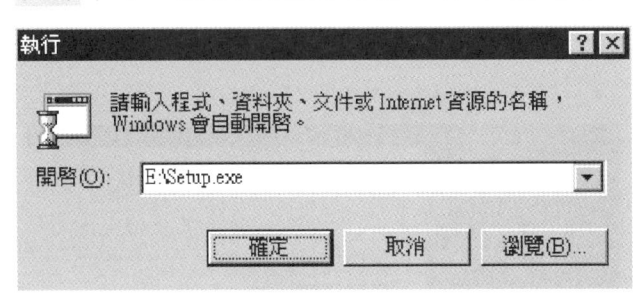

● 圖 A-1

假設光碟機的代號是E，請輸入"E:\Setup.exe"，可以開啟Protel試用版的安裝程式，也可以按瀏覽(B)鍵，產生瀏覽對話盒，如下圖所示：

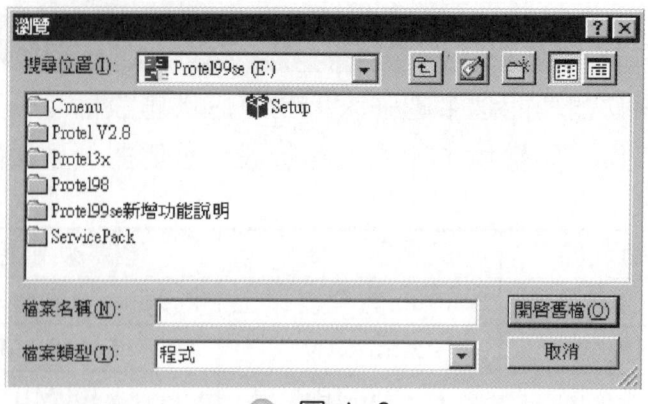

● 圖 A-2

　　在檔案名稱(N)欄位中，輸入Setup，按開啟舊檔(O)鍵，也可以產生試用版的安裝程式。

3. 在執行對話盒中，按確定鍵，產生下面訊息畫面，如下圖所示。

● 圖 A-3

　　這個訊息畫面是準備安裝精靈畫面，請等待一小段時間，讓系統準備好安裝精靈。

4. 產生Protel 99 SE Trial Version Setup安裝精靈畫面的Welcome對話盒，如下圖所示。

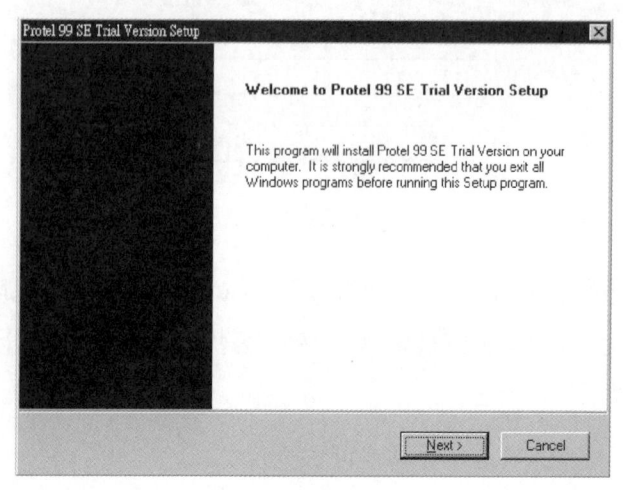

● 圖 A-4

上面對話盒是Protel試用版的安裝精靈畫面，協助您安裝Protel軟體。

在開始安裝Protel軟體之前，應該關閉其他應用程式，包括：掃毒程式，按ALT+ESC鍵，可以更改成其他應用程式的畫面，再關閉這些應用程式。

> 建議：一定要關閉其他應用程式，以防止安裝過程中發生錯誤。

5. 按NEXT>鍵，可以產生Choose Destination Location對話盒，決定安裝軟體資料夾的位置和名稱，如下圖所示。

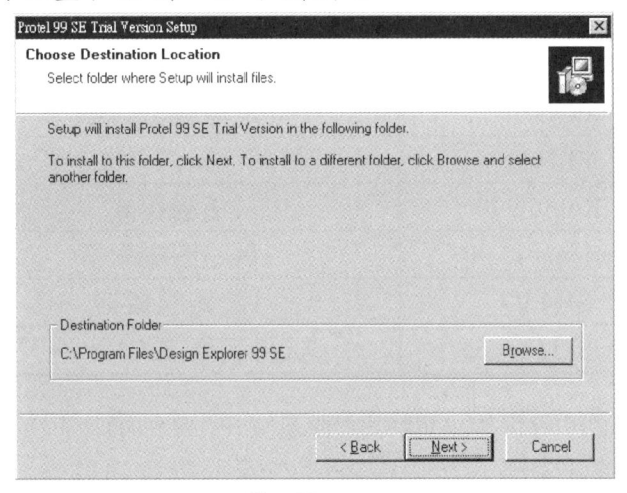

圖 A-5

按Browse鍵，可以更動這個資料夾的路徑。

6. 按NEXT>鍵，可以產生Setup Type對話盒，如下圖所示。

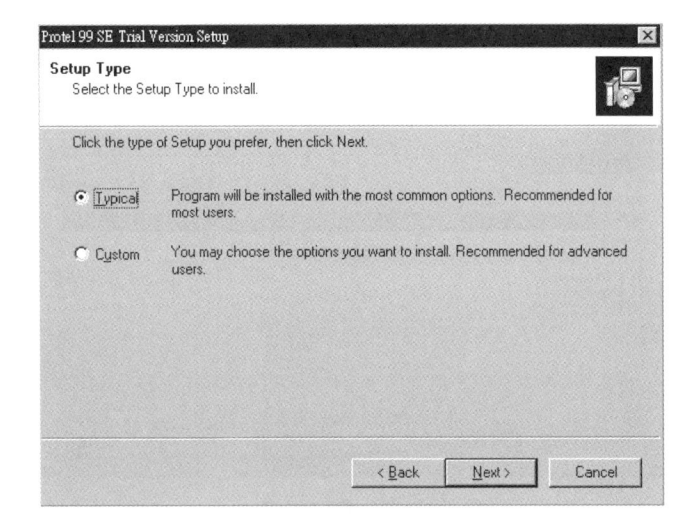

圖 A-6

在Setup Type對話盒中，有兩個選項可以選擇：

(1) Typical：表示安裝標準形式的Protel試用版軟體，這是最常使用的安裝方式。

(2) Custom：表示可以選擇需要安裝的子軟體，可以減少硬碟空間的浪費，可供選擇安裝的子軟體，如下所示：

子軟體	說 明 內 容
Design Explorer 99	Protel軟體的設計畫面
Examples	電路範例
NT Drivers	Win NT驅動程式
PCB 99	電路板編輯器
PLD 99	可程式邏輯元件設計程式
Route 99	佈線程式
Schematic 99	電路圖編輯器
SIM 99	電路模擬器
Trial Licence	試用版軟體的Licence

點選方格內的+符號，展開子軟體的階層結構，可以點選其中程式，只挑選需要的程式安裝，可以讓硬碟空間浪費達到最少。

7. 點選Typical，再按NEXT>鍵，可以產生Select Program Folder對話盒，如下圖所示。

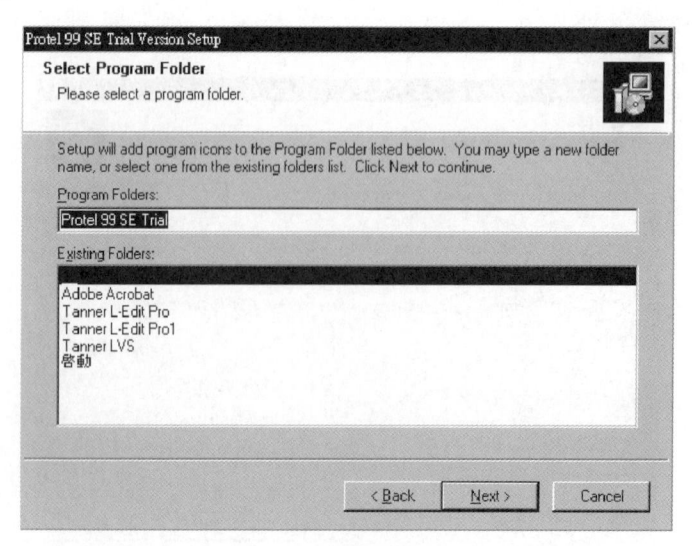

圖 A-7

8. 按NEXT>鍵，產生Start Copying Files對話盒，如下圖所示。

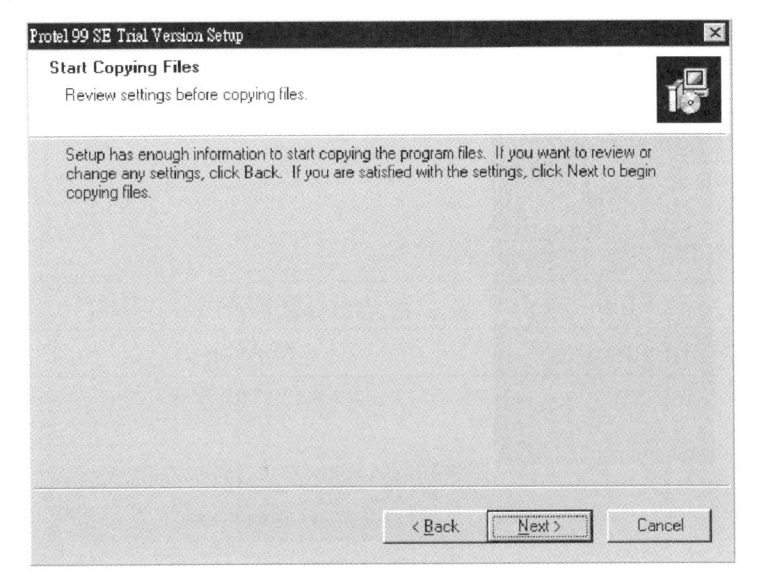

圖 A-8

9. 按NEXT>鍵，產生Setup Status對話盒，如下圖所示。

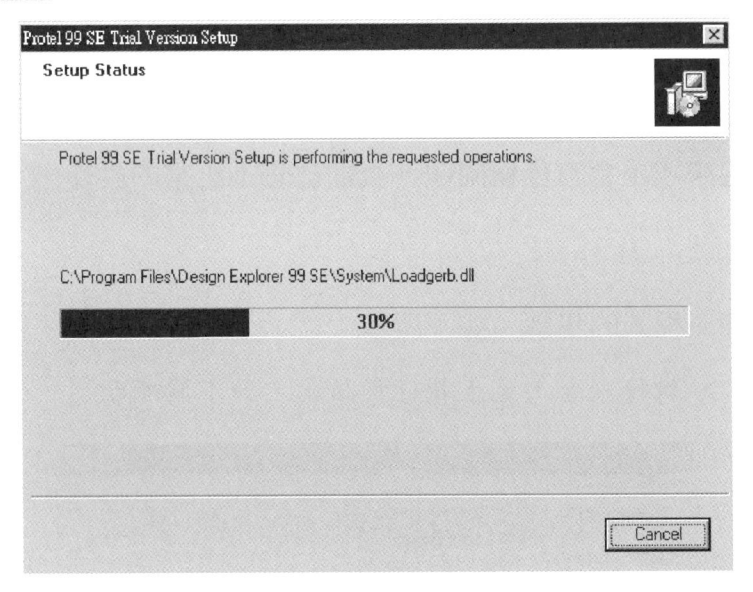

圖 A-9

　　開始安裝試用版程式，從光碟片中，複製檔案到硬碟中，這個部份需要較長的時間，所以請讀者耐心地等候，安裝完畢後，會產生安裝成功的訊息通知使用者，如果要終止安裝的動作，可以按Cancel鍵，終止安裝程式。

10.安裝程式完成後,可以產生Setup Complete對話盒,如下圖所示。

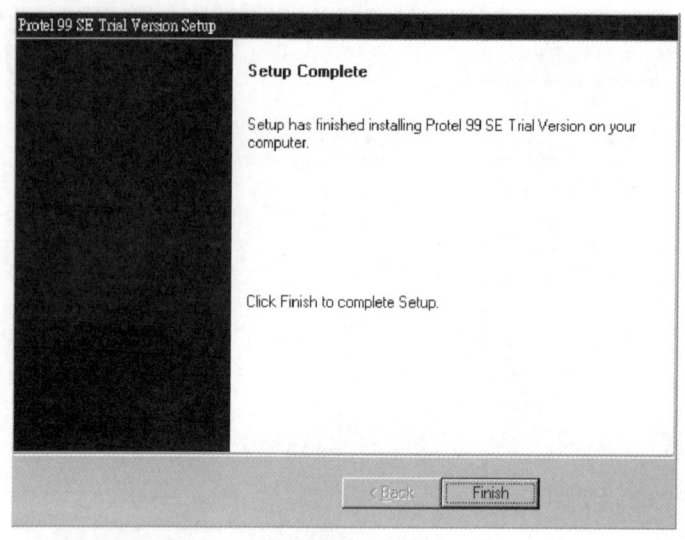

● 圖 A-10

　　已經安裝Protel試用版軟體完成,只要按Finish鍵,就可以結束安裝精靈畫面。

11.按Finish鍵,結束安裝精靈的畫面。

　　另外必須再加裝補充程式(Service Pack),才能使Protel 99 SE軟體更完整,執行起來才不會有任何問題,否則會有不正常的動作。

　　安裝補充程式的步驟,如下所示:

1. 按開始 > 執行命令,產生執行對話盒,如下圖所示。

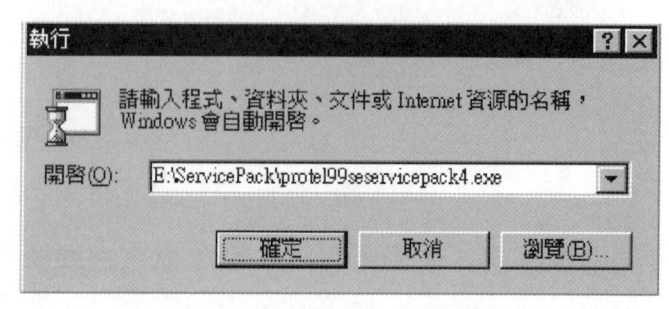

● 圖 A-11

假設光碟機的代號是E，請輸入"E:\ServicePack\ protel99seservicepack4. exe"，可以開啟補充程式的安裝程式，也可以按瀏覽(B)鍵，產生瀏覽對話盒，如下圖所示：

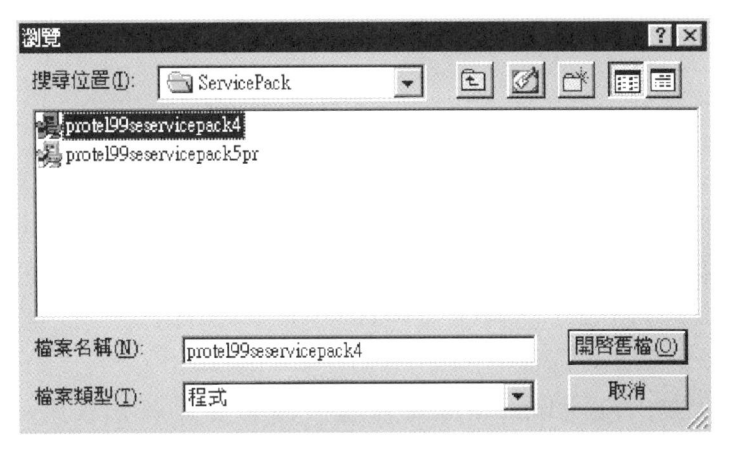

○ 圖 A-12

在搜尋位置(I)欄位中，點選所要的路徑，在檔案名稱(N)欄位中，輸入protel99seservicepack4，按開啟舊檔(O)鍵，也可以啟動補充程式的安裝程式。

2. 在執行對話盒中，按確定鍵，產生下面訊息畫面，如下圖所示。

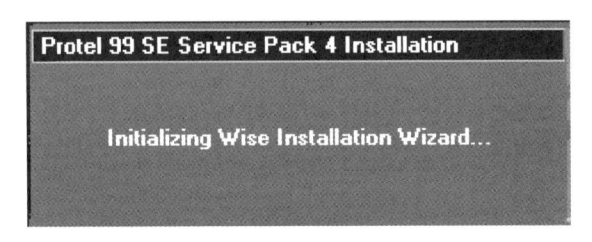

○ 圖 A-13

這個訊息畫面是準備安裝精靈畫面，請等待一小段時間，讓系統準備好安裝精靈。

3. 產生Protel 99 SE Service Pack 4對話盒，決定要放置的目的資料夾，如下圖所示。

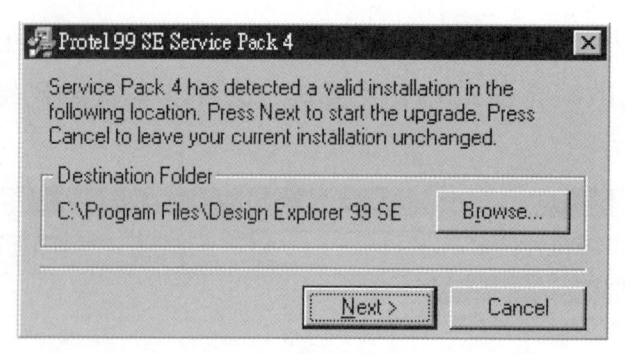

○ 圖 A-14

　　按Browse鍵，可以決定資料夾的路徑，一般而言，必須和Protel試用版軟體的安裝路徑相同，所以不用修改。

4. 按NEXT>鍵，產生Installing對話盒，開始安裝補充程式，如下圖所示。

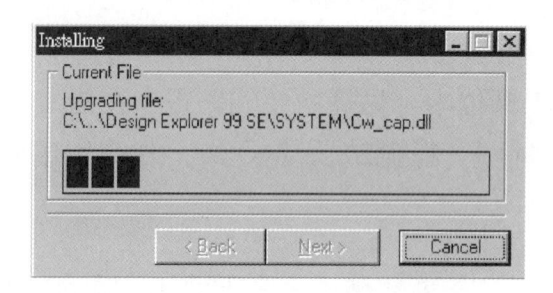

○ 圖 A-15

5. 安裝完成後，產生Installation Complete對話盒，表示已經完成安裝動作，如下圖所示。

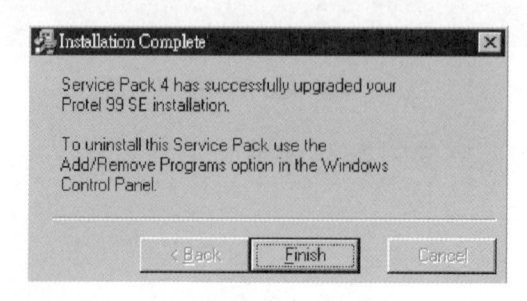

○ 圖 A-16

6. 按Finish鍵，完成安裝補充程式的動作。

附錄B 建立中文化的主功能表

在Protel 99 SE軟體中，可以自行建立一個中文化的主功能表，所以筆者已經建立好中文化檔案，只要使用者依據下列步驟，就可以自行安裝中文化的主功能表即可，步驟如下：

1. 儲存舊的檔案：

    先把Protel軟體關閉。在C:\Windows目錄下，複製Client99SE.RCS、Client99SE.NDR和Client99SE.RAF三個檔案複製到其他資料夾，以防止有問題。(如果中文化有問題時，可以把這三個檔案複製回C:\Window中)

2. 複製新的檔案：

    複製Protel中文化資料夾中的三個檔案(Client99SE.RCS、Client99SE.NDR和Client99SE.RAF)到C:\ Window目錄中。

3. 啟動Protel 99 SE軟體：

    按 開始 > 程式集 > Protel 99 SE Trial > Protel 99 SE命令，啟動Protel 99 SE視窗。

    注意：

    此時如果沒有中文化，可能未轉換到中文化功能表，請執行下列步驟：

    (a)在主功能表前的箭頭符號上，按 Mouse 左鍵一次，點選 customize，產生 Customize Resources 對話盒。

    (b)在對話盒的 Current Menu 中，按下拉鍵，選擇"Chinese+原功能表名稱"。

    (C)按 Close 鍵，回到 Protel 視窗，應該中文化。

> P.S. 在Protel軟體中，每一種檔案的視窗可能有一種主功能表(有一些重複)，本中文化主功能表的名稱都是"Chinese+原主功能表名稱"，為了提供中英文比較，所以保留英文主功能表，所以會有兩種主功能表。

上面步驟只完成電路圖編輯器的中文化主功能表，你可以依據上面步驟，完成其他編輯器的中文化主功能表，例如：PCB編輯器要選擇"中文PCB主功能表"，就可以建立PCB編輯器的中文化主功能表。

附錄C 電路圖編輯器的主功能表說明

File Edit View Place Design Tools Simulate PLD	檔案子功能表
New...	（開啟新的檔案）
New Design...	（開啟新的設計檔案）
Open...	（開啟資料庫或檔案）
Open Full Project	（開啟整個設計檔案）
Close	（關閉目前的檔案視窗）
Close Design	（關閉目前的設計檔案）
Import...	（匯入資料）
Export...	（匯出資料）
Save	（以相同檔名，儲存目前檔案）
Save As...	（以不同檔名，儲存目前檔案）
Save Copy As...	（以不同檔名，複製目前檔案）
Save All	（儲存所有載入的檔案）
Setup Printer...	（輸出列印的設定）
Print	（輸出列印）
Exit	（結束目前視窗）
1 C:\Program Files\..\D1.ddb	（最近結束的設計檔案1）

編輯子功能表

選項	快速鍵	說明
Undo	Alt+BkSp	（執行復原功能）
Redo	Ctrl+BkSp	（重複執行上一個復原動作）
Cut	Ctrl+X	（刪除選項、放入剪貼簿中）
Copy	Ctrl+C	（複製選項，放入剪貼簿中）
Paste	Ctrl+V	（把剪貼簿的內容，貼在視窗中）
Paste Array...		（同上，但有些變化）
Clear	Ctrl+Del	（刪除選項）
Find Text...	Ctrl+F	（搜尋字串並且游標跳到字串的位置）
Replace Text...	Ctrl+G	（搜尋字串並且取代這個字串）
Find Next	F3	（搜尋字串並且游標跳到下一個符合的字串）
Select ▶		（圈選項目）
DeSelect ▶		（取消圈選項目）
Toggle Selection		（切換圈選狀態）
Delete		（刪除視窗中的項目）
Change		（更改項目的特性值）
Move ▶		（移動項目）
Align ▶		（圈選項目的排列）
Jump ▶		（執行跳躍功能）
Set Location Marks ▶		（設定位置標示點）
Increment Part Number		（遞增元件編號）
Export to Spread...		（匯出資料到工作單中）

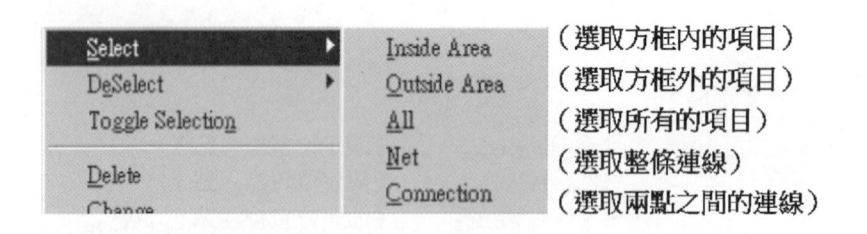

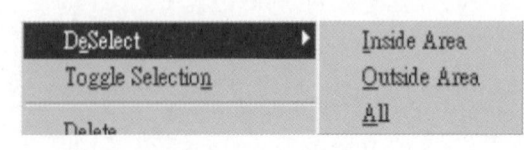

Select ▶
- Inside Area （選取方框內的項目）
- Outside Area （選取方框外的項目）
- All （選取所有的項目）
- Net （選取整條連線）
- Connection （選取兩點之間的連線）

DeSelect ▶
- Inside Area （取消選取方框內的項目）
- Outside Area （取消選取方框外的項目）
- All （取消選取所有項目）

附錄 C 電路圖編輯器的主功能表說明

選單項目	快捷鍵	說明
Align	▶	（根據設定值，排列圈選項目）
Align Left	Ctrl+L	（圈選項目往左排列）
Align Right	Ctrl+R	（圈選項目往右排列）
Center Horizontal	Ctrl+H	（把項目以水平方式中央對齊）
Distribute Horizontally	Ctrl+Shift+H	（把圈選項目以水平方向，平均分佈）
Align Top	Ctrl+T	（圈選項目往上對齊）
Align Bottom	Ctrl+B	（圈選項目往下對齊）
Center Vertical	Ctrl+V	（把項目以垂直方式中央對齊）
Distribute Vertically	Ctrl+Shift+V	（把圈選項目以垂直方向，平均分佈）

Jump

Jump To Error Marker	（跳躍到錯誤標示上）
Origin	（跳躍到原點上）
New Location...	（跳躍到新的位置）
Location Mark 1	（跳躍到位置標示 1）
Location Mark 2	（跳躍到位置標示 2）
Location Mark 3	（跳躍到位置標示 3）
Location Mark 4	（跳躍到位置標示 4）
Location Mark 5	（跳躍到位置標示 5）
Location Mark 6	（跳躍到位置標示 6）
Location Mark 7	（跳躍到位置標示 7）
Location Mark 8	（跳躍到位置標示 8）
Location Mark 9	（跳躍到位置標示 9）
Location Mark 10	（跳躍到位置標示 10）

Set Location Marks

Location Mark 1	（設定位置標示點 1）
Location Mark 2	（設定位置標示點 2）
Location Mark 3	（設定位置標示點 3）
Location Mark 4	（設定位置標示點 4）
Location Mark 5	（設定位置標示點 5）
Location Mark 6	（設定位置標示點 6）
Location Mark 7	（設定位置標示點 7）
Location Mark 8	（設定位置標示點 8）
Location Mark 9	（設定位置標示點 9）
Location Mark 10	（設定位置標示點 10）

Increment Part Number
Export to Spread...

View Place Design	顯示子功能表
Fit Document	（顯示整個電路圖）
Fit All Objects	（顯示所有電路圖項目）
Area	（放大電路圖的某個區域）
Around Point	（放大某點的四周區域）
50%	（設定放大等級=0.5倍）
100%	（設定放大等級=1倍(一般大小)）
200%	（設定放大等級=2倍）
400%	（設定放大等級=4倍）
Zoom In	（放大電路圖）
Zoom Out	（縮小電路圖）
Pan	（上下或左右移動畫面）
Refresh	（把視窗畫面重畫）
Design Manager	（切換顯示設計總管）
✓ Status Bar	（切換顯示狀態行）
✓ Command Status	（切換顯示命令狀態行）
Toolbars ▶	（切換顯示工具列）
Visible Grid	（切換 Visible 格線的顯示設定）
Snap Grid	（切換 Snap On 格線的顯示設定）
Electrical Grid	（切換 Electrical 格線的顯示設定）

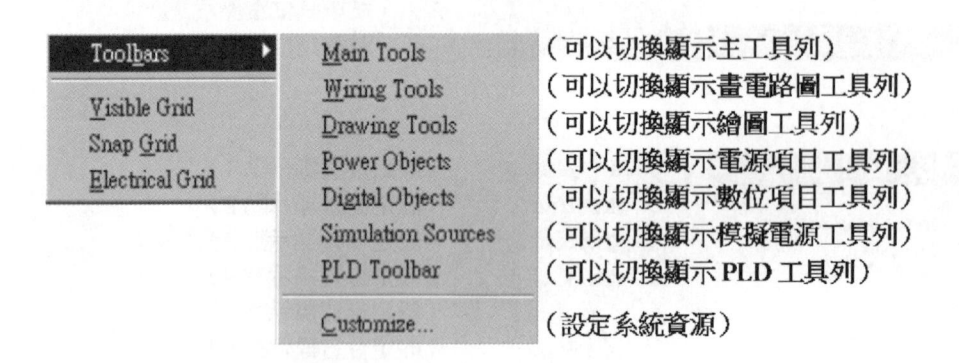

Toolbars ▶	Main Tools	（可以切換顯示主工具列）
Visible Grid	Wiring Tools	（可以切換顯示畫電路圖工具列）
Snap Grid	Drawing Tools	（可以切換顯示繪圖工具列）
Electrical Grid	Power Objects	（可以切換顯示電源項目工具列）
	Digital Objects	（可以切換顯示數位項目工具列）
	Simulation Sources	（可以切換顯示模擬電源工具列）
	PLD Toolbar	（可以切換顯示 PLD 工具列）
	Customize...	（設定系統資源）

項目放置子功能表

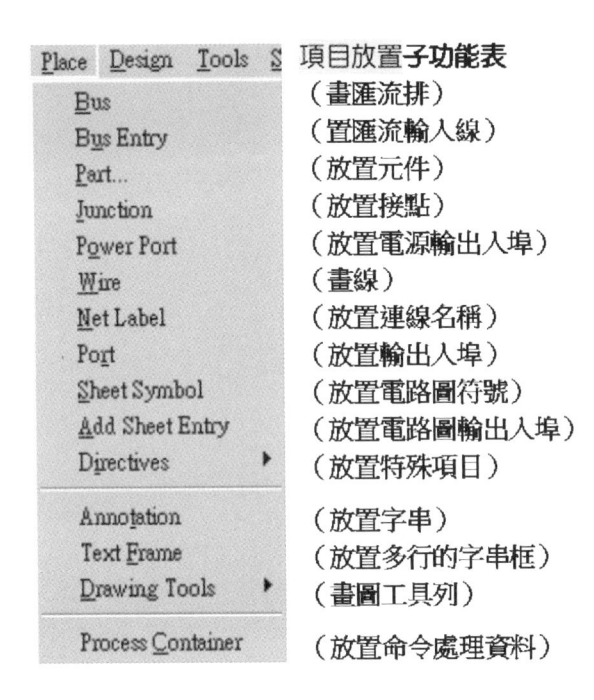

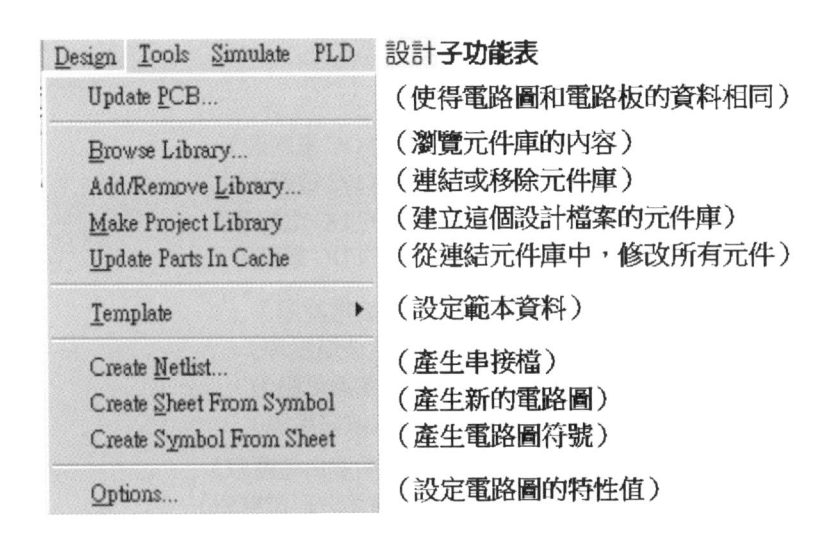

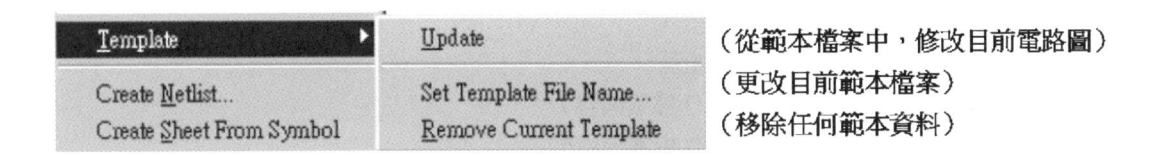

Bus	（畫匯流排）
Bus Entry	（置匯流輸入線）
Part...	（放置元件）
Junction	（放置接點）
Power Port	（放置電源輸出入埠）
Wire	（畫線）
Net Label	（放置連線名稱）
Port	（放置輸出入埠）
Sheet Symbol	（放置電路圖符號）
Add Sheet Entry	（放置電路圖輸出入埠）
Directives	（放置特殊項目）
Annotation	（放置字串）
Text Frame	（放置多行的字串框）
Drawing Tools	（畫圖工具列）
Process Container	（放置命令處理資料）

設計子功能表

Update PCB...	（使得電路圖和電路板的資料相同）
Browse Library...	（瀏覽元件庫的內容）
Add/Remove Library...	（連結或移除元件庫）
Make Project Library	（建立這個設計檔案的元件庫）
Update Parts In Cache	（從連結元件庫中，修改所有元件）
Template	（設定範本資料）
Create Netlist...	（產生串接檔）
Create Sheet From Symbol	（產生新的電路圖）
Create Symbol From Sheet	（產生電路圖符號）
Options...	（設定電路圖的特性值）

Template → Update	（從範本檔案中，修改目前電路圖）
Set Template File Name...	（更改目前範本檔案）
Remove Current Template	（移除任何範本資料）

工具子功能表

ERC...	（執行電氣特性檢查）
Find Component...	（搜尋元件）
Up/Down Hierarchy	（切換目前電路圖的階層）
Complex To Simple	（轉換複雜電路圖設計為簡單階層）
Annotate...	（重新命名）
Back Annotate...	（複原命名資料）
Database Links...	（修改所有電路圖元件的資料庫連結）
Process Containers	（執行命令處理資料）
Cross Probe	（執行探針功能）
Select PCB Components	（選擇相對的 PCB 元件外形圖項目）
Preferences...	（設定電路圖編輯環境）

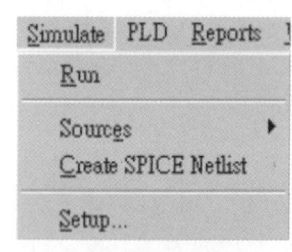

模擬子功能表

Run	（直接執行電路分析）
Sources	（可以放置的電源元件）
Create SPICE Netlist	（產生 SPICE 格式的串接檔）
Setup...	（分析方法的設定工作）

Sources

+5 Volts DC	（+5 伏特的 DC 電壓源）
-5 Volts DC	（-5 伏特的 DC 電壓源）
+12 Volts DC	（+12 伏特的 DC 電壓源）
-12 Volts DC	（-12 伏特的 DC 電壓源）
1kHz Sine Wave	（1kHz 的弦波電壓源）
10kHz Sine Wave	（10kHz 的弦波電壓源）
100kHz Sine Wave	（100kHz 的弦波電壓源）
1MHz Sine Wave	（1MHz 的弦波電壓源）
1kHz Pulse	（1kHz 的脈衝波形電壓源）
10kHz Pulse	（10kHz 的脈衝波形電壓源）
100kHz Pulse	（100kHz 的脈衝波形電壓源）
1MHz Pulse	（1MHz 的脈衝波形電壓源）

PLD 子功能表

Compile	（編輯 PLD 檔案內容）
Simulate	（模擬 PLD 檔案內容）
Configure...	（設定 PLD 的選項）
Toggle Pin LOC	（切換接腳位置）

報告子功能表

Selected Pins...	（列出所有圈選接腳）
Bill of Material	（產生使用元件表）
Design Hierarchy	（產生檔案的階層結構報告）
Cross Reference	（產生元件／電路圖互相比對資料）
Add Port References (Flat)	（加入 Port-to-Port 電路圖比對資料）
Add Port References (Hierarchical)	（加入階層電路圖互相比對資料）
Remove Port References	（移除電路圖互相比對資料）
Netlist Compare...	（比較兩個串接檔）

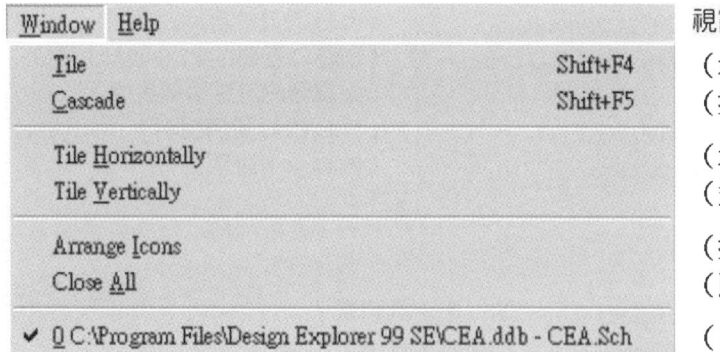

視窗子功能表

選單項目	快速鍵	說明
Tile	Shift+F4	（水平分割所有視窗）
Cascade	Shift+F5	（把所有視窗重疊）
Tile Horizontally		（水平分割視窗）
Tile Vertically		（垂直分割視窗）
Arrange Icons		（排列所有縮小的視窗）
Close All		（關閉所有視窗）
0 C:\Program Files\Design Explorer 99 SE\CEA.ddb - CEA.Sch		（目前正在使用的視窗）

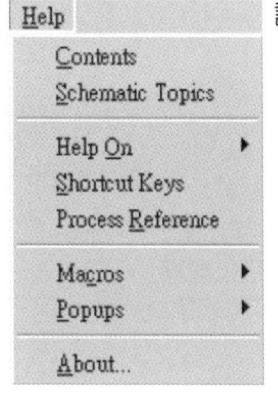

說明子功能表

Contents	（內容說明的標題）
Schematic Topics	（電路圖說明的標題）
Help On ▶	（選擇說明內容）
Shortcut Keys	（快速鍵說明）
Process Reference	（功能說明的參考資料）
Macros ▶	（使用巨集命令）
Popups ▶	（常用的命令）
About...	（Design Explorer 99 SE 的版本說明）

Help On ▶	Document Options	（文件的選項說明）
Shortcut Keys	Schematic Design Objects	（電路設計項目說明）
Process Reference	Schematic Components	（電路元件說明）
	Schematic Libraries	（電路圖元件庫說明）
Macros ▶	Wiring up a Schematic	（電路圖的畫線說明）
Popups ▶	Design Verification	（設計驗證說明）
	Preparing for PCB Layout	（PCB 佈局的準備工作說明）
About...	PCB Syncronization	（PCB 同步的說明）
	Simulation Topics	（模擬的標題說明）
	Preparing the Schematic	（電路圖的準備工作說明）
	Setting up for Simulation	（電路圖的設定說明）
	Running a Simulation	（執行分析工作說明）
	PLD Design Topics	（PLD 設計的標題說明）
	Schematic-based PLD Design	（電路為基礎的 PLD 設計說明）
	Configuring the Compiler	（編譯器的設定資料說明）
	PLD Design Tutorial	（PLD 設計範例說明）
	PLD Reference	（PLD 參考說明）

Macros ▶	Circuit Wizard	（執行電路圖精靈）
Popups ▶	Quick Copy	（切換圈選狀態）
	Clear Inside	（清除方框內的項目）
About...	Ask Clear Inside	（詢問是否要清除方框內的項目）
	Reference	（巨集命令的參考資料）

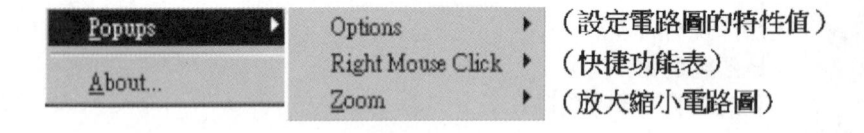 Popups ▶	Options ▶	（設定電路圖的特性值）
	Right Mouse Click ▶	（快捷功能表）
About...	Zoom ▶	（放大縮小電路圖）

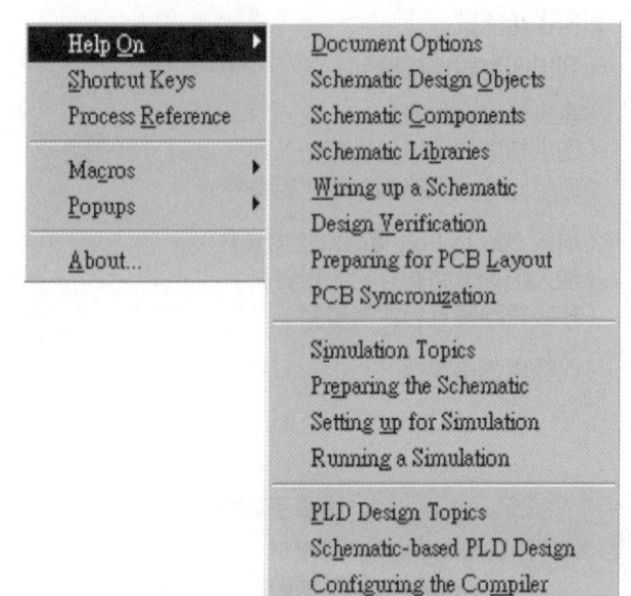

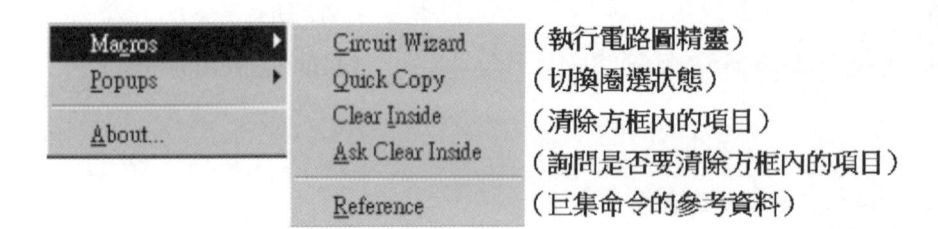

附錄D　PCB編輯器的主功能表說明

檔案子功能表

New...	（開啟新的檔案）
New Design...	（開啟新的設計檔案）
Open...	（開啟資料庫或檔案）
Close	（關閉目前的檔案視窗）
Close Design	（關閉目前的資料庫）
Import...	（匯入資料）
Export...	（匯出資料）
Save	（以相同檔名，儲存目前檔案）
Save As...	（以不同檔名，儲存目前檔案）
Save Copy As...	（以不同的檔名，複製目前檔案）
Save All	（儲存所有載入的檔案）
CAM Manager...	（產生 CAM 輸出檔案）
Print/Preview...	（輸出列印／預覽）
Exit	（結束目前視窗）
1 C:\Program Files\..\MyDesign1.ddb	（最近結束的設計檔案 1）
2 C:\Program Files\..\Board3.ddb	（最近結束的設計檔案 2）
3 C:\Program Files\..\Z80 Microprocessor.Ddb	（最近結束的設計檔案 3）
4 C:\Program Files\..\4 Port Serial Interface.ddb	（最近結束的設計檔案 4）

編輯子功能表

選項	快捷鍵	說明
Undo PlaceComponent	Alt+BkSp	（執行復原功能）
Nothing to Redo	Ctrl+BkSp	（重複執行上一個復原動作）
Cut	Ctrl+X	（刪除選項，放入剪貼簿中）
Copy	Ctrl+C	（複製選項，放入剪貼簿中）
Paste	Ctrl+V	（把剪貼簿的內容，貼在視窗中）
Paste Special...		（同上，但有些變化）
Clear	Ctrl+Del	（刪除選項）
Select	▶	（圈選項目）
DeSelect	▶	（取消圈選項目）
Query Manager...		（啟動圈選精靈）
Delete		（刪除視窗中的項目）
Change		（更改項目的特性值）
Move	▶	（移動項目）
Origin	▶	（設定原點）
Jump	▶	（位置跳躍）
Export to Spread		（匯出資料到 Spread Server）

（有關上面 Select、Deselect、Move、Origin 和 Jump 的詳細功能介紹，請看前面內容的說明）

View Place Design	顯示**子功能表**
Fit Document	（使得電路板和畫面一樣大）
Fit Board	（使得電路板剛好和畫面一樣大）
Area	（以游標決定放大區域）
Around Point	（放大中心點附近的圖形）
Selected Objects	（放大選項的區域）
Zoom In	（放大電路板）
Zoom Out	（縮小電路板）
Zoom Last	（縮小放大電路板到上一個縮放等級）
Pan	（上下或左右移動畫面）
Refresh	（視窗畫面重畫）
Board in 3D	（顯示電路板的 **3D 虛擬畫面**）
Design Manager	（切換顯示設計總管）
✓ Status Bar	（切換顯示狀態行）
✓ Command Status	（切換顯示命令狀態行）
Toolbars ▶	（切換顯示工具列）
Connections ▶	（顯示／隱藏連接線）
Toggle Units	（單位更換）

Toolbars ▶		
	Main Toolbar	（可以切換顯示主工具列）
Connections ▶	Placement Tools	（可以切換顯示項目放置工具列）
Toggle Units	Component Placement	（可以切換顯示元件放置工具列）
	Find Selections	（可以切換顯示搜尋項目工具列）
	Customize...	（設定系統資源）

Connections ▶		
	Show Net	（顯示連接線的標示線）
Toggle Units	Show Component Nets	（顯示元件的連接之標示線）
	Show All	（顯示所有標示線）
	Hide Net	（隱藏連接線的標示線）
	Hide Component Nets	（隱藏元件的連接線之標示線）
	Hide All	（隱藏所有標示線）

附錄 D PCB 編輯器的主功能表說明

Place 子功能表	
Arc (Center)	（放置弧形 (中心放置)）
Arc (Edge)	（放置弧形 (邊緣放置)）
Arc (Any Angle)	（放置弧形 (任意角度)）
Full Circle	（放置完整的圓）
Fill	（放置填滿項目）
Line	（放置直線）
String	（放置字串）
Pad	（放置銲點）
Via	（放置導孔）
Interactive Routing	（放置互相作用的佈線）
Component...	（放置元件外形圖）
Coordinate	（放置座標）
Dimension	（放置游標尺）
Polygon Plane...	（放置多邊形平面）
Split Plane...	（放置分割平面）
Keepout	（放置佈局層禁止區域）
Room	（放置區域）

Keepout		
Room		
	Arc (Center)	（使用中心放置的弧形畫禁止區域）
	Arc (Edge)	（使用邊緣放置的弧形畫禁止區域）
	Arc (Any Angle)	（使用任意角度的弧形畫禁止區域）
	Full Circle	（使用完整的圓畫禁止區域）
	Fill	（使用填滿項目畫禁止區域）
	Track	（使用連線畫禁止區域）

Design 子功能表	
Rules...	（設定設計規則）
Load Nets...	（載入串接檔內容）
Netlist Manager...	（管理串接情形）
Update Schematic...	（使得電路圖和電路板的資料相同）
Layer Stack Manager...	（定義 PCB 佈局層堆疊結構）
Split Planes...	（分割內部平面）
Mechanical Layers...	（設定機械製圖層）
Classes...	（項目分組）
From-To Editor...	（接線拓樸圖案的編輯器）
Browse Components...	（搜尋所要的元件外形圖）
Add/Remove Library...	（連結或移除元件庫）
Make Library	（從目前電路板，建立一個 PCB 元件庫）
Aperture Library...	（孔徑資料庫）
Options...	（電路板參數設定）

Tools 子功能表	
Design Rule Check...	（設計規則檢查）
Reset Error Markers	（重設錯誤符號）
Auto Placement ▶	（自動放置功能）
Interactive Placement ▶	（人工放置功能）
Un-Route ▶	（取消佈線）
Density Map	（電路板密度分析）
Signal Integrity...	（完整訊號分析）
Re-Annotate...	（電路板重新命名）
Cross Probe	（電路圖和電路板互相對照）
Convert ▶	（項目轉換）
Teardrops...	（補淚滴銅箔）
Miter Corners	（斜接佈線）
Equalize Net Lengths	（使得連線長度相同）
Outline Selected Objects	（使用佈線和弧形，表示選項的外柜）
Find and Set Testpoints	（搜尋並且設定測試點）
Clear All Testpoints	（清除所有測試點）
Preferences...	（參考參數設定）

Auto Placement		
Auto Placement ▶	Auto Placer...	（執行自動放置功能）
Interactive Placement ▶	Stop Auto Placer	（中止自動放置功能）
Un-Route ▶	Shove	（放置時執行推擠動作）
Density Map	Set Shove Depth...	（設定推擠的深度）
Signal Integrity...	Place From File...	（從檔案中讀取放置資料）

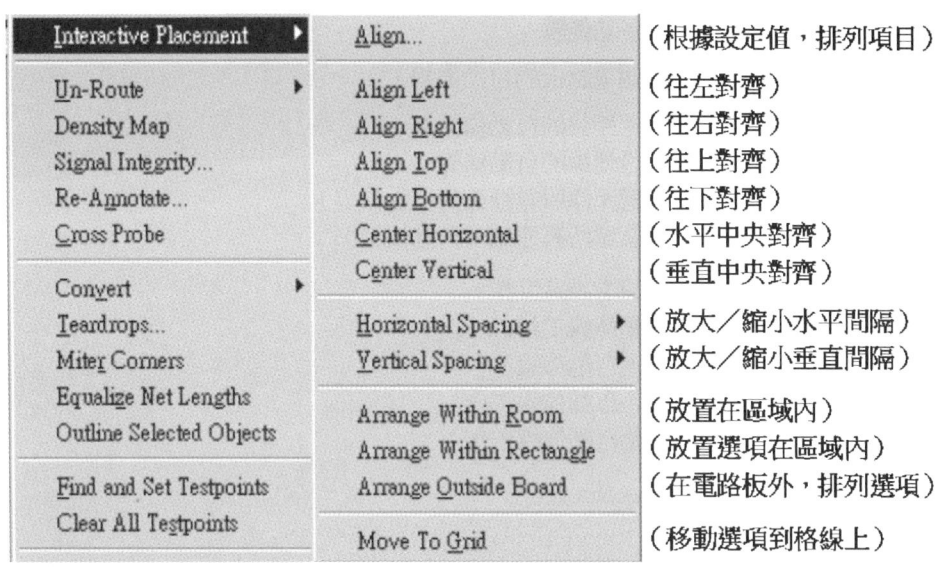

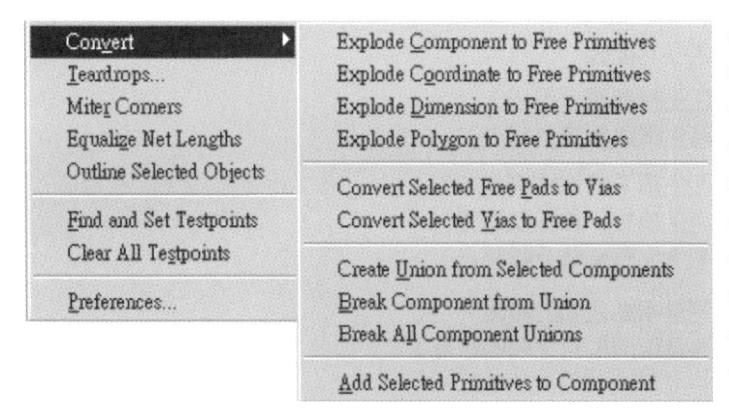

附錄 D PCB 編輯器的主功能表說明

Interactive Placement	Align...	（根據設定值，排列項目）
Un-Route	Align Left	（往左對齊）
Density Map	Align Right	（往右對齊）
Signal Integrity...	Align Top	（往上對齊）
Re-Annotate...	Align Bottom	（往下對齊）
Cross Probe	Center Horizontal	（水平中央對齊）
	Center Vertical	（垂直中央對齊）
Convert	Horizontal Spacing	（放大／縮小水平間隔）
Teardrops...	Vertical Spacing	（放大／縮小垂直間隔）
Miter Corners		
Equalize Net Lengths	Arrange Within Room	（放置在區域內）
Outline Selected Objects	Arrange Within Rectangle	（放置選項在區域內）
	Arrange Outside Board	（在電路板外，排列選項）
Find and Set Testpoints		
Clear All Testpoints	Move To Grid	（移動選項到格線上）

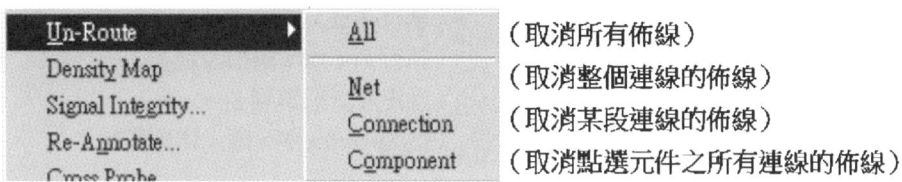 Un-Route	All	（取消所有佈線）
Density Map	Net	（取消整個連線的佈線）
Signal Integrity...	Connection	（取消某段連線的佈線）
Re-Annotate...	Component	（取消點選元件之所有連線的佈線）
Cross Probe		

Convert	Explode Component to Free Primitives	（轉換元件外形圖為基本項目）
Teardrops...	Explode Coordinate to Free Primitives	（轉換座標為基本項目）
Miter Corners	Explode Dimension to Free Primitives	（轉換游標尺為基本項目）
Equalize Net Lengths	Explode Polygon to Free Primitives	（轉換多邊形為基本項目）
Outline Selected Objects	Convert Selected Free Pads to Vias	（轉換選擇的銲點為導孔）
Find and Set Testpoints	Convert Selected Vias to Free Pads	（轉換選擇的導孔為銲點）
Clear All Testpoints		
	Create Union from Selected Components	（把選項組合成集合）
Preferences...	Break Component from Union	（把集合分割成項目）
	Break All Component Unions	（分割所有集合）
	Add Selected Primitives to Component	（把選項加入到外形圖中）

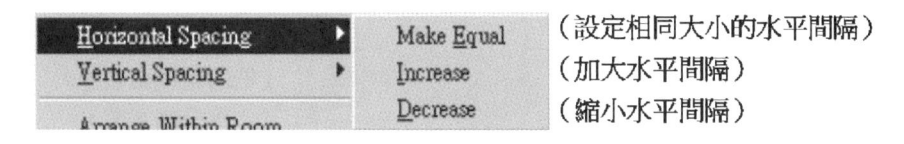 Horizontal Spacing	Make Equal	（設定相同大小的水平間隔）
Vertical Spacing	Increase	（加大水平間隔）
Arrange Within Room	Decrease	（縮小水平間隔）

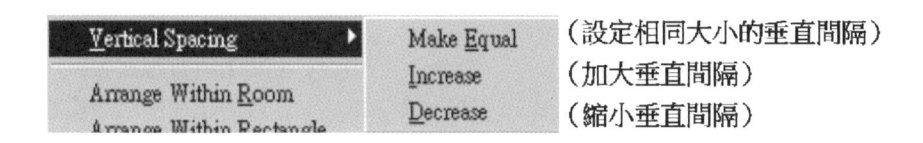

Vertical Spacing	Make Equal	（設定相同大小的垂直間隔）
Arrange Within Room	Increase	（加大垂直間隔）
Arrange Within Rectangle	Decrease	（縮小垂直間隔）

自動佈線子功能表

Auto Route / Reports / W	
All...	（進行整個電路板的自動佈線）
Net	（進行整個連線的自動佈線）
Connection	（進行一段連線的自動佈線）
Component	（進行點選元件所有連線的自動佈線）
Area	（進行某區域所有連線的自動佈線）
Setup...	（自動佈線的設定工作）
Stop	（終止自動佈線工作）
Reset	（重新設定自動佈線）
Pause	（暫時停止自動佈線工作）
Restart	（重新開始自動佈線工作）
Specctra Interface ▶	（執行 Specctra 介面）

Specctra Interface：

Wizard...	（執行精靈）
Setup Export Options...	（執行 Specctra 選項設定）
Export Design File...	（匯出設計檔案到 Specctra）
Import Route File...	（從 Specctra 中，匯入佈線資料）

報告子功能表

Reports / Window / Help	
Selected Pins...	（產生接腳選項報告）
Board Information...	（產生電路板資料報告）
Design Hierarchy	（產生檔案階層結構報告）
Netlist Status	（產生串接／佈線狀態報告）
Signal Integrity	（產生完整記號分析報告）
Measure Distance	（測量兩點之間的距離）
Measure Primitives	（測量兩個項目之間的距離）

視窗子功能表

選項	快速鍵	說明
Window / Help		
Tile	Shift+F4	（水平分割所有視窗）
Cascade	Shift+F5	（把所有視窗重疊）
Tile Horizontally		（水平分割視窗）
Tile Vertically		（垂直分割視窗）
Arrange Icons		（排列所有縮小的視窗）
Close All		（關閉所有視窗）
✓ 0 C:\Program Files\Design Explorer 99 SE\Examples\MyDesign.ddb - PCB1.PCB		（目前正在使用的檔案）

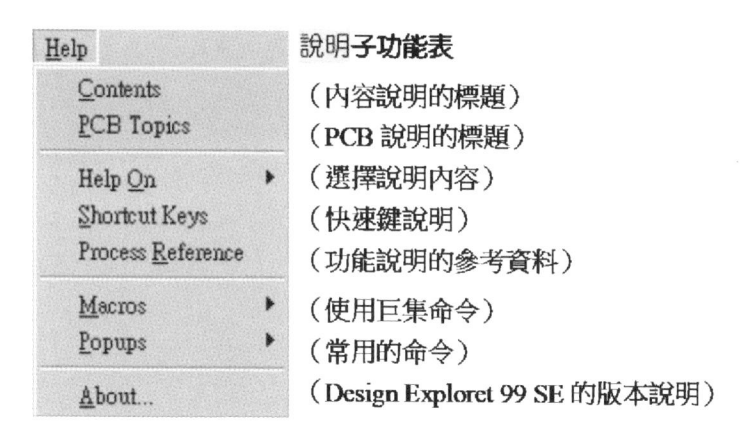

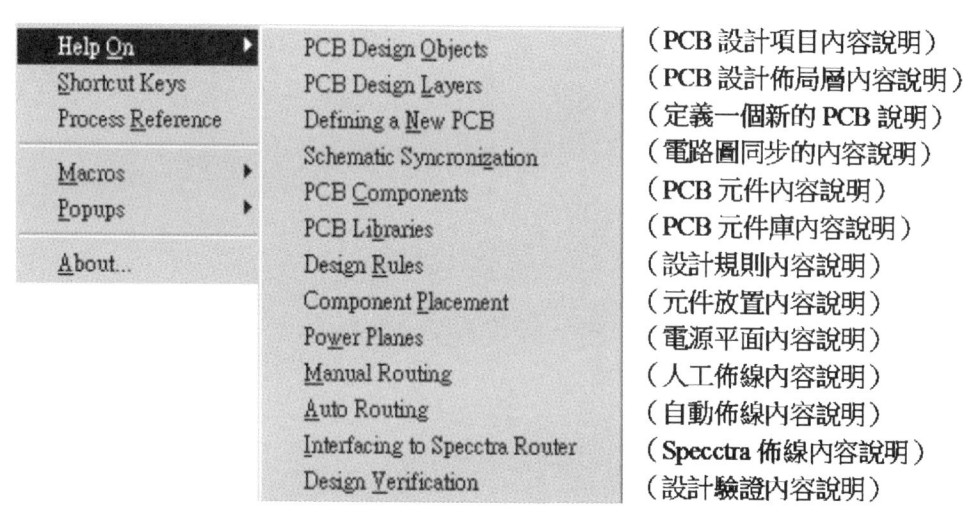

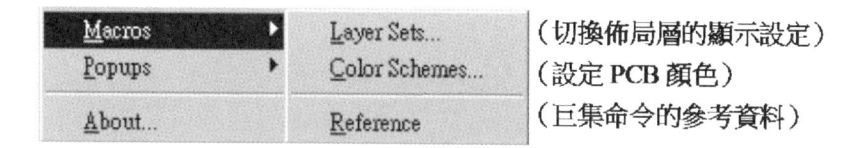

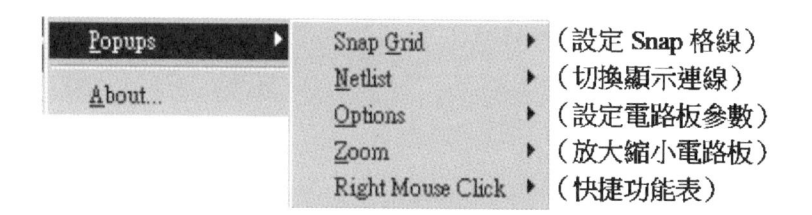

附錄 D PCB 編輯器的主功能表說明

說明子功能表

Help 選單	說明
Contents	（內容說明的標題）
PCB Topics	（PCB 說明的標題）
Help On ▶	（選擇說明內容）
Shortcut Keys	（快速鍵說明）
Process Reference	（功能說明的參考資料）
Macros ▶	（使用巨集命令）
Popups ▶	（常用的命令）
About...	（Design Exploret 99 SE 的版本說明）

Help On 子選單：

PCB Design Objects	（PCB 設計項目內容說明）
PCB Design Layers	（PCB 設計佈局層內容說明）
Defining a New PCB	（定義一個新的 PCB 說明）
Schematic Syncronization	（電路圖同步的內容說明）
PCB Components	（PCB 元件內容說明）
PCB Libraries	（PCB 元件庫內容說明）
Design Rules	（設計規則內容說明）
Component Placement	（元件放置內容說明）
Power Planes	（電源平面內容說明）
Manual Routing	（人工佈線內容說明）
Auto Routing	（自動佈線內容說明）
Interfacing to Specctra Router	（Specctra 佈線內容說明）
Design Verification	（設計驗證內容說明）

Macros 子選單：

Layer Sets...	（切換佈局層的顯示設定）
Color Schemes...	（設定 PCB 顏色）
Reference	（巨集命令的參考資料）

Popups 子選單：

Snap Grid ▶	（設定 Snap 格線）
Netlist ▶	（切換顯示連線）
Options ▶	（設定電路板參數）
Zoom ▶	（放大縮小電路板）
Right Mouse Click ▶	（快捷功能表）

心得筆記

附錄E　電路圖零件表

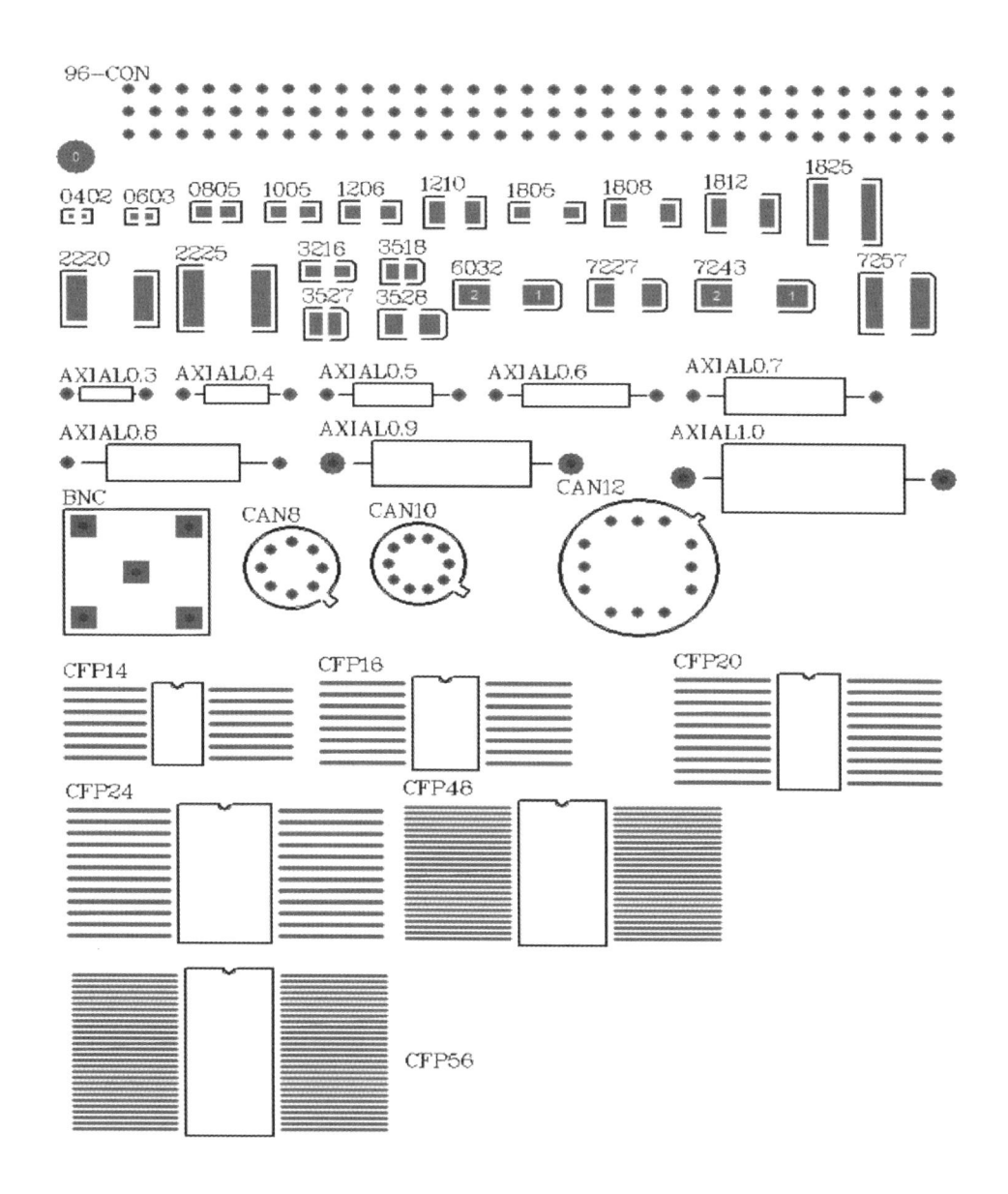

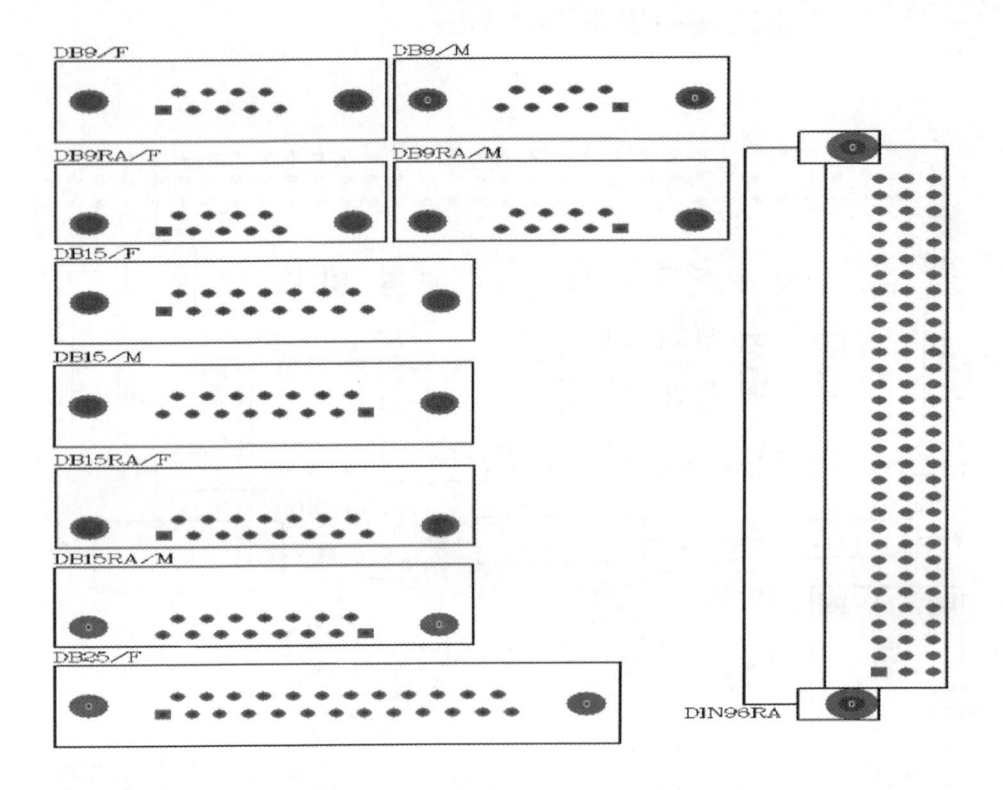

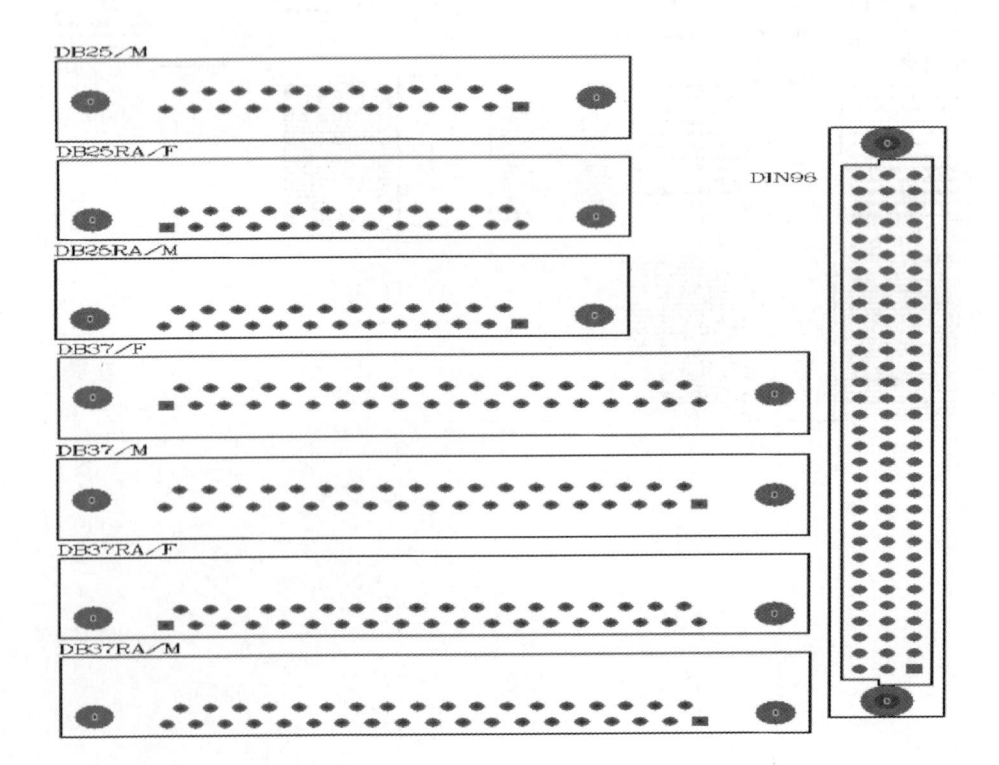

462　Protel 電路設計全輯

附錄 E 電路圖零件表   E-463

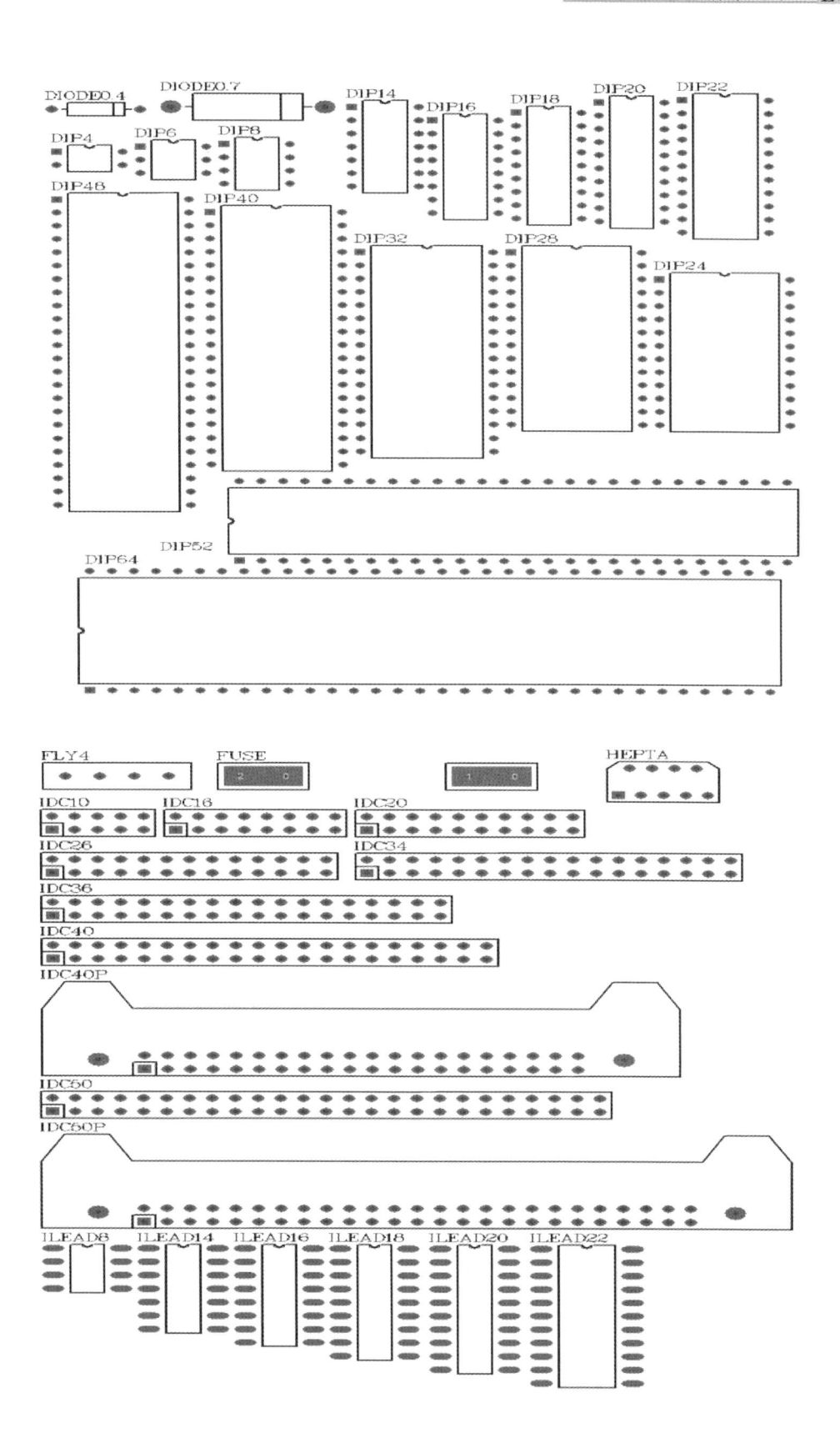

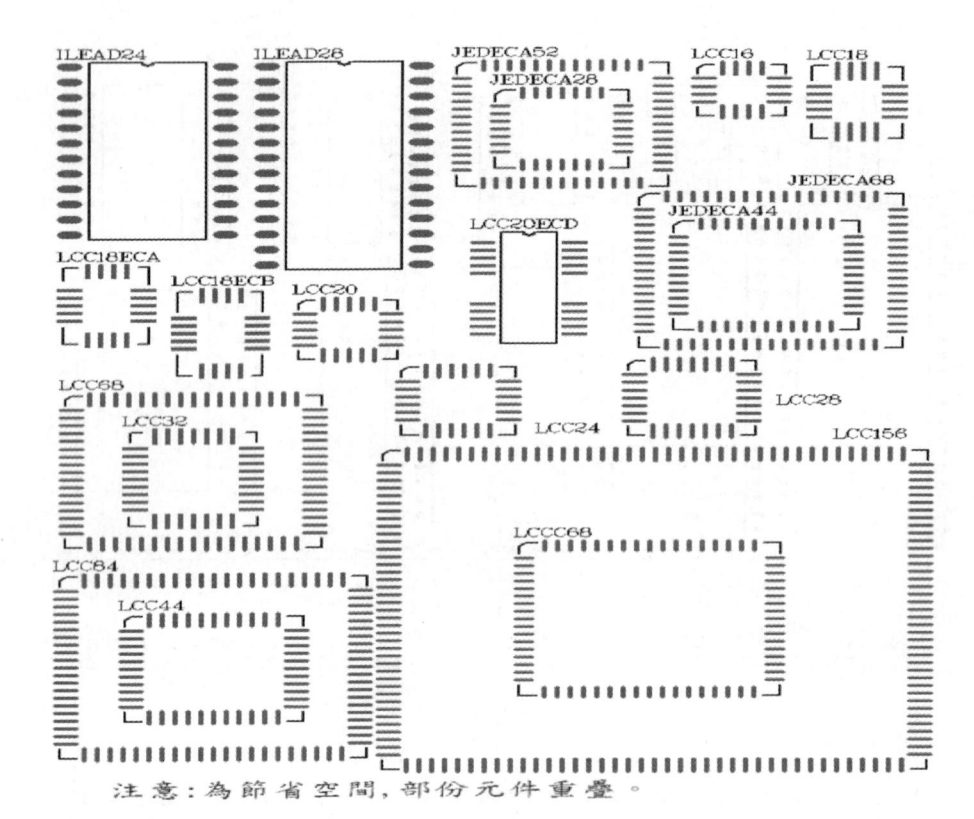

注意：為節省空間，部份元件重疊。

注意：為節省空間，部份元件重疊。

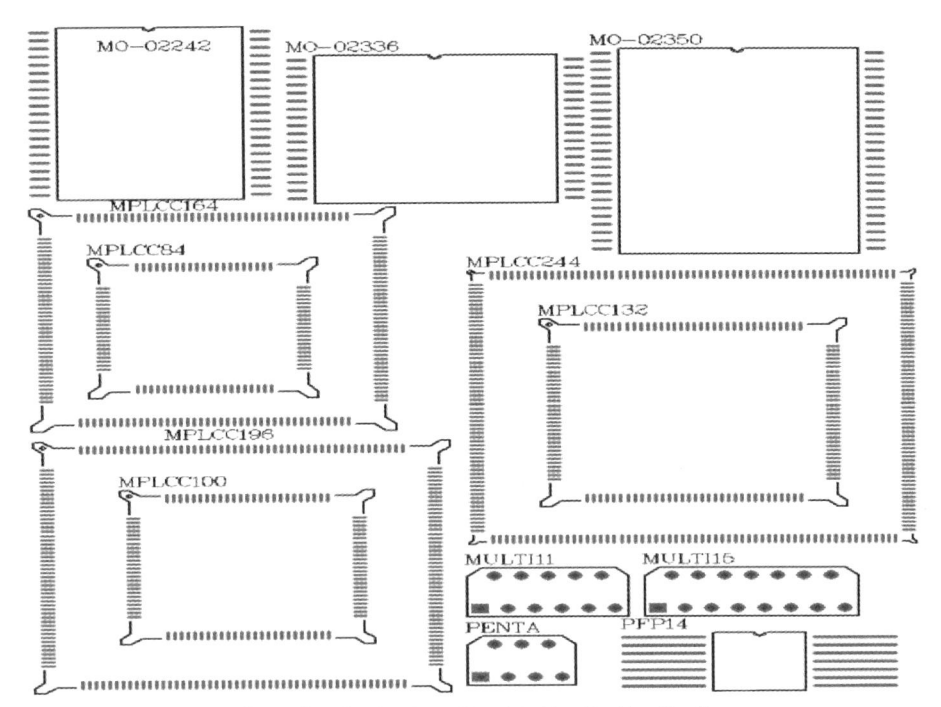

附錄 E 電路圖零件表　E-465

注意：為節省空間，部份元件重疊。

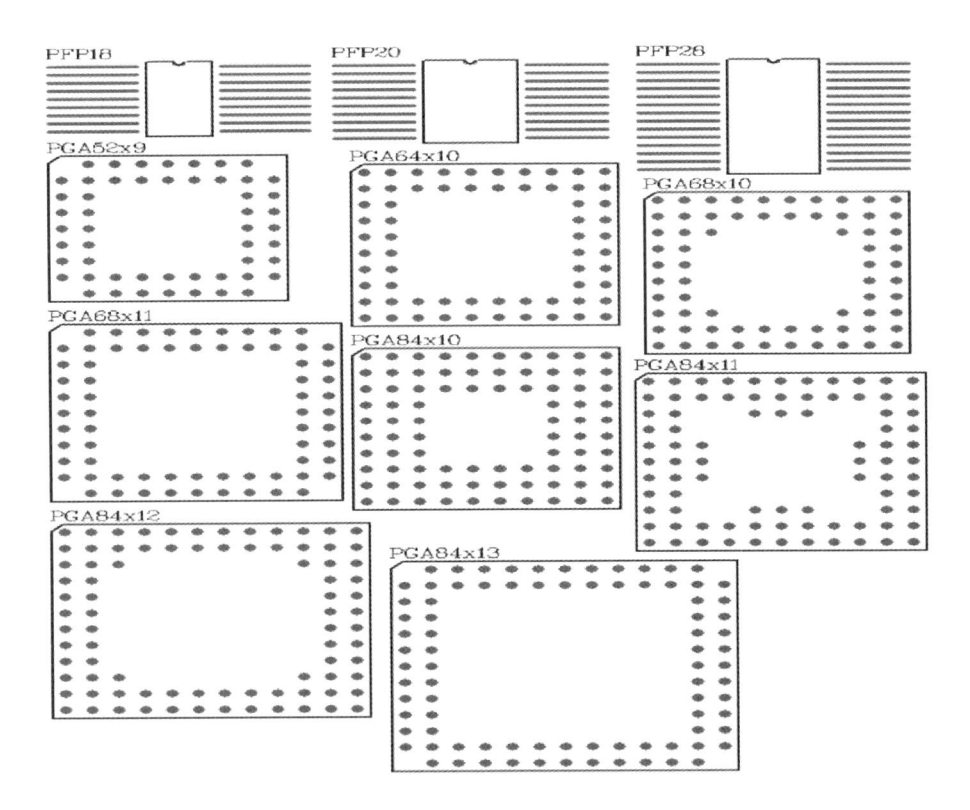

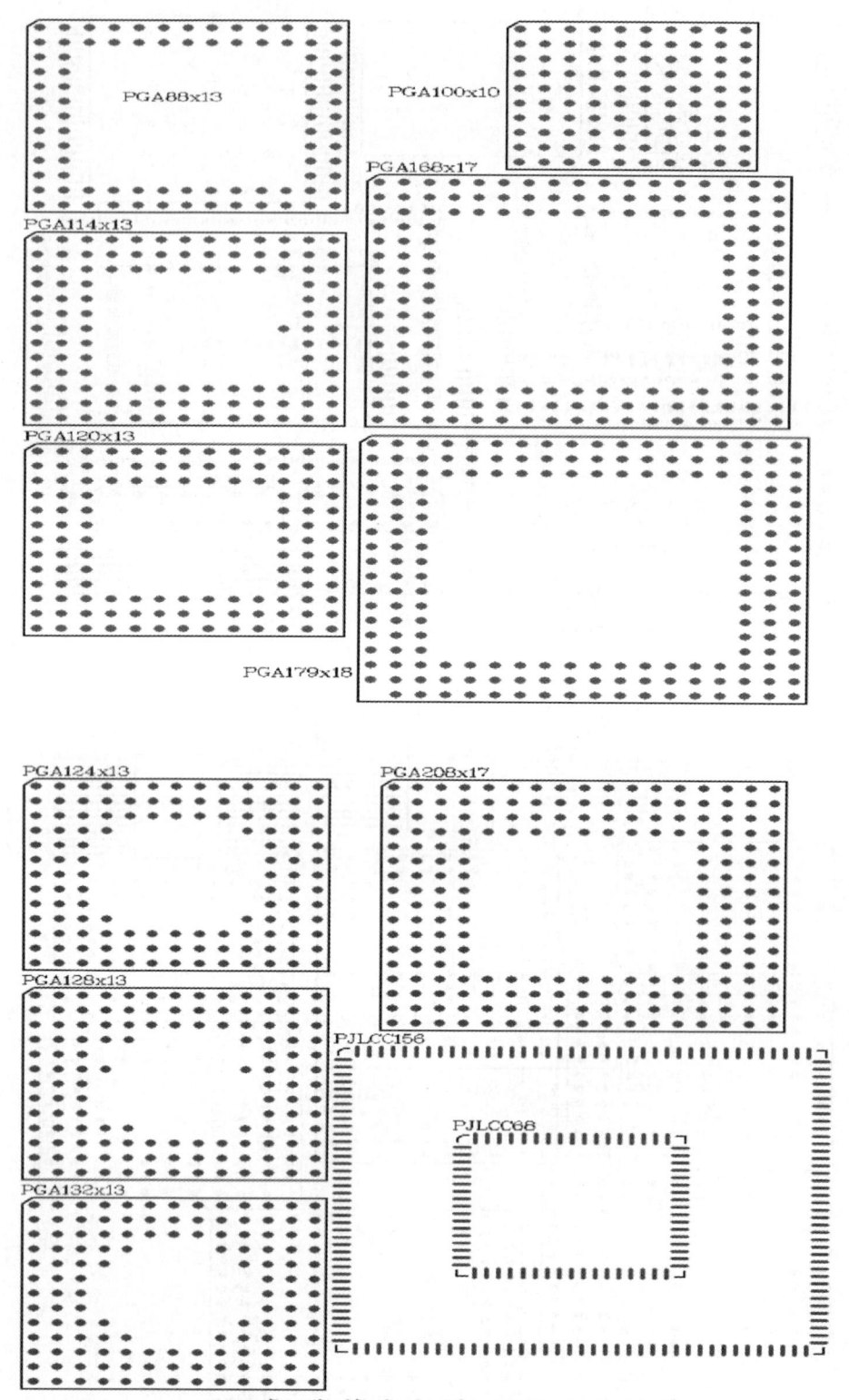

注意：為節省空間，部份元件重疊。

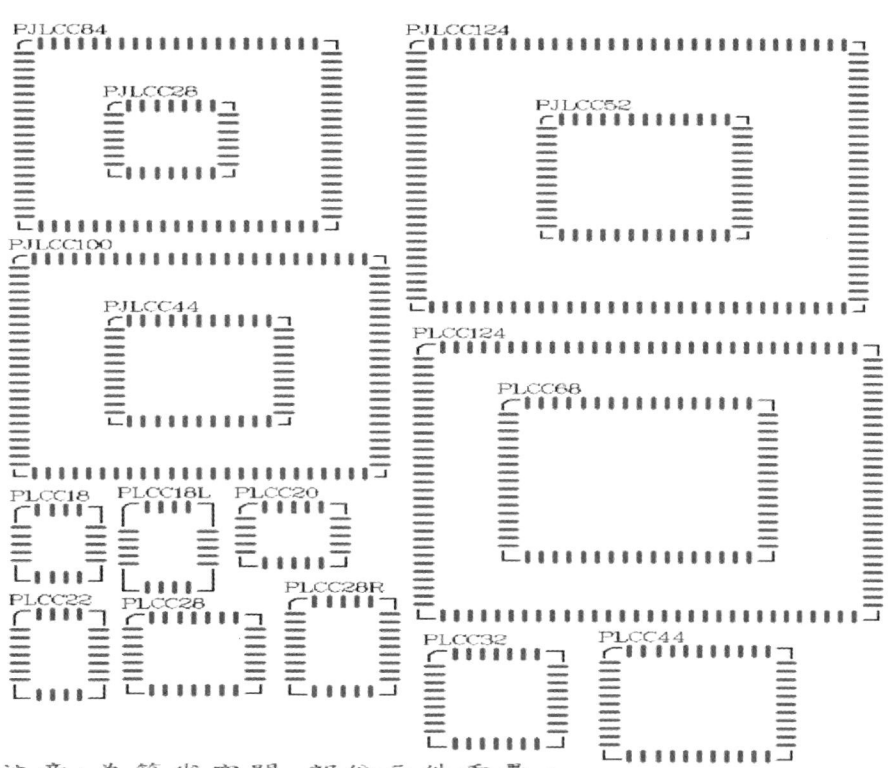

附錄E 電路圖零件表　E-467

注意：為節省空間，部份元件重疊。

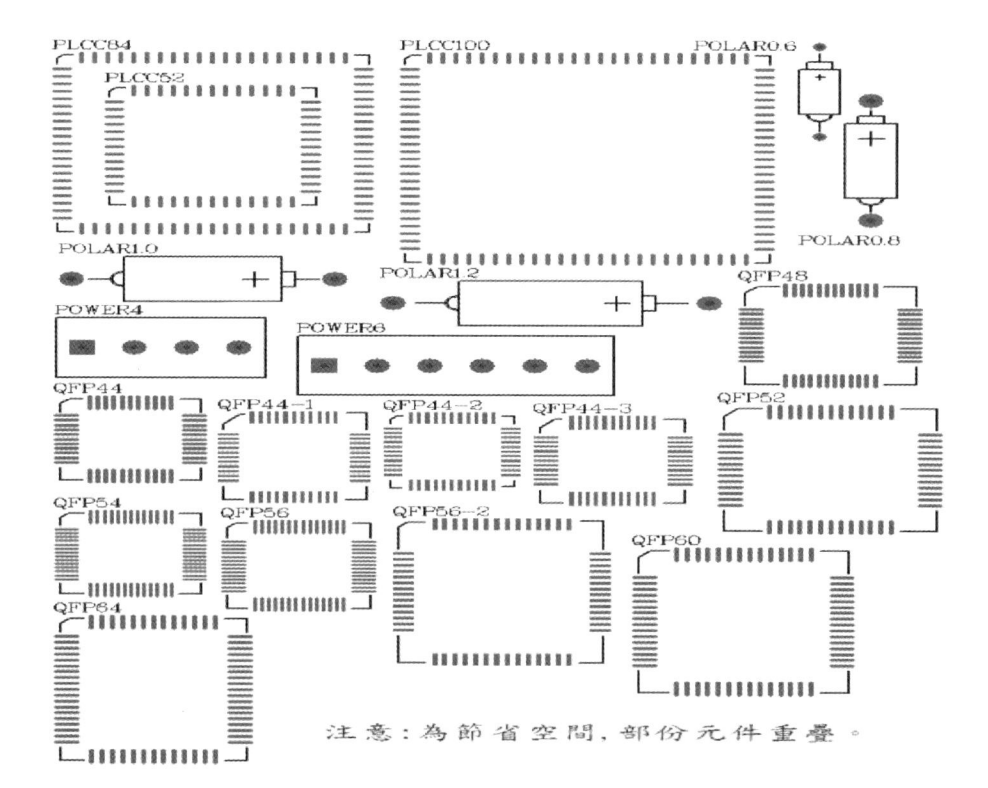

注意：為節省空間，部份元件重疊。

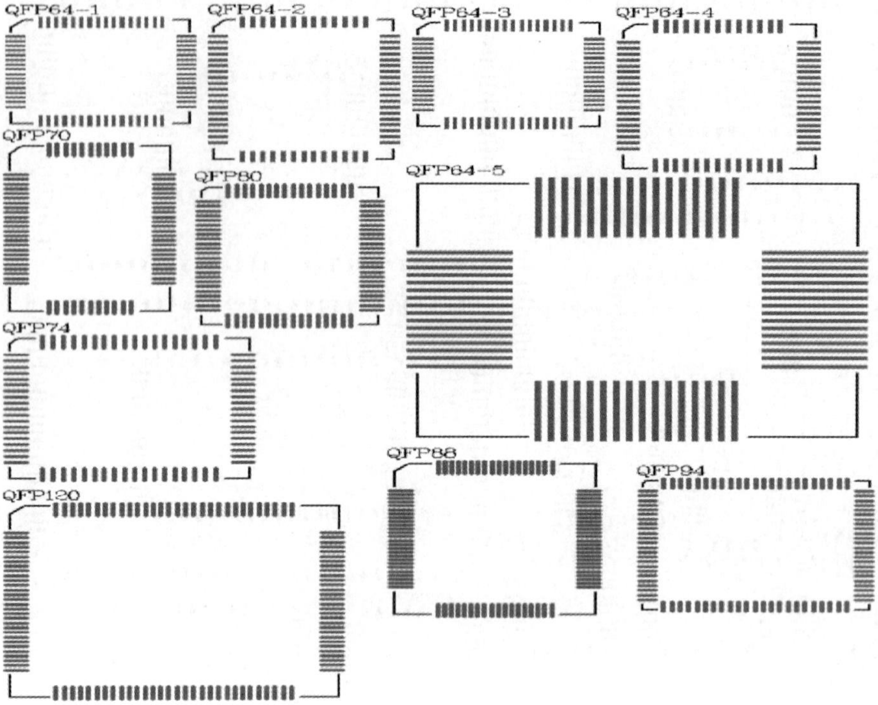
QFP64-1
QFP64-2
QFP64-3
QFP64-4
QFP70
QFP80
QFP64-5
QFP74
QFP88
QFP94
QFP120

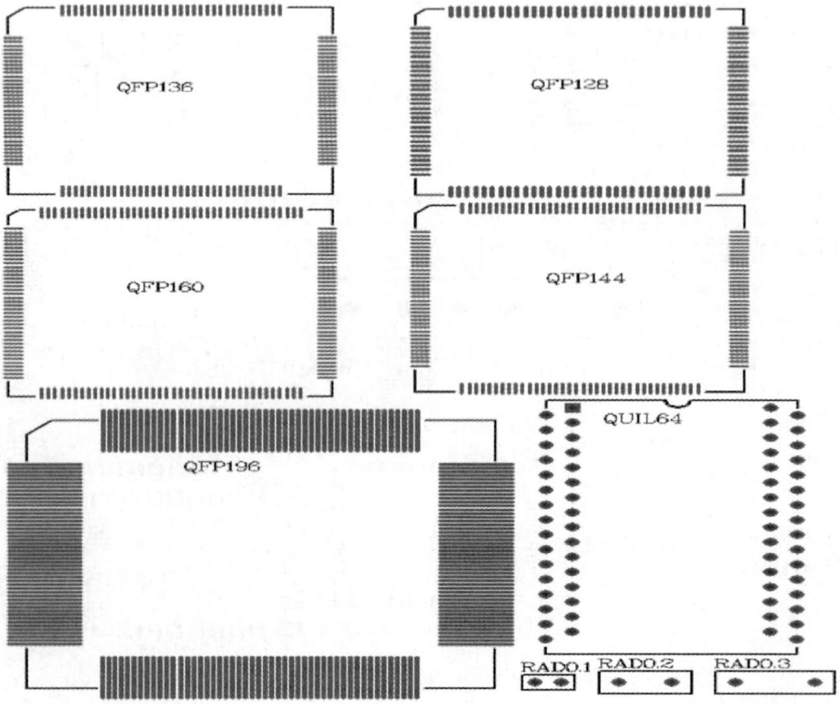
QFP136
QFP128
QFP160
QFP144
QFP196
QUIL64
RAD0.1
RAD0.2
RAD0.3

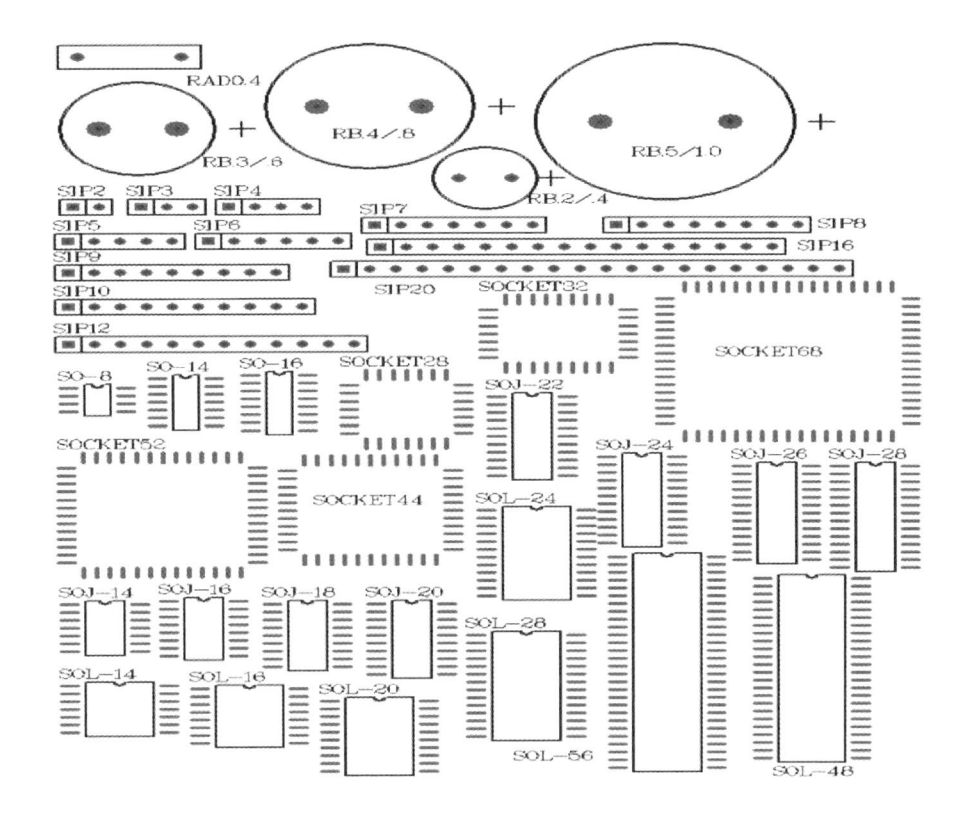

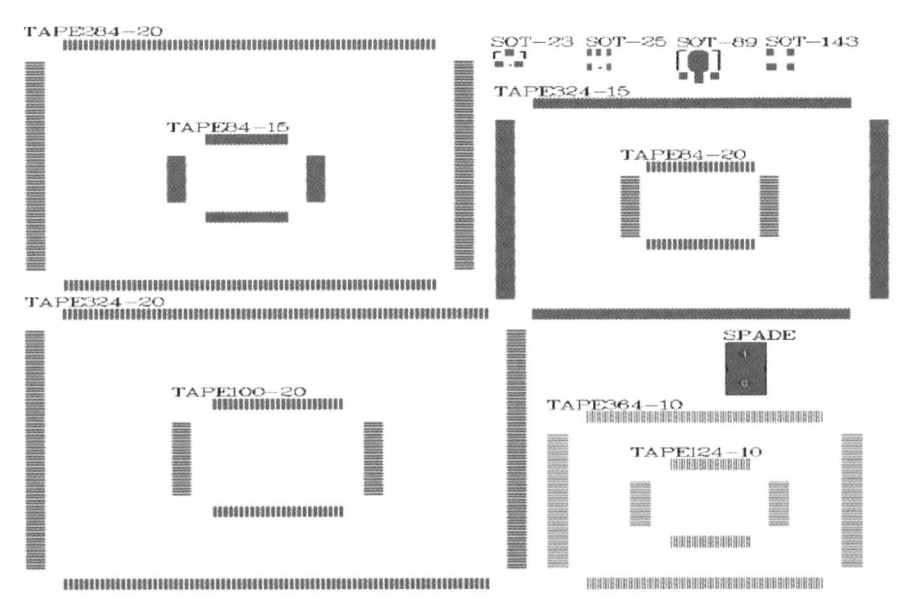

附錄 E 電路圖零件表　E-469

注意：為節省空間，部份元件重疊。

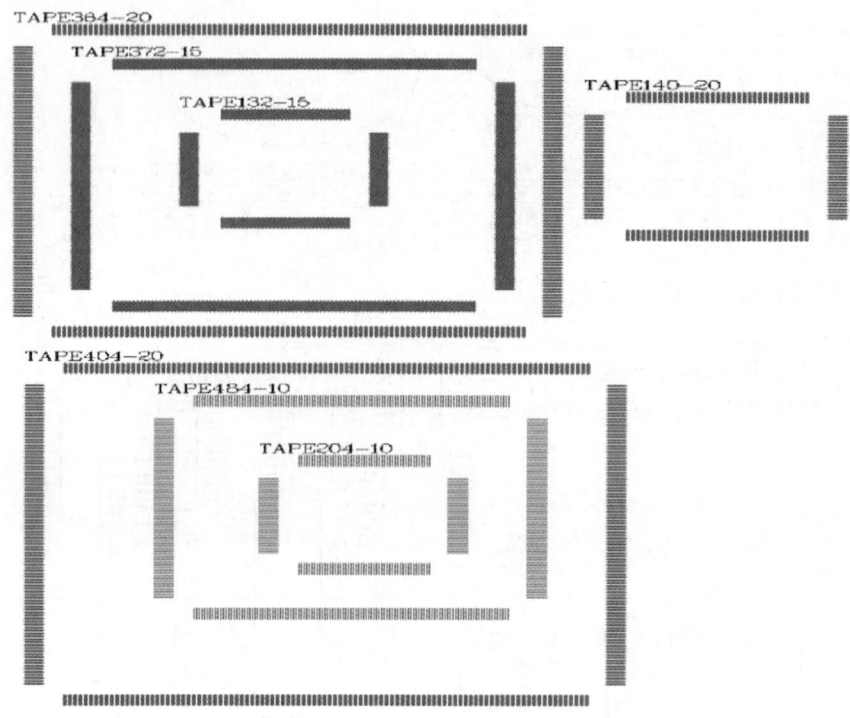

注意：為節省空間，部份元件重疊。

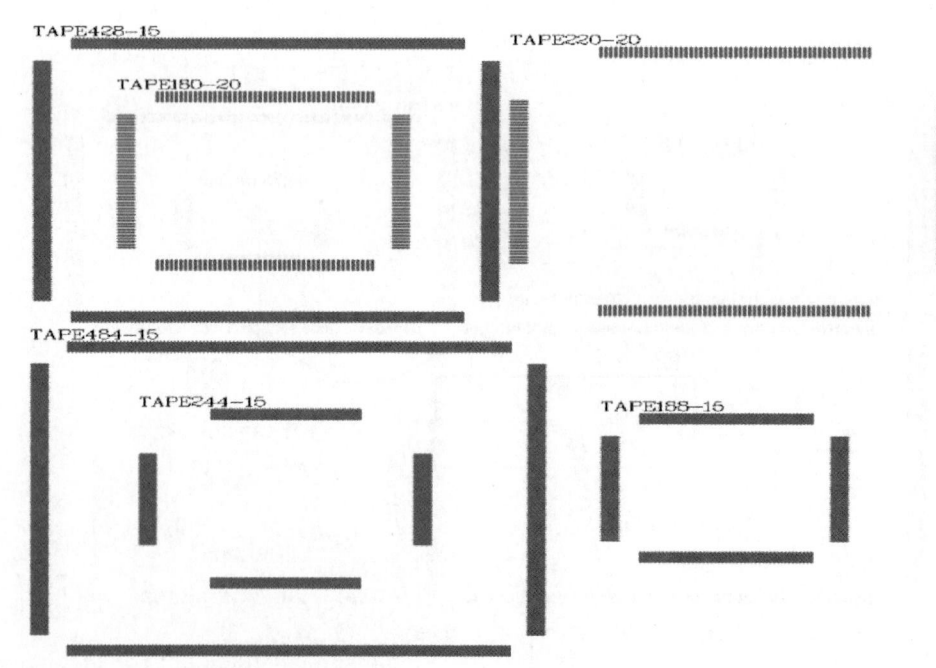

注意：為節省空間，部份元件重疊。

附錄 E 電路圖零件表　E-471

注意：為節省空間，部份元件重疊。

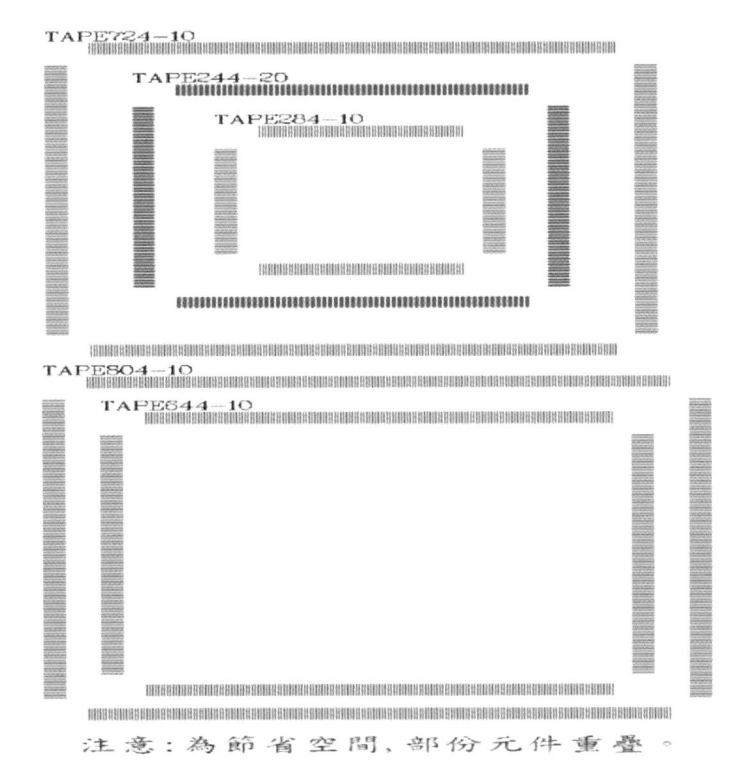

心得筆記

書　　　名	**Protel 電路設計全輯**	
書　　　號	AB08101	國家圖書館出版品預行編目資料
版　　　次	2008年7月初版 2025年2月二版	Protel電路設計全輯 / 盧佑銘編著. -- 二版. -- 新北市：台科大圖書股份有限公司, 2025.02 　　面；　公分 ISBN 978-626-391-405-6(平裝) 1.CST: 電路 2.CST: 電腦輔助設計 3.CST: 電腦程式 448.62029　　　　　　　　　114000950
編 著 者	盧佑銘	
責 任 編 輯	楊清淵	
校 對 次 數	6次	
版 面 構 成	陳美齡	
封 面 設 計	顏彣倩	

出 版 者	台科大圖書股份有限公司
門 市 地 址	24257新北市新莊區中正路649-8號8樓
電　　　話	02-2908-0313
傳　　　真	02-2908-0112
網　　　址	tkdbook.jyic.net
電 子 郵 件	service@jyic.net

有著作權　侵害必究

本書受著作權法保護。未經本公司事前書面授權，不得以任何方式（包括儲存於資料庫或任何存取系統內）作全部或局部之翻印、仿製或轉載。

書內圖片、資料的來源已盡查明之責，若有疏漏致著作權遭侵犯，我們在此致歉，並請有關人士致函本公司，我們將作出適當的修訂和安排。

郵 購 帳 號	19133960
戶　　　名	台科大圖書股份有限公司

※郵撥訂購未滿1500元者，請付郵資，本島地區100元 / 外島地區200元

客 服 專 線	0800-000-599

網 路 購 書：勁園科教旗艦店 蝦皮商城　博客來網路書店 台科大圖書專區　勁園商城

各服務中心：
總 　 公 　 司　02-2908-5945　　台中服務中心　04-2263-5882
台北服務中心　02-2908-5945　　高雄服務中心　07-555-7947

線上讀者回函
歡迎給予鼓勵及建議
tkdbook.jyic.net/AB08101